Declaraciones
Extraterrestres
Mundiales

TJ Lubavitch

Compre este libro en línea visitando www.trafford.com
o por correo electrónico escribiendo a orders@trafford.com

La gran mayoría de los títulos de Trafford Publishing también
están disponibles en las principales tiendas de libros en línea.

Aviso a Bibliotecarios: La catalogación bibliográfica de este libro se encuentra en la
base de datos de la Biblioteca y Archivos del Canadá. Estos datos se pueden obtener
a través de la siguiente página web: www.collectionscanada.ca/amicus/index-e.html

Impreso en Victoria, BC, Canadá.

ISBN: 978-1-4269-0909-2 (Soft)
ISBN: 978-1-4269-1796-7 (e-book)

*En Trafford Publishing creemos en la responsabilidad que todos, tanto individuos
como empresas, tenemos al tomar decisiones cabales cuando estas tienen impactos
sociales y ecológicos. Usted, en su posición de lector y autor, apoya estas iniciativas de
responsabilidad social y ecológica cada vez que compra un libro impreso por Trafford
Publishing o cada vez que publica mediante nuestros servicios de publicación. Para
conocer más acerca de cómo usted contribuye a estas iniciativas, por favor visite:
http://www.trafford.com/publicacionresponsable.html*

*Nuestra misión es ofrecer eficientemente el mejor y más exhaustivo servicio de
publicación de libros en el mundo, facilitando el éxito de cada autor. Para
conocer más acerca de cómo publicar su libro a su manera y hacerlo disponible
alrededor del mundo, visítenos en la dirección www.trafford.com*

Trafford rev. 9/2/2009

 www.trafford.com

Para Norteamérica y el mundo entero
llamadas sin cargo: 1 888 232 4444 (USA & Canadá)
teléfono: 250 383 6864 ♦ fax: 812 355 4082

Dedicatoria

LAS DECLARACIONES DE estos mensajes, son dedicadas para todos los creyentes de alguna religión y los no creyentes de ninguna, en general para todos los habitantes del planeta que buscan de alguna forma una respuesta a sus preguntas, no todas las preguntas están respondidas, son muchos humanos con muchas inquietudes, con muchas dificultades y muchas dudas, pero estamos seguros que encontrará respuestas de cosas interesantes que siempre ha buscado, también obtendrá una más profunda comprensión del mundo oculto que le rodea, lo más importante de todo es que estará listo para recibirnos.

Dedicamos está publicación especialmente, a todos aquellos que con la impresionante imaginación de sus pensamientos y sus presentimientos, han logrado detectar nuestra realidad latente y nuestra presencia física dentro del mundo de los humanos, ahora prepárese pronto informándose para que pueda comprendernos y enfrentarnos, cada cual según su conciencia y cada cual según el lugar que ocupa en el planeta obtendrá lo que merece. Sin dudas usted merece mucho y también sin dudas tiene todo el derecho de conocer primero todo lo que le viene encima, conocer la verdad cualquiera que sea es muy importante, entonces desde el espacio les damos las gracias por leerla.

Datos y comentarios del autor

Soy un agente especial que trabajo en un tiempo dentro de un departamento secreto para un país importante, robando información industrial y militar por el mundo, supuestamente en beneficio de naciones importantes para la humanidad, en diversas ocasiones contenían archivos relacionados con situaciones de ovnis, los espías no sabemos quiénes son los amigos o los enemigos, tampoco sabemos por cuánto tiempo duraran, porque las cosas en el espionaje cambian de repente, todo es un constante riesgo, mi suerte al respecto ha sido la mejor, sin mis amistades del pasado no habría logrado nada. Alguien me ha exigido que revele mi identidad públicamente, supuestamente para dar mejor crédito a la obra, pero lo siento yo no tengo actualmente identidad en este mundo y en estos momentos está clasificada secreto de guerra, tendrán bastante tiempo leyendo en los periódicos sobre mi persona en el momento adecuado, sin dudas cuando sea tarde para preguntas o actos de ejecución porque ya me marche del mundo, yo no tengo huellas dactilares registradas y mi sangre alterada tiene propiedades lumínicas, estoy listo para ser transportado a otro mundo, el nombre del autor en la portada es un seudónimo y tiene su importancia.

Para muchas personas las referencias son lo más importante, solamente el hecho de estar un artículo cualquiera, apoyado por el comentario o la aprobación de un profesional de título universitario, es suficiente para concederle crédito y obediencia por cualquier cosa que diga o proponga, para mí estas son contrariedades las cuales simplemente son reglas sicológicas de control y conducta, reglas implantadas y establecidas con toda mala intención para manipular la mentalidad de cualquier sociedad bajo un orden, apoyados con esa garantía de títulos le mintieron a la población que representan como ciudadanos y lo hicieron delante del mundo entero varios científicos terrestres, los cuales eran supuestamente muy acreditados y confiables y sucedió en los tiempos modernos del hombre, cuando públicamente delante de la prensa internacional y declarando ante todos los representantes del gobierno presentes en el lugar, un grupo de científicos aseguraron que la nicotina no era un agente adictivo, sabiendo todos que mentían y lo hacían delante del mundo todo lo cual fue una burla a la sociedad y al prestigio de la ciencia.

La confianza es un grave error y encierra un grave peligro, por supuesto que los conocimientos dan un grado de autorización, pero nunca los conocimientos dan el derecho absoluto, muchos personajes en todos los tiempos de la historia humana con altos niveles de educación y posiciones sociales, los cuales son los que generalmente alcanzan mejores niveles educativos facilitados por los recursos económicos que poseen, han sido los peores dictadores y salvajes personajes de la humanidad.

Les doy un ejemplo simple y fácil de observar, estudien a los políticos de nuestros últimos tiempos con todos sus comportamientos, cualquier político de alto rango tendría la vía libre cuando se trate de comentar sobre cualquier tema de gobierno, o situaciones sociales a niveles ejecutivos, cuestionan discuten y se pelean sobre polémicas modernas, presionan y se imponen para ejercer su voluntad, critican y se traicionan entre ellos y nombran estos comportamientos actos de diplomacia, supuestamente un político es un experto respetable y muy acreditado en toda esa materia de gobierno, entonces su opinión con todo respeto sin dudas debe ser escuchada y considerada primero que ninguna otra, muchos políticos son abogados, algunos otros son economistas y demás diversidades de términos universitarios de muy elevada educación.

Sin embargo analicen por todo el mundo todo lo que dicen los políticos y compárenlo con todo lo que hacen estando todos bajo juramento, entonces comprenderán la diferencia que les quiero explicar, la humanidad está controlada bajo un programa sicológico, un programa manipulado y dirigido por el propio hombre, entonces estimado lector en nadie se puede confiar.

Yo escucho a cualquiera, esto no quiere decir que obedezco a cualquiera, por ejemplo un niño puede decirle lo que debe hacer o el camino a seguir y estar en lo correcto, también se puede equivocar, un vagabundo de esos que se observan por la ciudad envueltos en periódicos, puede tener un nivel de consciencia muy elevado y darle una enseñanza muy sabia a cualquiera de cualquier tema, le invito a comprobarlo por usted mismo.

Yo no soy nadie importante dentro de la sociedad, ni de la alta sociedad ni de la baja, tampoco ninguna otra que se encuentre en el medio, tengo una forma de vida que no tiene merito popular para nadie, no tengo un título de nada porque mi vida es prohibida, soy espía entre los hombres y contra los hombres, no tengo reglas de ningún tipo, por mi comportamiento como humano comprendo que conspiré contra mí mismo, no tengo una nación patria, no recuerdo dónde nací y tampoco me interesa recordarlo, estoy contra todas las banderas, desciendo del cosmos, ese es todo mi crédito biográfico que garantiza y respalda mi trabajo.

El que lo desee, puede presionar si quiere al personaje el cual tendrá que enfrentarse públicamente, alguien tenía que ser responsable de escribir y de presentarse en la editorial, alguien tenía que entregar los informes para publicarlos, personaje el cual también tendrá que confrontar cualquier situación en su contra o a favor, pero dudo que puedan obligarlo está probado al fuego, porque pierde el pasaporte espacial lo cual sería peor, solamente responderá de acuerdo a la conspiración planificada. Gracias por comprender.

Agradecimientos

En especial a mis colegas ocultos por el mundo, que hoy son nuevamente mis cómplices en ésta última misión, los cuales contacte para poderme mover libremente por varios países del planeta, infiltrarme de la forma que lo hice anteriormente y cumplieron, tienen su pago garantizado nada es de gratis en nuestro mundo, sus boletos espaciales son la recompensa que ya cobraron por adelantado, quizás nuestro destino es el de ser eternamente conspiradores y espías de alguna forma en algún lugar del cosmos.

Agradezco el esfuerzo a una amiga eterna del espacio y el tiempo, que hoy vive en la tierra, M Allen por su preocupada participación en conservar y entretenerse corrigiendo varios archivos, la cual también tiene su pasaje al espacio, realmente en el espionaje nadie sabe para quien verdaderamente trabaja ni cuando le toca.

Sin lugar a dudas agradezco muy especialmente a los seres del espacio que confiaron en mi palabra y mis habilidades, a todos los miembros de mi familia que confían en mis conocimientos y se mantuvieron reservados durante todo el proceso, los cuales también fueron en algún momento mis cómplices, especialmente cuando se me autorizó en la portada expresar la forma en que me gustaría observar la tierra desde el espacio en algún momento del tiempo, me es conveniente aclarar que la idea en la portada no es mía yo tengo otras intenciones para el planeta y son buenas, solamente le permití entretenerse un poco a mis compañeros de vuelo imaginando la futura sentencia sobre muchos lugares en el mundo, mostrando de una forma artística la manera que les gustaría observar la tierra cuando se estén marchando, bueno cada cual tiene sus propios gustos.

Somos dos personajes, el que dicta tranquilamente y el que escribe con los nervios alterados, el cual tendrá sus propios agradecimientos y comentarios, pero prefirió callarse en este momento para evitarse complicaciones, después cambió de opinión y comentó sin muchos detalles, un personaje que tiene su historia independiente, que contrate para que sea el que muestre el rostro y confunda la opinión con sus comentarios, estamos seguros haberlo logrado aunque lo hemos declarado, también en el espionaje se utilizan diferentes esquinas para evitar ser localizado, estoy seguro haberlo logrado, un personaje al cual acosé mucho pero respondió bien, incluyendo estos momentos en que hice este comentario para darle mi agradecimiento. Gracias a todos.

Comentarios del escritor

CUANDO RECIBÍ LA instrucción para escribir los mensajes, fue más bien una orden que debía cumplir que un favor solicitado, pienso que de negarme no estuviera ahora haciendo el cuento, en cada ocasión que enviaba un mensaje al gobierno utilizando computadoras conectadas clandestinamente a la Internet, estuve en una carrera por el mundo para evitar ser descubierto y apresado, en algunas ocasiones escape de una muerte segura por el lugar en que me encontraba si hubiera sido descubierto, sin dudas la mejor experiencia de toda mi vida y también la peor la viví en ésta aventura.

A todos nos afectara en alguna forma los cambios del tiempo presente, que se esperan sean de forma violenta, de nosotros es el mundo en que vivimos, es lamentable que tengan otros seres extraños provenientes de otros mundos, sacudirnos para hacernos reaccionar y ajustar nuestros propios errores, todo lo que tenemos encima para bien o para mal hace rato lo estamos procurando, ahora tenemos encima del planeta entero los efectos consecuencias de las causas creadas en los tiempos.

Muchos de los efectos negativos actuales que estamos sufriendo su presencia, son producto de los efectos de causas creadas por nuestras propias culpas, muchos entre nosotros mismos acusan a la humanidad como única culpable y responsable absoluta de todos sus problemas, pero deberíamos pensar un poco más profundo, yo pienso que nuestra ignorancia es la única culpable que nos ha arrastrado hacia estos efectos funestos del tiempo, empezamos nuestra historia sobre este planeta con una gran ignorancia encima, desde que fuimos confeccionados por creación o evolución hemos avanzado bastante, nacemos actualmente con un nivel de inteligencia alto al ser comparado con las demás especies, pero ese nivel de inteligencia que tenemos tiene que pulirse con el tiempo y la educación, de lo contrario no serviría para nada.

Entonces con las experiencias de los tiempos y unidos en sociedades cada vez más civilizadas, vamos todos empujando nuestra existencia hacia mejores estados de consciencias, yo pienso que no tenemos pecados somos en alguna forma libres de culpas, solamente tenemos y expresamos comportamientos erróneos según el entendimiento de otros, comportamientos que muchas veces e indudablemente son muy equivocados por los actos que se cometen contra un semejante.

Para mi entender todo siempre tiene un origen, en nuestro caso particular referente a nuestro comportamiento social negativo entre nosotros mismos pienso que proviene y es producto de las muy malas interpretaciones nuestras de todo tipo por la falta de educación, pero indudablemente y principalmente las erróneas interpretaciones religiosas son el mayor culpable, también nuestro creciente comportamiento negativo que proviene y se alimenta del poco valor que le damos por ignorantes y prematuros a la propia existencia nuestra que observamos o sea la vida.

Las facultades habilitadas en todos los humanos, las habilidades que todos tenemos para recibir, para asimilar, para valorar y para comprender las enseñanzas recibidas, las cuales obtenemos durante nuestras experiencias vividas, mas las que obtenemos en todos los niveles de educación académicos, facultades que nos conducen por un camino de sabiduría, el cual nos ayuda al despertar de cada día con más profundos planos de consciencia, son el regalo cósmico que traemos habilitado en lo profundo de nuestra mente, para que se desarrolle y alcance comprensión según evolucione en el tiempo por sí mismo, lo cual todo se logra a través del estudio y los analices propios de sus logros buscando perfección, lamentablemente lo estamos desperdiciando, somos cósmicamente hablando muy malos agradecidos con la existencia.

"Ser cultos para ser libres" aquí tiene usted una expresión poética y un gran mensaje para todos los tiempos, nadie puede contradecirlo.

Mi comentario tiene un propósito, me motive a escribirlo porque quiero desearles muy buena suerte para todos en todo camino, quiero decirles que esa fue siempre mi intención y deseos desde que me dedique a conspirar con el espacio, aunque quizás le parezca otra cosa muy distinta cuando termine la lectura completa. Le estoy muy agradecido por comprender. Gracias.

Capítulo 1

Introducción principal y revelaciones del autor.

DIVERSAS DECLARACIONES CONSPIRACIONES e insinuaciones
extraterrestres de guerra para un infierno localizado en un planeta
llamado la Tierra, ese sería el titulo favorito que me hubiese gustado
nombrar la obra, pero yo no puedo alterar decisiones porque no
tengo la autoridad necesaria para ese atrevimiento, solamente soy un
instrumento que recibe órdenes y escribe a la voluntad de los verdaderos
responsables.

Pienso que sería muy inocente o tonto por parte de cualquier
persona, esperar que una entidad exterior la cual nos este observando,
tenga el interés de visitarnos con buenas intenciones.

Nadie sabe con profundidad el trabajo tan intenso que realizan los
departamentos secretos en el planeta, para sostener la humanidad con
vida, dedicados agentes andan por el mundo y dentro de todos los
países, para conspirar a favor o en contra de gobiernos clasificándolos.

El objetivo que persiguen es forzar a la humanidad en muy corto
periodo de tiempo, hacia un camino prometedor de paz, una tarea muy
difícil y quizás imposible de lograr, en el corto tiempo que nos queda.

Los esfuerzos se han concentrado en seleccionar un grupo pequeño
de naciones aliadas, que en estos tiempos las principales ya están

escogidas esperando un próximo asalto espacial, las revelaciones y los ataques verbales escritos en estos textos, llevan el objetivo sobre todos nosotros de exponer una justificación cósmica, justificación al derecho que se aclaman los extraterrestres de invadir la tierra y eliminar la mayoría de sus habitantes.

Según sus ideologías, el propósito extraterrestre es salvar el planeta entero y sus especies de muchas formas, pero según los procedimientos planificados que yo observe y la manera de estos procedimientos a realizarse sobre todos nosotros en su momento, parecía una rápida cirugía a sangre fría sin anestesias todo lo que tienen programado en sus planes de ejecución contra nosotros.

Todos los gobiernos envueltos lo saben, todos hace tiempo luchan por estabilizar un sistema de "orden mundial" eficiente que produzca resultados determinantes, nunca se ha logrado nada estable y ahora es demasiado tarde, se venció el plazo que fue acordado hace tiempo, ahora las cosas a lograrse serán realizadas de la manera más rápida y practica posible.

Muchos están por el mundo ocupados con los misterios del espacio, especialmente en detectar seres extraterrestres, otros muy preocupados y llenos de temor por la posible existencia de los mismos, llego el momento de una revelación convincente que nadie pueda contradecir su veracidad, cualquiera que piense que puede hacerlo lo invito a que lo intente.

Durante mucho tiempo sobre todos los humanos, las sospechas continuas de una gran conspiración mundial por parte de algunos gobiernos mundiales, para encubrir asuntos del espacio está de moda entre los ciudadanos, nadie puede garantizar con exactitud las razones exactas de cualquier gobierno para encubrir semejantes acontecimientos, cada cual tiene sus propias conclusiones, pero nadie explica las razones específicas de los extraterrestres para ser sus cómplices.

Tratándose de unas inteligencias tan avanzadas en el tiempo, con poderes militares muy superiores, con altos niveles de sociedad y recursos en abundancia, porque tiene la facilidad de viajar el cosmos y obtener de cualquier planeta lo que necesiten o quitárselo, por el comportamiento indiferente que demuestran estos visitantes desde hace tanto tiempo, en que se piensa visitan de forma oculta nuestro planeta y aún no se muestran de forma abierta y amistosa, todo parece indicar que los extraterrestres por alguna razón también son enemigos de los pueblos.

La corrupción y el crimen tienen un nivel altísimo dentro de todas las naciones, estamos dentro de un mundo revuelto y conflictivo, los necesitados de muchas formas en el mundo y que suman bastantes, están abandonados por el sistema mundial imperante y parece que a las civilizaciones del espacio, lamentablemente tampoco les importa su suerte.

Hasta el momento presente ninguno de las entidades exteriores supuestamente observadas, han realizado nada positivo por la humanidad en espera de justicia social y derechos universales, pero la realidad es otra, los gobiernos actuales y los mismos cómplices de todos los tiempos, tratan de aparentar que ocultan secretos muy profundos que verdaderamente no tienen, están tratando en estos momentos de ganar tiempo, porque son los que pagaran primero si intentan una distorsión de los propósitos que quieren alcanzar los del espacio cuando se presenten mundialmente, al concluir ésta introducción preliminar encontrará mejor respuesta, por eso están conspirando de forma incondicional algunos gobiernos mundiales desde que los mensajes llegaron a posesión del servicio secreto.

Algunos de estos textos son mensajes, otros son señalamientos, otros revelaciones de sucesos reales ocurridos, algunos tienen una introducción preliminar de los momentos en que me fueron entregados, mientras en otros casos no valía la pena perder el tiempo, algunos caminando por la ciudad y otros fueron entregados en el espacio estelar, algunos son dirigidos a los ciudadanos comunes para elevar la información pública.

La introducción que aquí les estoy ofreciendo, también es parte de los mensajes por todas las insinuaciones referencias y datos importantes que contiene.

Todos alcanzamos experiencias en la vida a través de los caminos que el destino nos conduce, nadie tiene la sabiduría total pero yo mire hacia las estrellas, profundo hacia el espacio y encontré lo que buscaba, o quizás las estrellas me encontraron a mí.

La conspiración más oculta de los tiempos la más sospechada y a la misma instancia muy importante para todos se las estoy revelando, tiene procedencia del espacio cósmico y consecuencias mortales para muchos de nosotros.

Desde el universo nos están ajustando las deudas en el nombre de Dios pero bajo el poder de los extraterrestres, no sé exactamente las razones que tuvieron para seleccionarme, puede que tengamos algo en común.

Muchos humanos esperan sobre nuestra tierra el fin del mundo, lo esperan de muchas maneras equivocadamente o quizás no lo están, todas las religiones piensan que tienen la razón y el derecho absoluto de Dios, entonces se matan por ella y cometen barbaries contra los demás, hoy todas las religiones son culpables de muerte inocente en cantidades industriales.

Pero nadie tiene la razón de la verdad absoluta, quizás alguien si la tiene, sin dudas quien sea que tenga la razón proviene de una religión muy unida y muy sólida, porque la división dentro de una religión, simplemente demuestra que es falsa.

Conozco la presencia de otros seres por el universo desde hace mucho tiempo, yo no los considero extraterrestres pero lo son, estoy con ellos en comunicación personal y estos mensajes son un testimonio verídico, el cual lo pongo a pruebas contra cualquiera en este mundo, cualquiera que quiera dudarlos o proteste por su contenido, señalamientos, o cualquier polémica o discordia que provoque.

Todo lo que necesitan para confirmar la veracidad de todos estos hechos es muy poca paciencia, porque el gobierno elite central seleccionado para obtener el control mundial, oculto en las sombras y dirigido por los Estados Unidos, está forzado a revelar muchos de sus secretos con el espacio, publicándolos en este tiempo presente, principalmente la confirmación y aceptación de entidades extraterrestres, las cuales están operando en sus bases militares especiales.

Lo cual provocara un escándalo mundial y la curiosidad actual por conocer los secretos extraterrestres del estado, también elevara un gran temor de elevadas consecuencias, cuando las verdaderas intenciones y exigencias de su presencia sean anunciadas.

Los seres del espacio quieren publicar de todas maneras y no les importa las consecuencias, porque no les importan los humanos, no representamos nada de valor para ellos por todas las cosas que hacemos y de la manera que nos comportamos entre nosotros mismos, sinceramente no tenemos derecho a exigir ningún respeto, de ningún extraterrestre o entidad exterior de cualquier lugar en el cosmos.

Tenemos suerte que tienen intenciones de presentarse públicamente, de lo contrario ya no existiéramos, no quieren nada en pago, no necesitan nada en lo absoluto, pero de quererlo o necesitarlo, tampoco podemos hacer nada para detenerlos a que lo obtengan.

La verdad tiene su momento, tiene su momento en el tiempo para expresarse y no importan las consecuencias, porque nada supera el valor de la verdad y la verdad tiene que expresarse tal como es, mucho más teniendo presente la importancia de la misma en la vida de todos.

Pero entre los humanos llenos de mentiras y mentirosos de naturaleza, la verdad puede observarse de manera equivocada, otros tratan de expresar la verdad de forma conveniente, manipulándola según mejor les convenga para su propósito.

Por ejemplo algunos les gusta disfrazar la verdad para hacerla más sutil, o ponerle límites para no tener que entrar en polémicas contra quien se afecte por la verdad, a este comportamiento le llaman muchos ética profesional, pero cuando se trata de encubrir la verdad por cualquier razón, esa ética profesional es igual que la hipocresía.

La verdad no tiene límites y el que la limite o la altere quien quiera que sea o las razones que tenga, de cualquier forma sólo tiene una respuesta, esa persona es un mentiroso, es profundamente muy cobarde y sin dudas es un gran hipócrita.

El origen de la verdad es divino y proviene de Dios, porque la verdad y la justicia andan juntas, son hermanas, Dios es el más sincero y el más justo, lamentablemente son muchos los mentirosos, porque son muchos los cobardes en este mundo que tampoco tienen justicia y tampoco les importa tenerla.

Mentir es lo mismo que ser cobardes, por esa razón nos hundimos en dictaduras, anarquismo, abusos, monopolios, explotación, la pobreza y sus miserias, todos estamos manipulados en lo profundo, por los intereses establecidos en este mundo, los cuales nos condenan a una prisión de por vida.

El nivel de nuestra consciencia y entendimiento, no va de acuerdo a nuestro comportamiento, a estas alturas de nuestra civilización deberíamos comportarnos entre todos los semejantes de la tierra, de una forma mucho más civilizada y consciente.

Estamos actualmente en todo aspecto, demostrando con nuestro comportamiento un salvajismo muy primitivo, mucho peor que el de los más salvajes cavernícolas que existieron en nuestra historia, un comportamiento también más salvaje aunque pensemos lo contrario que el de otros grupos que todavía actualmente existen dispersos en las selvas y sabanas por todo el planeta.

Las guerras actuales, el crimen y muchas ideologías equivocadas de toda índole, en nuestros tiempos modernos demuestran nuestra gran deficiencia mental de la consciencia, prueban que estamos atrapados profundamente, dentro de una depresión mental de la consciencia, que cada vez está peor y alguien es el responsable.

Estamos en todos los aspectos retrocediendo en el tiempo, mientras pensamos equivocadamente que avanzamos, buscamos el fin de nuestra propia existencia, algo verdaderamente irónico, tratándose de una especie que se considera ella misma muy inteligente esto es absurdo.

Para escribir todo esto, estuve envuelto en varias situaciones civiles comprometedoras, algunas de las cuales se encuentran registradas en archivos gubernamentales, los cuales son fáciles de encontrar y comprobar.

No me importa lo que piense nadie, ni lo que nadie quiera pensar sobre mi persona, aunque no lo deseamos siempre pensamos, es imposible parar el pensamiento, por lo menos mientras se viva en la materia que estamos metidos.

Estamos todos atrapados en el pensamiento, siempre se pensara entonces cada cual que piense lo que quiera, no me importa en lo absoluto, todo el mundo es libre de hacerlo lo mismo que yo, después de todo para mi entender hemos sido creados dentro de la imaginación de un pensamiento, que de forma constante continúa siempre pensando para continuar imaginando. Para mi entender simplemente todos somos procedencia de un pensamiento energético tan fuerte y tan profundo, que del mismo el universo nació instantáneamente.

Las razones específicas y exactas para conducir los extraterrestres sus planes de trabajo y objetivos sobre nuestra tierra según sus formas, son difíciles de comprender y quizás puedan ser observadas de muy sospechosas, de inseguras y misteriosas por personas normales, verdaderamente para lograr comprender correctamente cualquier entidad exterior a nuestro mundo, es indispensable primero comprendernos nosotros mismos como especie.

Durante sus investigaciones y operaciones por la ciudad, muchas cosas no las entiendo por lo menos no encuentro su sentido o que plan específico persiguen en nuestro favor, quizás simplemente esa es su manera de actuar, la cual es incomprensible para mi limitado entendimiento.

Entiendo que es la manera de otro mundo de hacer las cosas la cual es muy difícil de entender desde nuestro nivel, también las demasiadas preguntas conducen a la duda y la sospecha, comprendo que provienen de un mundo exterior, el cual simplemente conduce sus operaciones de acuerdo al objetivo y los resultados que buscan alcanzar, usted obtenga sus propias conclusiones.

El mundo nuestro tiene encima una catástrofe inevitable por las consecuencias de nuestras acciones, todos lo sabemos, pero nadie sabe cuándo es exactamente el día que pasaran estas cosas y parece que nunca vendrá, es imprescindible en estos tiempos una bendición astral, o un milagro que lo cubra todo y nos salve a todos, lo cual es prácticamente imposible con tantas contrariedades que existen entre nosotros mismos, proviniendo de seres del espacio con una orden galáctica ejecutiva que tiene su tiempo para cumplirse, sin dudas muchos se salvaran pero muchos otros se joden.

Quien soy no es importante más lo son aquellos que quieren ayudarnos, bajo los principios de la libertad de libertades, la Democracia, la gran Democracia que nadie quiere entender correctamente aceptarla y respetarla, mientras que otros la abusan con el oportunismo que ofrece.

La Democracia, en la que todo se sostiene desde el centro, entre el "Derecho", el "Respeto" y la "Justicia" de la consciencia, ubicadas estas bases en cada una de sus esquinas, formando "El Triangulo" perfecto de las sociedades astrales que viven en perfecto balance.

Pero estos seres del espacio que quieren ayudarnos, no son enanos verdes, ni parecen reptiles, tampoco se devoran hombres, no vuelan en ridículos platillos voladores supuestamente extraterrestres que parecen tienen dificultades para balancearse, ni tienen ese tamaño sus naves espaciales, mucho menos compararlos o relacionarlos con secuestradores de humanos.

Estamos en el universo de Dios, donde somos todos creados a su imagen y semejanza, Dios es un ángel de hermosa apariencia y también lo son todas sus creaciones por todo el universo, la diferencia entre unos y otros es la misma que existe en nuestro planeta entre nosotros, diferentes rasgos étnicos faciales, variados colores y tonos de piel, estaturas diversas y otras combinaciones que producen distinciones entre nosotros, comprenderá que fácilmente cualquiera en nuestro mundo tiene la posibilidad de provenir desde muy lejos y los cuales pueden encontrarse en cualquier parte. Para poder cruzar las inmensas fronteras del espacio y el tiempo, se necesita una ciencia de conocimientos muy superiores con una mejor tecnología mucho más avanzada y con un mejor diseño mucho más dinámico, mucho mejor de los que se observan mayormente en esas fraudulentas fotos y ridículos videos que están de moda por todas partes.

Algunos avistamientos de Ovnis son inventos y exageraciones de organizaciones, las cuales viven recibiendo dinero para sus programas investigativos, haciéndole creer al publico que se puede lograr una hazaña como esa, la de volar libremente el espacio por los humanos en algún tiempo cercano.

Simplemente para continuar obteniendo fondos, ingresos que les proporcionan los aficionados por las ventas que producen sus publicaciones, ellos tienen muchos secuaces por todo el mundo y existen muchos otros entretenidos que con cuentos infantiles se les duerme el cerebro fácilmente, los cuales sirven para soporte popular, especialmente en países de escasos conocimientos.

Los que vienen de tan lejos no están para bromas, ni pierden tiempo jugando a los escondidos por todo el mundo apareciendo y desapareciendo, dejándose observar por segundos y escondiéndose nuevamente.

En otros casos de avistamientos de Ovnis, es el mismo gobierno con sus experimentos sicológicos sobre los ciudadanos, en estos supuestos avistamientos se está preparando al mundo mentalmente, para el encuentro decisivo con lo desconocido que nos vigila hace rato desde el espacio.

Mientras que en otros supuestos avistamientos, son simplemente cuentos para manipular la opinión civil y obtener beneficios económicos por algunos inteligentes, otros lo hacen para tener algo que contar en su vida y otros para simplemente burlarse de los demás.

En conclusión una total conspiración humana y extraterrestre, de unos contra otros por todos lados, en un juego mental muy entretenido y muy peligroso, porque sin dudas altera los nervios de muchos.

Las naves madres interplanetarias de los extraterrestres son inmensas, estas gigantescas naves vuelan el espacio en tiempo sin tiempo y están cubiertas todas sus estructuras de energías condensadas por campos electromagnéticos o alguna tecnología similar.

Las energías de sus naves abren en el espacio canales, dilatándolo según se aceleran y controlan espacios saltándolos, no importa la velocidad que alcancen, no se siente ningún movimiento desagradable o ningún tipo de incomodidad, tienen las naves una gravedad interna estable en cualquier posición que se encuentren.

Las naves parecen en el espacio estrellas fugases, cuando rondan dentro de un sistema solar después de haber cruzado entre dos puntos, eso mismo observaremos abalanzarse sobre nosotros, cuando la hora cero sobre la tierra le llegue su turno y se tengan que cumplir sus demandas.

Sus campos de escudos energéticos protegen la materia refinada que cubre sus naves, al no estar expuesta su estructura al vacío por donde corren, no se densifica la masa con la velocidad ni sufre ningún daño su estructura.

Las naves se mantienen parece que inmovibles en el centro de una singularidad, totalmente protegidas por energías cuando viajan, entonces no sufren los efectos nocivos de ningún tipo de radiación cósmica presentes en todo el espacio, o impactos de materiales dispersos, trabajan con físicas cuánticas que son magia para la ciencia actual de la tierra, son viajeros del tiempo y el espacio.

Tampoco se roban seres humanos, ni experimentan con animales mutilándolos y dejando las evidencias, en esos niveles de su ciencia no necesitan ratones de laboratorio, conocen la anatomía humana desde que se creó, usando mejores equipos como los que se utilizan en los hospitales con resonancia magnética, pero ellos lo hacen desde el espacio sin tener que descender ni secuestrar.

Muchos están todavía en estos tiempos confundidos por los acontecimientos que tomaron lugar en Roswell, muchos siguen insistiendo en un accidente de una nave espacial que le costó la vida a entidades extraterrestres.

Es muy infantil pensar para cualquiera que conozca el espacio cósmico, que una inteligencia de tan alto poder tecnológico capaz de navegar por las estrellas, simplemente termine su existencia en un accidente planetario, sin que tuvieran tiempo ni siquiera de activar un simple paracaídas sus tripulantes, activado de una forma automática por un sistema de seguridad, en caso que hubieran perdido la consciencia.

Pienso que el impacto violento que mató a los tripulantes de una nave extraterrestre en Roswell según aseguran algunos, con una tecnología tan avanzada de altas energías y posiblemente con un combustible altamente volátil, sin dudas habría causado una explosión de gran magnitud, posiblemente de categoría nuclear, muy imposible de ocultar principalmente a la prensa.

Tampoco seres de otros mundos, dejarían al olvido cuerpos de sus compatriotas conociendo que están en posesión de habitantes extraños, para ser estudiados de la forma que lo hacen los científicos despedazando todas sus partes, muchos piensan que esos cuerpos todavía están en manos del gobierno lo cual es un error, o quizás no.

Lo importante es señalar, que nada tienen de relación las entidades extraterrestres que supuestamente se recobraron del caso de Roswell, con el tiempo presente.

Puede que un modulo se impacto en ese lugar, enviado con ciertas informaciones extraterrestres desde un mundo que se prepara y espera respuestas de la tierra, el proyecto "Mogul" pudo tener las intenciones secretas dentro de su programa, de orientar hacia ese lugar algo que esperaban recibir desde un mundo exterior.

Lo mismo se les envío a los rusos en su base secreta de Kapustin Yar, sucesos coincidentemente muy aproximado de los mismos tiempos de Roswell, proveyéndoles algún tipo de tecnología para compensar el balance de poderes entre enemigos políticos, informaciones tecnológicas que aprovechamos equivocadamente, para el desarrollo de una carrera armamentista acelerada, poniéndonos a todos los habitantes del planeta al borde de la extinción y todavía lo estamos.

Todos estos acontecimientos sospechosos, dan la impresión a cualquiera de nosotros, que alguien oculto anda haciendo planes con la especie humana hace rato desde lo desconocido, o jugando con la humanidad a la vida y la muerte, porque no les importa nuestra suerte.

Quizás los cuerpos encontrados en el lugar de impacto por el ejército y observados por testigos fueron los de inmigrantes ilegales desafortunados, que siempre han cruzado esas zonas y tuvieron la mala suerte de ser aplastados, por lo tuvieron esos cuerpos que esconderlos para evitar tener que dar explicaciones comprometedoras, o quizás experimentos de alturas atmosféricas con animales y maniquíes, como algunos oficiales del gobierno aseguran.

Entonces la respuesta de la tierra, se pudo enviar años más tarde en el momento adecuado, en un módulo lanzado al espacio nombrado voyagerl, el cual contenía grabaciones en distintos idiomas, incluyendo la de voces infantiles, proyecto que estuvo sustentado por varias naciones de forma intrigante por el objetivo de su misión.

Nadie ha analizado profundamente con sabiduría, cuál era el sentido principal de enviar al espacio ese módulo, teniendo en referencia que nunca llegaría a ningún sistema solar habitado en tiempo suficiente, para respondernos a los que lo enviaron ni siquiera a generaciones muy futuras, pero si alguien lo está esperando y lo intercepta en el espacio entonces las cosas cambian.

Quizás esa era el motivo principal por la cual ese proyecto se llevo a cabo y se encubrió la verdadera razón, muchos criticaron ese proyecto, porque para ellos no tenía ningún sentido común de valor la inversión, mientras otros lo consideraron estúpido.

Otros científicos notables lo consideraron altamente peligroso, por el hecho de enviar en ese modulo localización e información de nuestro sistema solar completo, incluyendo una variada información detallada de nuestra especie, hacia un cosmos muy desconocido enigmático y salvaje.

Enviar una información tan importante, hacia un universo desconocido donde nadie sabe quien pueda estar escuchando y de qué manera nos responda, o la intención que traigan escondida cuando se presenten sobre nuestro suelo, a mi entender también me parece estúpida la decisión.

Con ese proyecto hemos anunciando nuestra posición dentro del campo de batalla, regalándola a cualquiera que se la encuentre, dentro de una selva peligrosa y desconocida de la forma que es el universo, sin estar seguros si los que reciben son amistosos o enemigos cazadores o presa, es sin dudas tonto o algo muy bien planificado, es curioso señalar que los rusos en estos tiempos están preparando nuevos envíos de grabaciones humanas.

Sin embargo quizás todos estaban bien equivocados, usted ponga su mente a pensar y saque su conclusión de acuerdo al tiempo presente, observe bien el lugar hacia donde se envió ese modulo terrestre, que aparentemente estará viajando el espacio por tiempos inmensos y parece que no tiene sentido el proyecto, entonces comprenderá que todo parece un plan muy bien calculado.

Por otro lado, cuando se asegura que toda evolución científica actual, tiene un origen básico extraterrestre, les están quitando meritos a los científicos de nuestro planeta, que en todos los tiempos han mostrado el poder de inteligencia que tiene la especie humana, logrando avances tecnológicos con sus esfuerzos plasmados en largas horas de estudios y tiempos inmensos invertidos en sus investigaciones científicas.

Piense lo que desee, pero le insisto que nada tiene de relación el momento actual, con cualquier incidente pasado, ese es el punto de mi comentario al respecto del caso Roswell.

En nuestro planeta, la ciencia en varios lugares de la tierra busca en el espacio señales de extraterrestres, se han gastado millones de divisas en estos proyectos y están perdiendo el tiempo.

Están varias instituciones en el planeta, tratando de localizar ondas radiales en frecuencias de radio iguales o similares que las nuestras provenientes del espacio cósmico, pero están bien equivocados, estos tipos de señales que se proyectan al espacio cósmico, se pierden en el vacío convirtiéndose en ruidos indescifrables en corto periodo de tiempo.

Ellos se comunican con unos láseres de luz energética de altas resoluciones eléctricas, de puros electrones en señales codificadas y muy extrañas, resoluciones magnéticas que no se detectan con el ojo humano ni con los equipos tan atrasados que tenemos.

Poderosas ondas electromagnéticas modificadas con alta tecnología, las cuales cruzan espacios en tiempos sin tiempo, sistemas de comunicación que utilizan ondas de electrones creados simultáneamente, que sostienen una forma de superposición quántica tecnológica, cubren mediante reacción instantánea las grandes extensiones dentro de la galaxia a una velocidad inmediata, de punto a punto convirtiendo la señal en información.

Señales que nunca las podrán detectar con los sistemas que tienen y menos comunicarse, si reciben una señal directa por equivocación, se les queman todos los satélites y todas las computadoras juntas a la misma vez.

De recibir directamente una señal extraterrestre, no tendrían los científicos nuevamente la oportunidad de exclamar la expresión "Guao" porque todo se quemaría al instante, (wow signal o señal guao) es una señal extraterrestre detectada en la década del setenta y nunca se ha vuelto a recibir o localizar nada similar, tampoco nunca esa señal captada han logrado descifrarla correctamente.

En estos tiempos, en los intensos intentos humanos por lograr una comunicación extraterrestre con entidades desconocidas, con modernos equipos localizados por todo el planeta, buscando señales de cualquier tipo procedentes de todo el espacio cósmico en muchos lugares de la tierra, se puede observar que nunca han logrado tener suceso de forma estable y continúa, nunca han logrado un suceso que pruebe la existencia exterior civilizada de otras especies de forma definitiva.

Pero demuestra que esas instituciones investigativas que reciben un fuerte suporte, tienen sospechas bien fundamentadas de que existen civilizaciones en otros planetas, de lo contrario ningún gobierno invertiría grandes sumas de dinero, también quizás alguien muy especial que se hace el tonto en la tierra, si tiene el secreto extraterrestre muy bien oculto desde hace algún tiempo, el cual mantiene sus comunicaciones con el mundo secreto de los Ovnis en el misterio. Por otro lado, la falta de contacto expuesto prueba que los extraterrestres tienen muy buena técnica, principalmente para mantenerse ocultos delante de todos, sin dudas son mucho más inteligentes que los humanos.

Los extraterrestres están de cierta forma molestos y descontentos con la mayoría de los ufólogos por las apariencias que les dan a sus imágenes, no conocen esas especies extrañas en ningún lugar del cosmos, especies que muchas de ellas y aparentemente de acuerdo a los encuentros con humanos cuando dibujan sus apariencias, no tienen ni órganos sexuales, tienen la opinión que los humanos somos en muchas ocasiones muy ridículos.

Los Ángeles que conozco son genéticamente nuestros primos, no tienen que temer en la tierra a ningún monstruo, son todos jóvenes muy atractivos y de buena apariencia, cada cual se conserva según lo prefiere hasta en el color de su piel, aunque parece que no tienen piel son de una energía muy luminosa que cambia de color según su voluntad.

Tienen la tecnología y la ciencia para mantenerse bien, todos son muy simpáticos y amistosos, pienso algunas veces que son seres de una civilización muy avanzada, quizás muchos millones de años más adelantados, o Ángeles precedentes de un universo superior.

La naturaleza orgánica en su evolución sobre todos los planetas por igual de nuestra galaxia, sigue un programa biológico en secuencias de espacios y sus frecuencias de tiempo previamente establecido, un formato codificado y constantemente dirigido para lograr su objetivo específico, el cual siempre busca alcanzar en el resultado final la especie humana.

Lo que sucedió en nuestro planeta y todos sus procesos de evolución en las especies, ya sucedió de forma similar en otros planetas y, en otros se están manifestando los procesos en estos momentos siguiendo todos el mismo patrón de conducta.

Cuando se alteran los resultados y las especies se van fuera de control o adquieren formas irregulares, la naturaleza ajusta cualquier anomalía eliminando lo que estorba, lo hace activando un programa específico de sus archivos genéticos, o pasa un llamado al cosmos para que lo resuelva rápidamente mediante acciones violentas.

El que quiera creer lo contrario está libre de hacerlo, el que tenga otras historias de secuestros y abusos de extraterrestres con rostros disformes o aterradores que las tengan, pero descargue las culpas sobre otros habitantes en la galaxia y entreténganse con eso.

Pero por favor no culpen a estos sabios con estupideces de secuestros y otras mentiras, el ridículo tiene también sus límites, incluso los humanos de poca educación de poco conocimiento científico y hasta los ignorantes de estas materias, pueden darse cuentas entre quién miente y quien no miente, entre lo que puede ser posible, real, lógico y compararlo con lo estúpido y ridículo, todo lo cual está fuera de la razón común y la realidad de nuestro tiempo y nuestros conocimientos.

Los transbordadores de estas naves Madres, que descienden sobre planetas son muy lumínicos en sus estructuras, las cuales están cubiertas por energías que protegen su materia metálica de aleación muy avanzada, con campos de alta vibración que reflectan la luz en una luminosidad verde esmeralda transparente, algunas azulosas muy brillantes o blancas, todo depende de la condición en la atmosfera en ese momento, no se pueden ver tan fácilmente.

En nuestras historias místicas existe un cuento de tiempos muy antiguos, sobre una famosa cuidad o continente desaparecido por una catástrofe oceánica, "La Atlántida" de la cual hasta el momento actual, nunca se ha encontrado nada definitivo que pruebe esa historia.

Tratándose de un continente yo pienso que debe estar vigente la evidencia y haberse descubierto hace tiempo, con tanta búsqueda que se ha realizado y con tantos equipos modernos que tenemos para las investigaciones, es imposible que haya desparecido sin dejar rastro mucho menos tratándose de construcciones antiguas.

El avance tecnológico que se piensa tenían sus habitantes, ha llevado a la conclusión a muchos estudiosos, que quizás se trataba de una civilización de otro mundo que hábito nuestro planeta en algún momento y un día se marcho, dejando vagos recuerdos en los primitivos habitantes que presenciaron su ascenso.

Dando origen a la historia de un cataclismo que nunca existió, una historia modificada en diversas formas en el tiempo, bajo la imaginación del pensamiento tan elocuente que tenemos los humanos.

La Atlántida fue un continente, estructurado de varias gigantescas naves espaciales ancladas en sus bases de piedra sobre el océano atlántico muy poderosas, que en su formación dieron una imagen del diseño actual que conocemos sobre ese supuesto e intrigante continente, son estructuras de megas metrópolis galácticas que visitaron nuestra tierra, súper navíos viajeros del espacio y el tiempo que están anunciando su regreso.

Naves espaciales las cuales cuando se marcharon al levantarse de sus bases de piedra, dejaron la impresión en aquellos observadores del momento que un continente se destruía por un cataclismo, quedando sus bases en el tiempo cubiertas por las aguas, después que se elevaron los niveles de los océanos al terminar la última era glacial.

Los filósofos de los tiempos sintieron su presencia, pero nunca comprendieron la visión de todos los que presenciaron los acontecimientos correctamente, de la misma forma que muchos confundieron sucesos geológicos antiguos, y actualmente tienen cuentos religiosos derivados de esos acontecimientos.

El que quiera más y mejor documentación de avistamientos extraterrestres, que le pregunte al ejército Mexicano por sus archivos secretos, ellos no son los únicos que tienen una visualización acreditada oculta muy buena en el mundo, algunos oficiales de esa zona, tienen sus debilidades de corrupción y pueden extraérseles alguna información clasificada con dinero, sin muchas dificultades.

También han sido publicadas algunas de sus experiencias de avistamientos para calentar el ambiente popular, sin dudas encontrarían entre ellos quienes estarían más dispuestos a cooperar con alguna oferta monetaria, o exíjanles al gobierno en América que confiesen sus conspiraciones y secretos cósmicos, el tiempo de revelaciones está presente y el momento lo requiere de parte de todos.

El secreto con México para tanta actividad de ovnis, está en la topografía de sus extensos terrenos y la facilidad de operaciones que facilita la zona, otro factor importante es la distancia que se encuentra de los Estados Unidos, donde es mucho más difícil establecerse en bases por lo curioso que son sus agentes de prensa, y otras contrariedades que presentan algunos sectores del gobierno.

Bueno quizás otras buenas experiencias similares también existen por todo el mundo, pero yo no conozco mucho de OVNIS UFO o USO, no sé realmente la expresión correcta, ni tengo mucha información de seres extraterrestres, ésta es la primera ocasión de encuentros con lo inexplicable al nivel cósmico que he tenido, y puede creerme que todavía estoy en estado de confusión mental.

Ellos quieren ayudarnos para salvarnos, en la tierra cometieron el error de crear virus algunos científicos en sus laboratorios, alterándolos con muy malas intenciones contra la humanidad.

Virus que no los pueden controlar ni los mismos científicos que los crearon, virus que resisten altas y bajas temperaturas en ambas formas, entonces los tienen en suspensión y no saben qué hacer con ellos, alguien los puso a pruebas por el mundo porque no los aguantaban los ratones de laboratorio, principalmente en el África.

Un ejemplo las alteraciones biológicas logradas en el virus del sida, pero existen otros peores y en grandes cantidades concentrados en armas bacteriológicas, todos lo sabemos pero lo más importante y lamentable es que nosotros mismos no podemos pararlos, estamos sin dudas bajo el dominio del hombre Satanás que tiene intenciones de suicidio.

La forma en que conducen los extraterrestres una acción contra un mundo fuera de control, viene directamente desde el espacio y es muy dramática, en la cual paga los justos por los pecadores, jugamos con fuego y el que juega con fuego tarde o temprano termina quemado, ellos experimentan pero al nivel de sus consciencias, sin dudas todo tiene un destino más sano, el nuestro es en su mayoría de carácter diabólico.

Nuestros científicos algunos se fueron por el camino equivocado, sólo espero que escapemos una vez más del destino que nos marcaron los que piensan equivocadamente, que tienen el derecho sobre todos los demás, entonces lo aplican de muchas maneras con la fuerza de las armas y conspiraciones macabras.

Quiero comentar algo más sobre mis comunicaciones espaciales, pero quiero hacerlo de una manera que nadie piense que soy un extraterrestre, entonces me quieran secuestrar a mí para abrirme la barriga, o me quieran coger el cerebro para experimentar.

De todas maneras es bueno señalar que la energía es todo, la materia no aporta nada importante muerta, pero muchos científicos piensan lo contrario por eso han hecho tantas estupideces y barbaries contra seres vivos en todos los tiempos.

La nave espacial que veo en mis meditaciones y me habla en mis sueños, tiene la forma parecida a un León como a la Esfinge de Egipto, pero sus piernas están extendidas en posición de ataque aéreo y sus garras encendidas con fuego de estrellas.

Parece en su rostro un León que acaba de despertar y tiene mucha hambre, pero no busca cachorros, quiere una presa grande para clavarle duro y profundo sus afilados y agudos colmillos.

El León del espacio tiene una estrella muy bella en su pecho, que vibra intensamente y emite fuertes destellos de luz color azul eléctrico, esa estrella representa un símbolo y emblema galáctico.

La misma estrella la he visto en la tierra en muchos lugares de varias formas artísticas, algunos humanos les gusta, otros la respetan, otros la odian, sus pulsaciones de luz comienzan en tres destellos, después le siguen seis, después doce y se repiten los destellos girando la estrella de una forma difícil de explicar, hacia la derecha y hacia a izquierda a la misma vez.

El ser que conversa conmigo y viaja en la nave grande, tiene un turbante brillante sobre su cabeza como el que usan los reyes de Arabia, sus ropas también son largas y elegantes parece un Sultán Árabe del espacio, se puede observar que tiene gran autoridad en la nave sobre los asuntos del planeta nuestro La Tierra.

Este caballero de apariencia Musulmán, lo he visto en mis sueños regalándome caballos sobre las arenas del desierto en algún lugar cerca del mar, tiene mucha gente que parecen importantes a su alrededor y muchas doncellas.

En mis sueños me veo muy joven, parece un familiar mío que me aprecia mucho, dice que habito en la tierra hace mucho tiempo atrás, no soy religioso de nadie no sirvo ningún propósito porque me considero científico, pero me parece que sé quién es.

No pienso que sean extraterrestres, despiden mucha luz de sus cuerpos y una gran cantidad de energía se puede sentir cuando se acercan a mi cuerpo, para mí son Ángeles en lo profundo de mi ser yo creo en Dios, nunca todas las respuestas se tienen nunca todas se encontrarán, siempre surge una nueva interrogante que pone la existencia infinita en manos divinas, entonces el de más arriba tiene que ser el creador.

"Y dijo Dios que sea la luz y fue la luz", la luz nació espontáneamente en el mismo instante cuando la acción se produjo y nació el universo, nadie puede contradecirlo.

"Yo soy la luz del mundo", estas son palabras sabias de poder que sólo puede hablar el Espíritu creador, porque la luz tiene el poder de la existencia y sustenta la vida nadie puede negarlo.

El Carruaje de Fuego de historias Islámicas, siento que regreso sobre su alfombra mágica junto a muchos otros carruajes más y anda rondando de nuevo la tierra, ahora prepárense para enfrentarlo en estos tiempos del fin.

Aunque el Dios universal que todos imaginamos según nuestros conceptos y creencias religiosas, tiene sus formas únicas en cada espacio que se manifiesta en el universo, ellos tienen sus creencias basadas en sus historias y sustentadas por sus logros.

Yo ley las historias de la creación y la existencia según su Dios, unas historias hermosas llenas de amor, pasión y eternas aventuras cósmicas de sus Ángeles, realizadas por todo el espacio, manifestadas en la realidad por la gracia de su poder y de su fuerza.

Historias sin traiciones ni mentiras, con otra verdad de un Dios con una consciencia eterna, que cubre todo espacio y sustenta el universo entero a la misma instancia para todos y para todas las cosas, alimentando la materia orgánica animándola en sus múltiples formas con su energía de diversos niveles conscientes.

Un Dios que sostiene la eternidad dentro de la cual todo existe, todo le pertenece y del cual todos somos parte, todos existimos dentro de sus infinitas dimensiones de tiempos y espacios los cuales son eternos.

Vamos experimentando con nuestra existencia de diferentes niveles de consciencia, el paraíso exótico que nombramos el universo cósmico que observamos eternamente, todos somos transportados hacia un plano astral en cada transformación que experimentamos según el nivel de consciencia adquirido, dentro de mundos más elevados de consciencia, mundos perfectos y hermosos, o de merecerlo nos envía a sufrir en mundos revueltos y peligrosos.

Un Dios que en su expresión lo puede todo, lo sabe todo, lo cubre todo, lo siente todo, lo experimenta todo, un Dios poderoso eterno que lo es todo, por sobre todas las cosas y para todas las cosas, sin límites, un Dios que en su dualidad lo puede crear todo y lo puede destruir todo simultáneamente al mismo instante, con ese poder y esa fuerza es que Dios es Dios y existe eternamente.

Sólo espero que ese Dios de los extraterrestres, el cual quizás es el mismo Dios nuestro en el cual tanto creemos y confiamos, nos sorprenda a todos confesados.

T J Lubavitch.

Capítulo 2

Los tiempos de Juicios bajo el orden de los extraterrestres.

Primera declaración oficial a los habitantes del Planeta La Tierra.

Planeta "Atenías" ubicación en el sector galáctico VII, a una distancia aproximada de 21757 años luz de la tierra.

Comenzamos con un resumen de hechos importantes, los cuales marcan el punto directo desde el cual, el tiempo final de todos los humanos les comenzó a contar de forma definitiva.

Acontecimientos que a partir de los cuales, el gobierno central de la casa blanca en Norte América, comenzó sus contactos directos entre el departamento oculto más secreto del mundo y nuestros agentes.

Durante el transcurso del año 2007 el gobierno de los Estados Unidos dirigido por el hoy ex Presidente George Busch, pronunció un discurso de costumbre dirigido a la Unión de Estados.

Se pronunciaron en este discurso una serie de palabras partidistas, un número de justificaciones algunas excusas y proyectos futuros, también logros alcanzados o por alcanzar varios planes y muchas otras cosas en camino de resolverse o mejorar para el bien de la nación.

Todos saben hoy que todo fue un cuento nada se ha resuelto y tampoco nada se resolverá, mucho menos proviniendo de la boca de cualquier político, nunca un político logrará nada favorable que verdaderamente resuelva la situación mundial, porque ni siquiera pueden garantizar nada dentro de su propia nación.

Quizás alguno tenga la buena intención pero eso no es suficiente, cuando se enfrente a los grandes intereses, se cambia de opinión o lo hacen cambiar porque el mundo de los humanos tiene un diferente dueño.

Posiblemente la pronunciación más importante de aquel momento y a la cual se le prestó menos atención por el pueblo Americano, quizás porque han perdido la fe a la palabra de cualquier gobernante, fue que la casa de gobierno había encontrado la solución para balancear la deficiencia del gobierno, lo cual sería logrado en un periodo de corto plazo sin aumentar los impuestos.

Con una deficiencia bancaria que aumenta su volumen descontrolado inflándose en cada momento de forma explosiva, y que en sus tiempos de administrador nacional el ex presidente duplico el número negativo, número que hoy suma por encima de muchos trillones de dólares y de acuerdo a las circunstancias actuales es un imposible de resolver, entonces esas palabras parecen una burla a la inteligencia humana.

Una economía actual que constantemente continúa inclinándose su balance hacia un lado negativo y lo hace de una forma descontrolada e imparable, donde se pueden observar elevadas sumas derrochadas en trillones de su moneda nacional, un derroche consecutivo de todos sus gobiernos en turno, que persisten en sostener un imperio que se conduce el mismo por un camino de imparables consecuencias oscuras.

Todos saben o deberían saber que el sistema económico establecido para dominar el mundo, es simplemente una burla inventada por maestros de la manipulación, porque profundamente el sistema económico como tal ni siquiera existe, un sistema el cual funciona desde un lugar oculto en la sociedad que controla, manipulando transacciones bancarias a través de sus sistemas operativos, simplemente con números sin la realidad de un valor existente que lo soporte.

Tienen un sistema monetario que está sostenido simplemente por la fe de los que confían en su nación, porque nada actualmente sustenta el valor del papel, el cual está convertido en un fantasma diabólico que sólo busca el enriquecimiento propio de los que lo manipulan y lo inventaron, fabricando constantemente dinero de la nada.

Un sistema ficticio que no puede detenerse en su mecanismo el cual está programado para atrapar, que se sostiene en su función con el préstamo continuo alentado por el intensivo propagandístico.

Prácticamente y lamentablemente esa es la única salida de oportunidad de subsistencia y, única esperanza de avance para cualquiera que esté envuelto en su mecánica, después de todo para simplemente poder sostenerse con vida, sosteniendo atrapados en sus redes la mayoría de todos los ciudadanos con cada día que viven.

Con una única vía de escape para el ciudadano, la de convertirse en un vagabundo ambulante, vagabundos los cuales también están siendo acosados al ser considerados ilegales en muchas ciudades, todo esto quiere decir y demuestra que es obligatorio incluso por ley estar envuelto en el monstruo social y su sistema de represión humana, o simplemente tienes que desaparecer.

Un sistema donde un ciudadano común para sostenerse, tiene obligatoriamente que vivir endeudado, preso de la mecánica monetaria y victima de la sociedad que lo invento, sistema el cual en cualquier situación económica negativa que se le presente y, situación que de alguna manera es culpa de la misma sociedad, es condenado y presionado por el sistema legal que protege el imperio, a cumplir con los culpables que le oprimen, algo irónico para nuestro entendimiento astral.

Cualquier ciudadano quien quiera que sea, es acusado fácilmente de delincuente por los acreedores y presionado por todas las vías posibles incluyendo legales para forzarlo a pagar, sin tener la mínima consideración ante cualquier dificultad que le ocasiono incumplir, terminando la victima social en casi todos los casos en las perdidas de sus adquisiciones y toda su inversión, que muchas veces termina en el suicidio.

En el tiempo se vuelve a insistir por parte de los acreedores con el oprimido, alentándolo a incorporarse nuevamente al ciclo vicioso del consumo, porque todo lo que importa en el capitalismo de los humanos es el dinero y más dinero, un sistema el cual está destinado a su propia destrucción, destinado por la misma ambición humana que lo estableció escondida en la mala conciencia que tienen oculta, están bajo un sistema económico imperial que continuamente y de acuerdo a su continuo avance expansivo en el tiempo, va aumentando por sí mismo la inflación imparable y con ello la deuda.

Mientras más dinero se fabrica de la nada, mas deuda se establece y mas intereses se obtienen, entonces más impuestos se colectan, se ha creado en conclusión un desastre que jamás tendrá solución en manos de los humanos.

El que piense que puede arreglarlo de la forma perfecta, que trate de explicar con matemáticas precisas, la manera de llevar el tiempo presente sin alterar los ingresos Per cápita actuales de los trabajadores, ni controlar la producción y el consumo actual, al tiempo del poder adquisitivo y los costos que tenían con su moneda 50 o 70 años atrás.

Simplemente este planteamiento es un imposible, nunca conseguirán congelar los precios actuales eternamente y continuar incrementando el salario promedio, tampoco regularlos de forma definitiva o simplemente detenerlos en su escalada fuera de balance, pero sin dudas que todos serian mentalmente muy felices de lograrse algo similar, acepto el demonio que gobierna el mundo, el cual está representando la mal llamada sociedad civilizada de consumo material indiscriminado.

En el sistema actual implantado para lograr estabilizarlo estaríamos hablando de un imposible, porque el sistema económico actual existente fue creado para absolver, que es lo mismo que devorar, no fue creado para dar ni mucho menos regalar nada, entonces sin dudas el sistema económico que no se pueda corregir, controlar, o estabilizar y beneficiar a todos por igual, es simplemente diabólico y una gran mentira.

El propio sistema que en su mecánica moderna del dinero, fabrica constantemente dinero de la nada y se conduce por un camino continuo hundiéndose por sí mismo, dentro del cual matemáticamente las recesiones son imparables en diversos periodos de tiempos, el que hable tan deliberadamente de un balance, o de una fórmula mágica para resolver de forma definitiva y positiva el sistema económico, simplemente es un estúpido o piensa que aquellos que escuchan lo son.

El que tenga dudas sobre el sistema económico que controla el mundo, que analice detenidamente los programas instructivos localizados en el espacio cibernético de los humanos, confeccionado por personas que tienen nuestro apoyo indirecto por el esfuerzo que realizan en instruir a los ciudadanos para que despierten de la mentira en que viven.

Varios numerosos programas cibernéticos están muy bien documentados y son muy educativos, donde se puede obtener buena comprensión por cualquier ciudadano de la realidad presente y el futuro hacia donde se dirige la humanidad, también comprenderán quienes verdaderamente son los que la dirigen y las intenciones que tienen.

Recomendamos que estudien los principios conceptos y proyectos de organizaciones importantes en la tierra, las cuales están motivadas en la forma en que nuestros sistemas se desarrollan, queremos que los ciudadanos conozcan quiénes somos y lo que pueden esperar de nosotros aquellos humanos que merecen ayuda.

Un ejemplo "El Proyecto Venus", el cual es proveniente de la buena consciencia humana que todavía persiste viva en algunos de ustedes, proyecto el cual tiene nuestro soporte y aprobación, las posibilidades de establecer un sistema de esa categoría sobre cualquier mundo con esa visión futurista, está centrado en la consciencia de todos los que habitan el planeta, queremos que nadie nos confunda o trate de desviar la opinión pública sobre nuestra imagen, por lo cual aclarecemos que somos muy Capitalistas, con la diferencia de tener una alta consciencia para todas las cosas existentes.

En su próximo discurso en el año 2008 el ex presidente volvió a mencionar varios puntos claves, la vital importancia de encontrar soluciones urgentes a la creciente demanda mundial de energía, la necesidad emergente de reducir el calentamiento global acelerado que sufre el planeta y, la continuación de la guerra contra el terrorismo a todo precio y costo.

Entre sus diversas declaraciones en una ocasión menciono las siguientes palabras, "somos adictos al petróleo tenemos que buscar nuevas vías", nadie calcula que detrás de cada palabra existe un motivo y, cada motivo tiene su intención para lograr un propósito en un futuro.

Proviniendo de un ex presidente con alta relación con la industria petrolera, y con numerosas acciones en compañías que producen equipos y armas para los militares, con ganancias provenientes de la misma desde varios ángulos y perteneciente a un partido político, donde sus altos miembros están envueltos la mayoría dentro del mundo de las finanzas mundiales, estas palabras sin dudas son sospechosas.

Todas estas pronunciaciones provocan reacciones de críticas por parte del partido opuesto, esto es un comportamiento normal en la política humana y sus contradicciones, en este caso específico, muchos opinan que ciertos puntos no tienen sentido porque no son importantes lo suficientemente para mencionarlos, o no están bien explicados porque no tienen una conclusión concreta.

Los ciudadanos en estos tiempos mundiales, no les interesan para nada las palabras que pronuncian los políticos, la mayoría no tiene el tiempo ni para escuchar, de todas maneras la confianza está perdida.

Los que están en presencia del presidente, aplauden porque están comprometidos a cumplir con ciertas normas políticas y sociales, todos saben que prácticamente es una obligación hacerlo, entonces aplauden de forma hipócrita.

Ninguno de los ciudadanos actualmente tiene credibilidad en sus gobernantes, en su mayoría simplemente votan, para pasarle la cuenta al partido en turno cada vez que demuestra su incompetencia, sin importar quien tomara las riendas del país.

Mucho menos se tiene credibilidad, en nada que anuncia un presidente que llevo al país al borde del abismo, destruyo su economía llevándola a un nivel desastroso y lo ha hundido en la deuda, deuda de la que difícilmente jamás se recuperara, destruyendo con su política el mercado y la credibilidad de la nación delante del mundo entero.

Quizás los discursos pronunciados a la unión de estados, son simplemente palabras obligadas a mencionarse fuera de lugar y tiempo, programaciones que tiene que cumplir los políticos en turno, en conclusión más de lo mismo y en comparación es el mismo perro con diferente collar.

Parece que nosotros con nuestro comentario, estamos haciendo leña del árbol caído al mencionar un político que termino su turno, pero no es cierto, la diferencia es que los ciudadanos no conocen el secreto oculto y nuestros motivos, todo tiene su razón y su lógica por esa razón es que comentamos sobre el ex presidente, ahora es el tiempo de revelaciones mundiales con el cosmos y comprenderán.

La solución explicada por el ex presidente para lograr el balance de la deficiencia gubernamental, no ha sido nunca explicada con sinceridad y absoluta matemática a nadie, nunca se le dio una respuesta desde que se anuncio, tampoco se ha explicado con certeza la manera en que piensan lograr adelantos científicos importantes, para resolver con ellos de forma absoluta el problema energético en corto plazo.

La demanda energética tiene carácter emergente, dentro de un mundo lleno de urgencias, las recepciones económicas les están golpeando duro las puertas y tienen intenciones de escalar fuera de control.

Tampoco está explicado en una manera segura, la forma de vencer una guerra mundial contra el terrorismo, el cual también está escalando a niveles peligrosos contra todos los civiles y el propio planeta, teniendo en cuentas que el terrorismo se renueva en un gran porciento de cada nacimiento y, en gran parte está motivado por la culpa de la creciente globalización ambiciosa y los monopolios que explotan a los pueblos, parece una burla de parte de cualquier partido político asegurar que logrará alcanzar algo semejante para la humanidad.

Entonces estos son los momentos nuestros de explicarlo al mundo que nos escucha, revelando secretos importantes para la humanidad, porque la orden galáctica de todos los tiempos arribo contra la tierra y tiene que cumplirse.

La realidad es que no existe ningún plan que verdaderamente asegure nada positivo, actualmente a nadie engañan, en este caso particular todo lo dicho por el ex presidente en ambas ocasiones es parte del plan para complacer a los seres del espacio, los políticos están bien sucios por todo lo que ocultan y por todas las conspiraciones en que participan contra la humanidad, conspiraciones llenas de sangre inocente junto a los poderosos monopolios por intereses monetarios.

Los dos últimos discursos y otros pronunciamientos del ex presidente, han sido simplemente otra conspiración más, en ésta ocasión sus palabras son a favor y en apoyo de los visitantes del espacio que caminan sobre la tierra, para mostrarnos públicamente que Norte América puede y quiere cambiar, también que puede hacerlo con cualquier partido político en turno.

El ex presidente G. Bush se marchó con honor de la casa blanca, dejo firmados acuerdos que apoyan nuestras fuerzas para cumplirse por el partido entrante, acuerdos nuestros que fueron firmados con los republicanos, porque son de mano más dura en cuánto asuntos internacionales de seguridad se refiere, acuerdos que también fueron apoyados por miembros importantes del partido demócrata, porque saben que en el próximo turno se cambia de presidente y en dirección hacia otro partido.

Acuerdos que fueron firmados bajo la conspiración nombrada, "Katana Dorada" custodiada actualmente por el servicio secreto, conspiración de la que hoy todos los ciudadanos pueden conocer su existencia, pero no pueden conocer con exactitud todos los procedimientos específicos.

En asuntos sobre la tecnología es importante dejarla que crezca libremente y apoyar sus innovaciones, desarrollarla libremente es el camino a la liberación y los altos políticos son culpables de obstaculizar su avance para proteger los intereses que ellos representan, especialmente todo lo relacionado a la energía y, los avances logrados que tratan de obstaculizar la implantación de los mismos desapareciendo inocentes, hombres y mujeres de altos conocimientos han caído victimas de conspiraciones para mantener control del avance científico, o son comprados sus conocimientos con el revólver apuntando su cabeza.

Las próximas elecciones presidenciales son cruciales para los humanos, todo partido político quiere estar en buenas relaciones, es importante para lograr una alianza segura, especialmente aquellos que tienen mucho que perder sus miembros, debido a todos sus compromisos de intereses. Elecciones que afortunadamente ganaron los demócratas bajo los acuerdos planificados, los cuales están en armonía con nosotros, por los principios social democráticos que tiene su línea de conducta, dar para recibir y recibir para dar repartiendo las riquezas por igual, sin ambiciones personales de control y dominio todo bajo un balance de consciencia.

Nosotros todo lo hacemos y todo lo damos por amor, buscando con los hechos un mejor lugar en la existencia superior divina y, ese es uno de nuestros lemas de vanguardia, pero sólo lo aplicamos con quienes lo practican y lo merecen, los demás que se las arreglen como puedan.

Los humanos no merecen que se les den nada y tampoco tienen nada para dar, representan más un problema para el cosmos que una solución, problema que trataremos de resolver buscando una solución para cada situación, lo haremos de cualquier forma que sea necesaria porque son muchas las complicaciones, nunca todos estarán de acuerdo a la misma instancia. Muy distante a las ideologías socialistas de los humanos, nosotros depositamos nuestra existencia y confianza en Dios creador, el cual es el ejemplo más profundo y más puro del socialismo de consciencia representado en el amor, Dios es el amor que no tiene barreras ni límites, en todo espacio y tiempo lo cubre todo y a todos por igual.

El amor es de origen divino, ofrece absoluta paz total compasión e igualdad a todos sin excepciones, por amor han sido todas las cosas y pueden lograrse todas las cosas, entonces el amor es profundamente un gran socialista, también Dios que es todo amor y lo promueve predicándolo y lo sustenta, sin ninguna duda también Dios es un gran socialista. Nosotros sus hijos por creación estamos siempre con Dios a su lado el lado del amor, provenimos y somos parte del Dios espiritual del amor que lo puede y lo posee todo, un Dios materializado por nosotros, animada su imagen sagrada en la existencia física del Socialismo Universal, sistema el cual tiene en sus principios la consciencia divina de un creador.

El nuevo Presidente en Norte América tiene intenciones ocultas de grandes cambios dentro de la infraestructura, grandes cambios sociales con beneficios a los ciudadanos que son siempre los que pierden los hogares los trabajos y entran en todo tipo de dificultades, mientras los más poderosos siempre escapan las situaciones difíciles que ellos mismos crean, muchas veces crean estos desastres económicos por incompetentes, mientras en otras ocasiones se crean todas estas situaciones conspirando contra la humanidad arrastrándola para lograr mejores beneficios propios y mejor control mundial.

Esto lo puede cualquier ciudadano comprobar al observar que en las últimas recesiones económicas en los Estados Unidos, los mismos culpables que las crearon continúan en el poder de las grandes corporaciones financieras después de recibir grandes sumas monetarias del gobierno para ajustar las diferencias, usted pregúntese la siguiente interrogante en su interior y busque la respuesta que más le convenza o mejor se ajuste, ¿estos procedimientos de quiebra financiera y ayuda posterior son una estupidez entre el gobierno y los bancos o una conspiración muy bien planificada? Estamos seguros que responderá correctamente, alguien tiene que parar de cualquier forma a la humanidad.

Estas son algunas de las razones nuestras en que nos preocupa mucho la seguridad del nuevo presidente, un peligro basado en sus proyectos futuros e intenciones de justicia social, las cuales siempre ha expresado en sus discursos particularmente el pronunciado en febrero del 2009, donde mencionó entre varios temas la importancia de lograr un plan eficiente de beneficios médicos de forma definitiva, los derechos el respeto y justicia de los soldados, y comento sobre un personaje que dividió una gran suma de riquezas. Los poderes siniestros que se ocultan en las sombras con sus intereses amenazados, nunca permitirán que los vientos de cambios mundiales, traigan la unión de los pueblos del mundo y, los recursos en toda escala y de toda índole se repartan en su momento por el mundo por igual, estas intenciones que están en nuestros proyectos sabemos que están elevando altas tensiones, mas el terrorismo que está forzado nuevamente a demostrar su existencia a gran escala y poder.

Repartir es precisamente lo que vamos a hacer en la tierra de los humanos, por todas estas cosas el peligro del hoy presente presidente de Norte América Barack Obama, un presente peligro de ser acecinado en cualquier momento, asesinado por los mismos conspiradores de siempre que pueden llegar con sus conexiones hasta la puerta trasera a la espalda del presidente, conspiradores ocultos en cultos secretos, con lazos dentro de las altas esferas del gobierno y los verdaderos dueños de "Wall Street" detrás de la puerta, (wall street es el centro mundial de las finanzas localizado en New York) los cuales nunca permitirán que nadie los desplace de su poderoso control mundial. Ese grave peligro de muerte está grabado en la historia y, la historia cuando se insiste en ella siempre se repite, la conspiración para una nueva bala mágica similar a la que acecino al presidente JFK, actualmente está rondando el ambiente y muy pronto.

Rectifiquemos que las posesiones materiales, en específico las riquezas no son un problema para tener una relación bien establecida con nosotros, pueden ser muy acaudalados, muchos lo logran por la suerte, otros por sus habilidades, otros por sus esfuerzos o por su inteligencia, lo cual respetamos. La diferencia se encuentra en aquellos que lo han logrado y lo sostienen mediante la explotación, el abuso, la esclavitud y demás contrariedades, los cuales son muchos y algunos están muy poderosos económicamente, deseamos cambiarles el pensamiento mediante la buena consciencia, para que apoyen la causa mundial, tienen la obligación de pagar la deuda con Dios, la deuda que tiene escrita en la palabra, o serán forzados a pagar todo lo robado, o desaparecerlos físicamente del planeta de negarse cualquiera a cumplir con Dios.

Entremos en nuestro asunto principal, desde hace mucho tiempo los humanos tienen pesadillas con el universo, algunos les fascina a otros les da miedo sus misterios, otros hablan lo que no conocen y muchos otros inventan sus propios cuentos. Muchos también ven extraterrestres por todos lados, mientras otros esperan milagros celestiales, pero nadie tiene las respuestas total de todas las cosas juntas, aquí tienen todo a una misma instancia los humanos de la tierra, conjuntamente con su cuenta final.

Durante algún tiempo el Planeta de los humanos ha estado bajo nuestra observación, muchos lo piensan, otros lo observan y otros lo saben muy bien, el momento nuestro de actuar en su tiempo específico está escrito aquí en estos textos. Primero guerra de juicio con palabras sobre todos los hombres, acto seguido una invasión para conquistarlos y gobernarlos, o una ayuda exterior desde otra tierra para salvarlos de su propia destrucción, usted determine la respuesta que mejor le convenga, para nosotros los del espacio es solamente una orden Galáctica y nada más, con ciertas recomendaciones adjuntas que nosotros escogeremos dependiendo de la reacción de los humanos, las cuales pueden ser muy diversas.

Establecer el orden mundial al nivel universal, es el principal objetivo nuestro, "Novus Ordo Seclorum" en el nombre de Dios, nuestro Dios el cual es el único que habla y actúa en presencia física, su obra se observará en presencia de todos.

Días antes que el presidente diera su discurso del 2007 a la unión de estados y, el anuncio de tan esperada e imposible solución sobre el presupuesto, el departamento de estado había recibido un mensaje urgente a través del correo electrónico. Un mensaje con un origen previo procedente del espacio, que enviamos nosotros directamente a sus sistemas de operación en la Casa Blanca, no existen dudas que el departamento de estado después de analizarlo y comprobar su veracidad, quiere mostrarse amistoso y cooperativo lo cual agradecemos, pero tendrán que esperar el cambio de gobierno en las próximas elecciones para ver los resultados. Porque el próximo presidente estará presente en el 2012, lo cual es muy importante y a nosotros nos molestan los republicanos, ellos defienden muy bien la nación y sus muy importantes intereses económicos mundiales, también defienden muy bien los intereses personales de eso no hay dudas, pero quieren las cosas a su manera y las cosas son a nuestra manera, en la cual los cambios son imprescindibles, no todas las cosas serán de la manera que mejor les convenga a los Norte Americanos, el encuentro es mundial y será en beneficios de todos o para nadie.

La solución para balancear el presupuesto, la deuda mundial y las necesidades del mundo en general no existe en manos de los humanos, los del espacio estableceremos un nuevo orden galáctico, en el cual la democracia con todos sus principios es primero, después vienen los intereses de acuerdo a las necesidades de los pueblos y solamente por el mejor interés de cada pueblo.

La tecnología espacial de la NASA recibirá el impulso final que necesita, al nivel nuestro para que pasen a una etapa de exploración y, conquista superior sin más altos gastos de investigación, aunque todo esto no es suficiente para solucionar las cuentas, si es el principio hacia una dirección que ponga un paro a las equivocadas inversiones y las fraudulentas. Comprendemos los deseos y derechos de alcanzar las estrellas, pero los viajes planetarios en su sistema solar no resuelven nada, el planeta en que se vive es primero, pero los humanos insisten y quieren alcanzar las estrellas y no conocen ni saben cuidar su propia tierra. Además están muy atrasados en ciencia espacial, los que saben del universo y lo controlan ya están sobre la tierra en contacto directo con los servicios de inteligencia, la NASA es la única que tiene crédito con nosotros en el mundo, los demás tendrán que esperar, otros podrán unificarse con la NASA mientras otros tendrán que retirarse.

El ejército recibirá a cambio muy buenos beneficios bélicos, con adelantos importantes especialmente la fuerza aérea, para que se resuelva el problema mundial de la única forma que entienden los humanos, la cual es a golpes, sin embargo algunos sectores militares incrementaran sus gastos de forma alarmante, simplemente para lograr el acceso tecnológico al próximo nivel y ponerlo en función.

La razón es obvia para los cambios que tendrán lugar, el mensaje recibido por el gobierno central prueba de forma definitiva la existencia de vidas en otros planetas, la presencia de estas entidades sobre suelo terrestre, mas sus verdaderas intenciones y, una breve información científica de diversos temas para demostrarlo, todo lo cual revelamos para el conocimiento de todos los humanos de este planeta en ésta publicación, algunas están clasificada secretos de estado y tienen sus recortes.

El Imperio del espacio desciende sobre la tierra, para imponer su control y Norte América será su aliada en todo sentido, por lo cual recibirá como recompensa la tecnología que tanto busca y, la invitación al cosmos que tanto desea alcanzar.

Nosotros buscamos asociarnos con los que buscan y miran hacia arriba, donde se encuentran todas las respuestas de toda existencia, unos con la mente otros con estudios, nunca perdemos el tiempo con los que pierden todo su tiempo, buscando las respuestas mirando hacia abajo con los ojos vendados y con una sumisión mental falsa.

El mensaje anónimo les llegó desde un computador portátil adaptado desde la tierra, el cual utiliza los satélites localizados en el espacio enviando información codificada, con una tecnología de láser desconocida en la tierra, los sistemas que utilizan los humanos son muy lentos, no pueden soportar las altas velocidades, ni los niveles de frecuencias que utilizan la tecnología interplanetaria nuestra.

Somos mensajeros procedentes del espacio y, por esa razón estamos sobre el planeta, queremos darles los mensajes más importantes que tenemos para la población, directamente a todos por igual publicándolos.

La presencia nuestra, está relacionada con una orden galáctica de invasión y control a la tierra para establecer el orden, muchos otros mensajes que han sido recibidos por el gobierno, son importantes secretos de estado revelados dentro de estos textos.

Otros no están revelados aquí, porque contienen la información de fechas en las cuales serán realizados acontecimientos de gran escala mundial, las conspiraciones siempre están presentes y ocultas en las grandes potencias.

Estados Unidos acepto ser nuestro aliado, porque quiere ayudar a que la humanidad sobreviva la hecatombe que tienen encima, en cambio de su soporte hacia nosotros mientras estemos en este planeta esperando que la hora cero se cumpla, recibirán la tecnología para que pasen a un nivel militar muy superior inmediatamente y, queden en control de todos los acontecimientos mundiales del futuro, bajo un mundo el cual estará controlado en su totalidad, por las fuerzas armadas Norte Americanas y algunos escogidos aliados. Otra información tecnológica para impulsar la energía mundial del futuro, también se encuentra en manos del gobierno para que todos puedan alcanzarla, improvisaciones basada en avances que han logrado los humanos en diversos campos de estudios, los detalles específicos, tienen que pedirlos al departamento de estado Americano, solamente la espacial y militar reservamos para el líder mundial en secreto.

Muchos no comprenderán las razones específicas, por las cuales se escogió a los Estados Unidos para aliados, teniendo nosotros en nuestros sistemas de vida principios similares a los principios Socialistas de los humanos.

Por ejemplo el repartir riquezas por igual, es considerado un comportamiento negativo socialista, pero es clasificado de negativo por aquellos que tienen recursos suficientes para compartir con los menos afortunados, a los cuales en su mayoría no les importa la suerte de nadie, muchos tienen fortunas en diversos niveles logradas por sus esfuerzos, la suerte, la inteligencia y otras diversas formas, en las cuales también se puede observar la explotación, los abusos, la corrupción, contrabando y muchas otras adversidades.

Prefieren sus beneficios monetarios sostenerlos en cuentas bancarias y, morirse sin hacer algo productivo para la humanidad en necesidad, increíble observar que la mayoría de estos capitalistas humanos se muestran religiosos, parece que no conocen a Dios y su reino en el cual nadie es más rico que otro, o nadie es más pobre que nadie, donde todos se respetan, se aman y se comparte todo por igual.

Dios es el perfecto socialista de los pueblos, con justicia divina que se balancea en la perfección de la consciencia dentro de la eternidad, nosotros no tenemos ningún sistema monetario, absolutamente ninguno, todo es libre y se produce para que dure lo máximo posible, se reparte y se consume de acuerdo a las necesidades del planeta entero, una producción mundial en la que todos participan con armonía y, prospera por el elevado nivel de consciencia que tenemos.

Los ricos entre los humanos hablando en términos generales, no tienen ninguna moral delante de nosotros, están observando el mundo y sus miserias, escuchando los variados programas diarios que piden ayuda para los necesitados, principalmente los niños, los cuales dan pena el modo y el estado de vida que tienen y, son programas que piden muy poco dinero, muy poco en comparación con la necesidad presente y la posibilidad de los acaudalados.

Tienen el dinero con el cual se puede resolver mundialmente, las necesidades básicas de todos y mucho mas también sin dejar de ser ricos, solamente con el costo de los gastos militares mundiales que tienen los gobiernos, invertirlo para utilizarlo en construir armas de creación y establecer muchos beneficios sociales, el mundo presente indiscutiblemente tendría otra imagen.

La diferencia de que un sistema funcione, está concentrada en la consciencia y sus diversos niveles de evolución, nosotros nos esforzamos sin impórtanos quien recibe el beneficio, la diferencia es que todos pensamos y nos comportamos iguales, entonces somos socialistas de acuerdo a los términos humanos.

Pero en los humanos, el socialismo solamente sirve para repartir la miseria y la pobreza a todos por igual, la culpa es los propios humanos y su nivel de consciencia actual tan bajo, también por la ignorancia de los pueblos, la cual permite oportunidades a los dictadores de toda filosofía, de establecerse y gobernar bajo la confianza depositada traicionándola, sin que el resto del mundo actúe de forma determinante en el momento preciso.

Sin dudas muchos confundirán nuestra posición socialista, quizás tengan sus dudas, especialmente aquellos que han sido engañados en el nombre de la democracia socialista por dictadores oportunistas, nosotros en nuestro sistema lo tenemos todo hasta donde es suficiente, pero también todos lo damos todo con nuestro máximo esfuerzo, entonces somos exitosos en nuestras sociedades, nuestra vida es larga, nunca permitiremos que obtengan elevados conocimientos mientras estén tan atrasados en la consciencia.

En el caso único de los humanos, el socialismo que practica producto de su baja conciencia moral, solamente motiva al hombre a convertirse en un vago social, que consecuentemente destruye la producción nacional, producción la cual entra en bajos niveles quedando estancada, perdiéndose la calidad de los productos y agotándose los productos.

Todo porque pierden los obreros la necesidad del sacrificio para subsistir y quedan sin motivación, terminando en una sociedad compuesta de gobiernos hipócritas, altamente oportunistas y falsos representantes de los derechos humanos, se transforma la nación en una sociedad estancada, cargada de ciudadanos incompetentes.

Nadie tenga dudas, las culpas están profundamente escondidas en los mismos humanos y sus bajos niveles de consciencia, niveles tan negativos y con tan malos sentimientos que tienen, por esa razón nunca el socialismo de consciencia ha logrado éxito entre los humanos, porque fue escrito y sigue siendo sustentado, por pensadores que tienen la mente consciente mucho más elevada de la realidad presente, tienen mucho más elevada la mente energética consciente, con relación al lugar en tiempo y espacio que les ocupa el cuerpo material, esa es la diferencia entre el suceso y el fracaso, ambos polos tienen que encontrarse para que reaccionen.

Muchos esperan a los extraterrestres un día encontrarlos y conocerlos, pero nosotros los encontramos a ustedes hace mucho tiempo, los pueblos del mundo aquellos que nadie escucha, pueblos explotados por corporaciones con gobiernos corruptos, vendidos al imperialismo les toca el turno, el que debe deudas, las tendrán que pagar hasta el último centavo, especialmente a los pueblos explotados en sus recursos naturales por compañías extranjeras y gobiernos corruptos.

Los recursos económicos pertenecen al país de donde procede y todos sus habitantes, nadie exterior o interior tiene el derecho absoluto de convertirse en su dueño y, explotarlo discriminadamente hasta reventarlo, arruinando la ecología de sus tierras, la ambición humana ha viajado muy lejos, el tiempo de detenerla comienza con el nuevo presidente mundial.

La nación Americana tiene muchos problemas internos de toda índole, muy mala política internacional y nacional, también muchas otras dificultades dentro de sus sistemas de gobierno, los cuales están distanciados de una manera, la cual muestra una unión de estados Americana en estos tiempos muy mal equilibrada.

Muchas otras cosas que tienen que cambiarlas, principalmente en sus sistemas administrativos, incluyendo política internacional específicamente la política económica mundial, porque no están de acuerdo a nuestros principios y regulaciones cósmicas.

Pero América escucha, observa y plantea soluciones y es muy cooperativa, es muy curiosa y les gusta el poder, siempre quieren saber la verdad, les encantan las aventuras y, aman el espacio cósmico universal igualmente que nosotros, lucha con la vida de sus soldados exponiendo sus ciudadanos a los peligros mundiales del terrorismo, dentro y fuera de su territorio.

Pero más que todo respeta la libertad de derechos, lo que es igual a la Democracia y lucha por los derechos mundialmente, para que se cumplan las regulaciones universales del libre albedrío individual, nosotros decimos que la Democracia tiene que implantarse de cualquier manera o el mundo se pierde. Nosotros apoyamos incondicionalmente a la Democracia, condenamos el anarquismo, el radicalismo, el fanatismo, el totalitarismo controlado por dictaduras y demás contrariedades sociales, apoyamos la libertad religiosa, pero condenamos especialmente a la esclavitud religiosa.

La diferencia nuestra, es que nosotros sustentamos y también vivimos bajo la ideología Socialista Comunitaria, adjuntamente con la libertad y los derechos civiles democráticos universales de todos los ciudadanos por igual, sin represión, con libre consciencia libre derecho y mutuo respeto por parte de todos. Esa es la diferencia entre nosotros y ustedes, los extraterrestres somos los Socialistas de la libertad Capitalista mundial en todo sentido, con todo derecho, con todo respeto, para todo ciudadano, bajo una justicia social y la consciencia de todos, unificada de forma firme bajo una alta moral.

América también respeta y cumple los acuerdos internacionales y, siempre pone el mayor por ciento de los recursos económicos y militares, son los más sacrificados por las causas mundiales y los que más recursos facilitan al mundo.

América es una nación generosa, le ofrece ayuda económica y medica, a todos los inmigrantes legales que obtienen permiso de residencia permanente para entrar al país, ofrece la ayuda por algún tiempo para ayudarlos a establecerse y en muchos casos la extiende.

Muchos en todo el mundo se sostienen gracias a el sustento de Norte América y, esa es la razón que nos importa para nuestro propósito y nuestra determinación de alianza con los Estados Unidos, nadie más sobre la tierra tiene estas características, la euforia de la maldad, les está bloqueando las mentes a los hombres en todas las naciones, para muchos ya es demasiado tarde.

También los Estados Unidos, estarán responsables del destino y el futuro del planeta entero, para lograr este propósito todos los países desarrollados tendrán que ser inmovilizados en sus potenciales bélicos, lo cual haremos nosotros desde el espacio sin dejar evidencias, no es necesario la reconstrucción empiezan todo de nuevo.

Otros mensajes están revelados en este libro y van dirigidos muchos a todo el planeta en general, mediante estos mensajes cualquier lector podrá comprender lo más importante que es necesario conocer, sobre todos los acontecimientos a tomar lugar, el fin de este sistema mundial descontrolado le llega su hora final con el universo.

Cada una de las religiones que imperan sobre la vida de los seres humanos, muchas de ellas manipulándolos, confundiéndolos y arrastrándolos en la oscuridad de la ignorancia serán reprendidas, respetamos el derecho religioso bajo los principios de la democracia, pero nunca aceptamos la imposición bajo ninguna razón, limitando el libre albedrío religioso y social, que es un derecho universal de cada cual.

Somos mensajeros del Dios del Amor, no tenemos ninguno nada en común con ustedes, porque los humanos son hijos del Dios del horror, lo único que saben hacer es matar, todos son iguales y peor culpan a un creador por las acciones ejecutadas de sus propias manos, todos son culpables de matar en nombre de Dios en algún momento de la historia humana.

En conclusión y para todos los pueblos del mundo llamado la tierra, los mensajes aquí escrito se aplican en términos generales, para que cubran a todos por igual y, estén en conocimiento de lo que se planea detrás de las puertas en estos tiempos del fin.

También van dirigidos hacia la comunidad científica mundial, las naciones que van a ser afectadas inevitablemente en un futuro próximo, o más bien ahora en estos tiempos, especialmente el Asia, los países bajo dictaduras, todos los países de África y todas las naciones regidas por Musulmanes.

Queremos señalarles a los lectores del pueblo, que los mensajes para las religiones son muy importantes, algunos tienen un contenido fuerte, pero están sostenidos con el poder de la verdad y bajo testimonio.

Porque queremos hacerles comprender, que muchos están equivocados en la manera que interpretaron sus palabras y, mucho peor las consecuencias que se derivaron como resultado de estos errores, de acuerdo a la religión de cada cual y bajo lo que cada cual espera alcanzar con su religión, serán tratadas cada una de las organizaciones religiosas.

No nos importan las religiones de los humanos, son muy conflictivas, nosotros somos de alguna manera quienes las inventamos, las regulamos y modificamos según la ocasión, también influenciamos muchas veces sobre los habitantes de cualquier planeta, utilizando sus creencias religiosas de la forma que mejor nos parezca, por esa razón los mensajes a los religiosos los incluimos entre los últimos.

Algunas organizaciones religiosas son buenas, pero todas tienen fallas, incluyendo la principal que vamos a sustentar con todo nuestro apoyo en el nombre de su Dios, contra todas las demás porque simplemente nos da las ganas.

Todas fueron visitadas y puestas a pruebas, todas tienen culpa entre sus miembros de ser débiles, o exagerados en la fe y se lo probamos a todos públicamente, por lo cual tienen algunas sus fuertes criticas, principalmente para demostrarle a muchos que se piensan son exclusivos, lo equivocado que están, porque ante Dios nadie es perfecto.

Este planeta está regido y muy influenciado por la presencia de la religión alterada, confundida, fuera de lugar y tiempo, sin autorización nuestra, queremos ayudarlos algunos se salvan, otros se hundirán, todos tienen sus debilidades unos leves otros graves.

Todos cometen errores y faltas a la palabra, otros son falsos, otros utilizan la religión para sus propios beneficios y esto es muy grave, los estamos reprendiendo públicamente con nuestros mensajes, para que algunos quizás recapaciten a tiempo y se socialicen con nosotros.

Nosotros somos del espacio cósmico y conocemos a Dios en todas sus formas, le podemos asegurar que somos sus Ángeles especiales, estamos enviados para levantarles el entendimiento y sobrevivan los más sanos de cada fe mundial en el fin de los tiempos, los demás tendrán que desaparecer.

Nuestro Dios creador escribe su historia con ciencia sin historietas infantiles, nuestro Dios explica sus conocimientos tecnológicos con todos sus detalles en todas sus obras sin equivocarse, todo lo cual nos ha facilitado la oportunidad a nosotros, de comprender el universo lo suficiente para volar por sus espacios libremente.

Los mensajes tienen la intención primero de elevar la consciencia del mundo, lo cual sabemos no será posible lograr porque es demasiado tarde, la humanidad cruzo el punto de no retorno, no todos son culpables pero la mayoría sí los son, queremos preparar a los afectados ante de la catástrofe mundial que se les avecina, todos serán afectados la falsa religión tendrá que pagar un fuerte precio por ser la más culpable.

Naciones enteras serán barridas, porque está considerada la religión que impera en este mundo en muchos países sobre la vida de sus ciudadanos, un abuso, una burla y en muchos casos una humillación y esclavitud, principalmente a la mujer y a la inteligencia universal, porque las religiones que atentan contra la naturaleza creadora de Dios, son simplemente falsas.

Las orientaciones religiosas legítimas que reciben los mundos primitivos, a través de los tiempos desde el espacio cósmico de muchas formas incluso mentales, para que la especie con capacidad de inteligencia en cada planeta evolucione y no se destruyan ellos mismos por ser salvajes en su entendimiento, son fáciles de observar, son aquellas que sustentan disciplinas de mandamientos limpios, principalmente los mandamientos de respeto por toda la obra del creador, sin discriminar ninguno de sus misterios cósmicos, esos son los únicos legítimos y los únicos con derechos.

Muchos piensan que la religión en la tierra es buena, muy limpia de espíritu y conduce al hombre a buenos modales de conducta social y familiar, nosotros decimos que la religión en este planeta es buena para nada, por las culpas del propio hombre y sus malas entrañas, es sucia por todo lo que arrastra a sus fieles a cometer en su nombre y, los modales religiosos no sirven tampoco porque están forzados por una doctrina.

El ser tiene que ser moral, justo y respetuoso en todo sentido siendo libre, por propia voluntad con absoluta consciencia cósmica, siguiendo todos los principios fundamentales de su religión con obediencia y exclusivamente por amor, de lo contrario solamente está manipulado y restringido, entonces es un hipócrita y falso.

Son muchos lamentablemente sobre el planeta, los que están sufriendo influenciados por la manipulación de impostores, los cuales tendrán que respondernos por sus atrevimientos, a muchos de los cuales los estamos señalando directamente en los mensajes religiosos.

Todos los religiosos aclaman ser mejores, sustentados por su ego de superioridad y eso lo vamos a resolver demostrando públicamente quienes son los falsos, los mejores somos nosotros los de arriba, tenemos el poder de Dios en la acción y pondremos a todos en su lugar, el cual en el caso de los humanos es lo más bajo posible.

Todo el que esté regido bajo una doctrina, la cual lo limita estableciendo regulaciones sobre su vida, con ideologías contradictorias a la naturaleza, a la vida misma y diferencia a los demás marginándolos, está dentro de una secta y eso no es una religión buena, lo cual conduce al fanatismo y termina en barbaries.

Han tenido muchas crueldades los humanos, muchos han estado dirigidos bajo el poder hipnótico de líderes y parece que esto no tiene un final, porque continúan repitiéndose barbaries en el tiempo sin que nadie escarmiente, líderes que aclaman públicamente tener el derecho de Dios, algunos dicen ser Dios mismo y nadie los detiene.

Tienen una debilidad sicológica los seres de la tierra, que los impulsa a buscar encontrarse y terminan confundidos en una depresión mental gobernados por oportunistas, culpa de la falta de educación científica restringida por la pobreza y en muchos casos por la misma religión, también la misma religión que es oportunista y muy manipuladora según mejor les convenga, se fueron muy lejos los humanos nunca comprendieron, el tiempo de ajustes a los errores le llegó la hora a todos.

Por eso hemos apoyado programas educativos fáciles de comprender, los cuales están circulando en el mundo cibernético, para desacreditar a la falsa religión que ha causado tanto daño a la humanidad, exponiendo sus contrariedades sus historias ocultas y sus principales fundamentos, los cuales están sustentados de misticismos e imaginación mental, por mentes de personajes motivados por drogas o en estado de diversas locuras.

No estamos en contra de la religión, por ejemplo existen en la India muchas religiones pacíficas, religiones que buscan el acercamiento armonioso y la convivencia entre todos los habitantes del planeta, sustentan enseñanzas de compartir el alimento según las posibilidades de cada cual y muchas otras cosas positivas.

Para nosotros estos comportamientos más que una religión, son un ejemplo galáctico de la forma de vida correcta a vivir, que merece nuestro suporte y respeto, por lo cual no tienen de que preocuparse.

La publicación de los mensajes escritos que encontrará en este libro, ha sido preparada por mensajeros de otro mundo que viven en la tierra, los cuales queremos que se nos conozca de la manera que somos y de la forma que pensamos con exactitud.

Es cierto que para muchos humanos seremos vistos de muy diferentes maneras, específicamente por todo lo que expresamos de acuerdo a nuestros estudios, las conclusiones son diferentes sobre todos los seres humanos en este planeta y también las sentencias de sus destinos, las cuales serán diferentes sobre cada nación afectada, alguien se beneficia, pero alguien paga con todo el peso de la ley de acuerdo a sus propias acciones.

Todos los seres existentes, tienen ante el universo derechos universales, nosotros comprendemos bien este comando, pero cuando estos derechos se elevan y cruzan los límites de los derechos ajenos, rompen el respeto quebrando el balance, entonces se pierde la esencia central y el propio derecho personal.

El derecho de cada cual termina donde empieza el derecho de otro y viceversa, la línea entre los dos puntos, se sitúa dependiendo del derecho reclamado y la razón que tenga cada cual basada en la lógica y la verdad.

La vida es un derecho de todos, el que rompe este derecho por cualquier motivo o razón pierde el derecho personal, nosotros respetamos solamente a los que respetan, no somos humanos ni nos importan sus reglamentos, no tenemos reglas de respeto contra los que no saben respetar, lo que no ofrece derechos tampoco puede reclamar derechos.

Nosotros todos en el espacio tenemos mandamientos democráticos universales, uno de los cuales es el no juzgar y respetar los mundos, pero tenemos mandamientos de corrección muy severos, para asegurar la democracia contra los que quebrantan las reglas de los mandamientos y, los habitantes de la tierra se extremaron.

Los que rompen las reglas de un mandamiento en el universo, se les aplica la misma regla del mandamiento, por esa razón los estamos juzgando y condenando.

El orden será establecido sobre todos los seres de la tierra, pero después que los culpables paguen sus deudas y se restablezca el balance perdido de la consciencia, lamentablemente los humanos solamente escuchan, cuando se les das un fuerte escarmiento con bastante violencia.

Los Estados Unidos tienen algunos de estos mensajes, pero no todos, otros son secretos del fin de los tiempos, queremos publicar los que se pueden para el conocimiento de toda la humanidad, porque en el momento que sean publicado comenzara la cuenta regresiva para tomar acción estén listos o no.

Nosotros nos mantenemos confidentes sustentados por amigos de la tierra, personas que contactamos antes y nos ofrecieron su seguridad y apoyo, personas que quieren ver el mundo cambiar para el bien de todos, seres que como nosotros aman las estrellas, uno de los cuales escribe los mensajes en estos sistemas primitivos para que puedan ser publicados.

Los mensajes están dirigidos a todos los seres de la tierra, encuentre el suyo propio y prepárese a enfrentar lo peor, porque la salvación de muchos y de acuerdo a los acontecimientos está bien difícil de lograrse, este mundo de los humanos está demasiado poblado por seres que no lo merecen.

El 2/3 de la población mundial alrededor de 4 billones de personas entre criminales y corruptos, sobra en el planeta porque no lo merecen, quizás usted sea uno que será evaporado, pero le queda por lo menos la satisfacción al leer estos mensajes, de tener el conocimiento que su planeta será en un futuro próximo, un mundo justo bien balanceado y lleno de esperanzas para los que queden con vida.

Si usted considera que tiene méritos para marcharse con nosotros a otro mundo o sobrevivir, tendrá la oportunidad en su momento mediante una publicación especial en el mundo cibernético, si cree usted que tiene el derecho a respetársele la vida, ubíquese primero delante de un espejo y júzguese usted mismo antes de escribirnos.

No pensamos escoger ninguna persona especifica, quizás se salve quizás no, pero sin dudas los más culpables terminaran en las entrañas de la tierra en masas, gobiernos enteros con todo su país, especialmente los que les gusta jugar con el fuego y toman la guerra como un entretenimiento, tentando a la misma guerra.

Somos un imperio que sostenemos al universo y todos sus habitantes con regulaciones democráticas, pero implantamos el poder de nuestro imperio contra todo el que se oponga al derecho de los demás, rompiendo los principios universales de la democracia cósmica, con todo lo que tenemos disponible sin escatimar los recursos la fuerza y el poder.

El que cruza y rompe el derecho ajeno, no puede exigir derechos propios, donde no existan derechos, simplemente no tendrá derechos con nosotros, nadie podrá reclamarnos ningún derecho que no ofrece.

Ustedes los humanos son muy corruptos, nunca escarmientan y siempre están quebrando los mandamientos que tienen hace tanto tiempo, el trabajo lo garantizamos siempre sobre cualquier detractor, somos pura tecnología y ciencia.

Lo demás no existe, son inventos exagerados en este planeta de los hombres inicuos y los poderosos, que alteraron el orden de todo lo que se les confió a los escritores de la historia, seres que siempre están buscando oportunidades y la manera de confundir a los pobres, los ignorantes y los débiles, para dominarlos por la explotación, dándoles un entretenimiento esperanzador, simplemente para que tengan un consuelo de su miserable vida y no se revelen, entonces poder manipularlos y sostenerlos en la explotación.

Nosotros manipulamos la historia, lo hacemos a nuestro antojo y producimos el futuro encaminando al hombre y su mundo hacia un destino programado, bajo el control mental mediante la imaginación que les creamos en sus pensamientos, impulsándolo para que las cosas sucedan según nuestra voluntad a través de los tiempos.

Un destino marcado que lo dictamos nosotros, según nuestra voluntad, todas estas cosas están codificadas en los libros de la historia, todas las cosas que acontecerán en los tiempos están escritas desde el principio, muchos de los humanos tienen conocimientos de estos códigos secretos.

Entre las organizaciones religiosas existentes, muchos pensaran que nuestras fuerzas extraterrestres se alinean con el enemigo, quizás algo andan haciendo mal y Dios creador les envía un castigo, otros dentro de la misma religión, pueden pensar que Dios envía nuestras fuerzas desde el espacio, para hacer prevaler la justicia a los que esperan y quieren vivir en paz.

Desde cualquier Angulo y dentro de cada escritura, siempre encontrarán un pasaje que deje claro que Dios lo cubre todo, de manera maestra tiene respuestas y soluciones para sustentar a todo creyente en todos los tiempos, analicen toda escritura religiosa y podrán comprobar, la relación directa de todo hecho y palabra relacionada para cada momento de la historia y sus tiempos.

Por ejemplo el Satanás que odian y acusan grupos extremistas Musulmanes, de representarse basado según sus entendimientos religiosos en los Estados Unidos, país el cual es reconocido en todo el planeta mediante su emblema nacional más notable, el Águila de cabeza blanca.

Coincidentemente este mismo símbolo que vuela libremente en los cielos, refleja a la misma instancia el águila de salvación que en sus escrituras de alguna forma un día, llegara sobre sus terrenos de manera alarmante, para traerles paz después de haberla despertado.

Lo cual puede compararse por algunos que sucede en estos momentos, por la guerra contra el terrorismo llevada por los Estados Unidos en territorios musulmanes, guerra que ha beneficiado a muchos creyentes del Islam, la diferencia es que nosotros somos también águilas, pero águilas más elevadas que volamos el espacio cósmico y tenemos ambas intenciones, las positivas y las negativas, nosotros somos posiblemente el águila de su libro, el problema es que tenemos otros planes muy diferentes sobre esas zonas.

La verdadera religión que alumbramos nosotros sobre la tierra, es libre en todo sentido, nunca condena, nunca juzga, nunca reprime, nunca actúa de forma criminal, lo respeta todo, lo cubre todo y educa con toda libertad y, sin ningún temor sobre toda obra presente.

Todos saben la diferencia entre el bien y el mal, incluyendo los animales que matan a otros para comer y, es lo mismo que hacen los seres humanos, sin que estas acciones tengan culpas, pero siempre están justificándose con acciones de guerras, hace rato quieren una guerra inmensa y andan tentando al Dios de la guerra.

La diferencia está en la intención que tengan de los hechos dentro de su consciencia, la cual debería ser mucho más elevada en los humanos, sin embargo es la más primitiva, siendo esto una contradicción única en el universo entero, parece que se nos escapo algún químico fuera de control con efectos secundarios en el cerebro humano, todos los que estén leyendo se darán de cuentas inmediatamente quiénes somos y el poder que tenemos.

Pero si quieren pensar diferente, entonces para ustedes somos ángeles de Dios en la tierra, conocemos muy bien los misterios de la vida, su energía, su materia orgánica y toda su bioquímica compuesta, podemos sustentar la esencia energética eternamente o la desaparecemos.

Aunque nuestro Dios de toda la existencia y toda la luz, tiene su lado muy oscuro, un espacio más oscuro peor que las tinieblas más negras que existan, porque es el Dios de absolutamente todo, con todo el poder posible e imposible que exista, o que pueda llegar a existir en algún lugar.

También con toda la fuerza que se impone y se crea en el universo por todo su espacio ambos combinados, nosotros somos los que creamos y destruimos, ustedes son para nosotros simplemente nuestras marionetas.

No nos importan libros escritos por las manos de los hombres, que tienen historia de ser mentirosos y bastante, respetaremos toda religión, pero algunas tendrán que hacer ajustes de acuerdo al tiempo presente por las cosas que hacen.

Cada religión de ésta tierra que se nos enfrente, tendrá que probar a su propio Dios con toda su palabra el mismo personalmente, contra la palabra nuestra escrita en ciencia, de lo contrario esa religión es falsa porque miente, entonces es de origen diabólica y tendrá consecuencias, nosotros no somos humanos aunque lo parecemos, nadie nos puede forzar para que aceptemos una mentira.

Parece que los científicos terrestres tienen dificultades con las religiones actuales, principalmente por las contradicciones que presentan los estudiosos con sus pruebas científicas, muchas religiones tendrán que ser censuradas por ser una vergüenza a la dignidad, a la inteligencia humana y, ser un obstáculo presente para la liberación de la mente y sus más altos niveles de consciencia, únicamente apoyaremos las religiones que dentro de las sociedades promueven la educación moral y científica al mismo tiempo.

Buena suerte animales humanos, pronto la van a necesitar y en grandes cantidades, por todo lo que se les viene encima, lo tienen encima y, no saben de dónde ni cuándo, juzgados con sus propios libros y condenados por sus mismas leyes, los demás caerán por las culpas de sus comportamientos y las consecuencias de sus acciones.

Los humanos están buscando desesperadamente, tener contacto con los extraterrestres, pero están bien confundidos con la realidad de los extraterrestres y sus resoluciones cósmicas.

Estamos del lado de la paz, la prosperidad y con el poder del amor queremos hacer cambiar la humanidad, elevando su consciencia y por sólo esas razones están todos vivos todavía, pero no tenemos polvos mágicos, ni varas mágicas para cambiar la mente de los seres humanos, tiene que nacer la voluntad desde los humanos, ustedes escogerán por si mismos el camino que prefieran, nosotros solamente estamos haciendo un llamado mundial, la respuesta es suya.

Ustedes mismos escogerán el destino que prefieran, sabemos que será imposible la comprensión de todos, porque de tener todos en lo profundo de los sentimientos amor y, muy bien comprendido el concepto y los principios del respeto, nunca actuarían de la manera que lo hacen en contra de los demás, incluyendo en esto gobiernos enteros.

Entonces es inevitable la catástrofe masiva sobre varias naciones al estilo de la segunda guerra mundial, con niveles superiores de armas, para lograr los objetivos contra quienes se opongan a nuestras demandas, nos reservamos cualquier método.

Nuestra tecnología es muy avanzada, un relámpago de color rojo vivo intenso, a la velocidad de la luz sin efectos secundarios, nadie tendrá que lidiar con los horrores posteriores de una hecatombe nuclear, les vamos a demostrar la manera en que se hacen las cosas a los arqueólogos, para que no queden huellas en los tiempos para comprobarlo.

Por lo cual para evitar un final lamentable, la primera petición pública mundial, será la demanda bajo nuestra observación contra todas las naciones, sin aceptar protestas ni argumentos explicaciones o excusas, el desmantelamiento y disolución de todas las armas de destrucción masiva.

Lo cual todos saben que ésta petición terminara en consecuencias peligrosas, por las culpas de los necios que se atreven a retarnos los cuales sabemos que son muchos, quizás eso mismo buscamos nosotros con nuestras demandas, la contradicción con los humanos hasta el límite de sus egos personales que todos tienen y, provocar una confrontación mundial.

Entonces nosotros con esa oportunidad presente, poder justificar una guerra contra la guerra, porque verdaderamente no nos importan los humanos, en la eliminación física de los humanos, nada bueno se pierde que tengamos que lamentarnos.

El final del objetivo a lograrse, cualquiera que sean los caminos y los métodos que sean necesarios, será utilizado sin restricciones, entiendan que no tenemos reglas de enfrentamientos cuando las hostilidades militares comiencen.

En conclusión, nuestra ideología y filosofía diplomática, es simple basada en una línea de gobierno que sustenta y sostiene la Democracia en todas sus formas, con justicia social y una alta consciencia para todos por igual, hasta el momento en que la democracia abusada por oportunistas, se convierte en el enemigo propio de la sociedad que sustenta o contra alguien en particular, entonces ajustamos aplicando nuestra siguiente principal ley cósmica para todos los mundos.

"El que viola el derecho y consiguientemente el respeto ajeno de cualquier semejante, en alguna forma, con cualquier intención, desde cualquier ángulo o por cualquier razón, pierde la moral al derecho y al respeto propio, entonces no tiene ni puede reclamar más, los derechos legales o civiles en ninguna sociedad para su persona o nación."

Con nosotros cada cual obtiene según su lugar, según lo que reclama y de acuerdo a su consciencia moral sostiene su derecho dentro de la sociedad en que vive.

En el mundo de los humanos esto tendrá sin dudas serias consecuencias, cualquiera puede calcular la cantidad de personas equivocadas que tendrán que ser sacrificados, para lograr una consciencia perfectamente balanceada.

Ustedes conocen que la cuenta, está codificada en la historia hace tiempo, donde exactamente 2/3 de la población mundial sobra en el planeta, compare el momento actual de la situación mundial y comprobara con matemáticas, que para ajustar la humanidad bajo un orden positivo lleno de paz en estos tiempos, eliminando todo lo que estorba reflejado en el crimen, el terrorismo y la corrupción, este número está muy correcto.

Entonces están en el tiempo y el espacio de pagar las cuentas y las vamos a cobrar al estilo divino, de la misma forma que han sido escritas de sus propias manos, ustedes mismos marcaron su destino, ahora tienen la soga al cuello, nosotros simplemente se la vamos a apretar hasta que se rindan o se ahorquen.

Capítulo 3

Sentencia contra toda la dictadura mundial.

LA SIGUIENTE PÁGINA, es mi relato personal de cuando me ordenaron escribir contra la China comunista, se redacto al estilo que ellos entienden según sus antiguas tradiciones y filosofías.

Las razones son simplemente poner a cada cual en su lugar, nadie obtendrá beneficios por mucho que intente sonreírse con carita amigable de inocente.

La CIA está muy preocupada con este mensaje para el continente del Asia y las ordenes que tengan, no pueden hacer nada ni cambiar nada, pero tampoco pueden controlarse ellos mismos, fue uno de los mensajes preparados con anticipación conjuntamente con otros que no están en estos textos.

Cuando se les entrego se les vino el universo encima, pensaban que sería imposible algún día controlar la China comunista, que sin lugar a dudas tiene intenciones de devorarse primero a la América, manipulando su economía y después al mundo.

Nadie puede evitarlo, tendrá que ser publicado primero no importa las consecuencias, de todas maneras las cosas que van a suceder no las para nadie, muchos menos contra extraterrestres mucho más superiores.

El trabajo que están realizando los agentes de la CIA en estos tiempos por instrucción del espacio, es formidable con sus sabotajes a la importación de productos desde china, para desestabilizarles sus ingresos, crearles dificultades y poner al gobierno chino contra la pared.

Los cuales están dando resultados, vendrán más ataques de este tipo más graves las tensiones se pondrán y mucho más elevadas ese es el propósito, cuando arribe la orden final los atentados serán imparables, mucho más implacables y violentos, los problemas del Tíbet están en la lista del Dragón, con un agente dedicado al Asia que está en la tierra del Tíbet operando secretamente.

La CIA es experta en estos procedimientos de sabotajes contra cualquier nación, en el caso de acoso en Chile contra el dictador Augusto Pinochet, quedó demostrada su experiencia y la efectividad de estos sabotajes, envenenaron sus cítricos de exportación y le costó a chile que se detuvieran las importaciones de los Estado Unidos, con altas pérdidas para la economía chilena.

Pero esos sucesos de aquellos tiempos no tienen nada de relación con el momento actual, solamente muestran la capacidad inteligente y la determinación que tienen los de la CIA, para realizar cualquier cosa que sea necesaria hacerla.

Cuando las olimpiadas de Beijing culminen, los planes para conducir atentados sobre la infraestructura económica de China, serán programados para su ejecución uno detrás del otro, el mundo comenzara a sentir duramente el destino que tiene marcado a pagar su deuda con el universo.

Un presidente de Norte América y cuando la oportunidad se presente, tendrá que referirse al pueblo chino de una forma abierta, en favor de los derechos humanos el respeto y las libertades civiles.

Esto ya se cumplió, fue realizado por el ex presidente G. Bush durante los tiempos de la olimpiada, demostrando públicamente su determinación de soporte al cosmos que nos vigila por encima de los intereses creados, esa es la clave que garantizara la moral de la política norte americana dentro de todos los partidos y, su disposición de conspirar con los del espacio a favor de su nación contra cualquier interés.

Pero yo también me estoy arriesgando, porque con estos truenos y tan cerca del peligro, me puedo imaginar las cosas que estarán pensando muchos contra mi persona, lamentablemente el mundo no será solamente de la forma que más o mejor le convenga a los norte americanos, muchas cosas les van a afectar sus bolsillos y yo sé que eso es un problema serio, principalmente por las hienas que siempre están olfateando el ambiente detrás de cada puerta.

Por eso me tengo que largar cuando esto reviente, porque tarde o temprano me pasa la cuenta algún afectado en el bolsillo, son varios que perderán los beneficios cuando la China la fuercen a la democracia y la tecnología de un fuerte cambio, especialmente energético y entre en función principalmente en América.

Por el momento la inteligencia está contenta con el nuevo sistema de espionaje espacial que se les prometió, ya lo conocen se les dio las instrucciones de sus características y se les envío una información obtenida de varias conversaciones administrativas, escuchadas dentro de la Embajada Americana en China, pronunciadas en el cuarto especial de seguridad, el cual supuestamente está a toda pruebas de escape de sonidos herméticamente cerrado.

Secretos que fueron escuchados desde el espacio, sin necesidad de espías ni micrófonos sensibles y de otros varios lugares que me reservo, puedo confesarles que son muchos los gobiernos que están por el mundo envueltos en llamas, por todas las cosas que planean secretamente.

Tiene que cuidarse cualquiera muy bien por lo que hace, porque esos satélites de espionaje tienen una resonancia magnética, que le pueden contar los glóbulos rojos de cualquiera aunque estén debajo del mar.

Esa es una razón por la cual me siento bastante seguro, yo no trabajo para nadie en particular sobre la tierra, el gobierno hoy me vigila para estar seguro de mi protección, pero sabe también que los del espacio saben lo que pasa y no les conviene una equivocación, a estas alturas yo estoy totalmente al descubierto ante el gobierno esperando el final.

De todas maneras les prometí marcharme delante de todos, para evitar con esto posibles consecuencias futuras que pongan en dudas la capacidad de los sistemas de seguridad, sistemas que no están muy bien que digamos y las relaciones entre América y los del espacio, se compliquen cuando todo comience a arder.

No queda mucho tiempo, tengo que apresurarme en coleccionar los textos que quieren publicar los ángeles, éste es el último mensaje que me entregaron personalmente en el orden y espero no equivocarme, porque con ellos molestos conmigo me jodo sin remedio.

Yo sé que soy un instrumento pero me gusta el juego y la recompensa son las estrellas, nadie podría oponerse a esa tentación, las estrellas son muy hermosas y muy calientes por lo menos las que yo conozco.

La Sentencia contra el Asia comunista, dictada por el espacio y en contra de todos los demás que siguen los ejemplos de cualquier dictadura

Este mensaje debe publicarse junto a los demás, sabemos que es muy difícil para América ésta situación pero es una orden Galáctica.

El Satanás de la tierra, el acecino humano de los tiempos que se esconde en ese hermoso continente.

Los comunistas de toda el Asia que manipulan con violencia el destino de sus pueblos, pero nunca han logrado cambiarlo y nunca lo lograrán.

Esperamos recapaciten los necios dirigentes a tiempo, aconsejados por el gobierno americano, pero existen dudas que lo hagan, porque la mentira seguida de la violencia es un imperativo de la humanidad terrestre y esto es bien peligroso.

Los gobiernos están cargados de culpas, cubriendo con conspiraciones la verdad unos contra los otros, los políticos de todos gobiernos son los responsables de todas las guerras y los muertos en estas tierras hermosas y extrañas.

Con abuso le desplazaron a los monjes de sus tierras, nadie le puede decirle a las estrellas que no hagamos lo mismo con ellos, es lo menos que merecen los culpables, son abusadores y merecen ser abusados, si quedan pocos serán suficientes para comenzar de nuevo sobre el Asia un mundo mejor.

Entre los monjes existen mucha gente buena, serán los necesarios para verlos empezar otra vez, mientras tomamos té verde sobre la montaña sagrada, de todas maneras tenemos la eternidad que está de nuestra parte para esperar y ver los frutos de un nuevo mundo.

Cuando los dragones procedentes del espacio les ataquen y se establezcan sus demandas sobre los hombres de la tierra con imposición, pregúntenle los pueblos del mundo que queden vivos, pregúntenles a los que encuentren si es que encuentran algunos de sus gobiernos, las razones y el porqué sucedieron estas cosas, son muchos que saben muy bien lo que está por manifestarse, les hemos contactado pero no responden y nos estamos cansando de tanto esperar respuestas, quizás piensan que estamos bromeando.

No los han estado observando desde el universo para hacer gracias, ni llevar a ninguno de los seres de la tierra de paseo por las estrellas, ustedes los buenos que queremos ayudar están debajo del control de los gobiernos mundiales, los de arriba que manejan los destinos de sus pueblos, se quieren apoderar del crédito y no es para ellos, nosotros odiamos los políticos.

Esos llamados representantes mundiales, no tienen nada en común con nosotros, la misión que traemos desde el espacio es de guerra contra los gobiernos, tienen que responder y cumplir todas las demandas, las ordenanzas van primero una por una, esa es la ley de la palabra universal y es inquebrantable.

Los deseos del universo siempre son buenos y están en favor de la existencia, pero la humanidad es negativa, es muy mala y necesita que la sacudan violentamente para que inviertan sus electrones, sólo existe un camino posible visible, darles duro físicamente con el poder.

El Dragón Dorado de las estrellas tiene una cola larga y en cada lado que tiene le galopa un Dragón guardián, en la derecha el Dragón Negro, en la izquierda el Dragón Blanco, los chinos comunistas traidores a su pueblo los tienen que enfrentar.

Lo que se ve por todo el planeta no se puede negar más, los

gobiernos no tienen el derecho de arrastrar a sus naciones a la muerte, porque los soldados que defienden la nación, muchas veces no saben ni por qué lo hacen, mientras los que dirigen están escondidos como ratas, hasta que asoman la cabeza para pedir negociaciones y acuerdos cuando han perdido la batalla, después que han pagado con sus vidas muchos inocentes y se repite la historia lavándose las manos.

La manera nuestra no tiene treguas, no negociamos con cobardes, se van todos los que existen, desde todos los que se resistan hasta todos los responsables, todos pagan por igual, se está de frente contra nosotros, o están al lado nuestro, en cualquier salida lamentablemente caen muchos justos, pero nosotros arreglamos las cosas por todo el universo a nuestro entendimiento.

La anatomía de los humanos es frágil muy fácil de quebrantar su sistema inmunológico, no pueden competir contra el poder que hemos alcanzado, la galaxia no tiene más excusas para salvarlos, si abrimos las puertas de nuestro poder será como queremos nosotros, lo demás queda a la consciencia de ustedes, es lo más y lo último que podemos hacer.

Le abrimos la boca del volcán, les soltamos los Dragones del Imperio que están listos para actuar, con diversas combinaciones de colores y tonos, que tienen el poder de la luz en secuencias continuas y no estamos hablamos de guerras estúpidas de los hombres, ni de ninguna nación contra otra.

Los Titanes del universo hablamos de micro tecnología biológica espacial, con la que no tienes oportunidad ninguna y no dejamos nada de ustedes, ni los inocentes que oprimes, tampoco los secuaces que sustentas por el mundo, aunque se escondan en cualquier lugar del mundo.

El Dragón Negro les está advirtiendo del peligro pero son testarudos, se les hizo pruebas terrestres y casi enloquecen, tuvieron que aniquilar miles de aves, si les soltamos todas las escamas juntas de un sólo dragón y son millones de escamas, no queda un sólo chino de toda el Asia vivo aunque se cambien los ojos.

Los Dragones de las visiones de los Hombres que nunca entendieron, buscando monstruos gigantes y los tienen adentro de sus cuerpos caminándoles sin sentirlos, Dios es una ciencia divina que hace las cosas pequeñas y son inmensas.

Te lo aplicamos con nuestros códigos militares, al estilo divino que ustedes conocen, la misma medicina para que sufras, junto con el secuaz de Corea del Norte el cual no tiene salvación posible, vemos sus ciudadanos desesperados correr como hormigas, buscando alimento y muchos terminan presos fusilados o aplastados bajo los trenes.

Todos caerán muertos a la misma vez en el mismo segundo, nuestra luz cubre el mundo entero hasta sus más profundas entrañas, activando todos los virus que tienen dentro del cuerpo al mismo instante, una extinción plantada con planificación sobre toda la especie humana, puesta a pruebas en varias ocasiones del tiempo.

Aunque te escondas en el centro de la tierra nuestra señal te alcanza, porque están sus haces de luz codificados con las especificaciones de los genes de tu ADN central, Dios es la ciencia del Universo, él la creó con poder.

Es la voluntad determinada a cumplirse, aquel que rete el poder de las estrellas, hundirá hasta el fango el progreso de su Nación, nadie puede contra el orden y el poder de la voluntad Universal, eso el lo que prevalece sobre cualquier fuerza en todos los planetas de todas las galaxias y, el planeta la tierra no será la única diferencia.

De ésta misión de los Titanes, depende la seguridad del futuro en muchos sistemas, la consciencia del hombre no va de acuerdo a sus avances, están abandonando toda la esencia divina del respeto a la vida, ese es todo el problema, ese es un grave peligro, nosotros queremos implantar la democracia sobre todos y para todos.

Los Dragones del espacio queremos darte tan duro como le distes tú a Dios, tan duro como le distes a los inocentes y los abusaste, para que sientas a Dios por haberlo negado, darte un golpe duro con lo que más te duela, en ese lugar también están esperando varios de los limpios, los únicos buenos y van a pagar siendo inocentes, también esperan muchos budistas compasivos, los únicos justos, ellos no tienen nada, no saben nada, no los toquen son gente de bien, el problema es con nosotros los de arriba, si tocas alguno vamos a subir algunos de los tuyos que les gustan mucho torturar y tienes muchos abusadores, les vamos a devolver la misma medicina sin que mueran, para que agonicen bastante.

El Dragón creador quiere calmarse su ira, alguien tiene que pagar, alguien tiene que recibir el peso del poder, el Dragón tiene su propia ira y cuando se altera no entiende razones, alguien paga en el universo, alguien tiene que pagar para cumplir la palabra, para nivelar el balance y los comunistas chinos son un buen candidato, porque reúnen todos los requisitos para hacer cumplir la palabra cósmica sobre ellos, entonces darle un buen ejemplo a la humanidad.

El gran Satanás que los ignorantes dicen se esconde en los Estados Unidos y otros han logrado desviar la atención en los ciegos, manipulando y conspirando por el mundo para que no te descubran delante del mundo, ese Satanás son ustedes la China comunista, a nosotros ningún humano puede confundirnos.

Norte América acepta y respeta todas las religiones y les da derechos, las protege con su constitución, los comunistas chinos las odias, las rechazan con sus leyes, reprimes al pueblo y los has fusilado por amar a Dios, aquí en el universo todas las cuentas se guardan.

Te enfrentas a Dios y lo retas, te quieres devorar a todo el mundo vendiendo tu propio pueblo y su sudor, forzándolos a largas horas de trabajo, limitándolo en sus derechos y necesidades para poderlo controlar con tus armas.

Los Estados Unidos nunca le lanzarían el ejercito a su pueblo indefenso bajo ninguna razón para masacrarlos, no son cobardes, tú el Satanás de la tierra representado muy bien en la China si lo haces, ya lo has hecho muchas veces sobre los campesinos y el pueblo en general, hace poco tiempo sobre los protestantes de la plaza de Tiamen, lanzaron un ejército sobre civiles, eso es cobardía y felicitaron a los militares por la masacre.

Cuando te aplastemos no tendremos compasión, no tendrán a nadie para felicitar porque a todos los oficiales chinos aniquilaremos, no tienen ninguna moral militar su ejército.

La Democracia que acusan de ser diabólica, nosotros decimos es buena, los malos son los que dicen ser democráticos y no lo son.

Ustedes reprimen la luz de la democracia y los derechos universales del hombre, el libre albedrío, al que tienen derecho todos los planetas, reprimes el derecho y la expresión de la palabra libre, todos los mundos están molestos en la galaxia.

Tienes tentáculos económicos sobre Norte América muy fuertes que los aprietas de vez en cuando, si no les ayudamos pronto los absorbes y eso es precisamente lo que persigues, espiándolos y conspirando para destruirlos, siendo Norte América tu principal fuente de divisas.

Te miras grande, crees que eres grande, te sientes fuerte y poderoso, te sientes seguro y son muy numerosos, comen muchas cosas sucias que Dios no quisiera que comieran, están inmundos, el mundo es ciego pensando que están cambiando en una dirección favorable al pueblo por las oportunidades económicas del presente, todo es una trampa el mundo es tonto, pero nosotros no.

Los Dragones estamos siempre buscando algo como ustedes para medirse ante ellos, algo bien grande, el más grande posible, ustedes tienen todos los elementos, ustedes sirven muy bien para esos propósitos, sería el ejemplo perfecto para la humanidad.

Los Dragones de Dios se miden con los más grandes que se crean, contra los que se impongan y no vemos más ninguno, los demás son cucarachas a esos los aplastamos según vamos caminando.

Ustedes son inferiores, si nosotros los superiores nos tenemos que rebajar a un inferior, te juramos que vamos hacer tan implacable contigo, que no existirá más uno como tú sobre toda la tierra aunque se cambien los ojos.

Entonces con el estilo de los Dragones que tenemos y mantenemos siempre sobre todos, les vamos a decir al mundo entero sobre todos los muertos. ¿Qué le pasó a Satanás que se desplomo antes de empezar la batalla?

Esa es la forma que combaten y triunfan los Dragones galácticos que viajan el Universo, la guerra de los Dragones de Dios son de un sólo golpe, todos caen y no tienen que luchar contra cuerpos físicos mortales, ustedes lo saben porque lo tienen en sus manuscritos antiguos muy bien codificados.

La china comunista encontró un retador Galáctico y nosotros una presa buena.

Ustedes desgraciaron la tierra, muchas de las especies no se recuperan más, ustedes lo saben van en camino de extinción por las culpas de los hombres, una por una las verán delante de sus ojos morir, mientras ellas los miran a ustedes con mirada acusadora.

Esto es muy grave ante los ojos del espacio que los ve y se lleva las pruebas, que se vayan todas entonces de una sola vez, aquí lo analizamos de ésta forma, no alcanzan las especies que quedan ni para petróleo, la secuencia se desprende de la existencia y no les queda mucho tiempo a los chinos para firmar los acuerdos.

Nadie quiere a los humanos, los detestan por toda la galaxia, por eso los quieren tomar a todos para despedazarlos con experimentos antes que se mueran, los únicos que no tienen esos problemas son los budistas y los que están limpios porque cumplen.

Existen altas sospechas, de que el gobierno chino lleno de odio, participo en la conspiración que mato al gran Dragón espiritual, conspiración fundada en códigos del pasado que llevaron hasta las últimas consecuencias eliminando su simiente.

Éste fue el primer mensaje enviado que se escribió para publicarse y fue el último que recibió el gobierno Americano, te darás cuenta Satanás del Asia, que ya estamos listos para enfrentarte, comprenderás que en tu naturaleza ambiental e interna, están todos llenos de virus indetectables.

La Tierra del Tíbet está bendecida, queremos los lugares Santos de la tierra libres y en paz, son la prueba de que quieren vivir, es tierra bendecida porque en ella vive la armonía de la paz, como lo es la tierra de Bután, nosotros si podemos lograrlo, el poder que habla toma muy serio los asuntos del espacio y las ordenanzas de la Unión y Comisión Federal Cósmica Universal.

Hace rato que vemos las luces de las meditaciones por el espacio divagar y llegó la hora de responder, para exigirles el pago de la deuda, la voluntad es superior y nosotros los Dragones de Dios, arreglamos las cosas como se nos ordenó.

El que la ordenó solamente está esperando nuestra respuesta, la cual tenemos que cumplir en el tiempo que se acordó y por cualquier camino que el hombre escoja, tienen el país podrido de polución ambiental contaminando el mundo y parece que no les importa.

Le llegó la hora al cachorro de la casa blanca de graduarte y convertirte en Titán sobre la Tierra, no tienes que hacer nada, los cachorros se quedan firmes mirando al padre como hace las cosas.

Aunque te condenen no son tu culpa América, no permitas que las hienas que te rodean cerca te asusten, rúgueles porque están codificadas para que les tiemblen las patas cuando el León ruge, el destino del mundo está en las manos del nuevo presidente de Norte América.

Salva a la América, los de Alá de la tierra muchos le traicionaron, tienen culpas de sangre, entonces que se mueran todos, solamente Egipto se salva petición de La Esparta por las Pirámide, para que lleguen hasta el final de la existencia mundial.

La recompensa por la graduación, América va al espacio para que vean todos como trabajan los Dragones de las estrellas, las galaxias enteras son nuestras, quienes son ustedes, los malditos seres humanos y de donde salieron ustedes, los que nos molestan les preparamos un cambio de "Triangulo" y desaparecen todos.

Ustedes verdaderamente merecen otro asteroide exterminador, pero en ésta ocasión mucho más grande, rompieron la ordenanza de cuidar la tierra, pensaron que nunca volveríamos.

América puede mencionar todos los que quieres que salvemos en el mundo entero, nosotros escogemos después, si encontramos razones para aniquilarlos no podrán ser salvos, Satanás y sus secuaces del mundo nunca se negocian, no importa que intereses existan, no importa quién y tampoco importa cuántos perezcan.

América, si pides clemencia por Satanás y sus secuaces de tu boca, es porque las hienas que te rodean te asustaron, no eres León todavía, no tendrás recompensa, porque para La Esparta y su tripulación eso es cobardía y traición al padre que tienes en la constitución, entonces nadie sobre la tierra.

La única salida para cruzar los Titanes que tienen encima, para evitar el golpe mortal es la siguiente.

Tíbet libre o que muera el Satanás comunista bajo una hecatombe cósmica, cambio total hacia la democracia, Inviertan los electrones y cambien de Triangulo o muéranse todos.

Cruzan hacia el Trianguló que empieza, o se quedan para el que se termina y se van todos.

El final del mundo para la tierra, la Esparta galáctica dispara altos campos de energía, no tenemos masa en las armas, aquí en el espacio con nuestra velocidad no se puede uno detener para observar, siempre estamos activos.

De ponerse las cosas imposibles de arreglar, la Esparta estelar les va a pasar por encima, se lleva el continente del Asia entero y, les va a dejar al resto del mundo un serio problema de lava en los mares que los tienen llenos de radiación, para que tengan la huella mientras se los tragan completo sin que puedan hacer nada, desde la hora de la publicación presente hasta cualquier momento antes del año 2012.

Te reventamos tu propia estrella solar, que ya les ha dado señales de sus poderes y lo que les puede pasar si se altera su corona, se la come el "Dragón Dorado" porque los Dragones del Espacio somos nosotros no ustedes.

Aquí somos dos, aquí las energías andan en parejas para tener un buen balance, te estamos tirando el menos, porque queremos ver el Tíbet y su luz otra vez sonreír por algún tiempo, pero cambiamos de opinión cuando nos da las ganas.

Los recientes reclamos del pueblo tibetano fueron pruebas sociales, conspiraciones realizadas por la CIA para alentar a los ciudadanos en sus derechos civiles, la revolución para exigir los derechos de su nación, tendrá su gran explosión de forma espontánea en niveles imparables, en el mismo momento que nuestra luz se observe en el espacio.

Desde la estrella del norte, hasta el sur de toda el Asia, China nunca volverá a llorar más, si es necesario destruirlos lo haremos de inmediato, en Norte América viven muchos asiáticos de esa región muy laboriosos, los cuales volverían muy contentos a levantar su tierra una vez más.

El destino de la tierra está bajo secuencia de estado regresivo, desde el primer día que se publiquen estos mensajes y hablamos de meses.

Mala suerte para todos o buena el tiempo dirá la última palabra.

Capítulo 4

El siguiente mensaje fue entregado al servicio secreto directa-
mente con las intenciones de distribución entre los jefes de los
más altos departamentos de gobierno.

COMUNICADO DE LA U. C. F. C. U. Interplanetaria y el Consejo
Cósmico Galáctico, con una base central sobre el planeta Atenías 21757
años luz de la tierra, sector VII galáctico.

Presidente de la Nación Norte Americana, Departamento de Estado
y la Agencia Central de Inteligencia.

Es imposible continuar negando nuestra presencia al mundo, los
que se observa por todo el planeta no puede continuar ocultándose por
mucho tiempo más, no están solos los humanos y sus departamentos
secretos de ustedes lo saben, las propias investigaciones científicas en
todo el mundo, están revelando conocimientos importantes.

Muchos los acusan de conspiradores, ninguna excusa podrá hacer
cambiar de opinión a esos personajes tan intrépidos y ocurrentes, la
realidad del tiempo presente tomara lugar sobre la tierra en estos
tiempos, tienen que estar listos y rápido porque nos llegó la orden,
podemos empezar cuando lo deseemos.

También estamos molestos con las excusas constantes, sobre todo
lo relacionado a la tecnología que estamos facilitando, la cual están
resistiendo a ponerla en funcionamiento.

Son demasiadas las cosas para poderlas explicar en un pequeño mensaje, habrá mucho más tiempo, nosotros lo tenemos ustedes también pero no es eterno, el problema de Japón con derrames radiactivos intencionales tiene prioridad mundial.

Francia también está manchada es responsable de sangre inocente, matando defensores del planeta para mantener ocultos sus basureros nucleares en los océanos, explotándolos con bombas, la China jugando con microorganismos creados en laboratorios para armas de destrucción masiva son serios, otros andan queriendo volarse el mundo con armas nucleares, les daremos más precisos detalles específicos en su momento de nuestros planes.

Pero existen muchas confusiones que tienen que conocer para poder juzgar bien las consecuencias, las cuales están fuera de su alcance, pero no para nosotros referentes a varios sectores del Asia y todas las zonas conflictivas mundiales que serán fuertemente castigadas.

Nada se salva en Afganistán, Irán y otras provincias, son muchos y tenemos que reducir sus números para aliviar la superpoblación mundial, se está perdiendo el tiempo y los hombres, ustedes cometieron el error de no continuar ayudándolos y prácticamente abandonarlos después de la guerra con los rusos.

Presidentes de Norte América han cometido por ignorantes o mal aconsejados muchas grandes estupideces en la política internacional, un ejemplo el ex presidente Jimmy Carter es responsable de haber insistido en la repatriación del Ayatolá en Irán, lo que termino en el desastre que todos conocemos, en el que todavía están pagando el error y parece que continuaran pagando por mucho más tiempo, pagando con más altos precios el mundo entero en general de muchas formas todas conflictivas.

Con su filosofía democrática Jimmy Carter desgracio un país por entero, el cual estaba llevando un rumbo hacia la democracia, no todas las naciones se pueden dirigir hacia el mismo objetivo por los mismos caminos, la historia con su sabiduría nos enseña el procedimiento correcto aunque para otros quizás parezca incivilizado.

El ex presidente W. Clinton tuvo también su grave estupidez doble, la historia le aplico la misma medicina que siempre receta a los que no la conocen, porque nunca le prestan atención a los archivos históricos.

Cuando W. Clinton intento resolver con Corea del Norte mediante negociaciones diplomáticas las tensiones nucleares, cometió un error que sólo los niños, los estúpidos, o los traidores cometen, error el cual es el confiar en el enemigo.

Tiempo más tarde de haberse realizado las negociaciones y haber llegado al acuerdo común, de facilitarle a Corea del Norte mucho dinero y un intercambio de información nuclear para supuestos propósitos energéticos, Corea del Norte todos sabemos que traiciono esos acuerdos burlándose del esfuerzo presidencial diplomático, esfuerzo que el ex presidente W. Clinton junto a sus asesores y todos los que le daban su soporte, consideraron un éxito del partido demócrata muy prominente.

Mostrando una incompetencia política cuando el acuerdo fue burlado, todo por la falta de conocimientos de histórica, que habría evitado cometer la estupidez de negociar ese acuerdo de la forma infantil que se realizo.

Las palabras sólo resuelven los conflictos y sus negociaciones diplomáticas contra los infractores de la ley, solamente cuando están apoyadas en su base por un poder militar superior presente que las sustente, para que se tengan por obligación que cumplir, de lo contrario en el tiempo se caen por si solas todas las promesas y son burlados los acuerdos.

El mismo error también lo cometió, al intentar lograr acuerdos definitivos de paz entre Israel y Palestina, cuando intento negociaciones con el difunto Yasser Arafat, el tiempo demostró que nunca se logró nada firme, tampoco nunca nada eficiente y definitivo con simples palabras se logrará alcanzar, mucho menos un acuerdo sincero que ambos cumplan por siempre.

Aquí en lo mismo insistimos, nuevamente la culpa está en la falta de conocimientos de la historia, entre estos elementos que persisten en el mundo moderno, los acuerdos nunca darán resultados pacíficos duraderos, porque los lideres en esos lugares del mundo no controlan a sus pueblos.

Los líderes de esos pueblos perdidos en el tiempo, se limitan simplemente a servir la voluntad escondida que ocultan sus pueblos, una voluntad que ellos la conocen muy bien porque todos son iguales y persiguen los mismos objetivos, nunca desistirán de sus verdaderas intenciones las cuales todos conocemos.

Entonces todo siempre será un juego hipócrita de politiquería barata, acuerdos falsos y mucho dinero detrás de las puertas, un juego que los políticos utilizan para conveniencia personal y de partido, lo cual es una vergüenza.

Parece que en la casa blanca los conocimientos de las civilizaciones humanas en todos los tiempos y toda su historia entre los políticos son muy escasos, teniendo la oportunidad de evitarse complicaciones serias, terminan cometiendo los mismos errores y burlados mundialmente. Es cierto que la historia siempre se repite y siempre lo hace simplemente para castigar a los estúpidos y sus dirigentes que nunca entienden hasta que aprenden a golpes de historia.

Cualquiera que estudie la historia no tiene que ser un catedrático, comprobara que nunca se puede confiar en un gobierno comunista, mucho menos si es un enemigo político, los ejemplos que han dejado en la historia son más que suficiente para conocer sus pasos y sus intenciones que siempre son las mismas.

También la historia les puede dar la información correcta de cómo tratar el caso único entre árabes judíos y cristianos, también la historia les dará la forma en que las cosas se logran entre ellos y la única manera que se tienen que aplicar.

La diferencia es que siempre existe un entretenido, que no tiene visión más allá de sus narices, llega al poder político hablando de sueños imposibles, sueños que son simplemente masturbaciones mentales que piensa alcanzar con su gobierno.

En muchas ocasiones son simplemente palabras mencionadas, simplemente para lograr el propósito el cual es ganar la elección, terminando y perjudicando la nación mucho más que resolviendo nada, después se marcha del poder y los que vienen detrás pagan las consecuencias.

Ahora es tarde para resolver pacíficamente las cosas, nunca

cambiaran esas bestias del desierto y se vislumbra una masiva extinción, es inevitable no pueden pasar al futuro con mentes tan salvajes, ésta condición no se cambia, sólo se pueden retener con la fuerza del poder, nunca existirá un acuerdo sincero, no tendrán nunca una paz segura.

Esperemos que el nuevo presidente, cuando asuma el poder de forma legal jurando la constitución se mantenga firme, es muy sabia la diplomacia y muy civilizada, pero cuando se intenta imponer la fuerza, el poder tiene que actuar mediante la única vía posible, la cual es imponiéndose de frente contra la fuerza, al enemigo simplemente se le ordena diplomáticamente lo que tiene que hacer, o se fuerza con el poder militar a cumplir.

Trataremos de salvar algunos afganos pertenecientes a la alianza del norte, para que gobiernen la región nadie más nos interesa, lo que hacen las tribus de los Talibanes y algunos otros con sus mujeres es un abuso, una humillación y una esclavitud, los han condenado a la extinción, incluyendo a sus mujeres si se negaran a cambiar, lo cual todos sabemos lamentablemente el final que tendrá.

Detengan esas operaciones y concéntrenlos en sus bases, manteniendo pequeñas excursiones hasta en el momento preciso, operaciones bien seguras nada más y sobre la ciudad solamente, para aguantar las lenguas y los críticos, pidan más cooperación internacional con Irak, es una Democracia no tenemos más remedio que aguantar y sostenerlos.

Pero también les viene el golpe porque no sirven la mayoría, son corruptos los decentes que sobrevivan serán ejemplo de la bondad de Alá.

Salgan de las zonas peligrosas cuando demos la señal, déjenlos que se agrupen en los desiertos a nosotros también nos gusta disparar desde el espacio, lo mejor está logrado O.B.Laden está muerto lo garantizamos.

Pakistán tiene muchos buenos en la fe y muchos confundidos, también tienen muchos envenenados y otros tantos estúpidos, hablen con ellos cuando las cosas se pongan sospechosas, el gobierno de Pakistán es aliado de América por las razones y los intereses que conocemos, lo que tienen lo limpiamos nosotros, el secreto es aguantar con inteligencia pero estar listos para el desenlace final.

La humanidad es verdaderamente incomprensible e impredecible, no queremos que se nos considere unos genocidas peores que los de sus historias, pero muchos lo pensaran por las acciones inevitables que tendrán que ser implementadas, acciones necesarias para poder balancear el mundo.

No necesitaran finalmente más petróleo con lo que viene, es importante tener el petróleo porque necesitan grasas, siliconas, aceites, muchos productos valiosos y muchos carros bonitos que todavía tienen, incluyendo toda la aviación comercial, les vamos a mover un poco de algún lado.

Por ejemplo Venezuela e Irán que tienen bastante todavía y no lo merecen tener, lo podemos absolver desde el subsuelo y transportarlo condensado a sus territorios, para que no tengan que bombear más agua a los pozos que tienen en escasez.

De continuar la insistencia de los poderosos en detener el avance de la tecnología, también tienen que inscribirlos en la "lista roja" y pasarles la cuenta con los agentes de la CIA, nosotros somos más importantes y más exigentes, no pierdan la oportunidad porque nunca regresa.

La Energía Solar es todo lo que necesitan por el momento para la población, las celdas que las colectan tienen que modificarse según nuestras especificaciones para que soporten y adquieran más densidad energética, similar a las improvisaciones que hicieron con los vehículos enviados a Marte.

Varias compañías están en los procesos de innovación instalando celdas en los hogares, facilítenles los detalles que les faltan para que mejoren el rendimiento, nadie podrá parar el avance, el tiempo de cambio de la humanidad en su camino a la libertad energética que ustedes mismos han restringido es ahora, es el tiempo de pagar la deuda con cambios, es lo mejor que podemos ofrecerles para que salven su pellejo.

Sus ciudadanos no son estúpidos, están mirando los logros de la NASA en el planeta Marte con sus vehículos para todo terreno, tienen dos de tamaño grande, alimentados por celdas solares con motores eléctricos de baterías especiales muy eficientes.

Estos vehículos están sobre un planeta intensamente frío, bajo condiciones atmosféricas inestables, complicadas y violentas, están expuestos a radiaciones cósmicas diversas, alejados del sol a más del doble que se encuentra la tierra, sin recibir reparaciones ni mantenimientos, y esos equipos siguen funcionando después de cinco años perfectamente.

Es cierto que uno se le tranco una rueda después de tanto tiempo operando, pero sigue funcionando arrastrando la rueda defectuosa, lo cual ha producido su fruto para la ciencia y lo que demuestra la calidad y tecnología del equipo.

Los ciudadanos más listos, saben que esa tecnología de celdas solares inmediatamente resolvería el problema del transporte actual, fabricando motores eléctricos suficientes para lograr una buena locomoción, recargándose las baterías con las celdas solares de forma eficiente, más el empuje con alternadores vehiculares de soporte con alta eficiencia, de los cuales también tienen los planos técnicos escondidos.

En los hogares el efecto de utilizar solamente energía solar, tendría inmediatamente resultados positivos con un gran aporte a la ecología, primero la eliminación de líneas eléctricas, que solamente el hecho de mantener sus tendidos es muy costoso, resta belleza al ambiente y también produce muertes por el todo mundo, principalmente en muchas especies incluyendo humanos.

Segundo, todos los pueblos del mundo en cualquier rincón del planeta que existan, tendrán la facilidad de tener y disfrutar de este beneficio energético, el cual es tan importante dentro del mundo moderno.

Tercero, obtendrían la independencia de las compañías eléctricas, que con las excusas del costo inestable en el combustible y la inflación económica, tienen la libertad de manipular las tarifas cada vez que les conviene de la manera que mejor les parece, mientras los ciudadanos están forzados a soportar cualquier cambio, porque simplemente no tienen otra opción, pero la opción existe simplemente está fuera de su alcance.

Comprendemos la importancia de proporcionar los cambios en una forma balanceada, porque los grandes monopolios creados que se benefician de la industria petrolera, con todas sus ramificaciones, sin dudas tendrán efectos negativos en un cambio repentino de energía, los cuales terminaran perjudicando a los mismos ciudadanos en muchas maneras, principalmente la perdida de trabajos, creando una peor crisis laboral de la que existe actualmente.

Los impuestos que se obtienen en las ventas del crudo, son muy numerosos y producen fondos para organismos importantes del estado, varios departamentos del gobierno reciben fondos provenientes de impuestos en la gasolina, los cuales aportan a la sociedad servicios indispensables para todos los ciudadanos.

El sistema social establecido depende de esos impuestos, entonces es indiscutible la transformación de una forma equilibrada, pero tienen que empezar a cambiar pronto, y ese es el problema donde parece que tienen serias dificultades.

En cualquier momento tendrá que silenciarse a todos los ciudadanos del mundo entero, que cada día despiertan de la mentira en que lo tienen envuelto, tendrán que silenciarlo por naciones enteras, de la manera siniestra que ustedes lo hacen, porque están despertando todos al mismo tiempo, tienen que liberar la tecnología y pronto, este es el tiempo adecuado están retrasándose y creando dificultades peligrosas.

Con la tecnología de motores espaciales de hidrogeno, no necesitaran más nunca ningún tipo de gases extraídos de la tierra para volar su sistema solar, se cargan en el espacio los transbordadores por ellos mismos con celdas en sus alas y pueden despegar desde cualquier aeropuerto, sólo tienen que autorizar y fabricar los motores de alta fusión que convierten la energía obtenida en fuente de propulsión, los cuales ya tienen los esquemas, pero continúan demorándose.

Hasta que arreglemos el mundo para poder entrar en la otra fase tecnológica, mucho más eficiente para la conquista de la galaxia entera junto a nosotros.

Nunca permitiremos que el planeta entero, lleno de naciones se lance juntas todas al espacio, con las malas entrañas que tienen los humanos, acaban destruyendo todo lo que hemos logrado.

Las regulaciones de navegación, son para todos los planetas por igual y bajo un sólo líder mundial responsable por todos, en el planeta la tierra sólo tiene el derecho la Nasa, estamos dispuestos a aceptar los que quieran unirse, pero tienen que ser miembros de la Nasa y controlados por el gobierno Norte Americano.

Cuando construyan una planta con las especificaciones que les dimos, podrán enviar directamente desviando electricidad a las líneas de cables eléctricos que tienen por toda la nación, desde el colector y los transformadores de la central.

No existe límites para el voltaje que quieran alcanzar en segundos, elevando la energía solar colectada en las celdas especiales nuestras, para empezar por el momento pueden alimentar motores eléctricos con energía solar y motorizar sus generadores actuales produciendo a bajo costo.

Pero preferimos que revelen pronto todos los secretos de las celdas solares nuestras, para dar oportunidades a pequeñas compañías y produzcan unidades para el uso en hogares de forma independiente y rápida.

Las turbinas de viento que producen energías eléctrica, son excelentes y muy buenas, sus generadores tienen buena productividad, pueden ser mucho más productivas y más eficientes con las alteraciones que facilitamos de nuestras celdas solares, para acelerar las paletas de viento y mantener más velocidad constante en ellas, utilizando sus propios campos magnéticos.

Para el consumo de los hogares, los generadores de viento modificados a nuestras especificaciones, acelerados con celdas solares y generadores nuestros son muy eficientes, pueden fabricarlos a bajos costos y en grandes cantidades según el estándar necesario.

El tamaño requerido sería similar al de una unidad de aire acondicionado regular, sabemos que las grandes compañías con sus monopolios no están de acuerdo, todo por los efectos negativos a sus ingresos que esto representa, pero el avance y los ciudadanos son primero, algún día tienen que aceptar y empezar a cambiar el mundo, si pierden el momento existe otra nación que estaría dispuesta a la total cooperación y esto sería peor.

Nosotros construimos desde tiempos pasados, grandes pirámides forradas de celdas de luz solar y los generadores en su interior con su sistema de rotación automática interna, impulsando su rotación por campos electromagnéticos de energía solar y viento ambos combinados, con todo incluido en una sola unidad muy auto eficiente para alimentar industrias.

Los demás intentos por conseguir combustible de la agricultura (etanol) es una estupidez, el mundo se muere de hambre y están muchos pensando en ocupar grandes espacios de terrenos, que son buenos para cosechas alimenticias, están pensando en convertirlos en producción de fuente energética para motorizarse.

Todo lo cual sólo serviría para aumentar los niveles de hambruna mundial, con esos terrenos utilizados en producción agrícola para ayuda del consumo mundial alimenticio, sin dudas tendrían muchos mejores resultados.

Les hemos facilitado varias soluciones, con las que pueden comenzar a dar pasos positivos para el bienestar de la humanidad, con las cuales estamos de acuerdo, según nuestro entendimiento lo mejor sería desde un comienzo elevar la tecnología a todo el nivel que les hemos ofrecido, la respuesta la tienen en la consciencia, ustedes mismos nos mostraran quiénes son y hasta donde quieren llegar con nosotros.

Cuidado volar por los espacios tiene sus reglas y respetos, la sociedad de su mundo se les abre las puertas y acaban con la galaxia y sus sistemas en un mismo día, existen superiores y ustedes no son muy bien vistos por todos sus comportamientos, el mundo entero nos referimos a todos no son necesarias más explicaciones.

Existen otras energías superiores intocables por el momento, después especificamos las regulaciones y sus términos, los humanos son ambiciosos y curiosos, no pueden salir del sistema solar por los próximos 250 años, pueden ser invitados y recibir visitas, pero todo controlado por la federación cósmica, entrar en un sistema solar habitado sin permisos, es un acto de guerra y ustedes están calientes con el universo.

Los hombres de ciencia no nos preocupan, el interés es el mismo mutuamente, los que están detrás suministrando los recursos para las exploraciones científicas, son los tienen muy malas entrañas.

Los inversionistas mal interesados, están buscando siempre la oportunidad para cambiar las cosas de la intención original, tienen el poder en sus manos porque facilitan los recursos y esto les da el derecho, olvidándose de la importancia científica para obtener beneficios en contra del verdadero propósito, esos son los que nos preocupan en el espacio, no los queremos ver tratando de manipular las circunstancias para obtener beneficios propios.

Tendrán bastante con colonizar bien la luna, pueden empezar a construir hoteles para vacaciones ustedes son muy buenos para esas cosas, Saturno visto desde sus lunas es muy interesante, las noches son hermosas para observar estrellas y la luminosidad de sus anillos, tiene fuertes colores en su atmósfera observado desde corta distancia, el lugar perfecto para enamorados que quieran estar distanciados y en comunicación directa con el universo.

Con las informaciones tecnológicas que les dimos, de plantas equipadas para convertir oxigeno muy puro en el espacio, suficiente para sustentar la vida humana en el cosmos, no tendrán ningún problema en colonizarlos y respirar sin temor un oxigeno más saludable, mucho más saludable del oxigeno que tienen en el planeta en estos tiempos, con los niveles de polución tan altos que tienen.

Tampoco tendrán problemas con el agua, las plantas energéticas en nuestras naves, absorben variada materia cósmica de partículas que refinan para extraer el líquido sin necesidad de reciclar, es abundante la materia líquida tan importante para sostenerse con vida, en casi todos los planetas desiertos o inhabitados, en cometas y otros objetos cósmicos, el liquido está presente de forma interminable, ustedes lo saben.

Olvídense de Marte para soltar residuos radioactivos sobre ese planeta, Marte se puede colonizar para tener una base espacial muy bien localizada.

Venus es bueno para depositar basura por sus concentraciones de ácidos, que son muy buenos para disolver los residuos si se produce un derrame, es indispensable un lugar para botar basura, todos lo requerimos no tendrán mucha que depositar porque el cambio viene, nosotros limpiaremos lo actual que tienen escondido y lo que está en todos los océanos contaminando el ambiente.

El cambio de ustedes es progresivo y tiene su tiempo, tendrán que lidiar un poco todavía con residuos, especialmente Francia que tiene muchas plantas nucleares y tienen que cambiar su sistema operativo, o se hunden de no querer cooperar, pero comprendemos que todo tiene su tiempo.

El sistema solar se va completo, la tierra toda es nuestra y lo resolvemos nosotros, limpiaremos a todos de sus poderes nucleares incluyendo armas, residuos y poderes militares, la demanda principal número uno sobre el mundo, es la entrega de todas las armas de destrucción masivas incluyendo América.

La segunda demanda es la renuncia de toda fuerza aérea naval y terrestre, de todas las naciones que no tienen principios democráticos, ni ofrecen derechos civiles, pero tampoco estas últimas obtendrán nuevamente armas y mucho menos mejores, solamente los Estados Unidos tienen este privilegio, con los gastos militares de todas las naciones, se resolverían todos los problemas mundiales, especialmente la pobreza.

Los gases que necesitan, sarán para aviones comerciales y sus sistemas bélicos actuales, necesitaran poco para volar las estrellas y eventualmente nada.

América solamente tendrá el poder y sus selectos amigos, vemos varios triángulos seguros, Inglaterra, Australia y España que tiene buena democracia, Italia también es una aliada segura y confiable junto a la India y varios otros que sin dudas los apoyarían.

Inglaterra tiene una dificultad, la cual tiene que resolver pronto de forma civilizada antes que lo hagamos nosotros, la situación política con Irlanda del Norte, para nosotros es una falta de principios democráticos la ocupación y el control político existente bajo la monarquía Inglesa, una ocupación de cualquier índole de parte de una nación moderna que conoce entiende y exige para sí misma lo que son los derechos, simplemente no se aplica. Inglaterra para tener derechos de la misma forma que otros, tienen que aceptar nuestra demanda, porque en los tiempos del nuevo mundo no aceptamos colonos, tienen que forzar al gobierno Ingles que libere políticamente reconociendo su soberanía. Pueden ser los mejores amigos y aliados, hablan la misma lengua están relacionados en la historia, tener muy buenas relaciones comerciales de sustento ambas partes, porque estos tiempos lo requieren de la manera que pedimos.

El derecho lo tiene Irlanda, los derechos pertenecen a los pueblos nativos, eso es indiscutible, los Reyes o Reinas que gobiernen sus pueblos con eso tienen suficiente, esa es nuestra voluntad para aceptar a Inglaterra en el grupo central, todos los que tienen una extensa historia de explotadores, tendrán que ceder a todas las demandas.

Principalmente Inglaterra, que en su historia es culpable de haber explotado muchos países de muchas formas, tiene una alta responsabilidad por muchas de las consecuencias actuales que se observan por toda el Asia y el medio este, conjuntamente con su cómplice principal los Estados Unidos. El nuevo Primer Ministro Ingles puede hacer todas las oratorias y declaraciones ante el congreso norte americano que quiera, de la forma que lo hizo en el mes 3 del 2009 como acordamos, pero ese es el primer paso Irlanda el segundo.

En otros casos mundiales los que reclaman independencia o un estado y no son un país tendrán que esperar, primero no es aplicable y segundo tienen un terrorismo vendido al comunismo y solamente Dios puede ser el único comunista, porque a Dios todo le pertenece en lo absoluto, él nadie más tiene ese derecho.

En otros los problemas religiosos no pueden tener control del gobierno sobre un mundo democrático, de todas maneras en el futuro no existirán más las naciones, todos tendrán que ser un sólo mundo unido y regidos todos por un sólo gobierno mundial democrático, gobierno el cual ya está escogido.

Los demás que quieran ser aliados, que vengan pero sin poderes militares o limitados, para que sirvan de soporte solamente, porque no importa quién proteste de acuerdo a las nuevas regulaciones Galácticas del nuevo sistema, América manda y tendrá la tecnología para hacerlo, sin dificultades sobre todos los demás, eso es inquebrantable.

América solamente tendrá el contacto y el poder.

Israel no necesita mencionarse, ellos tendrán la paz que buscan en todo sentido, ahora les toca descansar sin espías a sus alrededores.

Israel siempre estará presente por todo el mundo, cumpliendo el mandamiento.

Queremos de forma oficial una visita al Navío Ronald Reagan G. Busch y otros de la serie Nimitz cuando sea prudente los queremos copiar completo, es una obra de arte militar de la tierra, para adjuntarla con los archivos Galácticos de los planetas que han logrado la evolución de la especie y los países que han alcanzado el poder.

Los Rusos son una democracia, se les puede decir que no se preocupen, en caso que insistan o empecen a ponerse nerviosos, pueden venir a la América para que sientan el suporte y puedan conversar con nosotros, pero tendrán que entregar como todos los demás todo su poder nuclear, porque Rusia es una democracia insegura y lo demuestran constantemente, no pueden confiarse actúan de manera sospechosa, por lo tanto su democracia en estos momentos está clasificada de falsa.

Esperamos que el pueblo Ruso inocente, después de sus extensas experiencias comunistas, no quiera regresar a tener que hacer largas colas de personas por varias cuadras, para quizás alcanzar antes que se agote un pedazo de papel decente para limpiarse el ano, también pensamos que no quieran observar nuevamente sus tiendas de suministros y víveres totalmente agotados, porque el gobierno se lo gasta en recursos militares y represivos. Las ordenanzas son bien estrictas, no aceptamos errores de dedos ni lamentaciones, no excusas inferiores, ayudamos mientras quieran ser ayudados, restableceremos comercio con Rusia pero bajo supervisión y estrictas regulaciones.

Las estaciones de gasolina que sustentan la economía de diversas maneras, no tienen que desaparecer de inmediato, comprendemos perfectamente sus preocupaciones en referencia a estos asuntos, tengan paciencia y confíen en nosotros, pero tienen que preparase para ese futuro porque lo tienen encima, estén listos para recibirlo se lo estamos regalando, el planeta lo necesita urgente para salvarlo, no se conviertan también ustedes en abusadores.

No hacemos magia, todo seguirá igual porque la mente de los humanos es negativa, en el tiempo después de limpiar fuertemente, volverán a surgir nuevos criminales quizás peores para elevar la tensión.

Las recomendaciones que tenemos referente a las drogas, las cuales tienen a su nación bajo un fuerte ataque y nunca dejaran de existir ni de consumirse, porque el nivel y las presiones en que viven sus ciudadanos, empujan en muchos casos a buscar salidas drásticas en la sociedades muy desarrolladas, salidas que son mucho más fáciles e influyente sobre los más necesitados y los jóvenes, esto es un acontecimiento que ha sido observado en varios planetas en su historia. Teniendo en cuenta que no podrán detenerlas y sus jóvenes se envenenan con todo tipo de químicos que puedan alcanzar, la mejor opción perfecta es legalizarla, para que el estado pueda controlar su consumo y los ingresos.

Por ejemplo por todos los tiempo que han intentado poner fin a ésta situación más bien parece que retroceden, legalizar la marihuana libremente con un sistema como el de Holanda, es una buena solución para controlar las demás drogas que si son destructivas o más conflictivas sobre el comportamiento y la salud de los que las usan, los cuales terminan controlados por los fuertes aditivos y químicos cometiendo barbaries.

La sociedad se le da una salida para relajarse de la presión, y al sentirse en control de su personalidad como ciudadano responden inmediatamente, de ésta manera pueden poner mejor control y consciencia sobre las otras drogas, también detienen la importación al permitir el cultivo interno controlado bajo supervisión.

La marihuana es una planta natural, no tiene ningunos efectos desbastadores sobre la salud, los científicos lo saben bien, claro todo en exceso rompe el balance, todo tiene su momento y se debe tener consciencia del lugar el tiempo y la cantidad para estas cosas, la educación es importante pero cuando es basada en la verdad, tienen un buen ejemplo en un condado muy intrépido en el estado de California donde sus habitantes son muy felices. Al contrario de la cocaína que también es una planta pero la procesan químicamente alterándola, el que proteste que viaje a donde se consume la hoja de cocaína para soportar las altitudes, entonces la disfrute en esos lugares de la manera que lo hacen los habitantes de ese lugar.

En los Estados Unidos, debe mantenerse prohibida la cocaína bajo control total farmacéutico, pero no podemos ni tampoco tenemos el derecho de imponer regulaciones en otros países como ejemplo Bolivia, donde se comercia la hoja de coca en los mercados diariamente para hacer un tipo de té.

Toda producción y distribución tiene que estar bajo control total, el que rompa las regulaciones del gobierno tratándose de convertir en contrabandista de drogas, distribuir y obtener ganancias ilegales, pásenle la cuenta al estilo de países que ejecutan inmediatamente a los traficantes de drogas, verán los resultados positivos que estos métodos producen.

La libertad de la prostitución también debe legalizarse, de hombres y de mujeres, en la historia de los humanos siempre ha existido este comportamiento social, es necesario para que la sociedad bajo la presión que vive se relaje.

Lo pueden lograr por toda la nación de la misma manera que existe en Holanda y Nevada, se están haciendo los de la vista gorda con ese estado, muchos políticos prominentes y de alto rango en el gobierno Norte Americano, saben lo que pasa en Nevada, el lugar exacto en que se encuentra y la manera que lucen por dentro esos lugares exóticos.

Nosotros tenemos plena libertad en el sexo, no existen los traumas ni los tabúes de los humanos, la naturaleza de cada cual es diferente y se manifiesta más en unos y menos en otros, el que crea que se debe regular la prostitución, que lo haga con el mismo, pero permitan los demás ser libres bajos los principios de la democracia.

En Norte América no existen tanto las situaciones económicas que inducen a estos viejos hábitos, las mujeres que se prestan para estos servicios nacieron con la intención y la facultad adentro en su naturaleza, pregúntenle a los sicólogos.

La prostitución controlada por el gobierno evita el abuso de los oportunistas, de todas maneras está fuera de control en estos momentos y nunca lo lograrán detener, ustedes lo saben bien.

Enfrenten la oposición del poder religioso oculto detrás de la puerta, que tiene tentáculos fuertes sobre los políticos y están rompiendo la democracia, para imponer su ideología, nunca lograrán alterar la naturaleza humana, lo único que logran es confusión y crean culpas sobre inocentes que no tienen.

Muchas mujeres incluyendo hombres, nacen capacitadas

genéticamente y mentalmente para actividades sexuales extensas, también les gusta esa libertad, miren el ejemplo en los videos pornográficos y tienen bastantes.

No existe la inmoralidad en el sexo, ustedes mismos se impusieron las reglas influenciados por seres traumáticos y confundidos, el sexo es libre para vivirlo y disfrutarlo, esa es la realidad, lo demás son inventos de los religiosos para manipular al hombre y controlar su mente.

Ustedes son la Babilonia moderna, según muchos lo aseguran dentro de su nación principalmente los mismos religiosos que los presionan, pero les falta la legalización al sexo libre, legalización en todo sentido y de una manera amplia y reconocida en toda la unión, para que puedan coronarse ese preciado título.

Nosotros somos totalmente libres en el sexo, cada cual tiene su manera de sentir y vivir el éxtasis y sus fantasías sin que nadie se traumatice, nuestra consciencia está abierta en la plenitud referente al placer, una mujer o hombre que alcance física y mentalmente el nivel requerido para experimentar sexo es libre de hacerlo sin restricciones, cada cual según su organismo adquiere ese nivel en diferentes edades, las restricciones fuera de lugar y tiempo solo sirven para crear contradicciones y dificultades en cualquier sociedad.

La prostitución también es un derecho social de la mujer y a la misma instancia un derecho del hombre, un derecho divino a tener a su disposición total libertad en sus emociones y fantasías sexuales, el albedrío es libre cada cual escoge su relación con Dios porque es personal, nadie puede juzgar, cada cual le responde a Dios en su propio tiempo y solamente Dios determina la sentencia de la manera que mejor le dé las ganas, para eso es Dios.

Quede bien entendido que estamos en contra de la prostitución forzada, prostitución bajo abuso, explotación, necesidades sociales, o cualquier tipo de contrariedad que afecte el estima personal, o esté en contra de la voluntad de la persona.

Tienen muchos problemas con todo tipo de regulaciones para el abuso de animales, todo manipulado por entidades conflictivas de creencias absurdas, por ejemplo permiten la caza de animales indefensos, como los venados y otras especies a los cuales se les dispara por el simple hecho de tener un trofeo, es un deporte y un habito histórico.

No existe ninguna diferencia por el simple hecho de ser un animal, es un ser viviente como lo son los humanos, les arrancan la cabeza terminando con su vida para colgarla de adorno, otros los disecan completo.

Matan millones de animales para el alimento diario, esto tampoco justifica ni da ningún derecho sobre otra vida, es necesario para vivir de acuerdo a sus sistemas y costumbres alimenticias, esto se comprende pero tampoco les justifica el derecho sobre otra vida, pueden comer verduras, frutas y yerbas solamente, como hacen muchos otros.

En granjas especializadas para el consumo de carnes, la forma de matanza es en muchos casos es bien salvaje, peor que la forma en que las bestias caníbales lo hacen, tampoco ninguno detiene a los leones y demás predadores para impedirles que maten a su presa, las cuales en muchos casos se las devoran vivas, justificándose con la naturaleza para no tener que intervenir.

Ustedes son contradictorios en muchas maneras, el reto que tienen es muy grande, esperemos que lo pasen.

Permitan las peleas de gallos finos, que sin lugar a dudas en lugares controlados y legalizados para estos eventos, producirían ganancias para el estado, tienen muchos ciudadanos que les gustan esas peleas por todo el país.

De todas maneras tienen los casinos creados por la mafia y los siguen manteniéndolos ustedes los del gobierno, después que los políticos usando las leyes fabricadas con todo tipo de excusas y traicionando, se los han quitado a ellos los mafiosos que fueron los que lo crearon y ustedes se convirtieron en una mafia legal, la cual sigue activa.

Están abusando de los ciudadanos aunque digan que no, porque el juego crea adicción en muchas personas de forma descontrolada, igualmente que las drogas y no se resuelve con terapia, ahora ustedes le pagan a la mafia para operar los casinos.

Las peleas de gallos finos, no son un abuso esa es su naturaleza y les gusta pelear, ustedes matan millones de animales en el mundo cada día para comer, especialmente gallinas y otros tantos se retienen en laboratorios para experimentos, sufriendo los horrores de las investigaciones científicas, esto tampoco justifica el abuso por ser ciencia.

Cuando los gallos de pelea mueren en la arena, se los llevan para la cocina y hacen una sopa, pregúntenle por la receta perfecta al país de Colombia, los gallos finos tienen el derecho a pelear, para eso existen ese es su propósito.

El mismo caso lo pueden observar en España con las corridas de toros, muchos las condenan pero eso tampoco es un abuso, los toros son grandes y tienen la ventaja, se defienden fuertemente y algunas veces pagan los toreros con su vida.

Además es un derecho divino del hombre tener control de todos los animales de la tierra, "toma la tierra y todo lo que existe en ella y domínala por entero", cuando los toros mueren siempre los llevan al matadero, las carnes son muy ricas, muy nutritivas y muy importantes, nunca dejaran de comerlas, las necesitan, pregúntenle a los Argentinos por buenas recetas.

También apoyamos las peleas de gatos y perros y otras mascotas domesticas, déjenlos que se maten, son animales y esto sucede en la naturaleza todos los días en diversas formas y estilos mucho más salvajes de muerte y nadie protesta, son especies inventadas y no deberían ni de existir no tienen derechos, los actos violentos y sanguinarios en las guerras divinas de sus dioses en toda la historia de la humanidad, han sido y siguen siendo mucho mas peores.

Por ejemplo de ser llevados a la cocina inmediatamente tendría una justificación justa, muchos en el mundo actual en algunas naciones se alimentan de perros, gatos y otros tipos de mascotas, son saludables porque contienen muchas proteínas, sin dudas estaría justificado el sacrificio y la diversión del entretenimiento, no queremos levantar tensiones contra nosotros, pero algunos tipos de felinos son muy sabrosos preparados en un fricase, los perros asados al horno que probamos en Cambodia también son sabrosos.

Un caso en particular nos atrae la atención, los japoneses se han alimentado de ballenas por siglos, igualmente que otras civilizaciones, las cuales lo hacen en estos momentos en otras partes del mundo, parece que algunos personajes les molesta este comportamiento japonés, simplemente porque quieren imponer su voluntad, o imponer la manera en que los demás tienen que actuar y lo que deberían comer de acuerdo a su entendimiento.

Esto es una ofensa a la libertad y el derecho, comprendemos que de encontrarse en peligro de extinción una especie, las cosas tienen que tener un límite un control y una consciencia responsable superior de parte de todos, continuar la supervisión evitará el abuso.

En el caso de las ballenas y el derecho del pueblo japonés apoyamos a Japón, se están matando ballenas para realizar estudios de la especie, es la única forma legal permitida para sacrificar unas cuantas cada cierto tiempo, todos sabemos que a Japón le importa muy poco el estudio, ellos están cazando para alimentarse lo cual tienen el derecho y, producen muy nutritivos productos alimenticios con los cuales preparan diversas recetas que nos gustan mucho.

De realizarse todo con balance, nadie tiene el derecho de imponer su voluntad y eliminar por las fuerzas las costumbres sobre otros, por ejemplo el ganado es una fuente alimenticia importante en muchos lugares del mundo, pero en otros es un animal sagrado que no se puede matar, mucho menos nutrirse de su carne.

Estamos seguros que aquellos consumidores de la carne del ganado, nunca aceptarían que les impusieran restricciones basadas en las formas de vidas de otros, entonces tampoco tienen el derecho de restringir a los demás, mucho menos basados simplemente en sus tradiciones.

Otro ejemplo muy presente es la carne de puerco, la cual es considerada inmunda de manera injusta por algunos religiosos, es cierto que se alimentan los puercos de todo tipo de sobras, es la forma en que fueron amaestrados desde hace miles de años.

Pero en muchas de las granjas se les suministra piensos y alimentos limpios a los cerdos, entonces esos puercos se pueden comer, sin considerarse una persona un inmundo por alimentarse de su carne.

Tampoco aceptarían muchos países ninguna restricción de la carne porcina que consumen, simplemente porque algún idiota le pareció un día que los puercos son inmundos, o simplemente no le gusto el sabor de la carne, o quizás la cocinaron muy mal y nunca volvió a probarla, entonces descargo la frustración echándole las culpas a Dios escribiendo basuras.

En conclusión los que nos alimentamos de cualquier tipo de carne, somos los peores inmundos, porque estamos consumiendo materia orgánica en estado de muerte y somos más bestias que los animales salvajes, los cuales devoran la carne en estado natural fresco.

Nosotros le damos candela a las carnes para cocinarla, lo mismo que ustedes, lo cual crea alteraciones en su tejido, nadie devoraría la carne muy quemada y el olor que despide es repugnante, mientras otros por el mundo esperan que se pudra la carne antes de digerirla.

Los animales tienen sus derechos por ser parte de la existencia sobre la tierra, no existen dudas y alguien tiene que ser responsable de su defensa, pero no tienen más derechos que el hombre, el cual es otro animal que reina por sobre todos los demás y tiene el derecho a disponer de la suerte y el destino absoluto de todos, por supuesto con balance pero libremente, mientras otros piensan que comer insectos es repugnante o no tiene sentido, bueno les recomendamos los tacos con chapulinas que probamos en México y cambiaran la opinión.

La conclusión es simple, vigilen a Japón para que no se excedan de sus derechos aniquilando las ballenas, perdiéndose otra especie maravillosa, pero dejen de joder a los pueblos tratando de manipularles las costumbres y que cada cual coma lo que mejor le parezca, en cualquier momento se les ocurre relocalizar a los esquimales dentro de la ciudades, para detenerlos en sus costumbres alimenticias.

Lograr los derechos de la comunidad homosexual es otro problema serio, ustedes lo saben es la naturaleza sucede en todo el universo, no pueden decirnos que los libros de cuentos que tienen lo impide. La democracia que tienen y mueren por ella sacrificando sus soldados y exigiéndoles que lo hagan, tiene que ser completa de acuerdo a todos los ciudadanos que viven dentro de ella, justicia y libertad para todos, está escrito en la constitución y no existe ninguna excepción contra los ciudadanos homosexuales. Dejen la hipocresía política y sean sinceros primero con ustedes mismos, muchos de ustedes mismos también andan escondidos en el clóset, con el constante temor de ser descubiertos y humillados públicamente lo cual es injusto.

También es injusto que muchos tengan que renunciar a sus responsabilidades, incluyendo políticos después de ser expuestos, alguien parece que manipula con su influencia el destino de la nación a su conveniencia sin tener el derecho, olvidando los principios de la constitución, "justicia y libertad para todos" lo que es igual a una entera democracia. La homosexualidad son los resultados de la naturaleza a través de los tiempos con sus experimentos, no existen situaciones paranormales, ni entidades invisibles que controlan o manipulan la voluntad de un ser viviente, ni espíritus escondidos en la mente o en las sombras, la naturaleza experimenta la existencia material estimulándose en toda forma posible. En el comportamiento homosexual, no tienen culpa los padres, no tiene culpas ni deudas que pagar todo el que siente de esa manera, ese comportamiento no tiene misterios ocultos, ni sombras paranormales manipulando su voluntad, tampoco nada religioso lo impide, porque nadie puede juzgar, tienen que respetar el mandamiento, todas las cosas son de Dios o no existe Dios.

La comunidad homosexual ha sido y está siendo muy mal comprendida, discriminada y abusada en todos sus derechos, rompan las cadenas del poder oculto escondido detrás de la puerta, controlado por religiosos y tomen de ejemplo a España.

El problema de la salud en la nación, es otro impedimento grande que tienen que superar para poder sostener una alianza con nosotros, la atención medica para todos los ciudadanos, todo el tiempo que la necesite, la cantidad que necesite, con todos los recursos que necesite, incluyendo la medicina, tiene que ser gratis para todos los ciudadanos. El gobierno debe pagar, nosotros podemos ayudar a cubrir el costo por los próximos 50 años si logramos un acuerdo, pero no permitiremos a nadie que abuse con los costos inflándolos.

Nuestros laboratorios pueden producir para cubrir todo lo que necesiten los ciudadanos, tenemos muchos doctores con total conocimiento de los humanos, listos para servir y podemos implantar grandes Hospitales en corto tiempo.

No queremos quebrar el sistema de la industria médica, el cual debería ser más consciente, pero teniendo en cuentas como son los humanos de ambiciosos y oportunistas, tenemos que estar listos para cualquier intento de extorsión, con solamente observar la situación y el abuso actual referente al sistema de salud, cualquiera entenderá nuestra posición.

Ustedes tendrán sus ideas, pero cuando sus ciudadanos observen la manera que somos nosotros y las cosas que hacemos, empezaran a presionar y tienen todo el derecho, la mentira le llega su hora con el universo.

La información presente es solamente para los departamentos del gobierno de América, deben mantenerlo en secreto hasta el día de la revelación, por lo tanto es una conspiración.

Dios es el más grande y perfecto conspirador que existe, miren como tiene el mundo todo revuelto y se mantiene oculto, tampoco paga las culpas, ni aparece en ningún lado como responsable siendo el creador de todo, mando al diablo para que cargara las culpas, entonces aparecerán de pronto sus ángeles y Dios quedara como el gran Héroe, nosotros somos esos ángeles y ya estamos en tierra, Dios definitivamente es todo o no es nada.

Estas son solamente las conclusiones preliminares de la primera etapa del fin de los tiempos, prepárense a enfrentar el universo en cualquier momento. Recuerden es una sola oportunidad, pasamos y no volvemos en casi mil años, para ese entonces difícilmente pensamos que estén vivos, se habrán destruidos ustedes mismos, o se elevan ahora o se hunden. La tecnología que les facilitamos para resolver el problema de la demanda energética la están retrasando, de acuerdo a nuestro acuerdo en estos momentos debería estar en función, por lo menos en algunas de las plantas principales para que experimenten y desarrollen un plan mundial eficiente.

Parece que los intereses de los que manejan detrás de las puertas, están haciendo presión para evitar que sus beneficios no se obstaculicen cuando el cambio energético entre en su fase comercial, también comprendemos las estrategias de campañas políticas de los humanos, pero recuerden que no nos gustan las excusas extendidas por mucho tiempo.

Poder político, poder económico, poder militar, El Triangulo, acuerdos nacionales e internacionales, conspiraciones mundiales y sus conflictos bélicos, el otro Triangulo, ustedes son expertos quedaran de héroes.

Capítulo 5

Introducción del redactor sobre el próximo mensaje.

El mensaje quizás más emotivo de toda mi experiencia cósmica, lo viví en ésta revelación, la nave que me encuentro es algo imposible de describir, imposible de explicar, realmente estoy en un paraíso espacial donde todo es parecido al cristal, pero que no se rompe.

Paredes de cristales moldeados en muy aerodinámicas formas, cargada de una materia metálica trasparente desconocida, algo imposible de ni siquiera poder pintar, su nombre galáctico es Atlántica, para aclarar dudas nada tiene de relación el nombre de este navío con el continente perdido.

Una nave que es un paraíso muy luminoso de múltiples e infinitos colores eléctricos, fibras de luces se observan por entre los cristales llenos de plantas extremadamente exóticas, las cuales crecen con pequeñas raíces por todas partes y tienen múltiples colores.

Las plantas también se mueven buscando mejor lugar, yo pienso que para decorar más bonito o cambiar el tono del ambiente, no podría estar seguro si actúan solas, o las controlan con algún programa de arte con un diseño inteligente propio.

Están muchas de las paredes repletas con flores matizadas, también en múltiples colores totalmente desconocidas, pero también observe muchas flores muy similares y otras iguales a las de la tierra, se sienten las aguas o algún tipo de liquido correr por el suelo y en todas direcciones entre los cristales sin mojarte.

Existe la atracción de la gravedad de forma estable, en cualquier posición que estés te sientes bien, los caminos interiores toman muchas direcciones en todo sentido, parecen nunca tener fin.

Los sistemas tan avanzados que tienen, le responde al pensamiento de la mente de cada entidad presente y te trasladas al lugar deseado pasando a través de sus paredes de cristal, que las observas dilatarse o contraerse para permitirme pasar, de forma que te sientes un príncipe.

Tiene plazas inmensas en su interior, con estructuras en columnas rojas blancas y negras, anilladas en color dorado y platinado, pero son columnas metálicas de algún material desconocido cristalizado.

Caminan por su interior mucha gente extraña, de apariencias brillantes en sus rostros, pero puedes ver sus semblantes y sentir sus energías, las cuales dan cosquillas muy agradables por todo el cuerpo cuando te les acercas, o ellos se acercan a ti de forma espontánea.

La arquitectura es impresionante y hermosa, parece que miras al cielo hasta que se pierde la mirada, pero no tiene cielo, continúan comenzando en nuevas plazas todas con características distintas a veces similares.

Me dio la impresión que estaba en una Grecia y Roma de los tiempos antiguos, pero con moderna tecnología y mucho más abstracta y más dinámica, un combinado metálico y de un cristal especial, donde haces de luz energéticos todos entrelazados, circulan por sus estructuras sosteniéndolas, enviando información quizás fibra óptica más avanzada que la nuestra.

Quizás similar de la manera que fue Grecia y Roma, cuando estuvo en la cima de su cumbre y que nunca hemos podido experimentar de la forma que fue, pero sin piedras materiales, todo está tallado en un metal casi transparente de una materia desconocida.

Una materia de cristales metálicos, a través del cual corren cruzándose haces de luces que chocan unos contra otros, cambiando su dirección y sus colores formando símbolos geométricos y jeroglíficos de diversos tamaños y formas, aunque a veces siguen su rumbo sin alterar su tono, o lo cambian y lo vuelven a cambiar.

Parece que observas el universo naciendo y muriendo en fracciones de segundos constantemente, una vez, y otra vez, y otra vez, y otra vez, y poder observarlo todo con toda su obra en cada espacio y tiempo.

Es demasiado activo el lugar para poderlo precisar totalmente y mucho menos explicarlo con exactitud, porque no puede duplicarse algo tan espectacular sobre nuestro planeta, ni se puede comprender la existencia de algo tan fantástico sin verlo primero y vivirlo, parece el interior de un cerebro totalmente energético, por el que puedas caminar sin interrumpir su función y observarlo todo desde un plano cibernético.

Este mensaje fue muy interesante, soy amante de la ciencia y todos los científicos, aunque me gusta más observar la naturaleza todo lo que ella representa y oculta en sus misterios, que encerrarme en un laboratorio para dedicarme a un estudio específico.

Pero también sé lo interesante y excitante que se convierten las investigaciones científicas, mucho más cuando se está en camino de resolverse un enigma, porque se percibe que la solución está cerca entonces, es mucho más intensa la emoción y se dedican más horas al trabajo investigativo cualquiera que sea.

Algo verdaderamente digno de admirar y respetar, después de todo son los científicos los que nos han llevado desde la desnudez hasta el universo estelar.

Nunca sería un científico, porque cuando los científicos han descubierto un enigma, inmediatamente aparece otra interrogante y entonces se devuelven al encierro del laboratorio, nuevamente a dedicarle todo el tiempo que sea necesario para lograr descifrar la nueva respuesta, nunca tiene fin la encuesta, el ciclo se repite eternamente.

Entonces prefiero analizar los resultados, para tener mejor tiempo de vida para las cosas que me gustan hacer, como por ejemplo disfrutar la vida de la forma que yo lo comprendo y mejor lo siento, un ejemplo meditando en el bosque, en la montaña o en la orilla del mar, disfrutar de una buena comida, tomarse una copa de vino en su momento apropiado y otras actividades placenteras.

Pienso que a través del tiempo, los logros de la ciencia son la clave de haber sobrevivido tanto tiempo contra tantas adversidades, siempre me he preguntado el porqué y las razones de Dios para permitirlo, todo dentro de un mundo religioso que en el nombre de Dios los critica tan fuertemente y en tiempos los condeno con duros castigos, solamente puedo dar mi propio criterio.

A los científicos el instinto de Dios los mueve tentándoles, para que encaminen a la humanidad hacia un lugar mejor y más seguro para su existencia permanente, es la razón por la que Dios nos creó a todos y, a la misma instancia para que valoren mejor los seres humanos el lugar que tienen y la vida que viven, todo lo cual es un regalo de Dios.

Pero sobre todo, para que conozcan el poder del creador su gran sabiduría y su poderosa ciencia, la cual activa de forma orgánica sobre la materia con la energía de su consciencia.

En las sabanas del África y las selvas de la amazona, viven humanos en estados de vida que nosotros llamamos primitivos, formas que han persistido por miles de años y pueden continuar haciéndolo por mucho tiempo más.

Pero son frágiles y una epidemia o algo similar, una catástrofe planetaria o cósmica, puede extinguirlos rápidamente sin que puedan detenerla, esto me demuestra que la ciencia es algo imprescindible de sustentar por todos nosotros, la cual tiene un propósito de Dios más profundo del que observamos.

Siempre he respetado la opinión de los que están en niveles superiores de educación, sin lugar a dudas se les debe mucho respeto, después de todo siempre acudimos a los científicos por ayuda de muchas formas.

Les envío la gratitud para todos los que se inspiran en la ciencia y dedican su vida por el bien de la humanidad, elevando en ésta acción el propósito de Dios y mostrando su sabiduría, mientras más el hombre conozca de los secretos de la existencia y todo lo que existe, entonces mucho más sabio es Dios que lo creó todo desde mucho tiempo antes.

El hombre de ciencia nunca podrá probar que Dios no es un ser real, discutirá los textos según los quiera manipular o entender, buscaran por todo el universo pero nunca llegara al principio de todo ni al final absoluto de todo, sin que falte algo más que preguntar.

En la encuesta científica del origen de toda existencia y el final total de toda existencia, enfrentarse a Dios es un reto perdido, pienso que la diferencia se encuentra en el tipo de Dios que concebimos cada cual en nuestras mentes.

Dios, el cual comprendemos mejor mientras más conocimientos científicos tengamos, sin embargo para otros el conocimiento y el avance científico es un tormento para su fe, lo cual es una estupidez.

Detrás de cada respuesta incompleta de ese misterio infinito que existe en el cosmos, está la sabiduría de Dios la cual siempre tiene la última palabra, tampoco el hombre de ciencia nunca podrá probar que Dios existe por la misma razón, nunca podrá llegar hasta el final de la respuesta para encontrarlo y preguntarle.

El destino humano científico es avanzar sin detenerse, para darnos a nosotros mejores placeres, mejores comodidades y mejores oportunidades de vida, en todo sentido principalmente en la salud, esa es su misión de la forma que lo logren y por los medios que lo hagan, eso es a discreción propia de cada científico.

Recuerden que el propósito de la existencia es existir eternamente y ese mismos es Dios, la existencia misma, en cada forma que se exprese nunca encontrarán mejor respuesta.

Los científicos están en el mundo, para darles más poder a la fe de aquellos que no necesitan pruebas para creer, porque observan en cada conocimiento obtenido, la inteligencia científica del creador cósmico.

También están en el mundo los científicos, para los que teniendo todas las pruebas para creer y aún no crean, que continúen tratando de negar el poder y la existencia consciente de Dios, que se observa de forma presente delante de todos en cada cosa que existe.

La ciencia del hombre está revelando conocimientos, que solamente un gran sabio científico y muy por encima del universo, pudo establecer sobre todos nosotros en nuestra consciencia cósmica, la cual no se puede negar porque se observa y se siente.

No estamos nosotros solos en el universo yo lo sé, somos un grupo de manifestantes que vivimos en el microcosmos observando el macrocosmos, y aprendiendo a descubrir todos los días sus misterios, como muchos otros desde lugares distantes lo hacen también.

Somos el resultado cósmico de formulas confeccionadas de elementos materiales que se encuentran en niveles inferiores del universo, al compararnos con los elementos superiores de los cuales está constituido en su mayor volumen el Universo, somos unos simples muñequitos animados para el entretenimiento de un observador cósmico.

Nosotros los que habitamos en cualquier planeta y dependemos de ellos para vivir, no tenemos ningún poder cósmico, no representamos nada importante mucho menos al comprender que existen millones de planetas con millones de vidas, una más o una menos que exista, ni siquiera se entera la galaxia.

El universo es tan inmenso para mí por varias razones, una razón es que nosotros hoy sabemos que podemos lograr en el tiempo la conquista del espacio, la física de lo imposible es relativa, nadie puede ponerle límites al conocimiento, ni tampoco a las posibilidades que existen cuando se habla de energía cósmica, quizás ese es el objetivo programado por Dios para nosotros.

Dios nos creó para que nosotros creáramos dentro de nuestro plano astral, de hecho estamos creando cada día con los inventos que logramos hacer funcionar, porque para mí comprensión el verdadero Dios no regala miserias, lo da todo o nada, probablemente esa es la misión nuestra, por eso progresamos cada día con avances importantes, con conocimientos más extensos y profundos, de todo lo que somos y todo lo que nos rodea.

Nosotros podremos alterar algún día a los seres humanos genéticamente y enviarlos a otros mundos para habitarlos, hoy sabemos de ésta posibilidad y se está estudiando, por consiguiente también pueden existir otras especies, que transformadas desde sus ambientes naturales y adaptados hacia otros planetas, están colonizando el universo en estos momentos, o nosotros mismos planeta por planeta lo lograremos realizar algún día a través de los tiempos.

Por lo cual se puede concluir que no estamos solos en el Universo, porque nadie sabe ni puede asegurar cuando empezó la colonización universal de vida, quien la comenzó, o en qué lugar pudo haber empezado y hasta donde ha llegado en estos momentos, sobra tiempo en el espacio para que otras especies existan mucho más avanzadas que nosotros.

El universo es inmenso para que nuestra inteligencia no descanse nunca, nosotros tratando de comprender y conquistar el universo, se habilita en los seres humanos niveles superiores que demuestran cada vez más la sabiduría del poder que lo creó, llámenle a ese poder los que tienen conocimientos científicos Energía, otros le llaman Dios o Existencia divina, para los que creen en la divinidad el caso es que existe.

Otra razón de la inmensidad universal que yo observo, es que Dios es todo y por lo tanto tiene que ser infinitamente inmenso y también imposible de calcular y alcanzar.

Dios quiere que se le conozca más cada día, ni aún negándole con todo la ciencia materialista posible no podrán lograrlo nunca, la existencia es la prueba la cual comenzó desde de una fuente energética y la cual es infinitamente eterna, siempre algo y de alguna forma la existencia existirá, eso es precisamente la esencia de Dios, la existencia misma en todas sus formas.

Los astrónomos buscan unificar el Universo en una sola formula científica están buscando a Dios quieran aceptarlo o no, porque eso mismo es Dios, un sólo principio una sola fuente responsable de todo y con el poder y la fuerza sobre todo.

Los Ingenieros bioquímicos están en estos tiempos en el camino de alterar el ADN de los humanos, descubriendo los genes de nuestro sistema biológico por entero, quieren manipularlo y conjuntamente están estudiando el de otras especies, principalmente especies que tengan habilidades superiores a las de la especie humana, están injertándolos en los humanos para que puedan mejorar las funciones de su sistema.

Mediante estas combinaciones, el hombre tendrá alteraciones que le permitirán alcanzar mejores condiciones físicas para la conquista del espacio.

Adquiriendo habilidades más alteradas con mejor eficiencia, como ejemplo la hibernación, obtener más capacidad pulmonar, más resistencia a los cambios climáticos, mejor sistema inmunológico y extender la duración de las células, entre otras muchas cosas más.

Todo esto le dará facilidades para conquistar nuevas tierras del espacio en un futuro próximo, adaptarse en las tierras alcanzadas y habitarlas, varias especies mutantes de humanos derivados de la especie central en el planeta madre La Tierra, con diferentes constituciones genéticas, viajando por el espacio llevaran el destino de colonizar el Universo.

Descenderían sobre estos planetas, habilitaran sus laboratorios y se multiplicaran sobre su superficie, todos estos acontecimientos que se planean en las mentes de los más sabios, para realizarlas en un futuro muy cercano, lo cual es proyecto vigente de muchos laboratorios, tiene una comparación Bíblica curiosa.

Dios creó los cielos y la tierra y creó al hombre a su imagen y semejanza, entonces el hombre se multiplicó en el tiempo sobre la faz de la tierra de forma victoriosa, como exactamente Dios le ordenó, "multiplíquense sobre la tierra y domina sobre todas las especies" creció el hombre en conocimientos y evoluciona de forma impresionante con el avance de la ciencia.

Están pensando en alcanzar el Universo, realizando lo mismo que Dios y sus ángeles hicieron primero, pero desde hace muchos millones de años antes, el cual posiblemente continúa en el tiempo haciéndolo eternamente por todo el universo.

Dios lo hizo sin alteraciones genéticas, creando una nueva tierra desde su centro y con ella, creó todas las diversidades de especies que existen de forma original y única, dé cualquier manera definitivamente insisto que enfrentarse a Dios es un reto perdido, para cualquiera que se atreva a cuestionarlo sea científico o no sea científico, la diferencia está en el concepto que se tenga de Dios, de acuerdo a cada pensamiento y la forma en que lo concibe, será capaz cada cual de aceptar a Dios sin importarle quien sea o la forma que sea.

La energía total del universo, que supera en un porciento de número mucho mayor a la totalidad de la materia, nuestra existencia está en planos muy inferiores, al compararnos con los compuestos que verdaderamente dominan el volumen del universo, estamos los humanos hechos de los desechos e inferioridades del Universo.

Por eso el estado físico material de nuestro compuesto químico, aunque parezca muy complejo, se transforma en muerte que es lo mismo que polvo y volvemos al polvo, o nada por decirlo mejor en muy corto tiempo, todo lo cual está dicho desde hace mucho tiempo en la historia de la humanidad.

Se desvanece nuestro estado material disolviéndose, porque en estas dimensiones recluidas a los microcosmos singulares, nada se sostiene permanentemente, somos en estos planos residuos cósmicos, inferiores en muchos sentidos, estamos en los parámetros más bajos de la existencia, al nivel que estamos nuestros compuestos orgánicos son inferiores, estamos recluidos y presos en los planetas, por lo tanto no somos nada importantes para que tengamos que existir eternamente.

Acéptenlo o no esto es lo más real que el hombre tiene que enfrentar como su realidad ante el universo, dependemos de un salvador superior que nos abra las puertas de la verdadera existencia, que eleve nuestro balance hacia el lado de lo espiritual que es esencia de energía, la cual es eterna y en alguna forma siempre se sostiene.

De lo contrario nos pudriéremos aceptando el destino inferior que tenemos hasta que nos devoremos vivos totalmente unos a los otros, como lo que somos realmente, unas bacterias cósmicas toxicas tratando de ponerse de acuerdo entre ellos mismos y nunca lo podrán lograr, nunca lo lograrán mientras se devoren unas a las otras, incluyendo el cuerpo en que viven el cual es el planeta que tenemos, el cual también destruimos oxidándolo simplemente con nuestra presencia.

Cuando escribí este mensaje tuve muchas preguntas en mi cerebro, preguntas que me obligaron a pensar muchas veces sobre lo que estaba sucediendo en la realidad, algunas veces escribo lo mismo, el motivo es que en diferentes tiempo he tenido mis encuentros, los cuales cada vez que suceden me sacan de concentración con referente a lo escrito antes.

No sé todavía al redactar este texto cual es la realidad, a veces pienso que estoy en la presencia de la divinidad celestial de Ángeles, otras veces que son extraterrestres que dominan el espacio y tienen las respuestas de todas las preguntas, por lo menos para nosotros, entidades que han logrado la inmortalidad con sus avances científicos y en estos momentos, hacen lo que les dan las ganas con todo el universo incluyendo a nosotros.

Todo para ayudarnos o para jodernos, no lo sé realmente con toda seguridad, pero otras veces pienso de nuevo en la existencia divina dada las circunstancias y, no puedo ponerme de acuerdo yo mismo con la realidad, quizás simplemente estoy totalmente loco, usted de su modesta opinión cuando termine de leer todos los mensajes, pero resérvese la respuesta no me interesa saberla.

El Poder de los astros.

Este mensaje y su estudio provienen desde las fronteras del espacio y el tiempo,
La era de "ACUARIO" habla a los seres de la tierra en estado Emergente.

La ciencia del mundo llamado la tierra tiene sus dificultades, hace tiempo tratan de descubrir con sus teorías hipótesis y conclusiones modernas el universo en que viven, no tienen todavía todos los resultados, ciencias basadas en principios que no tienen un final determinado y no han concluido el problema.

Muchos años de historias viejas de los tiempos antiguos han sido grandes retos para toda la humanidad, han tenido muchos caminos distintos las diferentes civilizaciones con diferentes resultados por toda la tierra, muchos no se pueden explicar, ¿cómo pasan las cosas en estos estados tan diferentes? Hoy cantidades de historias viejas reflejan los momentos actuales.

Pero nadie puede explicarlo con ciencia precisa, como pasan o por qué razones pasan estas cosas, cual es la razón ni para que, quizás muchos grupos por el mundo tengan sus propias historias que contar, unas son buenas otras no.

Todas las religiones se confunden con sus historias, ninguna está completa, si pudiera un ser explicarlo sería sin dudas palabra de Dios.

Parece que ese Dios nunca vendrá, pero nadie puede negarlo con sus verdades, o desmentir la existencia divina incluyendo la ciencia, entonces nadie puede hablar ni criticar.

La ciencia es la más avanzada y los acontecimientos lo prueban, entonces la fe en los fieles más débiles se decae, se va al final y el balance se rompe, provocando situaciones religiosas violentas por todo el mundo, esto trae sus consecuencias, porque por cada acción le sigue una reacción, el problema es figurar las consecuencias en el espacio y el tiempo, nadie tiene esas respuestas.

Las confusiones religiosas de los tiempos ponen peor las cosas, todo se derrumba y no aparece Dios, pero un día en el tiempo aparece Dios y quiere resolver las cosas, pero están de mal en peor, entonces se tiene que limpiar la tierra completa al estilo de Dios.

Entrando en sus secuencias del espacio y sus frecuencias del tiempo y cambiándolo para mejor o peor, depende la situación, todo es individual en la vida cada uno escoge la suya y muchas veces se la pueden jugar a la suerte bajo la voluntad de Dios.

Llevándose Dios a niveles atómicos superiores a los que se lo ganen, o los que Dios se los quiera regalar, esto parece misterio pero quizás no lo sean para nada, viniendo de unas inteligencias superiores que controlan y caminan por las estrellas es un hecho real.

Esa es la promesa de Dios y al que se la dio Dios se la cumple, sea cierta o falsa ante la realidad individual para esa persona es cierta, porque se la dio Dios.

Pero se matan por ella, se pierde la esencia y entonces se les receta el final al estilo de Dios, barriendo la tierra desde su espacio, nadie entiende la razón pero es muy fácil de señalar, crearon la acción de los tiempos y la reacción viene detrás.

El problema es que nunca pensaron que serian sorprendidos tan pronto, porque se les olvidó que el tiempo no existe, todos creen que si existe el tiempo pero Dios dice que no, solamente son secuencias y momentos de sus frecuencias en el espacio, los cuales puedes controlar si tienes los niveles adecuados.

Tendrán que ser filtrados los seres humanos por cristales de alta energía eléctrica, a otro paralelo, frisados en el tiempo para limpiarlos incluyendo la tierra, hasta que les dé las ganas a Dios de reactivarlos, pueden ser muchos años quizás millones, pero no se preocupe nadie, el tiempo no transcurre mientras se está en ese estado, por lo menos en una forma consciente, es un abrir y cerrar de ojos a la velocidad de la luz.

Primero queremos refrescar sobre los problemas del planeta, que no importan mucho en estos tiempos para el hombre actual, de todas maneras es tarde para solucionar el dilema que enfrenta la vida, por las consecuencias de los tiempos y sus acciones.

Tampoco le interesa cambiar, ni puede el mismo hombre de

estos tiempos detenerse en sus impulsos destructivos, los que llevan las riendas del destino humano por la fuerza, están hundidos en el fango y arrastran con ellos el destino de la tierra y todos sus habitantes, en donde se observa que los pueblos son los que siempre terminan pagando las consecuencias.

El hombre provoco en la existencia una acción, cuando retó la existencia con su ciencia y las consecuencias de la reacción ahora tendrán que ser enfrentadas.

Por ejemplo, la radiación producto de residuos atómicos los cuales son desechos y han lanzado al mar bastante, lo han hecho desde hace mucho tiempo y de forma irresponsable, está causando sus problemas y muy serios, los corales se mueren y nadie quiere confesar, pero nosotros sabemos quiénes son los culpables.

La radiación es inestable, está disuelta es basura y responde como tal, el hombre pensó que lanzándola al mar para esconderla tendría mucho tiempo en su favor para resolver en el futuro con una mejor tecnología, o un lugar más apropiado quizás miles de años en los cuales otras generaciones resolverían cualquier situación.

Pensaron que nunca sería un peligro para el hombre actual, estaban apurados por los desechos y nadie pensó con sabiduría, ni calculo los estados del tiempo y el espacio con conocimientos profundos, el armamento era más importante y encerró al hombre y su ciencia en un estado mental sin consciencia, crearon la acción de los tiempos y ahora enfrentan las consecuencias de la reacción.

Los hombres cargaron de estos desechos radiactivos de forma acelerada la tierra y sus océanos, cantidades fuera de control en lugares profundos, también existe una mala intención, mientras otros están buscando en estos tiempos modernos utilizarla para sus ambiciones de creencias confundidas.

Estaban apurados en sus competencias de muerte, lanzaron al mar los residuos envenenándolo y terminaron enfrentando el exterminio mundial, están matando los corales por los escapes de depósitos inseguros que en el tiempo dieron al hombre otro ejemplo de sus errores, el error es un imperativo de la humanidad ha estado presente en todos sus tiempos, pero siempre olvidan los recuerdos y nuevamente cometen errores que se pueden evitar.

Los científicos que estudian la biología marina se preguntan la razón por la cual se mueren los corales en muchos lugares, se observa una extraña epidemia sobre las rocas en los fondos marinos, una sombra que cruza los océanos desapareciendo estas hermosas criaturas.

Cada año esa extraña enfermedad va ganando más terreno en los océanos, eliminando toda existencia sobre los arrecifes coralinos y alterando otras, el tiempo de la vida en los mares para estas criaturas, está contado y se acaba muy pronto.

Los corales están siendo acecinados por el resultado de la radiación derramada, que se extiende por todo el planeta arrastrada por las corrientes del mar, la vida marina es muy sensible y muy frágil, cualquier alteración pone en peligro su estabilidad ecológica, cualquier nivel de radiación para los organismos marinos es altamente nocivo.

Pero nada de eso fue importante en la consciencia del hombre, el cual escogió con sus acciones, la muerte para las criaturas marinas sin importarles las consecuencias, arrojando en lo profundo de los océanos sus desechos sin la menor consciencia, ahora enfrentan las consecuencias de las reacciones, producto de envases defectuosos y otros que el tiempo se encargo de corromper.

En algunos casos la radiación proviene de reactores nucleares, abandonados en los fondos marinos procedentes de equipos militares, no son los Estados Unidos los únicos que tienen estos problemas otros los ocultan por temor, incluyendo dentro de todo esto, la presencia en los fondos marinos de misiles nucleares, abandonados a la suerte por ser imposible la recuperación de los mismos, misiles procedentes de accidentes militares, con el peligro de explotar un día y crear una catástrofe mundial.

La radiación que se extiende en los fondos marinos, es también la principal causante del descontrol que existe hoy en los gigantescos Jelly fish, (medusas o aguas malas) invasiones de estas criaturas fuera de control y fuera de balance, están alterando la ecología marina especialmente en el océano pacifico y los efectos son desbastadores.

Producto todo por las consecuencias de la presencia de radiación y polución en los océanos, que causa se traumatice el proceso biológico de reproducción en ésta especie, activando secuencias aceleradas de crecimiento y adelantadas en tiempo, conjuntamente relacionado con el calentamiento global que sin dudas provoca reacciones en el balance.

Hoy saben algunos expertos y otros no lo comprenden todavía de ésa manera o no quieren aceptarlo, que la radiación es inestable está dispersa en los mares, es una acción en espera y reacciona en tiempos sin tiempo, no existe un tiempo específico, el momento es todo lo que cuenta en el universo, esos momentos pueden ser en cualquier tiempo y sabemos que ese tiempo le llegó a la tierra demasiado tarde para salvarla.

Si hubieran calculado quienes son los humanos se hubieran dado de cuentas que son una ínfima singularidad, apreciada en ese nivel, es imprevisible el tiempo específico de la reacción universal.

Los miles de años que calcularon cuando empezaron a botar los desechos nucleares no existen, la radiación es inestable, está disuelta y tiene sus secretos, se puede alterar para lograr con sus efectos una catástrofe, puede provocar una acción impredecible porque no existe el tiempo específico de reacción en el espacio.

El tiempo de reacción puede ser cualquier tiempo o lo que es igual no tiempo, el planeta tierra está sobre una bomba de tiempo, que no tiene un tiempo específico para reaccionar, los humanos son en esencia un organismo en guerra contra sí mismo dentro de un mismo cuerpo, lamentablemente están destinados a desaparecer bajo el resultado de sus propias acciones.

Varios científicos en el mundo saben las cosas tan peligrosas que se pueden hacer con estos residuos radioactivos, para crear ciertas situaciones cósmicas destructivas para la tierra y sus habitantes de forma instantánea, mientras otros por el mundo han condensado con secretos tecnológicos la materia radioactiva.

Otros están tratando de elevarla hasta el nivel de Gamma Radiación, cuando producen una expansión combinada de la misma mediante una fusión nuclear intensa, alguien quiere destruir la tierra completa de un golpe y está acercándose a lograrlo.

En algunos laboratorios, los científicos están tratando de lograr una mejor y más poderosa producción de energía, una fuente energética capaz de resolver los problemas que se avecinan con la creciente demanda de petróleo y la escasez, que inevitablemente elevara las tensiones mundiales de una guerra, de muy elevadas consecuencias para todos los habitantes del planeta.

Eso no es malo, necesitan resolver la situación para el futuro, los científicos tienen esa responsabilidad, el problema es la clase de energía que están tratando de crear, parece que no escarmientan con los ejemplos del tiempo, ni siquiera le ponen una atención seria a las consecuencias de un error y continúan pensando que pueden lograrlo todo a la perfección.

En estos laboratorios se está tratando de crear y almacenar la antimateria en cantidades grandes, para mediante una fusión nuclear con materia común lograr una fuente de energía de grandes poderes, la cual es capaz de resolver la situación de la demanda en la nación y el mundo entero de forma satisfactoria, es cierto que es posible crear esa energía y también es cierto que resolvería el problema de la demanda mundial.

Pero también es cierto que la antimateria es el peor enemigo de la materia, para poderla controlar la antimateria tiene que estar totalmente y continuamente insolada, resguardarla de todo contacto exterior, para lograr esto es necesario una serie de medidas muy estrictas, es casi imposible mantener un control de seguridad totalmente perfecto, e imposible tratándose de humanos.

No será mucho el tiempo que se espere, para que el error de un dedo, la deficiencia de un equipo, un programa defectuoso, o tantas otras incidencias y contradicciones que existen en la naturaleza humana, provoquen una hecatombe mundial.

La cantidad de antimateria que se necesita crear y mantener constantemente en producción, en cada planta especializada para lograr esos objetivos por todo el mundo y satisfacer su demanda energética, es también la misma cantidad suficiente para volarse la tierra completa.

En estos momentos los científicos piensan, que para producir y almacenar la suficiente cantidad de antimateria necesaria para lograr la producción de energía por fusión, le tomara muchos millones de años en lograrlo, pero eso es solamente hasta que alguno descubra una manera de convertir y alcanzar los niveles requeridos de antimateria de una forma simple, lo cual puede ser pronto.

Todo lo cual después de alcanzar este objetivo energético por los más responsables científicos, los menos responsables y aquel muy mal intencionados con el tiempo también lograrán el conocimiento o lo compran.

Por ejemplo los terroristas estarían muy contentos con esa tecnología, almacenando antimateria en cantidades muy pequeñas sería suficiente para explotar ciudades de forma fácil rápida y altamente destructiva, entonces la humanidad tendrá un problema mucho más serio, más serio que el de la situación nuclear creciente de estos tiempos y la necesidad de energía.

El destino es siniestro por la culpa de los hombres, que jugaron y continúan haciéndolo como niños con la ciencia atómica creyéndose dioses, los científicos creen que pueden dominar y manipular la fuerza más grande poderosa y destructiva del universo sin pagar la cuenta, esto lo van logrando hasta el día en que una reacción se produzca en tiempo y espacio, quedando todos cocinados convertidos en plasma cósmico.

El hombre piensa que tienen un gran poder en sus conocimientos y bajo su control en el poder nuclear, estos solamente sirven para destruirse solamente ellos mismos, incluyendo el planeta que viven nada más. El poder nuclear del hombre se disuelve en el espacio, absorbido en el espacio por el vacío y sus energías cósmicas, es una energía negativa la cual solamente destruye inferiores.

No les sirve la energía de la tierra extraída de los gases, o desarrolladas en refinerías para conquistar las fronteras del espacio y sus tiempos, están marchando en la dirección equivocada, están negativos y no se dan cuentas de la realidad, nosotros buscamos las energías constructivas, por eso estamos por todo el universo.

Otros pensaron que lanzando los desechos nucleares al espacio, era una excelente idea, pensaron los hombres de la tierra que son los únicos dueños del universo que no conocen, los residuos radioactivos piensan que estarán viajando por el vacío del espacio, durante millones de años sin afectar a nadie, estimado de acuerdo a las distancias que observan y sus cálculos actuales.

Esto está también muy equivocado, nosotros viajamos por rutas espaciales establecidas para la navegación dentro de nuestra galaxia, cruzamos entre estrellas con velocidad casi instantánea, que ustedes nombran "Ward Speed", dentro de canales activados por energías llamados espacios alterados súper activos, (alter híper aspase) que tienen forma de anillos muy energéticos.

Para la comprensión popular queremos explicar que "Ward Speed" es una velocidad de translación nuestra, que utiliza principios de la superposición quántica para orientarse y trasladarse.

Les pasamos por delante de sus ojos y no pueden vernos, al dilatarse una sección para viajar por ella, puede absolver los depósitos radioactivos que estén próximos y colisionar contra alguna nave espacial, o arribar al arrastrarse a un sistema solar habitado y muy civilizado.

Está acción, sin dudas sería considerada un acto de guerra por cualquier civilización de la galaxia y la respuesta seria una reacción inmediata de guerra sin tiempo, esa reacción ya la tienen encima los seres humanos, que se matan entre ellos mismos, pero no es suficiente, quieren guerra contra las estrellas, entonces tendrán guerra de las estrellas.

La necedad de muchos dentro de la ciencia humana, viaja por sus mentes muy lejos hasta el punto que se transforman en ignorantes, crearon la acción de los tiempos y la reacción viene detrás, es como un llamado de auxilio de la estrella solar al universo que está vivo, la galaxia simplemente le responde acción y reacción.

También queremos señalar el problema del recalentamiento global, los planetas entran en periodos atmosféricos irregulares es la naturaleza cósmica de todos, pero la tierra sufre la culpa de sus propios habitantes, el monóxido de carbono es tan elevado que logró romper el balance de sus ciclos, establecidos en la naturaleza para ajustarse en los tiempos, esa es la realidad quien diga lo contrario está mintiendo.

El porcentaje que el hombre ha contribuido hacia la atmósfera, de todos los gases nocivos presentes, que elevan el recalentamiento es bajo, el problema se encuentra en que todo en este universo está bajo reacción.

Los habitantes de la tierra, están viviendo en una etapa muy frágil del planeta en sus ciclos climatológicos, que se alteran en el menor cambio de sus niveles provocando reacciones continuas, que se aceleran de forma imprecisa, cambiando los resultados programados para los tiempos futuros por el propio planeta.

Todo esto conduce que los glaciales se derritan de manera acelerada, de la forma que han observado recientemente, tienen pruebas de cálculos equivocados sobre glaciales que desaparecieron y pronosticaron esos eventos a manifestarse en mucho más tiempo, también han comprobado que la aceleración del deshielo actual, es más intensa de lo estimado.

El calentamiento destruye los glaciales y provoca que se eleven los niveles de las aguas, se produce más evaporación y lluvias más intensas, las cuales provocan inundaciones excesivas, provocando más fuertes y erráticos huracanes, más números de huracanes de lo necesario se incrementan, para remover las concentraciones del monóxido en la atmósfera.

La tierra con su naturaleza quiere salvarse o quizás con sus reacciones quiere destruir aquello que la posee y la destruye, todos estos acontecimientos actuales y los que les vienen encima son el resultado de sus reacciones, producidas por las alteraciones que provocan estas convulsiones planetarias de manera acelerada.

Las tormentas muchas están fuera de lugar y tiempo, con tornados más intensos y sorpresivos, los niveles de las aguas tan elevados, traen consecuencias de muchos peligros ecológicos, incluyendo sociales, con tsunamis más devastadores para ambos.

Las corrientes marinas necesitan el peso de los glaciales para mantener sus corrientes estables y sus niveles adecuados, balanceadas por la rotación y traslación espacial del planeta, bajo los efectos de la gravedad y la presión lunar.

Dios les preparo un planeta perfecto dentro de un universo violento, donde solamente pueden vivir Titanes, se los regalo y ustedes lo destruyen sin ninguna misericordia y sin tener ningún otro lugar donde poder vivir, no saben ser agradecidos los humanos, son materia inferior de la más ordinaria.

Los pronósticos basados en cálculos de acuerdo a las observaciones actuales, para los efectos futuros del clima, las alteraciones atmosféricas y las consecuencias de los glaciales derritiéndose están muy equivocados, cada año se aceleran estos efectos, los cuales están multiplicados por las consecuencias de las alteraciones continuas, que incrementan las reacciones.

Los niveles de metanol que están desprendiéndose hacia la atmósfera, desde los fondos marinos y lagos por el recalentamiento de la tierra, son mucho más elevados de lo que han podido detectar los científicos.

Los escapes de metanol y sus niveles cargando la atmósfera son alarmantes, las hipótesis de un desastre mundial en la atmósfera, tienen una base sólida aunque no han sido probadas esas hipótesis por la ciencia de la tierra.

Lamentablemente ese es el error que los llevara a la tumba, porque cuando lo puedan demostrar con sus experimentos de forma convincente, para obtener fondos de los gobiernos e intentar detener la hecatombe, será demasiado tarde para evitarlo, por otro lado la era de las supe tormentas la tienen encima, nos necesitan a nosotros urgentemente.

Son imprevisibles las reacciones, hasta provocar en un momento específico pero que no tiene un tiempo exacto, una hecatombe mundial imparable, indudablemente ya han cruzado ese punto, ahora sólo queda esperar los sucesos en el tiempo, la tierra perdió el deseo de vivir por las culpas de sus habitantes.

No tienen los humanos la voluntad que se necesita, ni la cantidad de personas conscientes para apoyar la causa, tampoco el tiempo, ya es tarde, por otra parte la mayoría no les importa y a los que les importa, no tienen el poder en sus manos para resolver la situación, están ocupados por sobrevivir los difíciles tiempos económicos que enfrenta el mundo.

El planeta está bajo el control de los que prefieren destruirlo, incluso hundirse junto con el planeta antes de abandonar sus intereses, porque estos seres están llenos de una ciega ambición mental, son habitantes con el propósito de crear dificultades, que piensan tienen el derecho del destino mundial.

En el próximo ciclo solar, la intensidad de los rayos ultra violetas con sus efectos radioactivos sobre el planeta, le dará el empuje final al recalentamiento global, pondrá al mundo fuera de balance, hacia un desequilibrio imparable catastrófico para toda vida en general, en mucho más corto tiempo del calculado actualmente.

El magma de la tierra, también responde a los efectos térmicos externos alterando sus convulsiones más intensamente, esto provoca más presión en las capas tectónicas que mantienen la estructura geográfica de la tierra, elevando el grado de los terremotos y sus intervalos.

Las expulsiones de gases tóxicos, se están elevando dentro de los volcanes y el peligro de una erupción mega volcánica, de muy elevado poder de concentración, les está rondando muy cerca.

Por ejemplo, están equivocados en sus pronósticos y modelos con relación a una erupción volcánica de alto poder, el súper volcán como el que existe en el parque nacional de Yellow Stone, en el continente de Norte América, representa un peligro inmediato.

La erupción de estos súper volcanes, después de dar las señales de una actividad del magma presente en la zona y una futura erupción inminente, puede durar ese comportamiento por periodos de varios cientos de años, la actividad presente de su caldera puede tardar más de mil años en responder mediante una erupción masiva.

Después de una erupción de esa magnitud y liberada toda la presión, la lava que se enfría en la superficie eventualmente sella el cráter y lo hace en corto periodo de tiempo, no sucede igualmente en los volcanes regulares, que en varios casos continúan expidiendo lava por largos periodos de tiempo.

Al perder toda la presión acumulada de un sólo golpe, la gravedad controla el escape masivo de lava de forma descontrolada, forzándola a estabilizarse, endureciéndose una capa rocosa en la superficie del gigantesco cráter en un corto periodo.

La explosión de los súper volcanes, expulsa de un golpe toda la caldera que se desprende súbitamente por gravedad, después de haber sido debilitada la superficie volcánica, por la intensa presión interna del magma y sus gases en el tiempo. Gases y presión acumulada que van devorando el subsuelo interiormente y elevándolo al concentrarse más presión y simultáneamente intensificarse sus gases, todo lo cual debilita la masa rocosa protectora que sella el cráter hasta que se desprende, todo posteriormente responde por sus consecuentes reacciones.

Las señales de una inminente erupción próxima en estos tipos de volcanes, que tienen intervalos calculados en cientos de miles de años, se está observando hace rato en Yellow Stone.

Las emanaciones continuas de gases tóxicos de un alto nivel químico, que últimamente han escapado hacia la superficie terrestre por la alta presión concentrada en el subsuelo, los cuales han causado la muerte de especies en la fauna salvaje que habita la zona, más la continúa actividad del subsuelo elevándose, conjuntamente con toda la actividad térmica en toda la superficie de la caldera, que presenta actualmente. Todas son señales de su actividad similares que en el resto de los demás volcanes del planeta, señales que al ser detectadas demuestran sin ninguna duda que pronto se manifestara una erupción, la diferencia está en la escala de la erupción, que en los súper volcanes es mucho más intensa y las señales se manifiestan por mucho más largos periodos de tiempo, antes de finalmente reaccionar.

La clave para precisar un momento específico en que se dispare una mega erupción, está en calcular el tiempo exacto después de haber concluido una erupción previa y, el momento en que empezó nuevamente a dar señales de su actividad sobre la superficie terrestre.

Transcurren por lo menos más de quinientos mil años, para que se observen en la superficie nuevamente, algún tipo de estas señales de forma constante en los volcanes de estos niveles tan elevados, las cuales se empiezan a observar dentro de los últimos 10 mil años previos a su próxima erupción, incrementándose eventualmente.

Lo que pondría a Yellow Stone de acuerdo a su promedio de intervalos eruptivos (600 mil años) en una lista muy caliente, porque tiene en estos momentos alrededor de 640 mil años desde la última acción registrada y hace rato que está advirtiendo con evidencias continuas, que tiene una erupción pendiente.

Otra evidencia mundial se puede observar en la islas del Hawái, donde la constante emanación de lava volcánica durante tanto tiempo, demuestra que la presión interna de la tierra tiene un alto nivel de concentración acumulado, provocado en parte por el violento movimiento que sufren las placas tectónicas y sus desprendimientos, que han elevado en los últimos tiempos la presión interna.

Las convulsiones internas nucleares del centro terrestre, son altas en estos tiempos y esto es una prueba, de la necesidad interna planetaria de una erupción en gran escala y pronto. En el caso de Yellow Stone, donde hoy existen muchas evidencias de sus señales y próxima erupción, el cual está clasificado actualmente en una zona roja, el tiempo que calculamos para su súbita sorpresa de forma natural, está ubicada en estos mismos momentos hasta no más lejano de los próximos ciento cincuenta años.

En los planetas todo tiene su tiempo, el magma de la tierra se está enfriando, existe una final erupción sobre cada planeta para cada volcán en su historia, la posibilidad en Yellow Stone de no reaccionar nunca más de forma violenta, depende de la presión que tenga la zona y la resistencia que ofrezca el subsuelo de acuerdo a su estructura actual.

Esto puede comprobarse calculando la zona en sus elevaciones, sabemos que la translación subterránea del magma está detenida en Yellow Stone empujando hacia arriba, se está elevando el subsuelo en la zona y tiene alrededor de seis pies por encima del nivel que tenía registrado anteriormente. Sabemos que su elevación presionada por el magma en los últimos 1000 años a la fecha actual es de más de 18 pies de altura, de sobrepasar los 21 pies de altura en algún momento, será inevitable una nueva y posiblemente última erupción de su historia, pero primero tendrá una masiva erupción geotérmica de aviso a gran escala la cual también está retrasada.

Hablando de otro tema importante, la explotación de minas de todo tipo a través de los tiempos, con los grandes vacíos que se crean de masa y materia mineral, cambia la estabilidad y la frecuencia del campo magnético que corren sobre la superficie establecido por millones de años, alterando su curso estable de forma acelerada.

Esa es otra razón combinada con el deterioro de los glaciales, para que el eje del planeta se esté dislocando de lugar de forma acelerada, alterando los polos magnéticos, confundiendo el compás de navegación habilitado en las especies marinas, que terminan

en el lugar equivocado principalmente en las orillas de las costas, lo cual les produce la muerte.

El compás de navegación en las especies, tarda muchas evoluciones en ajustarse, aquí tienen otra catástrofe en camino de consecuencias funestas para varias especies, también culpa de los humanos.

Todos los mundos han evolucionado, todos han utilizando los recursos naturales que les facilita su planeta explotándolos, la diferencia en comparación a los humanos, es que inmediatamente otros mundos comprendieron que tienen un límite esos recursos naturales, entonces con una consciencia más elevada, se dedicaron sus científicos a buscar nuevas vías, apoyados por todos y las encontraron rápidamente.

Alzaron su mirada al universo infinito y con mucha dedicación, desarrollaron tecnologías para satisfacer sus necesidades lográndolo en corto tiempo, empezando por la energía solar, hoy explotan los recursos de otros planetas desiertos en su sistema solar, mientras el suyo propio conserva su naturaleza casi intacta, en algunas restauradas y muy bien protegida.

Al hombre del planeta tierra, solamente le importo las oportunidades que observo para satisfacer su ego personal de dominio y poder, silenciando de las muchas maneras que tienen, a cualquier intruso o protestante, conquistando territorios, conspirando con gobiernos manipulados o comprados incluso en muchos casos inventados.

Todo por la ambición que oculta en sus entrañas, arrastrado por su inconsciencia nunca le importo tan siquiera, que devorándose su planeta de forma irresponsable, se condenaba el mismo a su propia muerte.

El hombre es un parásito peligroso sobre la tierra, con mente perversa de carácter diabólico, los virus destruyen el cuerpo en que viven, sin comprender con ésta acción que se aniquilan ellos mismos.

Pero no son culpables los virus, porque no tienen consciencia de lo que hacen, el hombre tiene plena consciencia, comprende y calcula los resultados de sus acciones, conoce las consecuencias sin embargo actúa de forma irresponsable, no le importan las consecuencias y continúan su camino de muerte, entonces son peores que los virus.

Las consecuencias actuales del planeta en manos del hombre, con todas sus actividades contaminantes y tantas irresponsabilidades de todo tipo, han provocado que un número alrededor de cinco mil especies en estos momentos, desaparezca cada año desde hace rato, especies que en muchos casos nunca conocieron.

Contaminan los mares y ríos de forma irresponsable, con la polución destruyen grandes cantidades de algas que son vitales para producción de oxigeno, viven destruyendo toda manifestación de vida sin tener ideas que se aniquilan ellos mismos.

Especies marinas de peces y otros vecinos del océano, en estos últimos tiempos están apareciendo en las orillas de las costas muertos, arribando misteriosamente a las playas y de sorpresa sin una aparente causa de muerte lógica.

El desbalance en la naturaleza se observa fuera de control por todos lados, hordas exageradas de gusanos fuera de control invaden árboles devorándolos, gusanos que provocan con sus pelos reacciones alérgicas peligrosas en los humanos.

Aves que han elevado sus números fuera del orden, e invaden ciudades poniendo en peligro los habitantes, porque tienen hongos infecciosos en sus excrementos, los cuales depositan por toda la ciudad, hongos de condición muy peligrosa a la salud humana.

Peces fuera de sus habitares naturales, que tienen en peligro de extinción otras especies, en otros casos ya han sido extintas varias especies, todo esto es simplemente lo observado por el hombre, pero existen en la naturaleza muchos problemas más graves fuera de observación, problemas que están aniquilando la vida misma de toda criatura en volúmenes gigantes.

Extrañas mareas de un alga roja venenosa, (red tide) se extiende fuera de control de tiempo y de lugar, arrastrada por las corrientes va matando toda criatura marina que se encuentra a su paso, el planeta está entrando en un estado de comas acelerándose y los humanos demuestran con su comportamiento, que no le importan las consecuencias.

Los humanos tienen un problema serio con él mismo y con su planeta, pero otro mucho más serio con el universo que los observa.

Entremos en el universo y sus misterios tan fascinantes que esconde.

Los científicos tienen los resultados y las respuestas del universo y su procedencia, según ellos están en la cumbre de la sabiduría cósmica, pero están equivocados falta mucha data por resolver, el principio no lo conocen ni lo pueden explicar, la realidad es que no existe el principio.

Porque el universo visible es creado y sostenido por dos constantes que accionan y reaccionan, las cuales pertenecen a una mega energía que las creó y las sostiene, la cual tampoco tiene principio ni fin que se pueda identificar para calcular su intensidad total y posible espacio y tiempo, tampoco se puede limitar o establecérsele un volumen, un plano, o algún nivel dentro del universo a la existencia.

El científico moderno busca todavía la respuesta del tamaño del universo actual, no existe ese tamaño no se encontrará nunca mientras continúa expandiendo es imposible, tienen ciertas calculaciones según lo que observan mediante la luz tecnológica.

Pero Dios dice que no se expande totalmente, ni eternamente, ni tampoco de la forma que le parece a los científicos terrestres, esto parece cosa de locos o de una ciencia superior con tecnología muy avanzada que viaja por las estrellas usted dirá.

Comenzaremos por el principio y punto de la explicación humana y su ciencia, un átomo que exploto aproximadamente del tamaño de la palma humana, con unas extremas temperaturas imposibles de precisar, creando el universo estableciendo el espacio y sus múltiples tiempos de evolución, provocada su reacción por una acción misteriosa, un punto de infinita existencia y de pronto el espacio y el tiempo nacieron, comenzando su reacción continua y evolución posterior.

Tienen respuestas de muchos de los sucesos posteriores, pero nadie puede garantizar ni explicar las razones que tuvo para reaccionar de ésta forma ese átomo singular, entrando en un periodo de inflación y expansión de su núcleo, simplemente para la ciencia terrestre estaba inestable y parece que les dio las ganas a ese átomo un día y despertó.

Las respuestas inconclusas son muchas, tienen que explicar las razones por las cuales estaba inestable el universo condensado en ese punto, el tiempo que estuvo en ese estado antes del acontecimiento expansivo, bajo qué razones específicas reacciono y que acción exacta en su núcleo disparo el acontecimiento, provocando su reacción tan violenta y porque motivo exacto.

Todo en nuestro universo tiene que tener una explicación, una explicación completa que esté basada en las leyes de la física que rigen el espacio cósmico con sus energías y los átomos que la componen, si no pueden ser explicadas las conclusiones establecidas están en el misterio entonces solamente son teorías.

Las físicas matemáticas tienen que ser aplicadas y demostrar los resultados con ecuaciones completas, nunca se puede contradecir las leyes del universo, en el cual de acuerdo a su física atómica en el cosmos, toda acción presente se manifiesta por consecuencias de una reacción. Toda reacción que se manifiesta en el cosmos, es el resultado en respuesta de una acción previa que provoco esa reacción, toda acción provoca nuevas reacciones y a la misma instancia.

Acciones y reacciones constantes en secuencias de espacios y frecuencias de tiempos, en esto se incluye el nacimiento del universo, su evolución, todas sus previas existencias, sus procedencias de origen y el futuro de su destino constante y relativo.

La acción da reacción y ésta última crea nuevas acciones, las cuales conducen a continuas reacciones el ciclo nunca se detiene, en la eternidad la existencia cambia de planos y se sostiene en múltiples niveles, la acción y la reacción son las constantes del espacio y sus tiempos, ambas son energéticas y se organizan para convertir y balancearse, en sus alteraciones van produciendo materia que se establece en espacios hasta el tiempo de cambio, todo lo cual explicaremos de varias formas para que todos entiendan.

Dos poderes unificados en la eternidad sustentándose ambos mutuamente, dos poderes constantes estabilizados bajo balance, dentro del cual se existe en manifestación orgánica en algún lugar de sus infinitos planos y múltiples niveles internos creados por reacción constante, en espacios específicos de luz bajo su relatividad de vidas y sus tiempos de muerte. El científico que le establezca un principio específico o un final absoluto concluyente, determinando el destino del cosmos dentro de la eternidad de su existencia, simplemente no conoce el universo, la energía en todas sus formas es eterna simplemente cambia su estado, desde cualquier ángulo que lo miren siempre existió y siempre existirá en alguna forma el universo presentando diferentes estados de sus energías cósmicas.

Hablemos del comienzo sin profundizar, un análisis preliminar de la acción universal que fundó la existencia, muchos calculan el espacio pero no tienen un punto específico exacto por dónde empezar, todo se expande y ese es el grave problema. Existe el punto de referencia por todo el universo fragmentado en múltiples secuencias de espacios y frecuencias de tiempo, el cosmos con sus energías y su materia están respondiendo con su comportamiento a una expansión bajo una reacción constante.

Nada existe más poderoso en el universo que una expansión física de sus átomos de energía pura, nada puede cambiar su rumbo ni alterar la dirección de su origen, la evidencia tiene que estar presente visible o calculable. Entre los científicos de la tierra y nosotros aquí está la primera diferencia, la materia (la masa) se acelera por la expansión de acuerdo a sus observaciones y es imparable, para nosotros la energía universal con su volumen altera su acción cuando quiera.

Si pudiéramos localizar el punto exacto de la acción, especificando un origen central en el universo, entonces estamos dentro de una expansión activa energética constante, pero no existe el punto de acuerdo a los terrícolas, nosotros decimos que si existe y es observable de muchas formas. El cosmos nos da esa respuesta con su actividad tan distorsionada, al compararse su comportamiento especialmente galáctico con una expansión estable atómica, una expansión que está en aceleración de sus átomos de la manera que lo demuestra el cosmos, en la manera que piensan se expande no altera su rumbo, solamente una fuerza opuesta puede alterar y cambiar estos efectos cósmicos.

Las galaxias demuestran lo contrario, distorsionan el vació del espacio donde se establecieron y por el que viajan alterando su textura, con su presencia se alteran los espacios y tiempos, esto no concuerda con un origen exclusivo para todo el universo desde una expansión con tal alto nivel de poder que se acelera, toda la materia presente no tiene un origen único, otra fuerza reactiva de balance que lo sostiene tiene que existir.

La masa (materia común) no tiene ningún poder contra la energía que la creó en cualquier espacio que esté, o el volumen que presente en el total del espacio y del cual sólo ocupa actualmente una ínfima parte, la materia es simplemente un residuo en el cosmos, pero nosotros tenemos también otras cuentas, trataremos de explicarlo lo mejor posible de acuerdo a sus niveles académicos.

Analizando el espacio cósmico observamos que está repleto de acontecimientos activos atómicos, tiene inmensos porcientos en sus niveles de energía oscura, inmensos porcientos de materia oscura, con un número casi infinito de galaxias cargadas de diversos niveles en sus materiales cósmicos.

Cada galaxia navega con trillones de estrellas esparcidas por todo su espacio, con reacciones internas que provocan actividades incesantes en constante reacción, más muchos otros acontecimientos espectaculares en constantes cambios cosmológicos.

Algunas galaxias están reunidas en aglomeraciones llamados clúster, otras andan el espacio como mejor les parece y en una dirección diferente con relación a otras, están muy distantes o muy cercanas.

Unas galaxias son pequeñas otras inmensas, con velocidades diversas y diferencias entre los tiempos que se formaron, lo cual cualificamos nosotros como acontecimientos relativos y constantes de secuencias y sus frecuencias en el espacio y el tiempo, acontecimientos constantes de acciones y reacciones cósmicas universales.

Los científicos terrestres piensan de acuerdo a sus observaciones actuales, que las galaxias se distancian unas de otras producto de la expansión que las arrastra, o están empujadas por una misteriosa energía cósmica llamada "energía oscura", pero esto no sucede siempre de esa manera, el vacío tiene distorsiones en su espacio gravitacionales que ustedes no observan correctamente que alteran sus rumbos según navegan.

Distorsiones gravitacionales que devoran el espacio con un alto poder de implosión, distorsiones que se sostienen activas en cualquier punto eternamente, y lo hacen a la misma instancia que se expande el universo y se crea más vacío sin ser afectadas.

En algunos casos hemos comprobado que son tan intensas esas depresiones gravitacionales, tan intensas como la misma expansión, devorando aceleradamente todo espacio posible alterando el orden.

Existe la presencia de la misteriosa materia oscura en grandes volúmenes presente en todo espacio. Por otro lado algunas galaxias observadas están destinadas aparentemente a colisionar unas contra otras, presionadas a colapsar por la gravedad intermedia de atracción entre ambas, en algunos casos por estar en el mismo curso de otra teniendo distintas velocidades de navegación, estos eventos han dado el resultado a galaxias más masivas e inmensas en otros casos se destruyen ambas.

Otras galaxias se atraen mutuamente atraídas por sus campos magnéticos sosteniendo un orden estable, pero esto también puede cambiarse por una reacción de la energía universal, en un espacio regido por la energía universal de tan altos poderes nada está garantizado, ningún acontecimiento planificado en cálculos se le puede garantizar un futuro preciso.

Las galaxias en su mayoría son empujadas a distanciarse por las expansiones internas en el espacio que fuerza la textura, cada espacio tiende a expandirse eso es correcto, pero también en muchos sectores se condensa.

Entonces tenemos que explicar bien el poder que actúa en este acontecimiento expansivo, de donde proviene y como se sostiene al cual le llaman energía oscura, más el poder superior de balance que actúa en la condensación de espacios, formando galaxias con sus incontables estrellas.

Cada galaxia está compuesta de materia en muchos estados, con grandes cantidades de estrellas, todas las galaxias están muy activas, tienen grandes campos magnéticos, mucha radiación, infinitudes de estrellas, planetas, lunas, cometas y suceden acontecimientos constantes en el tiempo que cambian su destino, se destruyen sus estrellas, se destruyen los planetas, las estrellas colisionan y las galaxias enteras también se enfrentan unas contra otras desde diferentes direcciones.

Existe en las galaxias la vida sobre muchos planetas, con su actividad muy complicada de moléculas orgánicas, células cargadas de sus átomos que estructuran y sostienen toda la actividad energética que las anima, con grandes cambios geográficos y biológicos relativos y constantes en el tiempo en cada espacio que existe para cada evolución.

Grandes cambios atmosféricos en todas las estrellas, cambios en los planetas y sus lunas, situaciones imparables relativas y constantes en el tiempo y el espacio, ciclos evolutivos basados de acuerdo a la composición de su materia, la cual es la misma en todo el universo en diferentes estados composiciones y volúmenes.

Por todos lados estas conductas nos demuestran la indiscutible actividad cósmica constante de la Acción y la Reacción, bajo una actividad establecida en la eternidad en diversos niveles y planos que nunca se detiene ni tampoco pueden detenerse.

Todo lo establecido tiene resultados similares, los cuales siempre terminan por todo el universo estructurando diversidades de estrellas y planetas, todos terminan de la forma que los conocemos en todas las galaxias, sin que nada nuevo desconocido se formule, mostrando que el universo se renueva bajo constante acción y reacción siguiendo un mismo patrón de actividades cósmicas, todo para sostener un mismo objetivo.

El universo con su espacio está formado por un acontecimiento superior desde un punto, "El Big Bang" (gran explosión) es cierto el origen del espacio y su tiempo mediante este suceso. La teoría científica en los humanos de este gran acontecimiento cósmico, la cual todavía presenta en estos tiempos algunas dificultades y contradicciones entre los astrónomos para aceptarse definitivamente como autentica, para nosotros es la respuesta correcta, del "Big Bang" proviene el origen de nuestra existencia actual.

Aunque el Big Bang solamente explica la forma en que el universo evoluciono nada más, de todas maneras eso es todo lo que nos importa para nuestra conversación, porque los científicos terrestres en su mayoría no aceptan un ser superior consciente de todo lo que hace, el cual está escondido detrás de todo lo que observamos.

Un ser responsable de experimentar desde una existencia superior, con nuevos átomos creados o inventados, diferentes o iguales a su física, condensándolos con experimentos en su laboratorio acelerándolos hasta que exploten, irónicamente esto mismo están haciendo actualmente los científicos terrestres en sus laboratorios más avanzados.

Existió la acción creadora eso es indudable, la cual es constante nunca se detendrá su patrón de conducta es expandir, consecuentemente le siguieron las secuencias de reacción sustentadas en secuencias de espacios y frecuencias de tiempos, el universo tiene el perfecto balance.

Estudiemos ahora las conclusiones según la ciencia moderna de los acontecimientos que dieron origen al universo, empecemos por la inflación famosa y su expansión, analicemos la teoría de los científicos modernos sobre la creación del universo, la creación mediante la inflación y posterior expansión de un "primeval átomo" (átomo creador), la cual vamos explicar a continuación según nuestro conocimiento.

Un "primeval" átomo es de naturaleza inestable y estable al mismo tiempo, para nosotros ambas formas se aplican simultáneamente, un átomo que acciona y reacciona por ser una energía constante siempre activa y reactiva, el cual viaja libremente y sin una dirección determinada, dentro de un universo con infinitudes de niveles donde cada acción presente conduce a una reacción posterior.

Un átomo no se detiene nunca, es energía pura constantemente en vibración, solamente puede controlarse con un nivel superior energético para alterar su actuación, la anatomía de los átomos tiene el balance perfecto, un balance que acciona y reacciona para sustentarse en cualquier volumen que se encuentre a nivel universal, de lo contrario no puede sostenerse.

La energía cósmica es eterna todos lo saben, para que esto sea posible tiene que reaccionar constantemente y, para reaccionar de forma constante también necesita la acción constante, los átomos son ambas cosas a la misma instancia acción y reacción.

Nunca entraría un átomo en ningún periodo que desestabilice su balance y composición estando estable o inestable, porque este término no existe, simplemente por la razón que es perfecto en cualquier estado que se encuentre, no existe un punto exacto que lo determine.

Nunca reacciona un átomo en su propia contra, necesita encontrar una oposición la cual al enfrentarla provoca su reacción, el principio de la existencia nuestra proviene de una alteración provocada y es de origen científico.

Las secuencias y sus frecuencias atómicas de las singularidades en el espacio y tiempo, para crear y sostener un universo por entero con sus espacios y tiempos, no se establecen ni se abren de esa manera casual.

Tiene que existir la causa determinada que provoque el efecto específico logrado en nuestro cosmos, simplemente porque la existencia actual observada de forma científica tenía en su formato la intención de crearnos, nuestra existencia proviene de una fórmula matemática todos lo saben, entonces alguien la planto.

Puede observarse un átomo y establecérsele una identificación de inestable, pero mientras no reaccione y continué en ese estado por cualquier tiempo que sea, realmente está estable estando inestable. En lo contrario ningún átomo que se le observe estable puede garantizarse eternamente ese estado, su acción es constante en ambas formas y la reacción también, entonces no existe un punto específico de tiempo y espacio, para determinar con precisión el estado en que verdaderamente se encuentra dentro de la existencia.

No existe el punto más lejos del momento preciso en que lo "observamos" dentro de un espacio específico y, el tiempo en que calculamos su estado de acuerdo a nuestro entendimiento y el lugar que ocupamos, todo lo cual solamente nos sirve a nosotros.

Esa es la diferencia, la observación desde un punto específico del cosmos en el espacio y en el tiempo en que se midan para todas las cosas, también de acuerdo al nivel en que cada cual se encuentra ubicado dentro del plano en que se manifiesta su existencia.

El universo con su espacio nace mediante una acción violenta y solamente puede provenir esa acción por consecuencia a una respuesta de reacción, dentro de lo cual no existe un principio, mucho menos teniendo en cuentas que la energía nunca se detiene en ningún momento.

Los científicos de la tierra aseguran que en algún momento se volvió inestable por ese motivo reacciono, pero tienen que explicar primero las razones por las cuales estaba inestable, solamente por una reacción violenta se puede provocar una acción cósmica de tan gran magnitud, nada es estable o inestable todo tiene su límite de reacción, dentro del cual el universo tiene su balance para que exista eternamente la existencia.

Un átomo de energía cósmica tiene el poder de crear una gran explosión (Big Bang) seguida de una expansión, tiene capacidad para crear un universo, el poder energético que existe dentro de su espacio no tiene un límite determinado, provocar para lograr que reacciones de esa manera tan violenta y de tal magnitud es el grave problema científico, la reacción es una respuesta la cual responde al mismo volumen de acuerdo a la intensidad de la acción que provoco esa respuesta, recuerde por cada acción existe una igual y opuesta reacción.

Nada existía en el principio según los astrónomos, un punto solitario de infinita condensación estructurado por cuatro fuerzas principales, todas sostenidas juntas en un punto por un misterio, todavía no han explicado que poder pudo controlar esas fuerzas, o la forma en que ellas mismas se controlaron dentro de una singularidad, todas fundidas en una sola sostenidas en el tiempo en un ínfimo espacio, bajo una presión y con temperaturas donde nada conocido puede existir y de pronto existió la existencia, creando su espacio su tiempo y produciendo con sus reacciones toda esa materia tan importante para todos nosotros, tampoco se explica por cuánto tiempo se sostuvieron mutuamente, ni cómo es posible que estas fuerzas se sostengan juntas tan siquiera un instante siendo tan poderosas.

En ciencia lo que no existe nunca puede llegar a existir de la nada, mucho menos hablando de algo tan complejo como el cosmos, ustedes no creen en un creador pero hablan cosas que sólo pueden ser posibles por creación. Eso es exactamente lo que dicen sus religiosos que es un creador, alguien con el poder de crear algo sin existir nada o crearse él mismo desde la nada, existió la existencia sin existir nada previamente, nada de esto se ajusta a la realidad científica.

Para los científicos de la tierra las cuatro fuerzas sostenidas en el átomo que formo nuestra existencia son, fuerte nuclear, débil nuclear, electromagnetismo, gravedad, están correctos. Estos son los términos correctos para clasificar el universo que observamos dentro del cual existimos, pero estas son fuerzas internas de reacción que se manifiestan en la existencia actual, exactamente en el instante mismo cuando la acción de comenzar un nuevo plano cósmico (Big Bang) entra en función y comienza su evolución entonces comienzan estas fuerzas del orden su actuación. Los científicos parece que se olvidaron por completo del universo superior, un universo superior para justificar matemáticamente la procedencia de nuestra existencia dentro de un plano de espacio y tiempo.

La gravedad según la observan los científicos no está bien comprendida por la ciencia terrestre, muchos piensan que la gravedad no es una fuerza original porque solamente la observan y la miden contra la presencia de la materia. La materia con su presencia física al colapsarse en el espacio y condensar masa en diferentes volúmenes, logra con sus cuerpos de masa distorsionar curvaturas en los espacios donde se establece, provocando diferentes depresiones gravitacionales en la textura según su volumen, entonces al estructurar un volumen específico de masa se puede observar su existencia y calcular sus efectos en el espacio, estableciendo un orden para los cuerpos de masa en cada sector que se establezca. En realidad la gravedad que calculan tiene una procedencia más profunda y diferentes grados, los cuales se organizan según la composición de la materia en el espacio en que se presenta y su plano astral presente, y según cada nivel en que se encuentra el volumen de la masa.

Por esa razón al calcular el volumen de la materia en masa presente el cual es bien bajo, piensan que el universo nunca detendrá su expansión, porque solamente la materia acumulada en masa, establece la gravedad en el espacio como fuerza activa capaz de detener la expansión. Piensan que el volumen de la masa con su gravedad es la única que puede detener a la energía universal que expande lo cual está incorrecto, el universo siempre se expandirá y siempre se contraerá en acción y reacción balanceándose dentro su existencia.

Los científicos piensan que la gravedad se desprendió primero, desprendida desde el punto de partida que creó el espacio de nuestro universo, el (Big Bang) lo cual están en lo correcto, pero no saben ni pueden justificar porque motivo sucedió de ésta forma. De acuerdo a la forma que se comprende a la gravedad por muchos científicos en su planeta, esto es un imposible porque sin materia no se forman volúmenes de masa, sin volumen de masa estructurada no existe la gravedad, por lo menos una gravedad lo suficientemente estable para controlar y sostenerse por sí misma como fuerza activa.

Solamente puede tener una respuesta, para que la gravedad sea una poderosa fuerza que condensa y tiene el control sosteniendo el universo entero en un punto, para que tenga ese poder contra otras fuerzas energéticas condensadas dentro de un sólo átomo, dentro del cual la materia común no existía y desprenderse primero libremente, sin ser destruida por la expansión energética consecuente con una velocidad más rápida que la luz. Tiene que ser la gravedad misma, una muy poderosa energía independiente que interactúa con las demás y tiene poder de control mediante sus reacciones en algún momento del tiempo, una gravedad poderosa mucho más elevada de lo conocido por los humanos y con diferente estructura energética. Una gravedad tan intensa y tan poderosa como la energía que creó nuestro universo.

Cuando el universo nació producto de la gran explosión (Big Bang) lo cual es simplemente una reacción de la energía en transformación de su estado previo, la gravedad energética que existe como fuerza activa se expandió simultáneamente extendiéndose por todo el espacio según se creaba, sosteniendo puntos de muy poderosa concentración gravitacional por todo el espacio creado, acontecimientos que trataremos de explicar para que se entiendan lo mejor posible.

La inflación previa al nacimiento del universo se produce por consecuencia de la energía constante activa, que viene empujando presionando desde lo más profundo del núcleo atómico con su reacción expansiva de cambio extendiendo sus dimensiones. Fragmentando en la expansión a la gravedad energética que está por encima, entonces junto a la gravedad que está siendo arrastrada en la expansión, se sostienen las temperaturas de forma uniforme por todo el espacio creado según se expande de la forma que lo ha observado, temperaturas que son distribuidas y sostenidas en tiempo y espacio por la gravedad energética cósmica bajo constante reacción.

La gravedad cósmica tiene su propia constitución energética y es también una constante, por su presencia se van estructurando volúmenes de materia en masa a la misma instancia que la energía expande, sustentando una compleja actividad cósmica en perfecto balance, aunque las acciones que se establecen entre ambas (energía y gravedad) responden cada una por reacción contra la otra.

La gravedad tiene su nivel superior, es también una energía única y constante muy poderosa, capaz de condensar todo y expandirse ella misma arrastrada su energía en una reacción sin ser destruida, arrastrada por la acción de la energía que expande sin desestabilizarse su estructura energética porque tiene propiedades electromagnéticas.

La gravedad común es la que causa los efectos cósmicos que conocemos al establecerse la presencia de toda la materia incluyendo la materia inferior, que es a su vez producida como subproducto de la energía, y por la gravedad propia que tiene toda materia de colapso en el espacio se van formando los volúmenes de masa.

Posteriormente la masa de materia confeccionada establece las depresiones gravitacionales que conocemos contra otros volúmenes, creando la gravedad de los cuerpos que conocemos y sentimos desde nuestro punto de observación. La diferencia está en los niveles que presentan cada una de acuerdo al tiempo en que nos encontramos cósmicamente hablando, más las posibilidades que tenemos de entendimiento, las observaciones actuales les dan resultados equivocados por la falta de información.

Todo demasiadamente muy bien organizado, muy bien estructurado y extremadamente casual, confeccionado supuestamente por un universo sin consciencia, realmente parece un fenómeno único y exclusivo pero muy bien orquestado, con multitud de sinfonías en cada espacio que se manifiesta dirigido por un sólo director con sus dos brazos extendidos.

La intención de la existencia de gravedad electro magno energética es el balance la cual llamaremos gravedad energética, todas las cosas en el universo tienen que tener balance, tienen que darles balance para que se manifiesten existan y se sostengan. Para que exista acción tiene que existir reacción y viceversa, la gravedad bajo intensa presión condensa la materia colapsándola para provocar reacciones, se confeccionan toda estructura indispensable para la existencia a través de los tiempos, en donde todo tiene su tiempo y su espacio. Es lo que hacen todas las estrellas consumirse por gravedad hasta desaparecer, incluyendo en esto planetas con masa más sólida que también en su final se desvanecen en el tiempo, sin importar que tan sólidos sean sus elementos.

Sin embargo de no manifestarse estos procesos no existiríamos ni ustedes ni tantos otros por todo el universo, insistimos que el universo se muestra extremadamente muy casual en todos sus pasos, para que simplemente sea coincidencia de reacciones cósmicas.

La lógica nos indica que demuestra una sabiduría indiscutiblemente científica muy bien programada, recuerden que "Dios no juega a los dados con el universo" esto es clave.

La energía universal destruye en su expansión sin ningún problema toda materia concentrada por gravedad en cualquier punto, sin importarle la presión que exista en ese lugar de gravedad por el volumen de masa, es lo que sucederá en el tiempo producto de la expansión universal según aseguran los científicos de la tierra. Pero la materia que será destruida es subproducto originario de la misma energía creada por reacciones constantes, no cuenta ésta acción de la energía en el tiempo para eliminar de los cálculos la existencia de la gravedad energética con todo su poder y sus efectos futuros para el destino final del universo.

En la acción creadora del comienzo la energía en su expansión fue formando átomos, los cuales bajo fusión por impactos de poderosas colisiones y bajo gravedad energética, confeccionaron en etapas de tiempo todos los elementos que conocemos. Contra una energía que expande aceleradamente creando espacios, esos sucesos sólo ocurren estando la presencia de otra energía de buena calidad de balance en todo su espacio creado, una energía que los sostenga para que colapsen, la cual es la gravedad energética.

Los científicos piensan que estos colapsos de materia formando masa, simplemente sucedieron por la propia atracción de los átomos con sus campos magnéticos, cuando las temperaturas lo permitieron y están en lo correcto. Pero dentro de un universo cósmico que expande aceleradamente su espacio fuera de control confeccionando y liberando átomos según evoluciona, los átomos se sostienen dentro del espacio en que fueron creados bajo el poder de la gravedad energética presente, causando que colisionen y colapsen en el tiempo bajo reacción en su momento. Todo sucede bajo la presencia de la gravedad energética, la cual es una fuerza independiente que se manifiesta desde niveles subatómicos y existe por encima de nuestro universo igual que la energía.

La gravedad es una energía poderosa, es la contra de la energía que conocemos con un propósito único muy específico, el cual es activar reacciones cósmicas constantes en continuas conversiones. Todo para establecer y sustentar en estructuras muy bien confeccionadas toda materia producida en espacios, condensándola en masa por todas las dimensiones del espacio por largos periodos de tiempos y, obtener resultados muy precisos e interesantes como por ejemplo la vida. El universo es extremadamente muy inteligente y tiene el perfecto balance, donde todo en el cosmos reacciona de lo alto a lo bajo y viceversa.

Por gravedad existimos provoca reacciones constantes en la materia evolucionándola hasta lograrse en todo espacio y sus tiempos la confección de toda estructura presente, la energía crea y la gravedad termina el trabajo dándole el toque final a todo lo creado con perfecta maestría, por gravedad en estos momentos nos sostenemos y gracias a la gravedad tenemos un orden en los cuerpos de masa.

Por gravedad energética es que el universo todavía se expande su acción del comienzo por reacción contra la gravedad no ha concluido, la gravedad energética provoco esa reacción cuando sostuvo el universo con todo espacio dentro de un espacio singular presionándolo hacia lo profundo hasta provocar la reacción, que posteriormente causo la acción expansiva del mismo y la continúa sustentando bajo reacción.

La gravedad es una fuerza poderosa que coexiste paralelamente con la energía, la energía oscura según la conocen los científicos humanos (energía constante) está sujeta bajo reacción a la gravedad energética, ambas se necesitan ambas son inmensas y poderosas accionan y reaccionan son constantes.

Una expande la otra condensa en los tiempos y espacios donde se manifiestan se balancean venciendo una a la otra y viceversa accionando y reaccionando, de principio a fin y de fin al principio abriendo y cerrando el universo.

En estos tiempos la gravedad que se conoce es la establecida por la presencia de masa y su influencia para distorsionar el espacio creando los efectos en el vació que conocemos, según la composición de los elementos y su volumen que forma un cuerpo se calcula, lo mismo sucede con los diferentes niveles de energía basado en su intensidad.

La gravedad energética se calcula débil en estos tiempos 24% aproximado del total del espacio conocida como "materia oscura" es el termino que le dan los científicos de la tierra, comparada al volumen de la "energía constante" 75% aproximado llamada "energía oscura" por la ciencia terrestre.

Energía oscura la cual es una energía constante que expande y está establecida emanando desde el universo subatómico, pero todo tiene su tiempo su momento y su cambio, no se preocupe le explicaremos con mejores detalles lo que acaba de leer, estos cálculos humanos están en el error.

Los cálculos sobre la gravedad energética cósmica están incompletos, su intensidad está aumentando y siempre ha estado presente en todo espacio sus niveles son altos. La gravedad energética tuvo su tiempo en que fue superior y sostuvo bajo condensación toda la existencia presente, la gravedad no se desprendió primero por obra de la casualidad, fue empujada extendiéndose en todo el espacio creado por la acción superior reactiva expansiva de la energía cósmica condensada en una singularidad, energía que venció sobre la presión ejercida contra ella por la gravedad energética reaccionando violentamente en una expansión, todo en el universo tiene un límite de acción y un límite de reacción, también se puede controlar cualquier efecto con el volumen adecuado de energía.

La energía cósmica concentrada en un espacio condensado bajo constante presión implosiva de gravedad tiene su tiempo de reacción, sus poderes energéticos al presionarlos alcanzan el punto en que superan la presión y reaccionan, lo hacen acelerándose creándose una alta intensidad energética, la reacción combinada de esa singularidad en el tiempo y espacio es inevitable, que siempre termina en una expansión violenta la cual es la acción.

La energía constante siempre existió en ambas formas tiene dualidad, la gravedad energética en su momento por el espacio y el tiempo nuevamente volverá a dominar el espacio cósmico, condensándolo en una singularidad forzándolo a reaccionar en el tiempo, les explicaremos más detalles más adelante comprendemos que esto es bien complicado. Una energía solamente reacciona bajo el comando de otra, de encontrarse condensando nada la detiene y lo mismo sucede si está expandiendo, es necesario un volumen que sustente el balance, para contrapesar una energía la presencia de otra energía es imprescindible, por lo menos tiene que ser igual y opuesta para que fuerce con su existencia a la otra opuesta y la fuerce a reaccionar mediante una acción.

Los átomos necesitan una acción en el mismo nivel que se encuentran para reaccionar, de lo contrario se devoran cualquier oposición, necesitan la contra o lo que es igual un balance y una explicación física matemática de ésta acción para poderla establecer en el espacio y el tiempo, es necesario primero la acción la cual no tiene un principio determinado. Una acción que comiese el principio de las secuencias y posteriormente las frecuencias en el espacio y el tiempo, para establecer de forma continúa la evolución de un universo con su espacio y sus tiempos todo bajo reacción constante, algo tiene que empujar esto parece complicado pero es simplemente la ley universal, acción y reacción las cuales nunca se detienen algo o alguien superior tiene que actuar y ser constante.

Las leyes de la física interna en nuestro espacio son exactas el universo físico tiene su balance basado en este principio la existencia es visible y palpable, todo lo demás está fuera de contemplación para los humanos según observan porque no se puede sostener sin física, pero ese es el gran error.

Para controlar el comportamiento de un átomo, se necesita la intervención de una energía superior, tiene que ser un poder capaz de controlarlo manipulando su reacción posterior constante en el espacio y el tiempo creado, de esto nadie puede tener dudas.

La presencia física y composición atómica del universo es la prueba, las leyes de la física universal tienen un principio inalterable la acción y reacción que actúan en secuencias del espacio y tiempo de forma inalterable y constante, por cada acción existe una igual y opuesta reacción.

Esto no cambia nunca ni se detiene jamás es la ley de la física que se estableció en nuestro universo la cual es fundamental y única, que oculta sus misterios en la mecánica quántica, tendrán que aceptar más tarde o más temprano la existencia superior desde donde proviene y se sostiene la existencia total y absoluta.

Estamos dentro de un universo paralelo a otros muchos más, todos sustentados en planos de múltiples niveles, bajo el poder que tienen los átomos con la súper simetría que presentan los cuales establecen una geometría perfecta en la existencia cósmica universal de forma constante relativa y consciente eternamente, unificado con mecánica quántica en múltiples planos y niveles dentro de los cuales no se tienen límites, desde todos los ángulos posibles es infinita la existencia.

Las pruebas la obtendrán cuando impacten partículas atómicas que alcancen exactamente el 100% la velocidad de la luz al instante del impacto dentro del LHC, (large hadron collide) en la velocidad de la luz está el punto exacto de conversión, entonces descubran en su experimento otras nuevas partículas que ya existen pero ustedes no las conocen, más la posibilidad de formar nuevos elementos que tampoco conocen todavía su existencia y están ocultos en su ciencia, entonces comprendan la súper simetría que tanto buscan.

Entonces sus teorías más recientes serán confirmadas, específicamente la teoría de las fibras o hilos energéticos (strings) y comprenderán mejor el secreto y propósito verdadero de la existencia divina. Todos estamos conectados en todas partes dentro de la consciencia cósmica universal energética, manifestados en su materia en sus niveles físicos quánticos y convertimos la ecuación de un ángulo a otro, lo hacemos eternamente de la misma manera que lo hace el universo.

Cada uno somos una realidad física estructurada en las propiedades de la materia, con animación producida por la actividad electromagnética de la energía que nos sustenta, la cual es la misma en todo el universo sube y baja.

La energía se dilata y expande infinitamente, también se contrae y se condensa infinitamente de forma constante y, está en todas partes en múltiples planos astrales en éste espacio y en otros, dentro de todos los tiempos en infinitud de niveles que son los que establecen la diferencia para la experiencia cósmica de la consciencia a planos profundos. El átomo singular que según los científicos se inflamo y se expandió posteriormente tiene que tener una procedencia una explicación de su origen, una respuesta de la procedencia de sus compuestos, como fue que se estructuró y que tiempo estuvo sin reaccionar esa singularidad.

Tienen que explicar cómo llegó a existir y de donde proviene su existencia energética, cual fue la acción que provoco la reacción de esa singularidad y muchas otras preguntas que siguen en el misterio de los humanos.

Para poder justificar la existencia de nuestro universo tan complejo y poderoso tiene que existir otro superior, o algo mucho más poderoso que lo creó y lo sostiene y desde donde proviene toda la existencia, el origen de la singularidad que nos creó la cual es muy compleja no proviene de la magia, tiene que tener una procedencia de algo aún mucho más mayor para que se pueda crear establecer y sostenerse.

Alguien o algo creó las energías que componen el universo y alguien mucho más superior también tiene que estar presente reactivando la existencia con su sustento, esto se comprueba analizando el universo desde sus múltiples puntos de observación calculando en un espacio galáctico toda su actividad presente, calculando todo su volumen, la densidad que lo compone, la velocidad de su tiempo, su actividad energética y el porcentaje que el observador ocupa dentro del mismo, comprobara un universo inmortal tridimensional cargado de paralelos dentro del cual todo somos parte dentro de sus niveles energéticos, porque estamos confeccionados por la misma unidad creadora dentro de la cual todos estamos en algún nivel unificados en contacto directo con la existencia.

Nunca tendríamos conclusiones completas al respecto del origen de ese átomo creador tampoco del final absoluto del universo, siempre surgen nuevas preguntas que exigen sólidas respuestas físicas. Algunos científicos tienen varias teorías sobre fibras energéticas muy pequeñas y finas de altas vibraciones y frecuencias muy veloces que tienen por lo menos dos formas, las cuales componen el mayor por ciento en estos tiempos de la estructura global y total universal y sustentan la existencia de todo el espacio energético.

Esas fibras energéticas los "strings" (fibras de hilos eléctricos muy activos de alto poder energético) que surgen desde los niveles subatómicos, provienen del universo superior que nos sustenta dentro del cual existimos y al cual pertenecen, de la misma forma que existen muchos otros todos interconectados, mediante estas pequeñas fibras todos los paralelos cósmicos existen y están conectados.

Estas fibras eléctricas (strings) pueden compararse como la estructura cibernética dentro de la cual existimos, una estructura extracta de pura fibras energéticas que sostienen y sustentan toda existencia del cosmos que observamos y los paralelos adjuntos que no podemos observar.

El universo en que vivimos con todo sus elementos siempre ha existido, una vez en el tiempo estuvo en un punto muy caliente del espacio donde todo estaba condensado, la diferencia es que entro en una fase de expansión pero siempre existió, la existencia de sus energías son de carácter eterno accionando y reaccionando.

Esto sería imposible en estos tiempos para la ciencia moderna de la tierra comprender o aceptar su existencia, porque todavía están tratando de resolver el universo en que vivimos o mejor explicado en el paralelo dimensional en que estamos atrapados dentro de una membrana.

Nadie puede asegurar que antes de la expansión que el universo no existió en otra forma con otras leyes físicas o el mismo, tampoco cuantas veces a existido previamente, la existencia no tiene fin en cualquier forma que se calcule siempre demuestra que algo existió previamente para que se pueda justificar lo que existe.

Para que algo exista tiene que provenir de una previa existencia que justifique lo que existe, la actividad cósmica presente nos demuestra que la eternidad universal persiste en el espacio y sus tiempos en ciclos eternos.

Para los científicos de la tierra el universo se expandiría por siempre existen todavía quienes piensan y sostienen otras teorías, un universo plano o un universo que se contraería totalmente, pero los cálculos de la omega o masa total y la aceleración del universo revela que se expandirá eternamente a la mayoría de los científicos.

Están equivocados el universo no es lo que parece ni se expande por siempre, de existir un universo superior o simplemente un paralelo las cuentas cambian.

Las observaciones presentes muestran un universo en estos tiempos de características con dirección de ser o manifestarse plano y lo es, pero en sus tiempos de expansión primitiva cualquiera que observara y calculara desde el interior de una galaxia su comportamiento de la misma manera que lo hacemos ahora, tendría sin dudas diferentes conclusiones.

Por ejemplo pensaría que jamás sería posible detenerse y aseguraría que la expansión definitivamente es imparable destruiría el espacio y todo lo que se encuentra dentro en mucho menos tiempo de lo calculado actualmente, su destino es la expansión eterna y el final lo hubieran calculado indudablemente con diferentes resultados, sin embargo hoy los cálculos demuestran que es más probable un universo plano.

Hoy la masa sigue corriendo arrastrada por el espacio según observan los científicos de la tierra y parece no tiene final y todavía no han encontrado la cuenta, la dejaron atrás y en estos tiempos modernos todavía no está aclarado el final. La omega (masa) no la han podido calcular y realmente es imposible calcularla, simplemente porque el universo es relativo e irregular con sus acciones se alteran los acontecimientos por todo su espacio, para casi todos la energía arrastra la masa con su expansión eternamente, todo esto lo estamos retando porque no conocen profundamente la gravedad energética.

Todo lo que tienen los científicos es un punto de partida, un átomo una singularidad la cual puede existir por todo el universo y su espacio en cualquier lugar, entonces se necesita una constante para justificar la existencia de ese átomo creador.

Tiene que tener una explicación que le justifique a ese átomo su origen y sólo pueden existir dos respuestas, se formo por si sólo desde la nada y se convirtió en constante del tiempo y espacio porque nunca dejara de existir la energía en alguna forma o estado de la misma, o fue estructurado previamente por componentes de elementos energéticos con previa existencia, esos componentes entonces también son constantes porque ya existían.

Aunque solamente es posible una verdad para nosotros la energía es la existencia eterna se manifiesta en dos formas que no tienen un principio ni tienen un final determinado, siempre están presentes en cada resultado y son fundamental para todo acontecimiento cósmico.

La energía siempre ha existido nunca se detiene, nunca se ha detenido antes de cada expansión (Big Bang) está invirtiendo eso es lo que hace eternamente bajo reacción, de lo superior a lo inferior y reversa balanceándose contra su energía de balance e imagen inversa de ella misma, la cual es la gravedad energética.

Basado en la ley física y calculando sus puntos específicos la expansión del universo es una acción entonces tiene que tener una reacción en tiempo y espacio, la única respuesta posible de reacción es una contracción no importa el volumen de la omega (masa total) sea menos o más cantidad de volumen.

La materia común inferior no tiene ningún control contra las energías que crearon el universo, los porcientos de materia común presente y su volumen lo demuestran. Nuestra energía universal es activa y reactiva se controla contra la gravedad energética ambas bajo reacción constante, puede cambiar los resultados libremente en otras palabras hace lo que le venga en ganas porque cualquier acontecimiento en el universo es posible, el volumen de los porcientos presentes demuestra que tienen absoluto control.

La reacción para que el universo se condense nuevamente depende de su intensidad de original de acción contra la gravedad energética que tiene en cada expansión de su existencia, cuando este balance se contrapesa sobrepasándose uno al otro reacciona y viceversa. Una energía cuando se condensa en un espacio bajo gravedad energética tiene su límite, cuando se fusiona en un punto bajo altas presiones y temperaturas incalculables hasta el grado en que su existencia atómica alcanza su límite y reacciona, expandiéndose la energía empujando la gravedad con ella extendiéndola por todo el espacio según se va creando confeccionando la textura del espacio.

La gravedad condensa todo lo que produce la energía con su acción y se crean los volúmenes de masa que se atraen ellos mismos bajo la ley de la atracción de los cuerpos, creando un estado de gravedad para la materia en el espacio que se establece, el cual es el que calculan según el volumen presente dentro del universo que observamos y en el cual existimos.

La energía oscura (energía constante) también tiene su límite de expansión, cuando se agote toda su reacción atómica acumulada que provoco su acción expansiva, nunca puede destruir con su expansión la gravedad energética, porque la gravedad energética presente es un poder independiente.

Para entonces la gravedad energética (materia oscura) que cubre todo espacio presente creado concentrada de forma visible con alta densidad y depresión en los huecos negros, comienza a condensar todo espacio de forma mucho más acelerada en una singularidad.

Tenga masa o no tenga será nuevamente todo condensado hasta el punto que todo el ciclo comience de nuevo después de haberse singularizado el universo nuevamente, el tiempo hace la diferencia el cual no podemos comprobar por lo extenso de su existencia desde el punto que observamos.

Por ejemplo tomando un punto de partida el universo que conocemos comenzó en fuego y continúa su aceleración progresiva, pero terminara este ciclo en hielo al perder la fusión que lo creó expandiendo espacios inmensos que eventualmente no podrá sustentar, todos lo saben o deberían saberlo. Los espacios que alcance la energía en su expansión estarán cargados de materia oscura, la cual es indestructible para la energía oscura que expande, antes que la energía oscura que expande (energía constante) pueda destruir la materia oscura lo cual es imposible, porque en el plano que se manifiesta la materia oscura es totalmente energético, antes que se destruya la materia oscura por la acción de la energía, la energía perderá su poder expansivo al haber alcanzado el límite y la gravedad energética (materia oscura) tomara el control del espacio.

El universo es una acción proveniente de una reacción y está sujeto a reaccionar nuevamente bajo la fuerza de la gravedad energética. La materia oscura es un poder presente en todo espacio y es la gravedad energética y fuerza de balance según la conocemos nosotros, posiblemente nunca la podrán detectar con los instrumentos que tienen tratando de comprobar cambios de temperaturas en los núcleos de ciertos átomos de materia común, los cuales no se afectan en lo absoluto al grado que lo puedan observar de acuerdo a su tecnología actual.

La gravedad energética (materia oscura) no interactúa de forma directa con la materia inferior su existencia está situada en un parámetro del microcosmos desconocido para la ciencia humana, pero la presencia de la materia oscura crea comportamientos cósmicos de gravitación en la materia inferior según la red que estructura en toda la textura de cada espacio específico del cosmos y puntos donde se concentra, les explicaremos más detalles posteriormente.

Para detectar la materia oscura tienen que medir la distorsión que se produce dentro de un espacio entre las ondas magnéticas que despiden los electrones, en los cambios de oscilación que muestran una aceleración involuntaria de esas ondas magnéticas, se puede detectar midiendo la variación de su intensidad la materia oscura, que solamente bajo su gravedad energética se altera la frecuencia de espacio y tiempo y la temperatura entre vacíos de un núcleo en los niveles atómicos micro cósmicos.

El problema del universo es calcular en el tiempo y su espacio los resultados, para entonces poder lograr una respuesta sólida pero nadie tiene esa cuenta exacta, el universo sigue expandiendo y no se sabe el volumen total de sus dimensiones, todo lo que tienen como base los científicos para analizar, son simplemente calculaciones fundamentadas en observaciones hasta donde han podido observar. Toda esa data actual no es suficiente para lograr una conclusión determinante y cuando la tengan tampoco tendrán el resultado final, porque las reacciones son relativas en diferentes espacios y tiempos, calcular el total en estos momentos todavía no da resultados exactos, faltan muchos acontecimientos por manifestarse en el universo antes que reaccione para condensarse.

Para los científicos de la tierra solamente la energía universal se expande, en esto otra vez están equivocados porque también puede ser forzada a contraerse condensándose en algún tiempo de la existencia, continua empujando pero se puede concentrar, de existir un poder superior sobre ella o simplemente un mayor volumen de otra energía sin dudas reaccionaria todos lo saben. Lo mismo que la gravedad la cual en su formato condensa pero también expande su dimensión empujada por la energía en expansión, sin que altere su principio cubriendo casi todo espacio presente.

El universo es activo y reactivo para que esto sea posible tienen que existir expresadas dos fuerzas constantes, una establece el espacio y la otra provoca sus reacciones internas en tiempos de forma continua, ambas se sustentan accionan y reaccionan mutuamente.

La expansión del universo la contemplan los científicos en estos tiempos desde todos los ángulos internos de su espacio de la manera que lo hace la levadura del pan en un horno sin tener un punto específico, un espacio en expansión cargado de eventualidades galácticas.

Entonces estamos hablando de múltiples reacciones en secuencias "constantes" de la energía por todo el espacio y frecuencias "relativas" de su acción en el tiempo, esto se puede comprobar con el propio comportamiento cósmico y galáctico. El universo se expande simultáneamente por todo su interior, de esto no hay dudas y su expansión está sostenida en estos tiempos por su constante y continuara por mucho más tiempo del total que tiene actualmente.

Su estado actual de evolución lo está llevando a un universo frío en el cual perdurara este comportamiento por tiempos inmensos, el cual según nuestra observación y de acuerdo a nuestro tiempo de existencia parece eterno, pero dentro de la realidad universal esto puede compararse con muy poco tiempo.

Por otro lado las estrellas con la gravedad de su masa distorsionan la textura del espacio donde navegan, impulsadas por la acción que las creó desde un centro de origen específico y sustentan con su gravedad el sistema planetario completo.

Aquí se puede observar un balance de gravedad energética dentro de cada galaxia y en cada estrella que persiste en estos tiempos contra la poderosa expansión universal, lo suficiente estable para sostener las estrellas con su masa por largos periodos de tiempos y, darle oportunidad a la vida de una existencia extensa en el tiempo, otra vez esto es muy complejo y demasiado casual para ser simplemente coincidente.

Les damos la primera clave segura "los huecos negros" (centro galáctico), también se impulsan las estrellas por muchas otras situaciones cósmicas muy complejas y muy diversas todo bajo reacción, estableciendo diversos estados del tiempo en sus dimensiones del espacio donde navegan, sosteniendo evoluciones de vida en muchas formas en distintas etapas las cuales trataremos de explicar.

Todavía no tenemos el total específico del volumen del espacio el cual puede aumentar el porciento de la energía oscura actual en mayores niveles o menos, sin embargo los volúmenes no determinan se alteran fácilmente los estados actuales calculados y se vuelven inexactos, no importa si la masa es más o es menos en el total del espacio absoluto lo que importan son las galaxias. La respuesta es una implosión del universo en el tiempo no importa que ahora se aceleren las estrellas por la expansión, analicen bien el hueco negro lo que está haciendo con las estrellas que se las traga incluyendo la luz, su comportamiento ante el universo es un reto a la establecida expansión eterna sin fin por los sabios de la tierra.

Los huecos negros son una implosión inmensa en el espacio dentro de las galaxias con una gravedad muy poderosa pero ante el universo son simples singularidades, pequeños puntos perdidos en la inmensidad del universo, pero son cada uno una singularidad que puede colectar infinita materia, con su implosión posiblemente pueden condensar el universo material entero si se lo dan.

¿Qué sucedería en la implosión de un hueco negro de cualquier galaxia, si les arrojaran mediante una acción todas las estrellas que viven en sus extensiones galácticas para que se las devore de un golpe?

Sin lugar a dudas una reacción tomaría lugar en su núcleo y

sería contrario lo que es lo mismo a una explosión provocando una incalculable expansión.

Los huecos negros están en contradicción con la expansión universal sin importarles, en los huecos negros su fuerza de gravedad está retando con un poder de implosión sorprendente a la poderosa energía que expande y tiene volúmenes muy superiores según la ciencia humana, en los huecos negros está la respuesta que tanto buscan, ampliaremos más detalladamente.

La materia oscura (gravedad energética) tiene su estado específico, "refinado" otros mundos la nombran materia "enriquecida" o "purificada" la cual se sostiene cubriendo las inmensas extensiones de las galaxias, protegiéndolas para que puedan formarse y sostenerse ante un universo en una expansión violenta y tan reaccionario.

La razón basada en la aceleración del universo para garantizar una expansión eterna está equivocada, los que piensan que el universo se desgarra en el futuro, primero tendrán que destruir los huecos negros que aceleran su implosión y demuestran que nada los pueden parar. Para empezar a calentarlos el experto que lo desee que calcule el poder de la implosión de cualquier hueco negro central de cualquier galaxia, entonces demuestre con física matemática si puede hacerlo, que la velocidad de la expansión energética universal en todas direcciones, es superior a la velocidad de implosión que alcanzan los huecos negros con sus energías de gravedad en sus puntos más intensos para poderlos destruir, sumen todos los que observan nunca encontrarán la cuenta nos necesitan a nosotros.

Cuando la expansión finalmente se extienda a sus máximos límites y de las galaxias sean desaparecidas las estrellas por inhalación del hueco negro, o destruidas por la aceleración expansiva del vacío en el espacio cósmico y nada quede estable.

La extensión de los huecos negros tendrán dimensiones inmensas y sin la presencia activa de la energía oscura empujando, irán reclamando todo espacio presente de forma rápida acelerada condensándose unos contra otros de la misma forma actual que sucede en la colisión de galaxias, hasta que todo espacio eventualmente se concentre en un punto para comenzar nuevamente en el tiempo bajo reacción otra acción cósmica universal.

La gravedad energética (materia oscura) tendrá su gran importancia en el tiempo cuando sus volúmenes controlen el espacio, cuando al irse disminuyendo la actividad expansiva de la energía y todo comience a desintegrarse perdiéndose la actividad nuclear atómica y se debilite en el tiempo su acción, la gravedad energética estará presente y ocupara el total del espacio devorándoselo y es lo que hace siempre, para ser reciclado nuevamente todo espacio y tiempo bajo gravedad energética nuevamente en una singularidad.

Para la ciencia moderna el universo se fue fuera de control, seria tremenda estupidez pensar que el volumen de la energía universal (energía oscura) y su acción tan poderosa que demuestra, pudo ser controlado en algún momento por la presencia de la materia inferior dando oportunidad de estructurarse volúmenes de masa dentro de tan poderosa energía, la materia que fue creada bajo los efectos de una reacción energética en un espacio del cual sólo ocupa una ínfima parte.

La materia inferior solamente puede confeccionarse contra la energía que expande bajo la existencia de una fuerza igual y opuesta, que contrapese la expansión en espacios específicos lo suficiente para que se estructure en volúmenes de masa por todo el espacio estableciendo galaxias y sistemas solares.

Es imprescindible una depresión constante en el espacio cósmico para establecer y formar volúmenes de masa con materia común, estas depresiones están presentes por todo el cosmos en la forma de huecos negros, los cuales son singularidades formadas por gravedad energética que se concentra en puntos bajo reacción según el espacio se expande.

Con un gigante como la energía oscura y su balance la gravedad energética, quien le dice a las ciencias mágicas de Dios que no puede encontrar un balance en la omega, (la masa) parece que le tienen comido el cerebro a los humanos con virus y responden a su control, tengan cuidado con las estrellas las grandiosas de arriba.

Recuerden que la energía crea la materia y de ella obtenemos la reacción, esas secuencias tampoco nunca paran pertenecen al universo su espacio y sus frecuencias del tiempo, tienen que interactuar eternamente acción y reacción constante en el espacio y el tiempo, ésta combinación crearía una constante inmediata en el espacio y el tiempo, el universo se puede controlar, expandir, reducir y condensar bajo la voluntad del que lo creó, o de quien lo controla, o de las acciones y reacciones constantes y relativas de la energía, la cual está regida por sus leyes físicas de acción y reacción.

Tómelo como mejor le parezca o como mejor lo pueda adsorber usted desde su punto de vista, sea religioso o científico de cualquier forma observará que el balance es muy perfecto, alguien sin dudas regula los acontecimientos y con el volumen adecuado cambia los acontecimientos cuando quiera en cualquier espacio y cualquier tiempo.

Ante toda la energía universal su espacio y tiempo nada ejerce un efecto importante que la pueda controlar, pero para que exista se establezca se sostenga y se controle con ese volumen que presenta, tiene que existir otra superior que la fuerce a reaccionar o más bien un balance entre ambas. De lo contrario no sería posible contra tanta energía oscura presente ninguna materia existir, porque la aceleración energética estaría fuera de límites mucho más veloces de los que presenta desde que comenzó la acción.

Ninguna materia común con toda su gravedad puede contra la energía no importa su volumen, la materia con todos sus estados lo único que logra es distorsionar un espacio con su gravedad presente alterando los espacios y tiempos de esa zona específica, la energía universal es totalmente libre en ambas formas.

Existe el balance en sectores específicos del espacio para lograr que la materia se condense formando galaxias con sus reacciones y puedan crearse numerosas estrellas en el vacío cósmico sin la influencia de la energía expansiva que lo impida, son espacios donde la gravedad energética se concentra y entra en función (los huecos negros) en grados y niveles según el espacio donde se sostiene. Ustedes le llaman a esos sectores o puntos del espacio fuerza de gravedad establecida de forma misteriosa en diferentes espacios específicos, formando las PRE galaxias y confeccionando posteriormente galaxias con toda su estructura tan perfecta de estrellas y sus planetas.

Nosotros los llamamos centros gravitacionales sostenidos en secuencias de espacios con diferencias en sus frecuencias de tiempos por la gravedad energética universal, concentrando huecos negros (centros galácticos) por todo espacio creado dependiendo su estado presente. Formados en su origen los huecos negros por la densidad y los volúmenes de gravedad energética acumulados en cada punto o singularidad, huecos negros los cuales existen por todo el espacio en galaxias y en el vació y son reactivos.

Los científicos de la tierra aseguran que eso mismo sucederá en el tiempo todo será destruido por la energía, pero insistimos que con esos volúmenes de energía oscura con sus porcientos inmensos y acelerando hace rato el universo material habría desaparecido, nunca habría tenido la materia inferior la oportunidad de agruparse en masa por sí misma.

La gravedad de la materia común que ejercen los cuerpos bajo su ley de atracción y solamente tiene efectos de control contra la materia misma, la materia común se colapsa en puntos por el balance en el espacio que proporciona la gravedad energética (materia oscura) existente en todo el cosmos.

La cual permite que se estructuren cuerpos de masa inferior y se sustenten bajo su propia atracción en secuencias por espacios y sus frecuencias del tiempo, la gravedad de la materia común es una fuerza que se establece y se calcula según el nivel desde donde se observa, según el volumen que presenta y los elementos que contiene.

Para los que vivimos dentro de los planetas la gravedad de la materia inferior es vital pero para el universo no cuenta, toda la materia común es un residuo cósmico un desecho que se acumula formando volúmenes de masa atraídos por gravedad universal, para nosotros la materia común con sus efectos de gravedad lo es todo pero para los efectos del universo es nada, comparen los porcientos presentes que conocen y comprueben.

No se preocupen les explicaremos más adelante con mejores detalles, les garantizamos que el universo es una constante y evoluciona con relatividad por etapas en ciclos de acciones y reacciones, en múltiples parámetros de paralelos el universo es más inmenso de lo que observan y más eterno de lo que le calculan, también cambia su estado más rápido de lo que piensan los humanos alterando sus evoluciones, porque no es exclusivo y depende de muchos otros factores.

En el universo tiene que estar presente un balance energético, la acción del comienzo es la expansión y creación del espacio cósmico y la reacción simultanea es la contracción centrados en los huecos negros, (centros galácticos) que son el balance que permite a la materia ordinaria existir en espacios sostenerse por tiempos y estructurarse en masa mediante su propia implosión.

También los huecos negros con su gravedad energética han controlado con su presencia la expansión de la energía constante, calculen la dimensión aproximada que tiene actualmente el espacio más la dimensión que se observa puede llegar a alcanzar.

Compárenlo con el punto de origen desde donde provino la explosión (Big Bang) y su tamaño en el momento antes de la acción, un punto calculado desde cualquier lugar para tener una base, el poder que expandió hubiese arrasado con todo mucho antes que se formaran grandes volúmenes de masa presentes actualmente de materia común inferior, la existencia de la gravedad energética observable como fuerza cósmica de balance es indispensable, nadie podrá contradecirnos les revelaremos más detalles esto es muy complicado y queremos que la población entienda.

El punto o tiempo donde la energía supero la gravedad de la materia y comenzó su aceleración descontrolada no existe, nadie explica correctamente, ¿cómo sucedió este efecto ni por qué?, supuestamente en ese tiempo la materia creada tuvo la oportunidad de confeccionarse y agruparse en masa, al colapsarse en su implosión en una etapa de temperaturas cósmicas convenientes para que estos acontecimientos tomaran lugar.

Eventualmente la expansión continuo su camino acelerando, es imposible el volumen de la masa en esos tiempos nunca habría permitido una nueva reacción de la energía menos para acelerarse. La energía universal nunca se detiene o se impulsa de repente, la energía siempre se acelera de forma consecutiva por ser una constante activa, la gravedad energética siempre condensa, son ambas unas constantes eternas poder y fuerza.

Entonces la expresión "espacio y tiempo le dice a la materia como moverse y la materia le dice al espacio y tiempo como curvearse" es correcta, por cada sector donde se establecen diferentes volúmenes en espacios específicos en los cuales se observa este comportamiento, pero sin la presencia de la materia oscura (gravedad energética) este comportamiento de balance es imposible porque la materia oscura es la que protege y sustenta la existencia de la materia común.

Las cuentas que tienen se alteran solamente sirven para determinar los acontecimientos actuales, el futuro de acuerdo al poder de la energía y su volumen es circunstancial e impreciso dentro del cual se pueden alterar los acontecimientos sin un patrón específico.

Nadie puede asegurar con ciencia ciertas las reacciones universales no importa lo que parezca o lo que deba de realizarse de acuerdo a las observaciones, la energía universal dentro de nuestro espacio nunca le responde a ninguna ley que la fuerce es totalmente libre, sólo responde por reacción las cuales son eternas.

Nada le puede impedir a la gravedad energética que se intensifique en un punto y condense inhalando todo lo que esté en su espacio, forzando con su volumen a colapsar toda materia común creando una galaxia o varias, las cuales adquieren su propio destino también en una contracción grande puede abrir un paralelo múltiple con varias galaxias juntas con frecuencias de tiempo similares, tengan paciencia les explicaremos mejor y repetiremos para que profundicen.

La gravedad energética universal puede comprimir sin ninguna dificultad galaxias enteras y todas las que existen también, sin tiempo ni espacio en el punto que quiera dependiendo su reacción, nadie puede tampoco calcular el nivel que estamos referentes a la existencia energética universal. Es infinitamente incalculable la existencia de la energía universal y todos los niveles que pueden existir, nadie puede precisar a ciencia cierta la extensión de la energía con todos sus posibles campos energéticos porque es infinita.

Nadie puede garantizar que la expansión del universo es eterna basando sus conclusiones en las observaciones presentes del espacio y su comportamiento en su totalidad, teniendo en cuentas que el cosmos es creado por las energías que pueden reaccionar sin un tiempo específico en el momento que quieran, simplemente al alterarse sus campos y frecuencias magnéticas.

El universo puede comenzar a contraerse en cualquier momento bajo la reacción de sus energías, el universo está regido por las energías que lo crearon las cuales pueden controlar todos los acontecimientos y cambiar su destino sin un patrón de tiempo específico, las apariencias basadas en los cálculos siempre se alteran en cada avance científico.

El volumen de la llamada densidad critica calculado actualmente (masa total) no determina el futuro del universo sea mayor o menor, las energías que lo crearon siempre tendrán la última respuesta y puede ser cualquier vía alterando los porcientos presentes cada vez que reaccione, dependiendo todo su comportamiento de las acciones y reacciones conjuntas que se manifiestan en la existencia y todas las demás que siguen en secuencias superiores.

Los científicos observan un simple átomo, una singularidad cargada que llegó a existir de la nada y simplemente reventó en una acción creando todo el espacio y el tiempo, nosotros observamos dos poderes con alta densidad energética, dos triángulos en forma de laminas de infinita densidad ambos energéticos conectados a una misma membrana, formando una estrella especial en el espacio que ocupa dentro de la existencia.

Triángulos que coexisten paralelamente e interactúan uno activo el otro reactivo y convierten, todo lo que se manifiesta en la existencia consciente desde donde observamos actualmente es el resultado interno de sus acciones y reacciones.

Uno siempre expande el otro siempre condensa, sosteniéndose ambos en perfecto balance que reaccionan acelerándose su intensidad uno contra el otro, siempre lo hacen uno acciona y en el tiempo el otro reacciona y viceversa.

Triángulos que mediante acción y reacción crearon el universo en que estamos todo su espacio y todos sus tiempos al expandirse sus energías, formándose posteriormente mediante múltiples reacciones energéticas internas a través de sus tiempos y espacios nuevas secuencias de sus acciones, que crearon en su interior en secuencias de espacios y frecuencias de tiempos todas las galaxias.

Cuando el poder de la expansión energética disuelva todo lo que existe habrá llegado a su límite de reacción al agotarse su fuente de energía activa que lo impulso, la gravedad como fuerza energética presente entonces será superior en intensidad y condensara nuevamente todo espacio creado, para entrar posteriormente en el tiempo en otra reacción de la forma que ya explicamos.

La energía universal tiene su propio balance por eso existe de no haberlo tenido nunca, no podía existir ni sostenerse, tiene que sustentarse de algo para que se manifieste su existencia, midan la intensidad de la gravedad presente que persiste con su poder dentro de todo el espacio cósmico concentrada en los huecos negros, entonces comprenderán que también la gravedad tiene su formato de energía propia, los porcientos de ambas están mal calculados, los promedios aproximados actualmente y son variables se encuentran alrededor de un 66% EC3 (energía oscura) 33% GEC (materia oscura) con alta concentración en los huecos negros, la cual presenta intenciones de elevar su presencia de forma acelerada, más un pequeño porciento de todo lo restante, esto lo garantizamos.

De acuerdo al estado actual cósmico observado a través de las galaxias y todo lo que se formo producto de creación por la acción original, nos puede dar cálculos del tiempo activo que tendrá el universo expandiendo, el cual los científicos de la tierra tienen sus cuentas del tiempo que continuara expandiendo el universo hasta que se frise, pero se olvidaron de la reacción.

El cosmos con su espacio nos prueba su existencia única o nunca se hubiese creado, la energía acciona y reacciona expande y condensa es una entidad activa y reactiva, en base a esto existe y se sostiene ella misma en el espacio en que se estableció sustentándose de su balance la gravedad energética para poder reaccionar, las dos energías son una misma en constante conversión y, provenientes de una misma fuente manifestadas en diferentes estados en una dualidad perfecta para balancearse. Ambas andan juntas eternamente sosteniéndose en constantes del tiempo y el espacio, para que nosotros vivamos dentro de su existencia perdidos en una ínfima singularidad en lo profundo de su infinitud, confeccionada nuestra vida de desechos producidos por los efectos atómicos inferiores por eso estamos compuestos de materia muy inferior.

Para darles una explicación más simple al origen y evolución de la estructura del universo que observamos actualmente, la energía en su acción reactiva del principio con su poder empuja expandiendo un espacio y dentro del mismo simultáneamente expande consigo la gravedad energética extendiéndola. Ésta última la gravedad energética con su reacción bajo su formato condensativo se resiste en el espacio y en el tiempo, dentro del cual sostiene singularidades de pura energía en su forma de gravedad energética, los cuales son los centros galácticos llamados huecos negros, los centros galácticos son estrellas de gravedad energética y balance universal. Todo lo cual permite a través de los tiempos que se formen las galaxias con toda su estructura, con la materia común creada que sostienen en esos espacios de balance entre la expansión y la implosión del hueco negro, estableciendo zonas del espacio cósmico para esos acontecimientos.

Esto se demuestra en el vació fuera de las galaxias donde ninguna estrella se forma por mucha materia que esté presente, ninguna materia de la cual se forman las estrellas y planetas se sostiene en el inmenso vació fuera de las galaxias. Puede comprobarse en cualquier estrella que se distancie de la protección galáctica fuera de órbita la cual se destruye instantáneamente, el balance tiene que estar presente es importante e indispensable en la creación y sustento del universo que observamos.

Pero las estrellas se expanden distanciándose unas de otras y están acelerando según los científicos, se aceleran mucho más en los extremos de las galaxias consecuencia del incremento de velocidad en el universo. El universo sigue creciendo parece fuera de control, esto también tiene otras respuestas porque es conocido que existen sectores dentro de las galaxias donde se aglomeran estrellas otras nuevas nacen especialmente en algunos tipos de nebulosas, otras se colisionan y se transforman formando nuevas y diferentes, otras revientan dando origen con su expansión en algún sector del espacio dentro de las galaxias a un nuevo sistema solar o varios al compactar materia disuelta gases y polvo cósmico.

La actividad es extensa y compleja en cada galaxia en sus espacios y tiempos, lo cual contradice de muchas maneras muchas de las observaciones presentes, y los cálculos que se establecen de forma general para todo el universo por los sabios de la tierra.

Varios tipos de estrellas componen el circulo de vida astronómico en cada galaxia con sus cambios continuos, contra una energía que se expande para que estos acontecimientos sucedan constantes durante el tiempo, sólo pueden tener lugar en un espacio donde exista un balance proporcional, un balance que le permita a la materia con su fuerza de gravedad establecer y estabilizar cuerpos de materia inferior, y formar sus distintos volúmenes de masa.

Si le ubicamos una constante al universo todo resuelto pero parece que no concuerdan estas cosas con la ciencia moderna, todo se expande entonces hace un tiempo atrás negaron la constante cósmica, parece que alguien estuvo cerca pero otro le aprovecho la edad y destruyo la tesis. Pero en el tiempo se dieron cuenta los científicos que existen energías superiores, tienen que ser inmensas y lo son "la energía oscura" es un buen ejemplo entonces nosotros somos inferiores ante el universo y nos pueden controlar, si analizas los porcientos universales totales que conocemos actualmente les da la respuesta inmediata, esa es la constante universal en términos generales.

Pero tendría el siguiente problema quien está por encima de esa energía tiene que existir otra cosa aún mayor, acción y reacción esto no cambia con la energía entonces se te ocurre estructurarla por el espacio y sus tiempos como mejor te dé las ganas sin puntos específicos, les concentras singularidades condensadas por gravedad energética y el problema se resuelve, "huecos negros los progenitores de las PRE galaxias" les daremos a continuación mejor explicación.

Imaginemos el universo físico como el interior del núcleo de un átomo superior muy desconocido esto nos servirá de punto de partida, un núcleo muy activo y compuesto en toda su extensión por energías, desde pequeñas fibras energéticas que sustentan sus extensiones y sostienen su textura, más todo el compuesto energético y material que reacciona interiormente el cual mencionamos es muy numeroso y está muy activo.

Entonces tendríamos que resolver el problema de su expansión acelerada para que se sostenga eternamente en existencia, la respuesta correcta es la constante de los tiempos en su núcleo acción y reacción en secuencias de espacios y frecuencias de tiempo.

El universo se expande mayormente en acción y se contrae en reacción por todo su espacio, se expande sin un tiempo específico hasta que se inviertan los niveles, el balance que oculta nosotros lo hemos podido comprobar. Los humanos no observan estos términos porque están basando sus cálculos en billones de años de sus cuentas, pero comparando el tiempo existente del universo más todo el que falta este número no cuenta.

Simplemente porque al universo no se le puede medir el tiempo, es eterno por la razón física que está compuesto de energía la cual es infinita e indestructible, tenga masa o no tenga masa en su espacio o esté en cualquier estado siempre existirá, y cuando quiera reacciona y creara toda la materia que quiera.

La reacción universal o núcleo atómico del universo que contrapesa la expansión para que se establezca la materia en masa, se puede observar en todo el espacio en puntos específicos que llamamos singularidades y las cuales establecen el balance físico en el espacio cósmico. Lo tienen todos delante de sus ojos y está en el conocimiento humano, las galaxias con sus huecos negros son esas respuestas, son las constantes universales sostenidas por la gravedad energética en el tiempo y el espacio, las cuales demuestran con su presencia el comportamiento activo y reactivo del universo. Pero tendremos que explicarlas más detalladamente porque todavía los científicos terrestres no las quieren independizar, pero tendrán que hacerlo más tarde o más temprano porque son independientes todas las galaxias ya deberían saberlo.

Las galaxias viajan distanciándose unas de otras pero eso es lo que más observan los humanos entonces piensan que la expansión es eterna, el problema es que no tienen toda la data necesaria para calcular pero piensan que la tienen, dependemos de sus reacciones porque el universo tiene su tiempo de cambio, la gravedad energética es una energía que condensa y provoca las reacciones atómicas de toda materia incluyendo la orgánica dentro de los planetas a la cual también anima por su reacción.

Repasemos las estrellas que componen las galaxias las cuales son innumerables, las galaxias también son incontables, se descubren más galaxias y constantemente nacen nuevas estrellas, esto se merece una explicación absoluta más convincente.

Si tratamos de buscar un número para especificar el porciento en volumen que ocupa una estrella en el total del espacio sería casi imposible de comprender, con el porciento actual que supuestamente se expande el espacio y las dimensiones que presenta actualmente, se pudiera pensar que esa estrella cualquiera que sea o tamaño que tenga ante el volumen universal no existe. Pero existe cada estrella que observamos físicamente existe, están latentes y visibles para todos, muchas otras por todo el espacio también existen tienen su porciento en números y su espacio son físicas, entonces son importantes para algún objetivo muy bien calculado.

Una estrella es un punto en el cosmos perdida en el tiempo y espacio, el volumen de su tamaño ante el universo representa una fracción ínfima ubicada en algún plano del espacio, puede compararse que las estrellas ante el universo son más pequeñas que las bacterias microscópicas al compararlas con nuestros planetas y todas lo son.

El volumen que ocupa el total de la masa de cualquier estrella dentro del espacio calculado su porciento específico nunca se encuentra con calculaciones exactas, el espacio que actualmente sigue expandiendo extendiendo sus dimensiones, el número en porciento de espacio que le ubiquemos a cualquier estrella dentro del mismo continúa reduciéndose constantemente. Si pudiéramos detener la expansión en estos tiempos comprenderíamos que el porciento que ocupa cada estrella en su espacio, es simplemente insignificante para crear alguna alteración en el cosmos generalmente hablando. Sin embargo en el espacio en que se manifiesta cada estrella es determinante su volumen para alterar y provocar efectos específicos de toda la materia que le rodea, la cual sostiene dentro de su sistema operativo de espacio y tiempo. Siempre ha sido de esa manera, desde que se formaron las primeras estrellas el volumen de cada una que ocupa en porcientos dentro del universo, siempre fue mínimo y sujetas bajo control dentro de planos limitados del total del espacio, la materia en masa que observamos está ubicada en una dimensión ínfima del espacio, aquí pueden comprender la diferencia del punto de observación en el cual dentro de cada nivel de volumen la realidad es una relatividad.

Existen muchas estrellas entonces podemos lograr mejores resultados y mejores razones para establecer y comprender su presencia física, tan importante para nosotros pero no determinan el universo el cual destruye las estrellas y las crea a su voluntad.

Los estudios sobre las estrellas nos revelan una interesante data para establecerlas con mejores conocimientos en el espacio y comprender mucho mejor su importancia, más todas las razones del cosmos para sostenerlas destruyéndose unas y naciendo otras.

Según los datos científicos terrestres todo se disolverá en el espacio por las razones de la expansión del universo, los átomos que lo componen y los protones que componen los átomos nada quedara estable. La conclusión anterior está equivocada la energía universal tiene balance que la sustenta o no se establece, a través de los tiempos la gravedad en todas sus formas sustenta en algún nivel mediante conversión la expansión continúa que presenta en estos momentos bajo reacción, todo esto se puede observar en los distintos comportamientos galácticos. El universo es una constante y está establecido entre estas dos bases cuando se creó, nace evoluciona expandiendo espacios y entra en sus fases de reciclamiento en ciclos de tiempos y vuelve a nacer, este procedimiento no tiene un fin específico para todo el universo, en el cual con sus etapas de espacio y tiempo bajo acción y reacción constante se hacen las diferencias.

Nunca se hubieran formado galaxias con sus volúmenes de materia en un universo que se expande por energías de tan alto poder, nunca hubieran tenido el tiempo para lograrlo, entonces algo más poderoso tiene que permitirlo lo cual para nosotros sucede mediante un balance energético. Cuando la energía crea materia su actividad entra en secuencias de acciones y reacciones imparables que persisten en el tiempo eternamente interactuando, ambas pertenecen al espacio y a todos sus tiempos sin detenerse nunca en constante conversión.

Entrando más profundo en las estrellas y analizando su estructura y comportamiento observamos que están viajando por el espacio sin disolverse y se sostienen por tiempos, tienen temperaturas muy elevadas en millones de grados que pueden disolver cualquier elemento material. Las estrellas están en un estado dominante de plasma, la gravedad propia por la implosión del colapso de su masa es la respuesta científica que las sostiene y provoca su fusión de acuerdo a sus elementos presentes lo cual está correcto.

Las estrellas consumen sus gases y todo lo que compone su núcleo, también puede devorarse lo que esté en su paso por su largo camino, o quizás ser devorada por otra estrella superior, o quizás destruirse ambas esto lo sabemos todos, tienen datos que prueban la colisión de estrellas en el espacio formando nuevas y estrellas que parecen estar fuera de lugar de acuerdo a la zona en que están establecidas.

Cualquier estrella tiene una depresión de gravedad lo suficiente para provocar la fusión nuclear de la materia bajo altas presiones y provocar su reacción sosteniéndose por largos periodos de tiempo, hasta que eventualmente la gravedad establecida en ese punto vence consumiéndose toda la materia hasta agotarse terminando con su vida. Pero la gravedad persiste en ese punto sin importar que cantidad de materia continué presente en cualquier estrella, también la intensidad de la misma continúa presente y en varios casos se intensifica en otros se forman estrellas de puros neutrones, cualquier estrella desaparecida a través de los tiempos con la presencia de la gravedad energética sostenida en su núcleo viajando por el espacio puede colectar suficiente materia para renacer. El detalle más importante está en la energía que producen, la cual da la luz que sostiene la vida en planetas que se sustentan en sus órbitas a su alrededor.

Mejor explicadas la actuación estelar y su creación son una secuencia de reacción en secuencias y frecuencias del espacio y su tiempo con un objetivo específico, el cual es estabilizarse en un nivel dentro de algún plano apropiado para sustentar la posibilidad de la vida en diversos sistemas solares, la reacción constante y su relatividad hace la diferencia en espacios y tiempos la cual es responsable del esquema universal.

Nada es casual o coincidente toda la estructura en nuestro universo se puede comprobar con cálculos matemáticos, en que cada composición atómica del mismo estaba destinada a tener un resultado determinado, que se manifiesta de forma constante buscando perfección por todo su espacio con un propósito específico. Propósito el cual es lograr formarse por el resultado de sus secuencias en frecuencias de tiempo y espacio, estrellas especiales con sistemas planetarios para que evolucione muy complejas formas de vida en sus planetas, para la ciencia de la tierra eso es un imposible pero para el que lo sabe todo y puede dirigir y controlarlo todo entonces todo es posible.

La suerte no existe en ciencia todo tiene una explicación y estos resultados que conocemos son muy sospechosos, muchos más teniendo en consideración la cantidad de mundos con vida orgánica que existen, la sabiduría científica por encima del universo o dentro del universo mismo puede estar oculta sin que podamos detectarla. Parece todo un proceso de laboratorio manipulado con una maestría absoluta casi perfecta, el universo está en un formato en parámetros de paralelos, es dimensional relativo y sustentado por sus constantes cósmicas que accionan y reaccionan de forma eterna.

En otras palabras acéptenlo o no el objetivo de la creación del universo tenía desde el principio lograr la vida orgánica la cual está al final de la cadena cósmica, va lejos alcanza lo más alto del macrocosmos y a lo más profundo del espacio el microcosmos simultáneamente, hasta lograr crearse la existencia de lo más simple que son los microorganismos y comenzó a levantarse porque todo reacciona, nada se detiene todo es constante y relativo por eso evolucionan tantas especies distintas.

El que pueda calcular matemáticamente el universo completo comprobara sin dudas que por las reacciones de todas sus actividades de acuerdo a lo que está compuesto el universo, a través de todos los tiempos siempre tiene resultados que prueban que la vida orgánica con sus evoluciones biológicas, es parte de la existencia a manifestarse en algún momento en el tiempo en algún lugar del espacio y en muchos otros también. Nuestra existencia viva después de tan importantes acontecimientos universales es una fórmula matemática plantada desde el comienzo, esto no les gusta a muchos pero es una posibilidad latente.

En el planeta tierra la ciencia no acepta un ser superior posiblemente responsable y creador absoluto con un conocimiento astral muy elevado, nosotros si lo aceptamos porque somos pura ciencia y tecnología y sabemos muchas cosas que se pueden lograr con ciencia, ustedes saben muchas otras y tienen entendimiento de hasta donde se puede llegar, la respuesta seria que se puede llegar bastante lejos.

Sabemos de civilizaciones mucho más avanzadas que han creado vida y la plantaron en planetas las cultivan las sustentan y las evolucionan, entonces ellos son dioses en ese planeta para esos seres de limitados conocimientos, otro ejemplo es la propia energía que es superior todo lo que está por encima de hecho es superior en esto cuenta el universo entero.

La vida celular está situada en el universo en singularidades de su espacio muy inferior, somos creados por una reacción de muy baja frecuencia en el espacio y el tiempo, por eso estamos compuestos de lo que menos está compuesto el universo. Cualquier ser viviente de nuestro planeta ante el universo y su espacio cósmico con toda la materia orgánica que cualquier ser tenga sosteniéndolo y por muy complicada que parezca, ante la inmensidad del universo es como un desecho del espacio y el tiempo no existe. Sin embargo existe ubicada por decirlo de alguna manera en otro paralelo y protegida para que perdure en sus tiempos y espacios, nuestro tamaño dentro del total universal es micro cósmico quizás por eso estamos con vida, entonces lograr evolucionar vida con nuestra materia en nuestro universo dentro de planetas es algo simple, lo difícil es ser el universo recuerden que la suerte no se aplica en ciencias.

La referencia anterior sobre las estrellas y la vida orgánica son para especificar y mostrar la realidad del universo con su sistema de acciones y reacciones, acción y reacción desde muy altas secuencias y sus frecuencias, con acción y reacción en muy bajas secuencia y sus frecuencias que nunca se detienen presentes en todo espacio y tiempo, las cuales son constantes eternamente mientras el universo exista.

Todas estas manifestaciones están estructuradas en secuencias y sus frecuencias en el espacio y el tiempo en planos y niveles, para que todo posible acontecimiento tenga su manifestación dentro de su existencia en algún momento del tiempo en algún lugar del espacio cósmico.

Esto es igual a constantes y relatividades cósmicas, dimensiones infinitas que demuestran la existencia de un universo energético y material poderoso, existente cubriendo todo el macrocosmos hasta alcanzar el universo micro cósmico estructurado en innumerables dimensiones de secuencias y frecuencias, altas hasta donde no se conoce y bajas hasta donde tampoco se conoce se pierden en la existencia indefinida porque siempre existe un espacio y un tiempo que lo establecen.

El universo al expandirse con su energía constante se crea más espacio cada espacio tiende a expandirse, excepto donde existe implosión del mismo ejemplo en los huecos negros, la energía universal puede condensarse simultáneamente mediante la acción y la reacción porque es una energía activa y reactiva a la misma instancia.

Las galaxias y sus estrellas los sistemas planetarios los humanos y nosotros con nuestros porcientos pertenecemos al microcosmos perdidos en el infinito, somos los resultados de reacciones inferiores en el espacio y el tiempo al compararse nuestro volumen total, contra el volumen total del universo y sus poderosas energías. No caben dudas que estamos confeccionados de una materia con lo menos que tiene el universo, somos reacciones extremadamente inferiores, entonces el superior existe sin importar cualquiera que sea su identidad.

Las galaxias unas se abalanzan sobre otras de diferentes direcciones son erráticos sus rumbos y tienen diferentes comportamientos, diferentes estructuras y tamaños diferentes velocidades otras se forman nuevas, las galaxias tienen dimensiones y estructuras muy diferentes unas de otras con distintas edades. Todos estos acontecimientos parecen para algunos observadores que contradice la ciencia actual, con relación al universo físico que se expande y se acelera por todos sus ángulos consecuencia de un sólo origen. La materia que continúa después del origen primogénito formando galaxias con diferentes estructuras en tiempos y espacios específicos, si todo se creó conjuntamente en un principio la expansión actual acelerándose no permitiría la formación de nuevas galaxias.

Nuevas galaxias donde nacen nuevas estrellas con nueva materia confeccionándose bajo reacción cósmica por todo el cosmos, y esto sucede por todo el espacio presente dentro de las galaxias, el balance universal que provoca y sustenta estas reacciones tiene que estar presente.

De no existir el centro galáctico (los huecos negros) no se establecen las galaxias ni se sostienen sus estructuras por mucha masa que tengan, porque nada contrapesa contra la energía oscura universal que expande y arrastra todo con un volumen muy superior. El que elimine de una galaxia el centro de la misma regido por el hueco negro con su implosión comprobara que no pueden sostenerse las estrellas en sus inmensas orbitas galácticas, estarían fuera de control no existirían las orbitas galácticas de las estrellas, entonces tampoco nunca hubieran existido estructuras de galaxias.

Todas las estrellas que se pierden en el vació fuera de su galaxia desaparecen arrastradas por la expansión del espacio cósmico que las disuelve, por supuesto que el volumen de la materia presente eleva la gravedad de la masa en la zona en ese punto, pero se concentra según las reacciones cósmicas de tiempo y espacio reguladas por la gravedad del hueco negro en cada galaxia según su reacción original, el cual concentra el mayor volumen.

Tome en sus manos una galaxia la vía láctea es un buen ejemplo, está abultada en su centro tiene espirales extensos, se expande pero también tiene su campo magnético con movimientos circulares movimientos oscilatorios y ondulares, las estrellas están respondiendo sin lugar a dudas con su actividad a una fuerza que las sostiene y tiene influencias sobre sus comportamientos y estructuras, situación que los científicos clasifican de gravedad cósmica propia de la masa. Las estrellas oscilan dentro de este campo magnético tienen extensas órbitas dentro de su galaxia, sus comportamientos no responden al llamado universal de la expansión con toda libertad porque el universo no se expande eternamente en una sola dirección ni tampoco en muchas. Expande pero la velocidad de su expansión aunque se acelera sigue estando presionada por la gravedad energética (materia oscura) y entre este balance de fuerza y poder, en estos tiempos siguen las galaxias sosteniéndose activas y formándose dentro de un universo que continua expandiendo.

La gravedad como fuerza de la materia es la única respuesta para los científicos poder explicar las galaxias y su formación, una gravedad la cual está en todo el espacio donde exista materia, pero no se puede explicar las razones de sus diferentes intensidades en puntos específicos con tanta exactitud. Puntos los cuales concentraron la materia en diversos volúmenes de masa y la sostienen, creando galaxias con sus estrellas y sus planetas por todo el espacio cósmico esparcidas en espacios distantes, se puede decir de forma mágica y muy curiosa o muy exacta para lograr tanta belleza cósmica todo lo cual no se aplica en ciencia.

Todo esto es evidencia de un universo más activo y reactivo que lo calculado por el hombre y su ciencia y poderes que actúan en todos sus espacios, pero estos poderes pueden controlar millones de singularidades, como las galaxias y sus estrellas entonces la existencia es indudablemente una acción y reacción universal constante del espacio y el tiempo. Todas las galaxias están estructuradas en secuencias y frecuencias de su espacio y su tiempo que ocupan por todo el cosmos, todos conocemos la alteración de tiempos en distintos espacios según la gravedad presente y la velocidad de su implosión producida por el volumen de su masa.

Alteraciones que distorsionan un orden cósmico único para todo el universo de forma uniforme para los que dependemos de ellos, incluyendo en el interior de las galaxias entre los espacios que ocupan sus estrellas, limitando nuestra existencia a planos prácticamente inexistentes y aparentemente para los humanos imposibles de cruzar.

Sin embargo para el universo el total de todo espacio y tiempo en forma global es el mismo, el espacio y tiempo están relacionados de forma universal todo está presente dentro de un mismo cosmos, pero galaxia por galaxia y estrellas por estrellas en cada uno de sus espacios se crea un tiempo único y, ese tiempo único establece un espacio individual que aparece y desaparece por todo el universo en incontables cantidades, marginando nuestra existencia dentro de esos a tiempos que parecen nunca existieron.

Entonces tenemos que buscar mejor respuesta al asunto, con la galaxia en sus manos estudiemos el comportamiento de los huecos negros un vacío inmenso que devora la existencia física disolviéndola, no deja rastros de su alimento todo es disuelto distorsiona la luz y si la atrapa en su horizonte la devora, entonces es indiscutible que tiene un poder superior en comparación con la galaxia entera y se enfrenta contra la energía oscura que expande. Los huecos negros tienen el poder de arrastrar hacia su vacío las estrellas las cuales están impulsadas por la expansión o debería estarlo, porque la textura se dilata en cada espacio que se expande ante la energía que impulsa a las galaxias y sus estrellas, entonces la expansión universal está en problemas o en contradicción con los huecos negros.

Los huecos negros no responden con toda obediencia al universo tienen su propia orientación su propio control, por su tamaño son una singularidad ante el universo sin importancia, pero parece que retan al universo y sus leyes están contradiciendo al cosmos con el comportamiento que presentan. Los huecos negros son una singularidad ante el universo, pero contienen altos poderes universales condensando la materia infinitamente destruyéndola y convirtiendo, mientras que la energía de la acción expande el espacio arrastrando las galaxias.

Esto no concuerda correctamente la energía es inmensamente superior en volumen, la materia concentrada en cualquier cantidad de masa no pudiera contrapesar la expansión energética como lo hacen los huecos negros con su poderosa gravedad energética, porque con todo su volumen son una pequeña singularidad, esto necesita una respuesta más convincente una solución exacta. No está determinado tampoco la presencia específica de los huecos negros ni tampoco su origen específico, tampoco su importancia muchos tienen diferentes especulaciones, piensan que cruzando un hueco negro se puede cruzar de este universo a un universo paralelo distinto. Pero los huecos negros están en el centro de las galaxias o cerca del mismo, algunas parecen tienen hasta dos o quizás tres a la misma vez, pero en su centro o cerca del mismo todas las galaxias tienen un hueco negro de enormes dimensiones y muy autóctono o muy original para que se entienda mejor.

Otras opiniones aseguran una salida a través de un hueco negro por un hueco blanco a otro universo inmaterial, otros hablan de huecos gusanos intermedios para traspasar el espacio en tiempo sin tiempo hacia otros espacios, pero esto no concuerda con la física y sus leyes no pueden actuar un universo físico simultáneamente con un universo invisible e inmaterial.

Los huecos negros absorben sin lugar a dudas de todas las direcciones, con la galaxia en sus manos se dará perfectamente de cuentas que no existe otro paralelo o ningún otro universo, están todas las galaxias de nuestro universo sustentadas en el espacio físico que observamos.

Los huecos negros tienen vórtices muy distorsionados e inestables en sus horizontes, los cuales el hombre no puede determinar ni observar con precisión por su corto tiempo de vida, la ciencia espacial de la tierra tiene poco tiempo de estudio y su relación con el tiempo y las observaciones del universo están muy distante, no han calculado estos efectos de forma correcta están cerca pero todavía no comprenden bien.

Los huecos negros terminan su dimensión en una singularidad todos saben esto, que va llenando infinitamente su vacío en el tiempo adsorbiendo todo lo que se encuentre en su trayectoria por el cosmos incluyendo tiempo y espacio, son una implosión de energía constante la cual tiene su formato de un origen único y la cual es la gravedad energética.

Lo están demostrando con las estrellas que se devora, las cuales están más próximas del centro galáctico que el resto de la composición total de la galaxia, estas estrellas que se tragan los huecos negros en muchas galaxias provienen de muy lejos, muchas otras están en camino a ser devoradas estando fuera del horizonte del hueco negro y continúan su órbita en camino acercándose hacia el centro y punto de no retorno.

En las galaxias las estrellas en su formato están respondiendo en contra de la expansión que supuestamente arrastra todo, es obvio que existen dos fuerzas y las dos son muy poderosas y ambas son puramente energéticas.

Todas las galaxias no responden igual y todo depende de la fuerza de gravedad energética concentrada del hueco negro y las dimensiones que alcanza con su poder, para sostener en el tiempo y su espacio un número de estrellas de acuerdo a su intensidad y perder otras después de haber sido creadas, hasta establecerse en el tiempo y espacio cada galaxia con un volumen estable en orden por largos periodos de tiempos y sostenerse de forma estable, por esas razones existen diferentes tipos de galaxias algunas muy convulsivas otras desvaneciéndose en el vacío devoradas por su propio centro, mientras otras muestran una actividad de reacciones violentas.

La estructura de una galaxia y su tamaño sus movimientos rotativos y de traslación son regida por el hueco negro, (centro galáctico) que dependiendo de su actividad cósmica su dimensión y la intensidad de su densidad, le dará a la galaxia la organización de balance necesaria para que se establezca y sustente en el orden cósmico.

Los humanos no pueden ver estos efectos por la razón explicada al respecto con el tiempo del hombre y sus cálculos millonarios del espacio, no existen de igual manera para el universo que es eterno con su energía. El tiempo individual de cada ser humano comparado con el universo es incalculable, es como si nunca hubiera existido tampoco el de las estrellas, tienen su número pero no cuentas específicas que tengan ninguna importancia ante la inmensidad y el poder de la existencia universal con todo su tiempo.

Pueden observar las estrellas que reaccionaron (súper novas locales) en secuencias y frecuencias de tiempos, creando un volumen de elementos pesados presentes pero no todo el volumen total, dando origen mediante reacciones posteriores a multitudes de estrellas cargadas con elementos pesados y sistemas planetarios. Cada acción en el universo es una respuesta de reacción en toda su existencia y se sostiene bajo reacción constante, todas las estrellas y planetas se forman bajo reacción en secuencias de espacios y frecuencias de tiempo.

Todo muy coincidente quizás existe un creador científico y todo lo que conocemos actualmente son simplemente las consecuencias internas del cosmos, lo que es igual a las reacciones posteriores que se experimentaron consecuencias de la acción provocada para crearnos y ubicarnos en un espacio a todos nosotros.

Esa batalla de estos dos elementos que la ciencia asegura gano la materia contra la antimateria por un milagro y podemos hoy existir no es cierto, el universo sabe muy bien lo que hace en cada paso que da, esto nunca se detiene en estos tiempo se puede todavía observar este proceso de balance en menor escala en las estrellas. Las cuales producen mediante reacciones internas un volumen regulado de antimateria para balancear sus alteraciones y mantenerse estables lo más posible, la antimateria es producida en toda escala universal por acciones para provocar reacción y ajustar balance.

Para poder establecer y sostener en balance un universo el lado opuesto tiene que existir paralelamente, o sea el universo inverso compuesto de la materia con carga opuesta, es nuestro balance y la materia de nuestro universo se presenta en ese paralelo con carga opuesta y tiene su volumen regulado, lo mismo que sucede con la antimateria en el nuestro, la dualidad tiene su importancia y su razón la cual es simple de entender, cada cosa para que se sostenga y comprenda tiene que tener balance.

Los huecos negros o lo que es más correcto nombrar estrellas de gravedad energética, sustentan con su implosión constante en el espacio y el tiempo la evolución del universo creando galaxias y convirtiendo energía. No existe otra gravedad más poderosa de la que pueda crear una energía pura cuando condensa con el poder de devorarse la luz, disolver la materia bajo fusión nuclear y convertirla de vuelta en energía pura de la forma que la observamos emanar de los huecos negros, producir mediante ese evento tanta variada radiación en niveles tan altos y acumular de forma infinita todo espacio y toda la materia que quiera condensándola, el universo nació de una acción proveniente de una reacción y se sostiene y ajusta bajo reacción constante.

Muchos aficionados a la astronomía y cosmología tienen teorías de múltiples Big Banes provenientes de los huecos negros y responsables de las galaxias, están más ciertos que muchos profesionales que no tienen la matemática para comprobarlo o desmentirlo, pero la mente con mecánica quántica astral si puede lograrlo, dentro del universo y tratándose de energía todo es posible.

La realidad es que las galaxias existen provenientes de estos acontecimientos, cuando el universo nació mediante su gran explosión (Big Bang) le siguieron por reacción en el tiempo preciso de sus primeras etapas expansiones consecuentes, múltiples explosiones en su evolución (Big Bang) de singularidades cargadas mayormente de hidrogeno y algunas otras consecuentes incluían helio.

Explosiones galácticas de espacios condensados bajo la gravedad energética, según se extendía la textura del espacio en su creación la gravedad energética sostuvo puntos los cuales devoraron un alto por ciento de hidrogeno y helio recién formado, que al expandir en el tiempo por reacción con su explosión formaron las PRE galaxias con sus evoluciones y con su materia común actual. En las cuales se observa que este proceso de evolución universal tuvo y tiene actualmente diferentes etapas, esto se observa sin ninguna duda al compararse los diferentes tipos de galaxias que existen actualmente con sus actividades tan diversas, incluyendo las manifestaciones que presentan y sus etapas de evoluciones y actividades presentes, mas los diferentes estados de materia y sus volúmenes que tienen actualmente las diferentes composiciones galácticas, hoy se encuentran esos puntos en los centros galácticos y se conocen como los huecos negros.

Las súper novas locales producen elementos pesados y compensan, pero el origen del volumen total tiene otra explicación, son muchas las estrellas actuales y los planetas cargados de elementos pesados en grandes cantidades. Es imposible que el volumen total actual de todos los elementos pesados en nuestra galaxia, proviniera de unas cuantas estrellas que reventaron hace tanto tiempo, cuando estos acontecimientos de súper novas formadas de estrellas cargadas solamente de hidrogeno, sólo suceden en billones de años en que su producción de elementos pesados al explotarse tiene su límite.

Conocemos por el volumen promedio que tienen las estrellas constituidas solamente de hidrogeno y helio concentrado, la cantidad de elementos pesados que pueden producir en su expansión explosiva para suministrar en el espacio cósmico material a otras estrellas futuras y sistemas planetarios.

Comparando la edad de nuestra galaxia y todas las evidencias presentes de previas súper novas posibles, más las estrellas actuales cargadas de elementos pesados que tienen varios billones de años en existencia, y la mayoría que componen actualmente más del 75% del total galáctico están por encima de varios billones de años de creadas. Más los planetas que existen en un número total muy superior todos con altas concentraciones de materiales pesados, es un imposible que todo el volumen actual de los elementos pesados, provienen solamente de esas estrellas que reventaron hace tantos billones de años en los principios de la formación de nuestra galaxia. De acuerdo al tiempo promedio que viven todas las estrellas de cualquier tipo, la edad de nuestra galaxia y el volumen total presente calculado de elementos pesados, la cuenta de los humanos no nos cuadra.

El universo completo en su formato siempre responde bajo reacción constante, de ésta forma se creó evoluciona y sostiene sus espacios y tiempos, existen galaxias cargadas de elementos pesados en gigantescas nubes cósmicas, donde las evidencias de súper novas son mínimas e insuficientes para el volumen que presentan de elementos pesados en la actualidad. Son galaxias que son relativamente nuevas en plena formación de estrellas de todo tipo, mostrando una evolución galáctica en continua reacción creada por la expansión del hueco negro en un momento del tiempo y el espacio.

Los huecos negros centrales de las galaxias son gigantescas estrellas de gravedad energética y persisten en todos los tiempos y espacios, el que sustente ésta realidad está en lo correcto y, los centros galácticos (huecos negros) son los responsables de condensar nuevamente el universo en el tiempo.

Una obra maestra de un sabio maestro, pero esto está muy elevado para comprenderse por los humanos que piensan lo saben todo y no saben nada.

Al observar cuidadosamente una galaxia como la nuestra, se dará cuentas que sus estrellas están expandidas simultáneamente alrededor de su centro en diferentes direcciones teniendo como base el centro galáctico. Las formas las adquieren en el tiempo según la depresión gravitacional del vacío en el espacio donde navegan y la intensidad de la misma sobre la zona, que crean distorsiones con diferentes intensidades por todo el cosmos según su masa y les da forma a las galaxias.

Las estrellas continúan su órbita impulsadas originalmente por la expansión creando estados diversos de gravedad por todo su espacio con su masa, la implosión en un hueco negro del centro galáctico establece el balance perfecto en el tiempo y el espacio, para que se sostengan por largos periodos de tiempos según navega el vació.

Todo es sostenido dentro de cada galaxia por la gravedad energética concentrada en los huecos negros, un balance perfecto creado por su movimiento y velocidad de traslación en el espacio y su rotación interna creada por su implosión, con grandes campos magnéticos de gravedad energética la cual nosotros podemos medir por todo su espacio.

Esto es una diferencia grande entre ustedes y nosotros quizás difícil de aceptar pero estamos a varios cientos de miles de años de diferencia, el universo está creado en un formato de secuencias y frecuencias de acciones y reacciones, nosotros volamos libremente por el espacio cósmico desde hace mucho tiempo y comprendemos mejor sus secretos, la física de lo imposible para los humanos nosotros sobrepasamos sus barreras.

Calculando la intensidad de la expansión en el vacío en lo profundo del espacio fuera de las galaxias, podrán comprobar que ninguna estrella pudiera sostenerse ante esa velocidad. Serian absorbidas en el vació las arrastraría la expansión acelerándolas destruyéndolas y disolviéndolas exactamente como lo hacen los huecos negros centrales de las galaxias, las estrellas fueran mucho más veloces en estos momentos y de acuerdo al tiempo de existencia ya hubieran sido desintegradas.

Los huecos negros balancean regulando con su gravedad la estabilidad de la galaxia completa contra la expansión del espacio sosteniendo un gran número de sus estrellas, la aceleración de las estrellas en los extremos es prueba de los efectos exteriores de la expansión en el vacío donde se intensifica. Cuando las estrellas se alejan de su centro galáctico eventualmente van adquiriendo más velocidad y son destruidas al dislocarse su órbita, las demás son sostenidas y eventualmente otras absorbidas por el centro galáctico.

En cada galaxia se puede observar diferentes efectos en la forma que se sustentan, la manera que se comportan y reaccionan en sus espacios mostrando una conducta independiente y exclusiva.

Una evolución que demuestra un universo que reacciona en tiempos y espacios, estableciendo situaciones perfectas para que sucedan eventos muy específicos dentro de sus ciclos galácticos, por ejemplo la manifestación de la vida y su evolución la cual responde a las reacciones que se observan en el cosmos dentro de cada nivel que se observa. Las estrellas comienzan su viaje impulsadas en su origen por la acción de la expansión que las creó y son sostenidas en un balance perfecto por la gravedad del hueco negro, que estabiliza la galaxia completa en un balance para que se sostenga en el espacio y el tiempo y existamos todos nosotros.

Especialmente interesante el balance estelar que permite a ciertas estrellas únicas en su clase sustentarse en un espacio perfecto y estable alejadas a gran distancia de otras, sosteniendo sistemas planetarios que sustentan vida. La coincidencia es muy extraña muy exacta muy sabia y muy casual, simplemente para ser realizada por un universo sin consciencia o clasificarla de un fenómeno único fuera de comprensión.

Estudien bien los espirales de las galaxias y sus bandas para que comprueben que los huecos negros son los responsables de todos los acontecimientos de toda la galaxia.

Las galaxias son los huracanes y tornados del cosmos depresiones de implosión energética navegando el vació cósmico, comparando de forma similar con ésta apreciación pueden observar mejor los efectos que forman los espirales en las galaxias. El tiempo y espacio de cada galaxia ajustan las formas que obtienen de acuerdo a la intensidad de implosión su velocidad de traslación y la distorsión en su rotación, todo bajo los efectos del hueco negro.

Calculen la velocidad de traslación de cualquier galaxia en el espacio la dimensión total del hueco negro y su velocidad gravitacional de implosión, comprobaran que la extensión total del hueco negro con su gravedad alcanza y ejerce efectos de control en el comportamiento de la galaxia completa.

La diferencia es que ustedes no observan toda la extensión que alcanza la gravedad energética del hueco negro, más los niveles de intensidad que tiene su gravedad según se distancia del centro galáctico. Las galaxias se observan que corren por el espacio producto de la expansión que las arrastra, pero esa aceleración galáctica también está sustentada por el hueco negro con su gravedad al absorber devorando textura del espacio, motorizando la galaxia en su carrera por el vació, la velocidad de la expansión en estos momentos en el universo está mal calculada por los humanos.

Las galaxias también se propulsan ellas mismas al absolver el hueco negro el vació siguiendo los caminos establecidos en el cosmos por la expansión, es cierto que el impulso expansivo original continúa creando espacio y esto provoca su efecto en la translación de toda galaxia. Pero en su momento y antes que sean destruidas las galaxias con sus huecos negros tan rápidos en su velocidad y tan poderosos la expansión se detendrá, porque el cosmos no se expandirá por siempre creando vacíos lo que permitirá al núcleo galáctico (hueco negro) de todas las galaxias existentes, condensar libremente todo espacio hasta devorarlo completo en el tiempo de vuelta a una singularidad.

Los científicos siempre encuentran dificultades porque se les olvida que el universo es constante se sustenta bajo su relatividad y dentro de cada galaxia tiene su propio formato, todas las galaxias tienen o han tenido o tendrán espirales en forma de olas sobre la textura, con círculos alrededor del centro galáctico por la rotación del hueco negro, la energía en expansión también causa sus efectos.

La diferencia es que no todas las galaxias tienen estrellas en esa zona o en estos momentos han desaparecido entonces no pueden observarlos, en algunas galaxias aún no se han formado las estrellas en ellos o no han llegado a esa zona pero vendrán, empujadas hacia esos límites materia para confeccionarlas por los efectos de súper novas locales.

El universo es relativo sostenido y balanceado por sus constantes, que habré una acción y establece sus secuencias continuas en acción y reacción, se activan sus secuencias y frecuencias continuas por todo el espacio y sus tiempos imparables relativas y constantes.

Estamos en un sistema donde unos dependen de los otros para lograr la estabilidad, dentro de un proceso donde todo tiene que estar siempre en movimiento propulsado y controlado por las acciones y reacciones energéticas de las constantes cósmicas del espacio, para sostenerse en balance y controlar el sistema completo, es una obra perfecta que sostiene su existencia con ajustes de reacción continua a través de los tiempos en todos sus espacios.

El universo sabía muy bien lo que hacía y el propósito que quería alcanzar, también sabe hasta dónde puede llegar y el punto en que tiene que detenerse para reaccionar de forma contraria. Todo responde a un balance muy bien sustentado demasiado perfecto para considerarlo casual, el que invento creó o utilizo nuestra energía universal conocía su reacción y todo lo que podía lograr con ella en todo espacio a través del tiempo y continúa experimentando, después implanto los elementos para la vida orgánica por todo el espacio, donde es más propicio se sostiene y se impulsa ella misma a reaccionar esa era la intención original del experimento.

Los cometas establecen sus propias órbitas algunos son inmensos y tienen órbitas gigantescas, estos tampoco responden a la expansión universal en un espacio libre que se expande, ninguna estrella pudiera sostenerlos en tan distantes órbitas, pero los huecos negros con sus extensiones de gravedad energética cubriendo toda la galaxia si pueden hacerlo sustentando el balance.

La materia oscura según la clasifican los humanos y que tanto buscan es la gravedad energética para nosotros, una energía independiente de atracción gravitacional y es el balance del universo, tiene su reacción en sus profundos planos subatómicos donde todo está unificado dentro de su física y mecánica quántica en todo nivel existente y, se convierte por reacción de acuerdo a los ajustes del espacio y su tiempo.

Las galaxias tienen cada una su propia estabilidad en el cosmos sustentado por la gravedad energética que las formó, dependen del universo y todos los acontecimientos que se manifiestan para existir el cual proviene de un origen, pero se establecieron y se sostienen por reacción y son independientes. Las relaciones del hombre en su espacio y en el tiempo del universo se pueden apreciar al comparar las dimensiones de ambos, el hombre observa el universo con poderosos telescopios, el universo observa al hombre desde un microscopio muy potente.

El espacio continúa expandiendo y los huecos negros continúan condensando hasta que se desequilibra el balance, lo cual provoca su reacción con las consecuencias que ya hemos explicado anteriormente. Ustedes observan según sus cálculos en estos tiempos un universo que se expande fuera de control, sin embargo nosotros observamos un universo que todavía se expande bajo una acción pero también se contrae en singularidades por reacción.

Las diversidades de todas las galaxias observables con todas sus secuencias y sus frecuencias, todos sus procesos evolutivos y transformaciones les dan la respuesta que son independientes, cada una en su espacio con su tiempo sin relacionarse todas a un sólo acontecimiento. Existe la evolución de las galaxias de la misma forma que existe la evolución de nuestras especies en nuestro planeta, unas nacen otras desaparecen en que a través del tiempo y su espacio todo se pierde y todo vuelva a comenzar un nuevo ciclo bajo su reacción constante.

Es el universo vivo que visto desde el exterior dentro de una esfera se expande y contrae simultáneamente en acción y reacción, en secuencias del espacio y frecuencias del tiempo, las cuales son la ley universal de la física que lo establece en su espacio y sus tiempos. Sin que estos términos puedan ser observados correctamente en su interior por la ciencia, por las razones del tiempo en que el hombre lo mide no tiene un tiempo específico el universo. Nunca observaremos al universo accionar y reaccionar en su total volumen nuestro tiempo no concuerda con el del espacio, si alguien superior con el nivel adecuado quiere presionar todo se acaba sin tiempo vivimos por compasión o por gracias ante el universo.

Los hombres con su ciencia miden el espacio y sus acciones del tiempo con cálculos inmensos desde la tierra, de ésta manera nunca verán al universo como es ni nunca podrán observar su existencia completa, nunca lo podrán observar con sus acciones y reacciones en el espacio y el tiempo. Por ésta razón nunca comprendieron bien su acción de secuencias constantes en sus espacios y, su reacción de frecuencias en su relatividad de sus tiempos eternos dentro y fuera del espacio cósmico, en otros casos lo rechazaron.

El hecho de ser eterno el universo entonces nuestro tiempo específico delante de la eternidad puede decirse que nunca existió, cualquiera que desee que trate de buscarlo tendrá que profundizarse en planos muy profundos para encontrarse. Los humanos calculan el universo basándose en las dimensiones que observan las velocidades que tienen las galaxias por el espacio, las estrellas navegando dentro de las galaxias y los planetas en sus órbitas son también muy veloces en comparación a nuestro entendimiento y posibilidades físicas.

La galaxia se traslada en su total conjunto con todas sus estrellas por el espacio a una velocidad superior espectacular, las estrellas se trasladan también dentro de la galaxia en su órbita a grandes velocidades. Los planetas también tienen en sus órbitas altas velocidades comparado a nosotros los que vivimos dentro de ellos, para nosotros que somos una inferioridad ante estos volúmenes esto es un acontecimiento muy superior, imposible de detener ni de soportarlo en nuestra física.

Cualquiera que calcule y compare estas velocidades universales del espacio de acuerdo a nuestro nivel y desde nuestro ángulo de visión, observara un universo que nos hace pensar en una expansión inmensa fuera de control y comprender que alcanzarlo para conquistarlo por completo es un imposible.

Pero nuestro tamaño y nuestra existencia física comparados ante el universo no se relacionan, pueden medirse estos términos muy diferente dependiendo el ángulo desde donde se calcule, por ejemplo para alguien que pueda observar el universo y todo su espacio cósmico desde su exterior, tendría que usar un potente microscopio para poder detectar la actividad interior de cada galaxia. Desde afuera el espacio cósmico parecería que está inerte el universo o sea sin acción, la velocidad de un ser exterior a nuestro universo ubicado en otro plano sería muy superior a la que presenta la luz en nuestro cosmos, sin embargo para ese ser exterior sería normal y nos observaría a nosotros muy lentos.

Le sería imposible divisar la tierra estaría ubicada en otra dimensión del espacio de acuerdo a su volumen, de la misma manera que observamos nosotros a las bacterias más pequeñas, tendría que observar cuidadosamente para vernos caminar con microscopios muy potentes y quizás ni con microscopios pueda observarnos.

Las velocidades tan poderosas y tan incomparables del cosmos y sus galaxias contra la existencia humana y la nuestra, velocidades las cuales no podríamos nosotros soportar en nuestra física, son ante el inmenso universo con todo su volumen y sus energías una simplicidad que no determinan ni controlan su futuro tampoco nos dan resultados exactos.

El universo muchos de los científicos piensan que es inmenso y sus dimensiones son eternas, pero nosotros les ofrecemos otra cuenta, el tamaño específico del espacio no existe. Las distancias cósmicas las calculamos según nuestro entendimiento y de acuerdo a nuestro tamaño, pensamos que es imposible la existencia de un universo o espacio superior por las inmensidades que observamos, pero esto es una observación de acuerdo a nuestro nivel y punto específico del espacio que ocupamos, no existe el límite puede existir otro universo dentro del cual existimos nosotros y mucho más arriba también.

La realidad de nuestro tamaño específico es que sólo existe y solamente cuenta para nosotros, dentro de la existencia eterna no se puede calcular nada con exactitud para establecer específicamente en qué nivel estamos. El hombre piensa que es inmenso su universo pero es posible que solamente seamos como bacterias microscópicas dentro de una gota de agua, somos para alguien simplemente microorganismos y nosotros pensamos que somos gigantes.

Quizás alguien nos vigila más arriba y puede controlar todo con el volumen que tiene, el cual es responsable de nuestra existencia y la de ustedes porque estamos ubicados en una escala en planos inferiores, de la misma manera que el microcosmos de las bacterias lo está de nosotros.

Nuestros astrónomos han detectado seres más avanzados que

nosotros en espacios totalmente de energía pura que tienen consciencia, quizás esos son los Ángeles que visitaron a los humanos y nos crearon a todos, la energía se condensa y se expande sin límites, el que venga de arriba tiene que condensar entonces tiene poder sobre todos nosotros.

Ustedes los humanos no conocen la presencia de estrellas de gravedad energética (huecos negros) por todo el espacio vacío que existen en altas cantidades y diferentes volúmenes no han podido detectarlos, absorbiendo con velocidades extremas igual y en algunos casos superior con relación a los huecos negros que conocen actualmente, este conocimiento les daría mejor resultado matemático en sus experimentos y observaciones.

El universo se expande con su energía y entra en sus ciclos de ajustes condensándose con su energía de balance la gravedad energética, que para observarlo todo tendríamos que ser igualmente de eternos, sus diferencias las regula en sus tiempos y espacios.

Acción y Reacción el universo tiene el formato perfecto, la energía tiene su balance en ella misma de lo contrario nunca pudiera reaccionar para sostenerse, cada acción que observamos es una reacción procedente de una acción previa, acción que a su vez proviene producto de una reacción anterior donde el principio ni el fin existen, por lo menos dentro del universo en que estamos ubicados.

El universo condensado en plasma comenzó de fuego y se sostuvo por tiempos formando sus espacios y ahora está transformándose, después que se estabilice su expansión consecuencias de su desgarramiento y llegue su energía al punto de reacción, los volúmenes en el espacio de gravedad energética (materia oscura) la cual es indestructible lo controlara tomando el control condensándolo.

Cuando analicen las galaxias desde el exterior universal de acuerdo al comportamiento que tienen el formato que presentan con toda su obra activa y su evolución, la composición de la textura en el espacio en que existen y estudie bien sus huecos negros, se dará cuentas que las galaxias son creadas por múltiples reacciones cósmicas del espacio y son independientes, tiene que independizarlas o continuaran perdiendo el tiempo.

La lectura de la radiación cósmica que detectan proveniente de la expansión original (Big Bang) pertenece a ésta galaxia solamente, la radiación en Andrómeda tiene diferente intensidad y se ajusta al nacimiento de la misma, cada galaxia tiene resultados individuales.

Para nosotros estamos casi seguros que somos un experimento del universo entero activado por energías conscientes que nos impulsan, basados en las cosas que hemos logrado con un poco más de tiempo podremos hacer lo mismo.

Ustedes están impactando átomos en sus laboratorios creando espacios, nosotros podemos mantener los espacios con reacciones atómicas internas en nuestros laboratorios y lo mantenemos todo el tiempo que deseamos y mucho más grandes. Nuestro espacio cósmico con todo lo que existe dentro del mismo, es como un pequeño bebe dentro del universo superior, nuestro tiempo está contado para nuestro entendimiento de acuerdo a nuestro tiempo de vida y observaciones cósmicas, parece eterno pero para el universo no lo es. Pero es lo suficiente para lograr una vida orgánica muy larga en los planetas a través de todo su tiempo, lo suficiente para que alguien se entretenga desde lo desconocido y lo continué por tiempos.

El científico que quiera contradecir todo lo explicado tendría primero que ponerle un límite a la energía universal pero eso es un imposible, la energía no tiene absolutamente ningún límite y es indestructible e inmensamente infinita con su poder.

No existen limitaciones restricciones o impedimentos para la energía universal, la cual es totalmente libre de hacer lograr o cambiar lo que quiera cuando quiera y cuantas veces quiera, sin dudas puede recrear el tiempo y sus acontecimientos en cualquier parte del espacio o sustentarlo simultáneamente en otra dimensión conservando o alterando energía con toda libertad.

La materia puede ser reconstruida cuantas veces quiera exactamente la misma o mejor, lo único que se necesita es la información genética para duplicar lo cual ya todos conocemos sus secretos incluyendo los científicos de la tierra, la consciencia es energética se puede conservar en archivos electrónicos e implantarla en cuerpos nuevos.

Solamente observando la existencia visible y cada uno de sus detalles puede comprender cualquiera que nada es imposible para la energía, tampoco nadie puede decir que lo sabe todo porque la existencia del universo es un misterio nacido de la magia y es una locura atómica.

Los científicos de la tierra dirán que esa es la única forma que se comporta la energía de acuerdo a lo que observan ahora, pero no pueden imponerle a la energía ningún patrón o que no pueda ser libre y reaccione de diferentes maneras, creando espacios y tiempos con diferentes materias diferentes leyes físicas y una reformada actividad energética. La energía no se puede controlar ni ella misma por ser constante, por eso existe y es eterna reaccionando para balancearse.

Pero aquellos escépticos que quieran ir más lejos que le pregunten por las ecuaciones matemáticas que demuestran estos factores, al departamento de inteligencia secreto actual que se ocupa de asuntos extraterrestres.

Identificado por sus siglas "E. T. I .L." el cual utiliza secretamente estaciones de radares ocultos muy avanzados, también han hecho uso clandestinamente de los sistemas de intercepción de la institución S.E.T.I. para recibir las comunicaciones codificadas, las cuales procesan en la institución de inteligencia militar "NORAD" localizada en las montañas de Cheyenne, E.T.I.L. es una división secreta de C.I.R.V.I.S..

Los planetas mueren las estrellas mueren las galaxias mueren el universo y su espacio también muere para comenzar otra vez en algún lugar de la existencia superior eterna, todo tiene un mismo destino más tarde o más temprano todo tiene su principio su fin y su renacimiento, porque estamos sustentados de energía la cual es inmortal y se renueva porque es una constante.

Las velocidades de las energías en el instante de la acción que formo nuestro universo eran muy superiores a la de la luz y sólo pueden provenir creadas de una más superior que las establezca, la energía no tiene límites ustedes lo saben para que se sostenga la existencia tiene que existir más arriba y más abajo también el balance da la respuesta.

No existen galaxias ni estrellas de antimateria todo es un balance en estos tiempos, pero cuando una galaxia nace se produce antimateria para balancear cualquier alteración y sustentar reacción igual que lo hacen las estrellas en menos escala. Este universo tiene su formato dirigido en la dirección que observamos desde que se decidió crearlo, los porcientos en el comienzo de la acción según calculan los científicos de la tierra están muy elevados de antimateria tienen que calcular otra vez.

En nuestro nivel cósmico existimos paralelamente con un universo creado simultáneamente donde la antimateria predomina, bajo la dualidad de balance para que cada cual en su plano pueda existir balancearse y sostenerse bajo reacciones constantes progresivas de evolución aplicable en todo nivel.

Los científicos para poder calcular todo esto anteriormente mencionado necesitan una mejor matemática, ni con todas las calculadoras juntas que tienen solucionan el problema les tomara mucho poder descifrarlo.

Necesitan ecuaciones de física y mecánica quánticas, el universo para comprenderlo esas ecuaciones tienen que ajustarse dentro de cada problema, pero esto está distante todavía del entendimiento humano.

En el planeta Marte existe una Pirámide descubierta por una exploración de la Nasa, para algunos científicos esto es prueba de una visita extraterrestre, para otros es la erosión de los vientos que soplando desde diferentes direcciones en distintas temporadas establecen sus parámetros.

Nosotros tenemos otra respuesta, la atmósfera de Marte está muy cerca de su superficie y las tormentas de viento sabemos que son bien fuertes, esas tormentas no tienen un patrón constante de sus tiempos y suceden en temporadas inestables, son tormentas locas fuera de control no existe en Marte épocas para tormentas o de una rotación especifica.

Cuando el viento de una tormenta sopla en una dirección deja uno de sus lados, pero cuando sopla desde otro ángulo incluso de frente, es imposible que una loma de arena o partículas de roca se sostenga al embate de los vientos tan intensos.

Solamente una estructura en su interior con una simetría perfecta puede sostenerse y mantener sus lados perfectamente conservados, cubiertos de la arena sobre su exterior después que pasa la tormenta y todavía les falta lo mejor por descubrir.

Esto puede observarse en la propia tierra en las tormentas de arena de los desiertos del Sahara donde las tormentas mueven las montañas de arena constantemente, quizás existen civilizaciones por el espacio que también les gusten las Pirámides, cada cual que piense libremente quizás solamente es una coincidencia planetaria, quizás lo visitamos nosotros hace mucho tiempo.

La galaxia de Andrómeda se aproxima a la vía láctea, la ciencia dice que serán millones de años para que esto suceda la unificación tendrá lugar en tiempos distantes, pero nosotros tenemos otra opinión y otras cuentas. Estas galaxias se están midiendo sus campos magnéticos en estos momentos, para condensarse en sus huecos negros los cuales al encontrarse sus horizontes se inhalaran simultáneamente.

Los modelos que tienen en sus computadores de futuros eventos galácticos los tienen que modificar, la atracción galáctica entre la vía Láctea y Andrómeda termina en sus puntos más agresivos de intensidad gravitacional, los cuales están concentrados en los huecos negros. Es energía pura inhalando nada puede parar que esos dos puntos se encuentren con el poder que tienen de implosión.

La expansión presente no tiene todo el control contra la gravedad energética, en los acontecimientos presentes se puede observar que el universo tienen un camino destinado a cambiar. Los campos magnéticos de altas frecuencias en esos niveles controlan las direcciones que tengan las galaxias sin ningún problema, se pueden sustentar de reacciones múltiples de la energía que atraen, pueden crear secuencias de estados del tiempo corren por el universo abriendo y cerrando su galaxia empujando y contrayendo espacio, donde el tiempo no cuenta el momento es el importante entonces tenemos que medir mejor las distancias.

La luz la miden según cálculos básicos, pero entre las galaxias existen distancias que son extensiones en las cuales se distorsiona el espacio se condensa o se dilata alterando su textura, más la presencia de estrellas de gravedad energética y sus efectos de la gravedad en el vacío son intensos, es muy activo inestable y relativo el universo.

Tiene buenos caminos entre galaxias el espacio de alta densidad energética y fuerte gravedad que están libres para impulsar, esto puede acelerar la luz o retrasarla en tiempos muy diferentes al cálculo observado desde algún punto del espacio, de la misma forma que lo hace los huecos negros y las ecuaciones entonces cambian sus números.

La distancia entre la Andrómeda y la Vía Láctea basada en la luz está mal calculada, el porciento de error que tienen en sus cálculos de la luz es mayor para algunos sectores del espacio, también es más veloz la Andrómeda. Esa es otra de las razones que aceleran las estrellas en los extremos de las galaxias la aproximación entre dos galaxias, Andrómeda es muy grande y tiene extensos campos magnéticos de atracción, puede también influenciar con su gravedad el destino de todo el grupo local de galaxias.

Nosotros estamos en un paralelo local pequeño del total universal y el universo es infinito nunca conoceremos cuántos existen o han existido, tampoco cuántos vendrán a la existencia cuánto espacio tendrá y cuánto tiempo le contara, nadie puede asegurar esa cuenta en una conclusión absoluta.

Especificar el tiempo del universo es imposible con las cuentas de los humanos, el tiempo también es relativo e inestable en todo el espacio, el universo es un paradigma de magia, las secuencias y sus frecuencias donde existimos son las que calculamos con exactitud de tiempo y espacio según lo comprendemos cada cual, pero la eternidad es imposible de especificar para cualquiera.

Rectificamos que nadie tiene el resultado final muchas galaxias están en el misterio, quizás existen seres amistosos quizás agresivos, aseguramos que nuestra galaxia está libre de seres extraños todos somos similares. Pero tendremos que investigar muy bien las acusaciones humanas de extrañas entidades robándose seres humanos, experimentando con ellos y jugando a los escondidos, nosotros no tenemos ninguna data que lo pruebe, tampoco nos gustan su fisonomía parecen seres anormales y de muy malas intenciones.

Nadie puede hacer lo que le venga en ganas todo está regido en nuestra galaxia por la federación, de existir seres extraños sobre la tierra tienen que provenir de otra galaxia en la nuestra todos somos similares, entonces tendrán consecuencias graves porque hemos sido invadidos en nuestros espacios cósmicos de manera secreta y no lo sabemos, es una burla a la inteligencia y la respuesta nuestra inmediata contra seres extraños de intenciones desconocidas son de guerra, pero conocemos la imaginación humana tan elocuente que poseen y tan fantasiosa, entonces no nos preocupan sus alegaciones.

Dedicamos nuestra teoría cósmica de relatividad del espacio y constante cósmica del tiempo en secuencias y sus frecuencias, al gran Genio y Sabio Universal de todos los tiempos sobre la tierra, el Gran Maestro amante de la astronomía y el cosmos Alberto Einstein, la relatividad del universo su constante cosmológica que lo establece y sostiene en los tiempos por todo su espacio son un hecho real.

Albert Einstein presintió la constante cosmológica lamentablemente no pudo comprobarlo, faltaba mucha data con muchas respuestas ustedes lo negaron y todavía están trabados, también afirmamos que es una abominación toda la masa actual presente en el espacio proveniente desde un punto, la reacción constante es la que establece la diferencia, ya esto lo saben en parte al comprobar de donde provienen los elementos pesados.

Todo nace de una expansión mayor, una acción que actualmente continúa empujando, en su interior le siguieron consecuentemente las reacciones menores de la forma que explicamos anteriormente. Las energías del universo son una constante cósmica con balance para que accionen y reaccionen mutuamente en constante conversión, emite con su pulsación ondas energéticas electromagnéticas que son constantes siempre están empujando creando espacio, o está en su estado invertido y con sus contracciones atrayendo espacio devorándolo, espacio que condensa en diferentes niveles de acuerdo a su volumen presente en cualquier zona.

Indudablemente la energía oscura expansiva es la constante energética cosmológica, estamos en un universo el cual se acciona de forma constante sustentándose por reacción, dentro de sus tiempos y espacios contra su energía de balance la gravedad energética, lo hace de arriba hacia abajo y se invierten ambas energías son la misma alterada en diferentes estados presentando comportamientos opuestos.

Puede pensarse que la energía universal por ser una constante, no necesita una justificación para existir el hecho de ser una constante es suficiente respuesta para todo, pero tendría en primer lugar que preguntarse de donde proviene su existencia; ¿cómo es posible que llegó a existir sin existir absolutamente nada?

¿Cómo es posible que algo exista sin ninguna existencia previa haberse manifestado?

¿Cómo es posible que algo tan poderoso pueda en algún instante llegar a existir, sin nada haber existido primero y convertirse en constante?

¿Cómo fue que se creó la energía universal por ella misma, de donde proviene su existencia específica que trajo resultados tan precisos tan convenientes para todos nosotros, quién o qué estableció la energía cósmica y convirtió en constante del tiempo y espacio?

También tendría que explicar muy bien bajo los principios en que se sostiene como constante desde el primer momento en que surgió nació y llegó a existir, después de responder todo esto nos quedara la curiosidad de conocer si algo más por encima existe, lo cual no se puede negar porque dentro de la existencia energética todo es posible.

La constante energética que sentimos siempre ha existido y probablemente esa es la respuesta total, nunca encontraremos el final de túnel del conejo (Rabbit Hole) para poder justificar la creación de nuestra energía universal.

Cualquier cosa que se manifieste por encima de nuestro universo tiene que ser superior y también tendría que ser constante o sea eterno, profundamente en el universo referente a la procedencia y existencia del mismo y su respuesta total más allá de lo lógico, lo visible lo palpable y lo calculable basado en su física y su energía, estaríamos sin lugar a dudas hablando de un misterio eterno.

Pero en ciencias el misterio no se acepta tiene que existir una respuesta y la magia no se aplica, entonces el que no pueda dar una respuesta completa absoluta y total de todo por mucho que piense conocer realmente no sabe nada, o simplemente siempre estará empezando a conocer en cualquier nivel que se encuentre de sabiduría.

En orden para que cualquier cosa exista tiene que haber existido algo primero que lo sustente y lo sostenga en la existencia, hasta llegar al punto de una constante que lo es todo. En la energía universal nuestra su principio es el de ser una constante eterna ese es el punto desde el cual todo proviene, pero no puede establecerse un punto sólido específico con un único origen para toda la eternidad absoluta y desde donde proviene absolutamente todo lo que existe, porque estaríamos hablando de un creador de un Dios y parece que para la ciencia del hombre esa palabra es un pecado.

Para comprender y aceptar a Dios de forma científica como responsable de todo lo imposible que a la misma vez es posible, entonces aceptarlo de la manera que lo hacemos nosotros, simplemente escriban los científicos su propia historia y olvídense de las equivocaciones que escribieron hombres inicuos, historias que más bien parece que estaban tratando de destruir a Dios. Porque al escribir estupideces y asegurar que son obra de Dios están poniendo la existencia de Dios en dudas, muy posiblemente esa era su intención desde el primer momento, simplemente una conspiración maestra contra Dios, también quizás es simplemente la ignorancia de los tiempos que ha causado bastante daño. Entonces mejor dejémosle la culpa a la ignorancia de los tiempos y la prepotencia de los seres de la tierra, también podemos si lo desean prestarles nuestros libros divinos que estamos seguros les encantaran por la alta ciencia que contienen.

En nuestra filosofía general de la existencia absoluta tenemos un pensamiento mucho más elevado que el de los humanos, sabemos de dónde provenimos y hacia dónde vamos después de cada experiencia física que tenemos.

En nuestra consciencia cósmica se han despertado niveles suficientes para comprender el poder de un creador consciente, en el cual estamos todos conectados por estar todos compuestos por los mismos átomos, y por estar activos y comunicados a través de los mismos electrones en cualquier nivel que existan.

Un creador que mantiene la información tecnológica de nuestra consciencia energética durante toda nuestra existencia cósmica, desde su eternidad traslada la información injertándola en distintos planos dentro de nuestro propio cosmos, conservando cada uno nuestra propia identidad consciente, experimentando por el universo diversas formas de vida más avanzadas y más perfectas según el nivel de evolución que alcanzamos en cada espacio y tiempo que se nos regale. O nos hunde en radiación solar todo el tiempo que quiera debilitando nuestra concentración energética, primero para castigarnos y después para purificarnos desprendiendo los electrones con información distorsionada que forman parte de nuestra total identidad energética.

Recuerden la energía no se puede crear y tampoco se puede destruir, es lo más lejos que podemos llegar con relación a la existencia de Dios y la forma que sustenta la existencia consciente que tenemos todos implantada.

Felicitaciones desde el espacio al científico Stephen Hawking por sus logros y su trabajo a través de todos sus esfuerzos y para todos los que en general aman el espacio y sus tiempos, estos seres pertenecen y descienden de un nivel superior por esa razón su inteligencia emocional es tan elevada, todos ellos están en el mundo ayudando a la humanidad para que se despierte, hoy un grupo de grandes científicos están en contacto con nosotros esperando su ascenso.

Según los propios resultados de la ciencia moderna, todos aseguran que la ciencia astronómica de la tierra en estos tiempos alcanzo la cima, pero pueden darse cuentas si observan bien que después de la cima alcanzada existe un reto mucho más gigante, el reto que tienen presente del espacio y el tiempo para cruzarlo, un imposible en este tiempo para ustedes por conquistar, nos necesitan a nosotros para impulsarlos.

Están en nuestra opinión saliendo de lo profundo del océano miran la tierra y quieren conquistarla, esa es toda la cima que alcanzaron nada más han logrado.

No tienen nada con una velocidad tres veces la de la luz no se resuelve el problema, tampoco tienen la suficiente vida para lograrlo viajando el espacio por millones de años y no viven ni cien, tampoco tienen el gas suficiente para tan extenso viaje de acuerdo a su tecnología actual ni suficiente alimento para empezar.

Los humanos nos observaran aparecer desde la nada cerca del sistema solar y comenzar el acercamiento hacia el sistema solar terrestre, el cual tendrá una duración de varios días viajando nuestras naves a

99% la velocidad de la luz desde el punto de aparición, la dirección de origen la podrán observar proveniente de la constelación de Orión.

No se preocupe nadie que no somos "Némesis" esa estrella que muchos buscan en el espacio y la tienen al lado dándole vueltas en promedios cada 26 millones de años, trayendo destrucción y aniquilando masivamente las especies, cuando al acercarse altera las correas de asteroides externa y la interna, alterándolos de sus orbitas y provocando un diluvio de impactos sobre todos los planetas que Júpiter y otros gigantes protectores del sistema solar no pueden absorberlos todos.

Némesis si observan detenidamente les viene encima otra vez abalanzándose desde el este de la constelación de Sagitario exactamente al norte sobre la punta de la flecha, una estrella de neutrones que será posible calcular en la próxima alineación planetaria del 2012, para entonces será demasiado tarde para arrepentimientos, pero esto no importa porque falta mucho para otra visita de Némesis.

Dentro de todo lo que les viene encima desde el vacío del espacio, también tienen para más destrucción el próximo alineamiento planetario del 2012, en que una alteración y dislocación momentánea en las orbitas de los planetas y cuerpos exteriores producidas por los acercamientos entre Júpiter y Saturno durante los efectos del alineamiento, provocara un efecto de alteración gravitacional en las orbitas de millones de fragmentos localizados en la correa de asteroides interior y la más exterior del sistema solar. Todo lo cual tendrá una reacción de consecuencias funestas para la tierra y sus habitantes, los científicos terrestres tienen calculaciones equivocadas sobre los efectos y consecuencias de las reacciones gravitacionales del próximo alineamiento planetario, sin nuestra ayuda están todos muertos.

Observen las pizarras de los grandes maestros buscando respuestas, física, química, la electricidad, el magnetismo, el electromagnetismo, la astronomía, el cosmos, pizarras gigantes repletas de ecuaciones que figuraron los sabios de otros tiempos sin calculadoras científicas modernas.

Parecen magia esas pizarras ustedes hoy sin calculadoras no llegan a ninguna parte, marcando este punto tan importante hubieran resuelto el problema hace mucho tiempo, y hoy tendrían la ecuación de una teoría perfecta que lo cubra todo en la mesa de debates.

Para concluir le damos la certeza que la vida y la muerte también son secuencias que corren las galaxias y los sistemas planetarios en secuencias y sus frecuencias del espacio y el tiempo eterno, en algunos casos los seres más avanzados influimos en la vida de algunos planetas en otros las creamos nosotros mismos, en otros casos fuimos creados por superiores.

Las partículas de materia en estado líquida específicamente el agua, se estructura en nuestro universo desde el comienzo de la acción galáctica, quedan frisados sus volúmenes en grandes cantidades de hielo al enfriarse en el vacío, corren por el espacio en cantidades gigantescas de diluvios cósmicos.

La evaporación producida sobre los planetas en sus actividades atmosféricas y climatológicas produce condensación y convierte agua, pero estas moléculas líquidas están en los planetas absorbidas desde su formación procedente del espacio existente en cada nube gaseosa que forma un sistema solar.

Los volcanes y demás acontecimientos geológicos, solamente reciclan y convierten el agua ya existente sobre el planeta como otros acontecimientos también lo hacen.

Muchos planetas que forman el sistema solar están cargados con grandes volúmenes de agua frisada por las bajas temperaturas, los sistemas solares existentes todos son parecidos en su composición. Contienen grandes masas de agua frisadas en el espacio que arriban a los planetas en grandes impactos de cometas de hielo los cuales son los más abundantes cuando se forma una galaxia, acciones de la galaxia que en sus principios forma grandes volúmenes de hielo al enfriarse en el espacio la materia líquida.

Esto lo dicen muchos científicos y es la respuesta total, todavía existe la presencia física de estos cometas en el espacio incluso algunos cargados de aminoácidos confeccionados en el vacié por las actividades cósmica, otros ácidos importantes se forman después en el propio planeta para sustentar de forma muy rápida.

Muchas partículas importantes para la reacción química y biología de la materia orgánica también se forman en el espacio. Entonces la vida también llega de ésta manera, tenemos que analizar este asunto más profundamente.

La materia con todos los elementos y minerales por mucho que se revuelquen en los mares o sobre la tierra, por mucho que se estructuren en todo el tiempo que se les dé nunca puede evolucionar creando vida.

Sin la energía no se activa la materia por si misma está inerte está muerta su actividad y necesita una acción constante para que puedan reaccionar de forma continua, para lo cual en el espacio tiene que existir una energía presente constante que active y sustente bajo conversión reacciones en toda materia, sosteniéndola en frecuencias reactivas energéticas y pueda confeccionarse estructurando y desarrollando diversas composiciones orgánicas bajo los efectos químicos de sus compuestos.

El error cósmico que muchos piensan es el resultado de la vida en un planeta es demasiado extenso sin límites, está activo y vigente en todo el universo entonces todo responde a una consciencia que lo establece todo lo conoce todo y lo puede todo, la vida en nuestro universo es inevitable la manifestación de la vida responde como parte del programa cósmico.

Toda materia orgánica cuando se detiene su actividad energética se altera y descompone rápidamente, la materia orgánica se confecciona y activa en lo más profundo del universo subatómico donde reacciona y germina, que al observarla la comprendemos como animada por sus transformaciones químicas y su actividad energética. La vida orgánica es una formula científica codificada dentro de la energía universal, destinada a manifestarse su presencia y evolucionar específicamente en los planetas, la cual puede viajar el espacio cósmico en alguna forma química sin ningún problema, arribar a un planeta y activar una biología bien organizada y eso nunca sucede en ciencia por condiciones de casualidad o coincidencias.

La vida tiene otra procedencia teniendo en cuentas las cantidades de planetas con procesos de evolución tan distintos que existen, desarrollados en diferentes y diversas circunstancias con resultados evolutivos tan similares.

La vida también evoluciona en el universo en secuencias de espacios y frecuencias del tiempo en planetas por todo el cosmos, la energía es la que anima y está presente en todo espacio posible para activar y sustentar la confección orgánica evolutiva con partículas específicas de materia bajo su reacción constante. Los científicos no pueden asegurar con ciencia cierta cómo fue que tomaron lugar estos hechos de la acción sólo tienen teorías, si calculan las posibilidades de estos eventos milagrosos no les alcanza toda la existencia para que un acontecimiento de esa magnitud se programe por sí sólo.

Teniendo en consideración que los humanos no son los únicos y la fórmula es la misma, entonces la evolución de las especies sigue un programa de secuencias genéticas perfectamente codificado dentro de sus niveles atómicos cósmicos y conscientes.

Existe una conversión de energía a un nivel específico subatómico, para hacer lograr animar la materia en sus planos orgánicos desde los microorganismos y sustentarla todo bajo reacción, activándose la vida sobre la materia orgánica acumulada y procesada en los planetas que tienen estructuras geológicas especificas para la evolución de la vida, de acuerdo a la fórmula establecida impulsándolas bajo reacción a evolucionar.

Para nosotros la semilla de la vida germina en las reacciones profundas del universo subatómico, donde partículas estructuradas de materia purificada sumamente extractas llegan al punto de reacción con sus propiedades y se confeccionan diferentes estructuras que llamamos orgánicas.

Lo que observamos dentro de cada planeta con una actividad bioquímica de acuerdo al espacio que ocupamos en el total del universo, son simplemente acciones y reacciones continuas de materia y energía propiedad de toda constitución atómica existente, acelerando posteriormente el proceso de las demás a su alrededor atrayendo elementos que bajo la gravedad presente se sostienen y permite que se fusionen. Entonces se estructuran más complejas formas de vida en constante reacción, donde diferentes grados de radiación producen alteraciones mutantes en la materia alterando sus químicos, todo perfectamente codificado para lograr un destino exacto, destino el cual observamos su actividad en detalles por el plano en que se encuentran manifestándose, plano al cual podemos observar porque todos nosotros estamos en el mismo nivel.

Los procesos geológicos en los planetas promueven la evolución con sus actividades, pero no son los únicos que producen moléculas orgánicas y sus diversas partículas, bajo estos procesos geológicos se unifican las partículas creadas de moléculas orgánicas y se forman más complejas formas, que continúan reaccionando evolucionando en diversidades de especies. La evolución de las especies con su materia responden también a una reacción desde cada singularidad planetaria, provienen desde lo profundo reaccionando buscando elevarse hasta donde puedan alcanzar el nivel máximo en que pueden sostenerse, dentro de cada planeta de acuerdo a las condiciones geológicas y su atmósfera, lo hacen desde los microorganismos hasta las especies con más volúmenes, observen correctamente y comprobaran en la vida orgánica una reacción sustentada por una energía atómica evolutiva que las impulsa elevándolas desde lo profundo todo bajo una reacción constante.

Sobre muchos planetas en todo los sistemas solares llegan estos cometas de hielo, en algunos es mucha la cantidad de agua y quedan cubiertos por el hielo toda su superficie por la temperatura del lugar, esto puede observarse en una luna de Júpiter, en otros es poca el agua y se evapora con el tiempo hasta desaparecer son muchas las condiciones que afectan estos resultados.

En otros como la tierra queda un nivele de agua que dada su temperatura establecida por su condición atmosférica, se crea un balance favorable para la vida en el tiempo tuvieron muy buena suerte nosotros también. Aunque las distancias no determinan, dependiendo del tamaño de la estrella y su intensidad también puede sustentar vida en planetas más distantes o más cercanos a ella para evolucionarla hasta un nivel determinado.

En el planeta la tierra el lugar que ocupa en su órbita es el perfecto hasta el momento actual, pero esto no se ajusta por igual a los demás sistemas solares, nuestra estrella tiene más volumen y es más intensa, pero en nuestra orbita estamos más alejados que ustedes esto da el balance. De alguna forma misteriosa la vida tiene un patrón de conducta sobre los planetas similar, comparando la existencia en que los planetas con vida en altos procesos de evolución todos tienen un sistema atmosférico climático con todas sus etapas casi exacto, un mayor porciento de océanos que terrenos, caudalosos ríos grandes continentes lagos valles montañas desiertos y niveles de oxigeno que oscilan en etapas de tiempos casi exactos en sus procesos y demás comparaciones internas.

Todas las especies son similares físicamente en estos planetas con diversidades de tonos y estructuras físicas, pero genéticamente todas son exactas en sus procesos químicos celulares y las evoluciones biológicas de sus especies a través de sus tiempos en nuestra galaxia. Todo terminado en seres inteligentes con características muy similares a los restantes planetas, todos somos similares a los humanos del planeta tierra, no existen en el universo bestias con apariencias horribles o criaturas extrañas con altos niveles de civilización.

Los científicos terrestres algunas veces exageran figurando especies futuras imaginarias que nunca llegaran a existir, o pronostican en otros planetas criaturas fantásticas acomodadas en formas de vidas casi imposibles. Las etapas de evolución en espacio y tiempo son diversas, existen vidas en planetas con sus periodos actuales de épocas como la triásica, jurasica y cretáceos entre otras variadas exactamente de la manera que evoluciono en su planeta. No se trata de una coincidencia cósmica todo es el resultado en cada planeta del programa universal orgánico establecido desde la creación, el cual responde en su genética en todos los planetas por igual donde las condiciones lo permiten.

Los planetas que han evolucionado algunos tienen diferentes distancias de sus astros relacionados con otros sistemas, pero se balancean perfectos contra la intensidad energética de la estrella de acuerdo a su distancia y volumen de masa, el cual es también bastante similar entre los planetas habitados por especies avanzadas, conjuntamente bajo las facilidades que se presentan en algún momento del tiempo en sus atmósferas y la vida que espera su oportunidad en el tiempo explota repentinamente. Los científicos terrestres tienen su fórmula para calcular las posibilidades de la existencia de vidas en otros planetas, nosotros les facilitamos una más fácil de comprender y comprobar los resultados de una forma más sencilla para todos.

Calculando la cantidad de estrellas de nuestra galaxia con un número bajo de 200 billones, deben de existir calculando bien bajo y por los suelos al menos el 7% de estrellas con planetas con órbitas a sus alrededores, de los cuales por lo menos un 7% menos del total anterior, debe haber recibido grandes cantidades de agua formada en los principios de la acción que organizó la galaxia y posteriormente la estructuración de cada sistema solar interno de la misma. Comparando el porciento presente de agua en su sistema solar entre planetas lunas y otros cuerpos, nadie puede decir que es imposible la presencia de otros sistemas solares dentro de la galaxia, con altos volúmenes de agua en diferentes estados y principalmente líquida siendo el agua un elemento cósmico tan común, entonces la posibilidad de un 7% de planetas en la galaxia con océanos líquidos es altísima, y nadie podrá contradecir nuestra cuenta para el entendimiento del público en general, estos cálculos son bien modestos con el objetivo que no puedan ser rechazados.

Para molestarlos un poco y calculando sin exagerar y con porcientos bien bajos en números, si por lo menos un 7% menos del total anterior de esos planetas con agua líquida pudo evolucionar vida y, si solamente un 7% menos del total anterior logro evolucionar y sostener por tiempos la vida y, si un sólo 7% menos del total anterior de todos se mantiene con vida hoy. Y si de todas las vidas en esos planetas un 7% menos del total anterior es tan avanzado como ustedes, y solamente un 7% menos del total anterior es más avanzado, y sólo un 7% menos del total anterior es súper avanzado y un 7% menos son hoy seres de energía pura, estamos hablando por lo menos de un promedio alrededor de 7 planetas que puedan existir y vuelan la galaxia libremente, aunque el por ciento calculado es extremadamente bajo es solamente para ayudar a comprender a todos los seres humanos, que es imposible matemáticamente hablando que estén solos.

Dios es inmenso también sus obras, calculen las posibilidades en todo el universo y entonces comparen correctamente los porcientos posibles y miren mejor hacia el espacio.

Entonces tienen un problema serio porque con las cosas que hacen en la tierra y contra la tierra y la consciencia que tienen, con la existencia más avanzada que la suya en el entero universo de solamente un planeta, es suficiente para que los aplasten desde el espacio. Pero si calculan los porcientos posibles de vida correctamente se darán cuentas que hace rato los vigilan y son muchos los que les tienen ganas, quizás les toque el turno a los Dinosaurios tomar venganza. Nunca les permitirán elevar su ciencia espacial, para que acaben con la galaxia entera en mucho menos tiempo del que les tomo conquistarla desde que comenzó su carrera espacial, otros piensan que la tierra limpiándola eliminando los humanos y todas las obras que han construido, sería sin dudas un paraíso con un esplendor de naturaleza espectacular para naves que pasen cerca y quieran relajarse por algún tiempo o aprovisionar, pero eso lo decidimos nosotros porque vive mucha gente buena de mucha vergüenza que sueñan con las estrellas y no pagaran las culpas de otros.

La presencia de materia importante para la vida orgánica incluyendo los aminoácidos, llegan en diluvios torrenciales en cometas de hielo, otros se forman en la superficie producidos por fuertes impactos desde el espacio, todo indica que el cosmos sigue un programa de creación bajo reacciones que siempre persigue el mismo objetivo donde quiera que sea, en algunos lugares tiene suerte en otros fracasa, también llega de esa forma la muerte. Los principales elementos que componen las células pueden estar en suspensión frisadas en el espacio eternamente, la Arabia fue un lugar perfecto por sus niveles de aguas y calentamientos, quizás muchos otros lugares también lo fueron sobre la tierra en su tiempo.

En el tiempo adecuado la estrella solar que rige el sistema calienta y derrite el cristal de agua, activando con su energía solar mediante los procesos de la fotosíntesis la materia refinada confeccionándose las primeras células primitivas, bajo un complejo proceso que evoluciona y se extiende rápidamente, un proceso cargado de combinaciones químicas cada vez más complejas en continua reacción, y bajo constantes alteraciones provocadas en lo profundo de la materia por radiación solar se especifican múltiples formas orgánicas.

La energía creada continúa el proceso provocando mas reacciones en la materia que responde de forma constante y germina, entonces comienza la vida y sus evoluciones con sus excepcionales propiedades, vida que de una forma espontánea se extiende en todas direcciones y alcanza adaptándose a extremos muchas veces incomprensibles.

Todos somos experimentos científicos desarrollados en un laboratorio maestro, quizás tarde algún tiempo quizás no tanto tiempo, son experimentos de Dios originados en tiempo y su espacio, a nosotros nos pasó igual no tenemos todas las respuestas del universo en cuánto al origen de toda la existencia orgánica y sus extensiones, es inmenso el universo muchas galaxias están en el misterio, pero sabemos que evolucionan y quizás son mucho más avanzados que todos nosotros juntos, quedan muchas dudas en estos tiempos nadie puede asegurar con precisión donde empezó la vida orgánica por primera vez, de todas maneras nada importa porque hasta el momento pensamos que la formula es la misma por todos lados, la cual se desarrolla en todos los planetas por igual donde las condiciones alcanzan el punto de programa requerido, pero quizás existen algunas otras formulas muy diferentes superiores evolucionando en galaxias fuera de cualquier alcance.

Deben ser muchos experimentos y muchos sistemas, puede que se le pierdan los planetas a Dios de vez en cuando, Dios conoce lo que va a salir del experimento o hasta donde llegara con ciencia, también puede que se altere todo es posible, pero sin dudas de no gustarle el resultado a Dios lo destruye en el tiempo, salieron bien desde nuestro punto de vista por lo menos nosotros no nos quejamos. Todos suben al espacio a los humanos tienen que irlos a buscar y resolverles sus problemas, esperamos compartir pronto públicamente y solucionar las diferencias científicas personalmente.

En la existencia orgánica podrán observar una constante energética que reacciona en múltiples formas relativas, lo pueden comprobar con todas las cosas que crea con su evolución en los tiempos, no tiene todo el control de sus reacciones pero tiene toda la consciencia de todos los acontecimientos a través de los tiempos y busca siempre la perfección, dirigida por un programa que la conduce a un objetivo muy bien planificado.

Cuando se forma un sistema solar en unos nada se desenvuelve en algunos planetas algún tipo de evolución perdura en el tiempo, en otros desvaneció rápido la vida por muchas de las condiciones inadecuadas, mientras en otros perdura algún tipo de actividad y en otros alcanza altos niveles. En el sistema solar terrestre quedan planetas y lunas con posibilidad que hayan perdurado persistiendo y aún vive en ellos algún tipo de forma orgánica, muchos científicos de la tierra esperan encontrar, la vida es parte del formato en el esquema universal codificada en ecuaciones maestras que tiene su espacio y su tiempo.

Analicen profundamente el proceso desde la concepción y durante toda la evolución de la gestación de un feto principalmente en los mamíferos que es más complejo, el poder que tienen las células mutante durante todo ese proceso, todo lo que crean con su habilidad mediante sus procesos constantes de evolución, órganos tan exacto y complejos estructuras de cuerpos en tan corto tiempo impulsadas por sus códigos en su genética, en sus alteraciones deformes se puede comprender que toda la naturaleza es un programa científico con experimentos continuos buscando ajustarse en cada especie que logra, un programa que tiene sus errores de cálculos y consecuencias de sus efectos.

Todo el proceso de transformación son programas muy sabiamente calculados y específicos desarrollados por la naturaleza, o mejor explicado están desarrollados por la formula maestra universal con procedencia cósmica divina, empujado por una energía cósmica constante y consciente. Las especies no tienen que evolucionar para subsistir sobre un planeta con adaptarse es suficiente y lo pueden hacer en corto tiempo, todos tienen genes capaces de activar y acelerar un proceso biológico acelerado, para cualquier situación de supervivencia en la que necesiten adaptarse muy velozmente.

Alguien puede mandar una señal empujando la energía y activarlos alterando su programa o acelerándolo, todo indica según los estudios que la composición genética de las células responden a un programa de laboratorio biológico de alta química, que se puede controlar manipulando los resultados con la química correcta sobre cualquier materia orgánica de muchas maneras a través de los tiempos y alterarse sin ningún problema para cambiar los resultados.

Todo está impulsado por la energía sin la cual no pueden hacer nada, pueden comprender que la evolución de las especies observando la magia biogenética de las células con sus energías se logra en cualquier tiempo, si alguien está pendiente de los resultados puede alterar los procesos como mejor les dé las ganas para lograr su propósito en los experimentos, alterar los resultados en mucho menos tiempo sin ningún problema.

Por supuesto todo responde a un patrón de biogenética establecido por el tiempo, pero si alguien empuja mandando códigos sobre esas células para alterarlas las cosas cambian, ustedes pueden alterar con química y radiación nosotros también, entonces el de más arriba mucho mejor.

Ustedes aseguran haber tenido una evolución muy larga de primates hasta el momento actual, pero el objetivo de esa evolución no está explicado totalmente, tienen eslabones débiles y parece que alguno está perdido, las condiciones físicas de esos antepasados no requerían de una evolución en lo absoluto, teniendo una mente inteligente con suficientes neuronas con capacidad de calcular y pensar, no tiene que tener un cuerpo específico para ser mejor.

La evolución tecnológica lograda por el hombre no se aplica sobre ninguna otra especie no pudiera sostenerse, tampoco la nuestra sobre otra especie en nuestro planeta, nosotros que somos similares físicamente a ustedes, es obvio que el destino tenía un propósito y un orden bien determinado para crear seres como nosotros por toda la galaxia y civilizarlos el cual no ha terminado.

El planeta tiene mucho tiempo pero la evolución del hombre puede que no se compare con el resto de los primates antepasados tan exactamente como parece, aunque son evoluciones relacionadas entre especies por su genética familiar desde un punto.

Por esa razón sus pruebas les dan esos resultados tan diversos, han tenido que remover eslabones de especies que desaparecieron y se distanciaron desde mucho antes, otros los eliminaron ustedes físicamente para dominar territorios y pensaban que estaban en la misma cadena que termino en el hombre actual. Algunas de esas especies desaparecidas tuvieron etapas en que lograron progresar alcanzando algunos avances, todavía les queda muchas sorpresas quizás existe un punto donde los injertaron, quizás fuimos nosotros mismos quizás alguien también actúa y les empuja el pensamiento.

Las características tan precisas una por una de los acontecimientos tan importantes sobre la vida, desde que nació el universo y que dieron lugar en tantas extensas extensiones de espacio que existe lleno de seres conscientes, sólo pueden tener una procedencia dirigida por un poder mayor el cual controla este universo. La suerte no existe en ciencia todo tiene que tener una explicación concreta sobre todo lo que se manifieste en la existencia y, una explicación matemática exacta que justifique todos los hechos.

Ante un universo tan imponente y tan peligroso con tantos eventos que pueden terminarlo todo de forma instantánea sorpresiva e imparable, la existencia de los planetas y su vida en todos los que hemos observados, han tenido demasiada dicha en las etapas de todo el tiempo que necesitaron para lograr subsistir hasta estos tiempos tan avanzados. Mientras simultáneamente otros planetas de la galaxia y algunos sistemas solares enteros inhabitados han sufrido grandes acontecimientos catastróficos espectaculares sin afectar a otros, acontecimientos que han producido beneficios para alguien en el espacio en tiempos distantes, parece que alguien se divierte con el cosmos y conoce muy bien hasta dónde puede llegar con su entretenimiento.

La suerte de subsistir ante el universo es algo muy complejo, la suerte no tiene un concepto determinado, no tiene un origen específico, no tiene un dogma, no se sostiene de ninguna ley universal, no tiene espacio ni tiempo, solamente toma su lugar en el tiempo preciso, el momento exacto muy casual y muy conveniente. Entonces alguien es la suerte la coincidencia o la casualidad y tiene su propósito, prepara las condiciones una por una exactas y activa las secuencias en espacios para lograr un destino y un propósito en frecuencias de tiempo.

Todos estamos impulsados por un programa que tiene el objetivo intencional de diferenciarnos con una imagen determinada y un propósito, nosotros evolucionamos espontáneamente en un tiempo que para ustedes seria un reto o un imposible. Llegamos existimos y avanzamos en tiempo casi sin tiempo, comparándolo con ustedes pensamos que son lentos y débiles en su biología, la energía que elevo a los dinosaurios se les disolvió muy rápido, a nosotros nos pusieron más concentración en la mente que elevo más veloz nuestra consciencia en el pensamiento, obteniendo un pensamiento con más imaginación y avanzamos más rápidamente.

Alguien juega con el universo a la vida y la muerte, somos pura tecnología y ciencia por eso sabemos las cosas que se pueden lograr ustedes también lo saben, nosotros estamos siguiendo el juego tratando de encontrar el origen de la existencia absoluta. Hemos logrado alterar nuestra especie genéticamente en muchas maneras para beneficios especialmente de lozanía, mejor resistencia inmunológica y la extensión de vida de nuestras células podemos sentir las energías nuestras en su actividad cerebral y recorriendo los músculos, nuestros órganos nunca nos fallan durante toda su vida.

De este universo o de otro alguien mucho más avanzado nos lanzo a todos en ésta galaxia y nos observa desde su laboratorio, la vida activa orgánica y su existencia responden a secuencias y sus frecuencias de un programa químico activo y electro energético, totalmente independiente de la etapa física que creó la materia y todos sus derivados en el espacio aunque están relacionados. Un programa cósmico poderoso que en el tiempo cuando las condiciones exactas lo facilitan entra en función, todo para lograr ese objetivo en la consciencia viva con sus formulas maestras y experimentar su creación.

Los científicos de ustedes están al doblar de la esquina para crear vida en sus laboratorios, en estos momentos ya saben que lo pueden lograr entonces piensen todo lo que podemos hacer nosotros, les repetimos que puede existir sin ninguna duda el que nos creó a todos desde niveles superiores los cuales son eternos. Para nosotros la energía es la existencia eterna la materia no existe sin la energía haber existido primero, la energía activa continúa su existencia universal eternamente expandiendo y condensándose, creando y convirtiendo la materia cósmica para continuar el balance y sus experimentos.

No tiene fin la ecuación cada Yin tiene su Yang, para que se pueda evaluar y sostener la existencia por cada acción existe una reacción igual y opuesta, entonces pregúntese de donde proviene la existencia, ¿cuál es la acción o la reacción igual y opuesta por la cual se estableció y alcanzo la existencia? ¿Cuál es la esencia del objetivo específico que tiene para existir y específicamente para qué? Nosotros tenemos nuestra respuesta, la energía universal no tiene límites no se le puede ubicar un principio o un final porque es eterna entonces todo lo puede, la energía es la responsable de la existencia física de todo lo que vemos y sabemos que existe, es infinita no puede detenerse por eso es constante siempre está presente en todo espacio y tiempo.

La energía universal sabemos que es la creadora puede alterar su estado y siempre existir, es infinita con su poder entonces también puede revertir el tiempo, puede cambiarlo crear nuevos estados de tiempo o duplicarlos simultáneamente conservándolos.

La energía puede crear más materia de la existente y en nuevos estados y la convierte nuevamente, es infinita juega con la existencia como mejor le parece porque no tiene límites, todo y todos hemos sido creados nos creó la energía miren hacia el universo entonces estamos hablando de un creador. La química orgánica de la que estamos compuestos tampoco tiene límites, es muy compleja por todo lo que puede lograrse con ella, estudien todas las especies que existen sin omitir ninguna y comprobaran que se pueden crear especies nuevas sin límites, eso mismo es la evolución la continúa creación en los tiempos de variadas especies descendientes unas de otras en una metamorfosis impresionante que nunca concluye.

Los científicos pueden experimentar todo lo que quieran pero no pueden nunca a una célula revivirla después de su descomposición orgánica al detenerse su actividad nuclear, la energía eterna si puede lograrlo puede activar revertir o duplicar convirtiendo es infinito con su poder porque lo creó todo y lo sustenta todo.

Quizás todos provenimos de niveles superiores energéticos por eso no solamente vivimos alimentándonos y defecando como el resto de las especies lo hacen, también pensamos analizamos y calculamos, quien se lo puede negar a la energía nosotros decimos que nadie puede negárselo. Es poderosa infinita eterna y creadora la energía universal, entonces es posible la existencia de niveles superiores y muy inteligentes que nos sustentan y que somos nosotros mismos, que estamos unas veces arriba otras veces abajo usted piense lo que quiera pero nunca podrá negarlo.

Los científicos materialistas de la tierra piensan en una evolución de especies producto de simples reacciones químicas y eléctricas de una materia confeccionada cósmicamente hasta un nivel extracto clasificado en un punto específico de orgánico, confeccionada sus partículas por los efectos de acontecimientos geológicos planetarios que establecen una biología en acción desde sus niveles atómicos, la cual adquiere consciencia activa de su alrededor de forma energética para subsistir y reacciona impulsada por si misma elevándose.

Pero cuando conozcan la existencia en todo el universo de planetas habitados con las mismas características de especies y procesos evolutivos similares en sus tiempos, tendrán que explicar, ¿cómo es posible que el llamado fenómeno o accidente único del planeta tierra, es un acontecimiento universal extendido en todas sus dimensiones en secuencias de espacios y frecuencias tiempos con exactitud de resultados? para lo cual nunca tendrán una respuesta convincente.

En lo profundo del universo existe el código genético universal para la vida impulsada por una consciencia superior, cuando todos los elementos necesarios se concentran dentro de un planeta apropiado, el tiempo ajusta sus niveles mediante sus procesos geológicos sintetizándolos bajo los efectos de gravedad y radiaciones solares, con su propiedad de emersión se alcanza una sincronización de continuas reacciones comenzando sus profundos procesos químicos, procesos los cuales producen innumerables formas orgánicas primitivas todas reactivas. Entonces la evolución orgánica de la materia común comienza y con sus facultades de interconexión subatómica se desarrollan múltiples estructuras por emersión y reacción constante, la consciencia que adquiere se desarrolla simultáneamente y también es evolutiva de esto nosotros no tenemos dudas.

La vida es inevitable tiene un destino cósmico a manifestarse eternamente en el espacio dentro de planetas que reúnan condiciones adecuadas, entonces evolucionan en los tiempos hasta alcanzar su destino el cual es aparecer y desaparecer. La vida emerge y se sostiene en todo nivel y condición planetaria por cortos periodos de tiempo o muchos, en esto puede observarse que la vida es inevitable y está calibrada dentro de la ecuación maestra desde antes que naciera el universo.

El punto específico entre la materia inanimada y la animada nunca existió, en la existencia todo es una forma de vida, todo tiene y está constituido en su base y se sustenta de los mismos átomos con sus electrones en constante actividad energética observable desde el universo subatómico, todo es una acción que se sustenta de reacción en constante conversión desde lo más profundo hasta lo más elevado.

La actividad atómica organizada y consciente en diferentes volúmenes y sus niveles atómicos hace la diferencia entre lo que clasificamos de animada y no animada consciente y no consiente, en una forma de explicarlo todo es vida dentro de la existencia, la diferencia está en sus diversas formas en su concentración atómica y sus diferentes niveles organizados que presenta, los cuales son sostenidos por los múltiples planos de consciencia según se va elevando, la forma en que clasificamos la diferencia y realidad entre la actividad de materia animada y la inanimada, es simplemente una ilusión nuestra que percibimos al observar los diferentes comportamiento entre ambas desde el punto que analizamos la existencia.

La materia orgánica no tiene nada de extraordinario, dentro de los planos cósmicos donde nos encontramos la manifestación orgánica presente, es sencillamente el resultado de su reacción de conversión que sufre toda materia bajo gravedad en todas sus formas donde quiera que se concentre, con resultados extraordinarios por los efectos que produce la propiedad de emersión que presentan sus partículas dentro de esos niveles, la llamada emersión es una forma de reacción acelerada que tienen los químicos facilitada por el estado de composición en que se encuentran, todo sustentado por gravedad energética sin la cual no se logra nada, la vida es una manifestación que germina y persiste en existir mientras el universo continúe expandiendo, cuando este proceso se detenga durará muy poco tiempo activa casi ningún tiempo, la vida según la comprendemos necesita la energía cósmica en constante expansión y condensación convirtiendo o muere de repente.

La gran respuesta seria explicar correctamente de dónde proviene la consciencia organizada cósmica inteligente de la existencia, la cual desde su primer despertar su desarrollo y evolución organizada ha logrado ella misma comprenderse en todo lo que ha logrado, duplicando por todo el universo una biología orgánica en formas tan diversas tan exactas tan específicas tan maestras. Dándole entendimiento y personalidad propia inteligente en diversos niveles y tan elevada específicamente sobre la especie humana, a la cual nosotros también pertenecemos porque somos igualmente una especie de homo sapiens.

Toda la consciencia que se eleva conjuntamente con la evolución y sus tiempos y, nos da la inteligencia de observar analizar y comprender los misterios de todo lo que experimentamos a nuestro alrededor, simplemente mediante el pensamiento el cual es muy profundo y que nos hace sentir mediante la intuición la importancia de existir, la consciencia cósmica sin dudas es muy sabia cualquiera que sea su identidad, la consciencia cósmica inteligente y emocional es la clave y el gran misterio científico de los mortales.

Todos somos los mismos átomos universales que componen y se encuentran en cualquier cosa que exista en el cosmos que observamos, organizados muchos átomos en un cuerpo despertando una consciencia sensitiva y abstracta en cada uno de nosotros, y desarrollando paralelamente una consciencia ética y moral individual y colectiva que va elevándola en conocimientos a niveles más perfectos a través de los tiempos. Para después de tanto esfuerzo atómico y perfección buscar la respuesta en conjunto de la pregunta griega más polémica de la existencia humana que también conocemos nosotros, la cual es ¿de qué están hechas las cosas? sin dudas esto es una gran ironía cósmica de los átomos, los cuales se organizan bajo emersión para comprenderse de forma consciente.

Tenemos una consciencia cósmica que nos habilito el pensamiento desde el principio y con el pensamiento logramos la comprensión, la poderosa imaginación consciente la cual ha elevado la existencia orgánica desde planos totalmente inconscientes, hasta los niveles más altos del conocimiento mediante su inteligencia emocional consiente y muy superior.

Siempre hemos estado dándole espacio en nuestro pensamiento a la posibilidad de un ser superior, incluyendo los más cultos en la educación que no pueden negarlo con su ciencia, que mientras más avanzan más comprenden las posibilidades de poder alcanzar y hacer lo mismo que observan, todas nuestras conclusiones expresadas sobre la vida y sus posibles caminos de existencia y evolución, tienen la intención de demostrarles lo fácil que puede existir un ser superior de alta consciencia puramente energético dentro de toda la complejidad cósmica.

Nosotros sabemos que morimos en la materia hoy no nos importa, porque también conocemos que nuestra consciencia energética y emocional puede sustentarse en otro nivel de existir un universo superior dentro del cual existimos, desde el cual seres superiores con sus tecnologías nos elevan a nuevos planos de espacios y tiempos y esto ya lo hemos comprobado.

De la misma forma que lo hacemos nosotros con las especies que tenemos, a las cuales podemos inmortalizarlas dentro de un sistema robótico inteligente, donde la consciencia que anima se comporta y es la misma en todas sus formas de vida previa, todo esto es posible incluyéndonos a nosotros mismos porque ya lo hemos experimentado. Sin embargo todos los que se han prestado para la experiencia deciden abandonar el cuerpo robótico, porque sienten los planos superiores donde se pueden manifestar en una nueva experiencia cósmica más elevada y más consciente y mucho más pura dentro de una mejor materia y ser eternos.

Cuando alcancen la consciencia al nivel de nuestra comprensión y la realidad latente consiente serán más responsables y respetuosos con todo lo que hacen, estarán muy felices y disfrutaran la existencia y su propósito mucho más placenteramente sin preocuparles la muerte orgánica, con armonía entre todos respeto por todos y se concentraran en vivir y sentir más profundamente. De la misma forma que lo hacemos nosotros en nuestro planeta, donde la esencia y la razón de vivir se enfocan en lo más extracto y el mejor sentido y placer que tiene la experiencia de la vida y su materia orgánica el sexo, sin dejar de aceptar y agradecerle a un creador superior, el cual también participa porque la energía lo es todo y lo cubre todo mostrando su manifestación presente en cada espacio que existe.

Parece según algunas de sus historias que a ustedes los hicieron varios ángeles cuando se expresa en la palabra religiosa "hagamos al hombre a nuestra imagen y semejanza" aunque el experimento lo condujo un maestro. Algunos de esos ángeles regresaron también después en el tiempo y probaron sus mujeres parece que para comprobar los resultados, nosotros también las queremos probar las nuestras son como las estrellas calientes ardientes fogosas y muy peligrosas no paran nunca.

El futuro que ofrecemos es el paraíso en la tierra, respetar cooperar disfrutar a plenitud y vivir en paz por el Amor pueden creernos de todas maneras no tienen otra opción, o pasan la prueba o se disuelven todos los que no sirven para el propósito verdadero en que se basa la existencia universal según nuestro entendimiento, lo cual explicamos a continuación. "Creación" "Manifestación" "Evolución" el Triangulo de la existencia en el espacio, "Vida" "Experiencia" "Consciencia" el otro Triangulo el tiempo y balance.

Nada supera al Amor con todo lo que encierra ni nada tiene mejor sabor y éxtasis en toda la existencia, no tengan miedo disfruten bastante el sexo con amor como mejor lo sientan y con quien quieran disfrutarlo, es libre el Amor muy sabroso y saludable lo invento Dios para que gozáramos mientras nos reproducimos para continuar la experiencia. Busquen en los textos religiosos las respuestas, "en el reino de los cielos no se casaran ni se darán en matrimonio serán como los ángeles que están en los cielos" claramente todo se explica con estas palabras, los ángeles son libres no existen tabúes ni limitaciones humanas en los cielos, todo es una orgia de experiencias recuerden que todos estamos conectados a niveles atómicos.

Todos saben que los ángeles tienen la facultad de tener relaciones sexuales y de hecho las tienen y lo han realizado hasta con mujeres de la tierra, incluyendo al propio creador que envío su fuerza activa el Espíritu Santo a tener coito de tipo celestial con la joven María para ponerla en gestación.

Entonces en el cielo según los humanos debe ser mucho más intenso y pasional el sexo, seguro que todos los que lleguen al cielo serán probados y entrenados para una existencia muy placentera libre de prejuicios, especialmente los fieles de muchas religiones que han sido traumatizados y restringidos con muchas limitaciones sexuales por los confundidos dirigentes religiosos del mundo entero.

También puede observarse la promesa a los musulmanes de recibir un paraíso en los cielos donde tendrán muchas muchachas para entretenerse libremente y eternamente sin cansarse y sin más preocupaciones, para poder cumplir con tantas hembras tendrán que vivir templando sin detenerse nunca. El mandamiento judío también puede aplicarse, "hombre y mujer háganse una sola carne," para poder lograr eso tienen que apretarse ambos cuerpos bastante y bien duro, apretarse hasta la penetración mutua total y sostenerse en ese estado todo el tiempo que pueda para cumplir el mandamiento.

Todas las demás filosofías religiosas sustentan el sexo y lo encuentran muy buen regalo y una obra maestra de Dios, nosotros lo sabemos todo busquen su mensaje personal y entréguese a Dios porque le está observando y se molesta cuando no se cumple con la palabra y sus mandamientos.

El sexo es algo celestial porque lo creó Dios siempre fue libre, no tiene culpas de nada cuando es de mutuo acuerdo, observen a los animales del reino que llaman salvaje la pureza tienen y lo libre que se sienten, el demonio siempre estará en contra de todo lo que proviene de Dios condenándolo o limitándolo, simplemente para contradecir a Dios y lo hace pronunciando palabras mentirosas capaces de confundir, usted saque sus propias conclusiones.

Los mensajes en estos textos dirigidos a todos los religiosos del mundo, son para que observen una oportunidad de subsistir entre todos y reconozcan los errores de sus interpretaciones. Para todos los que esperan su Mesías milagroso comprendan la importancia de una unión mundial en paz por las consecuencias que tienen encima, todo producto de sus acciones equivocadas nosotros lo vamos a demostrar porque estamos listos, ustedes todavía no lo están y esto puede serles fatal.

Capítulo 6

Introducción del redactor para el próximo mensaje que tiene una importancia muy especial para mí por ser primero que todo un ser con sentimientos de patriota.

ESTE MENSAJE PARA la nación más poderosa del continente Americano y el mundo libre en general fue de carácter personal en mi apartamento.

Cada día esperaba ansioso el momento perfecto para tener un nuevo encuentro, pensaba que debía mantenerme alerta todo el tiempo y con todos mis sentidos agudizados, los encuentros no solamente son muy confortables también me llenaban de una experiencia maravillosa espiritual y me hacían sentir muy bien en mi salud, pero las cosas de Dios son tan misteriosas como Dios mismo.

Llegando a mi apartamento después de un paseo por la playa también llegó conmigo un visitante, o mejor especificado una visitante la cual ya la había visto antes y habíamos también tenido varias conversaciones de muchos extensos temas.

Me gustaba mucho su presencia muy carismática aunque en la fisonomía de su rostro te puedes dar de cuentas que no es un ser de este mundo, sólo los Ángeles tienen tan hermosas expresiones faciales con características únicas y exóticas, especialmente en estado materializado en el que puedes experimentar la física de su materia orgánica a través del tacto.

Éste es un mensaje lleno de gozo para mí profundamente porque soy uno más de los que sentimos el golpe en las espaldas y vivimos la experiencia de la cobardía y el odio manifestarse en nuestro suelo una vez más, aunque fue en algunos instantes estos textos quizás agresivos me sentí totalmente feliz de escribirlo.

Para muchos yo seré considerado como el diablo que vendió la tierra, porque sin pedir permiso de nadie me preste sin condiciones para conspirar y ser cómplice de seres que no son de nuestra naturaleza, los cuales tienen intenciones contra los humanos en algunos casos muy difíciles de aceptar, pero la culpa no es mía nosotros somos nuestros propios responsables por todo el daño que hemos hecho contra nosotros mismos, ahora es tiempo de pagar.

No estoy en contra de nadie personalmente, dentro de cada grupo religioso de cada sociedad de cada cultura pensamiento o creencia de cualquier tipo, existen sin lugar a dudas seres muy sanos y maravillosos.

Yo no soy un ciudadano de Norte América no soy ni siquiera un residente aunque vivo en América, tampoco soy un pecador de los más reprochables no soy perfecto y he logrado no ser rencoroso de nada ni contra nadie, mi pensamiento actual está concentrado en lo superior.

No me gustan las cosas injustas y no puedo aceptar la maldad de la humanidad ni el abuso, no perdí ningún amigo o conocido ni menos un familiar que perdiera la vida en el horror de las torres, no conozco a nadie que perdiera a un ser querido o un amigo y ni soy siquiera de Nueva York, aunque ando por sus callejones conozco sus plazas y me he ocultado algún vez en los subterráneos, ya pasaron estos tristes acontecimientos hace tiempo y todavía lo siento presente.

Tengo bien clavado en mi mente las imágenes de hombres con portafolios descendiendo hacia la tierra desde las alturas de esas torres saltando al vacío de su muerte, los observe reventarse contra el suelo mientras otros ahogándose con las llamas de fuego devorándolos gritando auxilio desesperadamente sin que nadie pudiera hacer nada para socorrerlos, otros por el mundo apoyando riéndose y alegrándose de la desgracia de los inocentes, tengo sentimientos de humanidad quizás por esa razón pienso que me escogieron a mí los extraterrestres.

Estos mensajes es un soporte directo de Dios para todos los seres libres que aman la Democracia, para todos los que sufren en carne propia el costo de la misma por defenderla, para todos los que se sienten feliz de vivir en ella pero más que todo para los que han perdido la vida luchando por ella.

El mensaje del Águila de la gran pradera Americana, que le están amenazando sus praderas con una invasión subterránea en sus territorios las ratas inmundas, tiene la serpiente del desierto bajo el control de su mirada y la quiere devorar, descendiendo desde las alturas por encima de la atmósfera hasta el centro de la tierra, la va a sepultar de un sólo golpe, los desiertos se convertirán en lava volcánica del impacto cósmico que les viene encima, muchas naciones se convertirán sus arenas en cristales.

El Gran Espíritu de las Estrellas que los nativos vieron en sus visiones y le bailan en el fuego, el águila que está grabada en tinta negra en los cuerpos de los que aman la libertad, porque son de mí y llevan mi esencia, soy la Esparta Galáctica de las Estrellas de cabeza blanca y alas negras.

Estados Unidos de América la Nación del Mundo.

Mensaje a la nación y el pueblo de Norte América la Nación de todos y para todos, las Estrellas hablan al mundo entero que escucha, la unión de Estados es de vital importancia.

Las observaciones incluidas en estos mensajes han sido obtenidas en un periodo de 7 años, hemos ofrecido una alianza a los Estados Unidos para descender nuestras fuerzas en su territorio.

Es importante el tiempo presente queremos salvar la tierra de la recomendación inicial con intención que tiene la Federación Cósmica de destruirla, pero fue absolutamente requerido que América aceptara varias condiciones.

América la nación que nació en el fin del tiempo para el final de los tiempos, bien hecho G. Washington la señal de tus sueños le llega su hora y ahora el trabajo lo terminamos nosotros.

Dios bendiga América en Dios confiamos está escrito en la constitución Norte Americana, eso es todo lo necesario para todo lo que se necesite siempre que se cumpla con Dios de lo contrario es tradición a Dios.

Una nación de Dios por debajo de Dios con justicia y libertad para todos.

No pueden doblarse ante nada e imponerse cuando el tiempo lo exige es importante, el uso de todos los recursos militares disponibles y con todo el poder que tengas es de sabios usarlos en su momento para eso fueron creados.

Aunque pueda ser observado de cruel desde otro ángulo o desde otra visión, en el espacio las cosas contra los mundos insolentes y rebeldes que representan peligro para la existencia se resuelven de forma determinante una sola vez.

Están Buscando la paz para el mundo con esfuerzos que no son suficientes y nunca lo serán, porque mientras exista y persista la ignorancia en las mentes de esos extremistas que combates, nunca tendrán éxito mucho menos cuando sombras criminales ocultas en los gobiernos, quieren mantener este tipo de situación mundial para beneficios propios de los intereses que tienen y que representan.

Estas prácticamente sola América nadie te sostiene tus amigos y aliados son contados, los que se pagan no se pueden confiar porque siempre se venden al mejor postor, las cuentas se cuadran y los ángulos de todas las esquinas se cierran porque todo tiene su límite y su tiempo, el tuyo está en la línea delante del abismo las dificultades económicas que tienen son las pruebas.

Tus inversiones por la paz mundial y tu seguridad son inmensas, no puedes continuar eternamente sola mientras muchos países de ese mundo que tienen muchos más recursos de los que invierten en contra del terrorismo guardan distancias, son hipócritas es solamente por politiquería el sustento que ofrecen no son sinceros porque no les importa el destino de la tierra.

No continúes esforzándote Norte América porque nadie te lo agradece y está vez la caída no te dejará recuperarte, en estos tiempos en el que da el primer golpe fuerte determina el curso del destino para toda su nación y el futuro de la misma.

Cuando la fuerza trata de imponerse a la razón el Poder tiene que actuar y estabilizar la balanza o todo se pierde, aprovecha la oportunidad y descarga el gran golpe mortal, el fin que se persigue justifica los medios.

Nosotros lo haremos para estabilizar el orden cósmico y sus regulaciones, pero seremos implacables y los que quieran salvar al mundo que tienen por su hogar, tendrán que ser fuertes para soportar delante de sus ojos el asalto desde espacio que tienen encima las naciones culpables, y la manera que hacen las cosas los seres de otras tierras extrañas.

Cuidado con las hienas América en los grandes imperios siempre existen manchas y verdades muy negras ocultas en su historia, existen en los corredores internos del gobierno muchas huellas frescas en estos tiempos, que dejan saber que las hienas siguen presente acechando la oportunidad de carne fresca y fácil, el presidente actual es carne fresca y tiene dificultades para orientarse.

No todos están defendidos por el mundo de una manera equitativa y por razones comerciales donde los intereses hacen temblar a los más fuertes, se abandonan a los más débiles y en muchos casos se utilizan para explotarlos, esto tendrá consecuencias internas en tu imperio.

Cada vez que las circunstancias de tu seguridad y soberanía lo requieran, te enfrentas a quien esté en tu camino y defiendes la causa del hombre por mantener el derecho libre de pensar actuar y vivir libremente en todo el mundo, por estas causas humanitarias tus hombres y mujeres de guerra mueren lejos en tierras extrañas.

Otros se sacrifican por no dejar ninguno detrás al precio de su propia vida, sólo los Titanes tienen estas acciones el imperio del espacio reconoce y tiene este código muy bien conservado.

Los fundamentalistas islámicos están tratando de conquistar el mundo para su Dios, si lo lograrán alcanzar con su terrorismo los que estuvieran vivos en ese entonces.

¿Qué le dirían a su Dios?

Seguramente nada porque si lo hacen ellos mismos nadie vendría ya no tendría Dios a quien juzgar o a quien derrotar, no sería necesaria su presencia por lo tanto la palabra dada era falsa.

La promesa de Dios de regresar o mandar al salvador nunca entonces se cumplió, fueron palabras dadas al viento y el viento se las llevo por falsas, se hunden ellos mismos con sus acciones en una gran ignorancia que deja ver delante del mundo su total falsedad.

En la demostración de este comportamiento el mundo civilizado e inteligente puede observar que los fundamentalistas saben muy bien que su única opción es la fuerza, aplicada en la violencia como ellos la conocen desde hace muchos siglos y nunca cambiaran.

Son satánicos en esencia que no conocen nada de Dios ni mucho menos quien es Dios, pero mucho peor traicionan a Dios al demostrar que no le tienen confianza con sus comportamientos desesperados por alcanzar el dominio del planeta.

Su frenético fanatismo se acelero y ahora no tienen regreso, su frustración es intensa como lo es el mundo en estos tiempos, si tuvieran idea del universo en que existen los que lo habitan y sus secretos quizás se portarían mejor.

El mundo avanza y ellos siguen quedando atrás con sus historias y sus palabras, su ideología nadie las cree más ni las aceptan por ridículas y abusivas, incomprendidas que lejos de mostrar sabiduría e inteligencia están cultivando el rechazo del mundo culto en plena civilización futurista.

Muchos de sus ancianos podemos observar que están en pena al darse cuentas del futuro tan inseguro del mundo actual, pero son muy contados los que quieren cambiar las cosas y no harán la diferencia necesaria para salvarlos del exterminio que tienen encima de parte del universo, que está cansado de observar a estos salvajes en su forma de conducirse en la vida.

Dios es otra cosa muy diferente los verdaderos lo saben, este planeta que entretenido en el tiempo se durmió en el olvido y ahora está despertando por las acciones de la falsa religión y el anticristo.

Muchos musulmanes que viven en lugares donde el desarrollo económico y científico está logrando y alcanzado niveles superiores en las civilizaciones, saben muy bien que su religión no tienen un espacio en estos lugares de libertad

Porque la educación libera la mente de la opresión y está religión se sostiene con la represión, por culpas de aquellos que no la conocen la única opción que ven es la violencia para perdurar están oscuros y tienen que ser barridos.

Vivir en las sociedades modernas es causa del descontento de jóvenes musulmanes que han decidido vivir sus vidas en plena libertad con todo el derecho que tienen, pero la mayoría han terminado asesinados por las manos de sus propios familiares, la culpa no es de esas sociedades modernas y democráticas porque la libertad es un derecho divino.

Miren los muchos religiosos que viven en cualquier lugar del mundo, comparten con todos y siempre son los mismos fieles amando a su Dios nadie ni nada les cambia su devoción, incluyendo también muchos musulmanes esa es la educación de los que conocen a Dios.

Asesinan sus propios hijos y otros se alegran que sean carne de cañón prestándose para actos terroristas, afirmando que es una orden divina y mucho peor señalan a Dios como responsable, el cual los recibirá en el paraíso para que les cuente a todos los santos en el cielo sus actos criminales.

¿Qué futuro tiene el mundo en manos de estos demonios?

El universo responde de maneras muy severas contra los que quieran destruirlo, porque también amenazan a todos los que vivimos en otros lugares del cosmos.

¿Qué ejemplo están dando del mundo moderno civilizado e inteligente de las referencias de Dios en otros planetas?

Los que observan a los seres humanos desde el espacio, pensamos que ese Dios que ellos mencionan es un monstruo que debe detenerse para evitar una catástrofe galáctica.

¿Quién es verdaderamente Dios de acuerdo a sus ideas si sus discípulos se comportan contra todos los semejantes de una manera irracional, pero aseguran que es la voluntad del mismo Dios el cual es supuestamente el creador de todo? solamente tiene una respuesta.

El Dios de estos salvajes fundamentalistas es el diablo, se comportan ambos como la misma entidad eso lo demuestran sus fanáticos, están ofendiendo a sus hermanos con el ejemplo de sus errores y mucho peor ofenden al propio creador.

No tuvieron el valor de las pruebas de los tiempos no han podido esperar por la promesa, se rajaron ante su Dios son cobardes que no pudieron sostener su palabra a través de los tiempos y tendrán que pagar las consecuencias, el universo se las cobra en estos tiempos a su manera la cual es implacable.

Estudien la vida de cada terrorista que han vivido en países democráticos, mas la de todos los que están en las universidades más importantes por todo el mundo impartiendo sus criterios a cualquier estudiante.

Entonces comprobará usted mismo los monstruos que tienen en su propio terreno viviendo y acechándole a usted y toda su familia, a los cuales por sus propias palabras y sus conductas los conocerán, Norte América tiene un grave problema en su interior y un severo peligro creciente acecha a todos sus ciudadanos.

Lo pueden observar en actos terroristas cometidos por profesionales pertenecientes a esa misma sociedad siendo un ciudadano común o aparentándolo, estos ciudadanos estudian en universidades conocen la democracia y sus libertades con los derechos que ofrece pero no les importa, la razón es simple no les importan los derechos ajenos sólo su ideología tiene espacio lo cual quieren lograr implantarla con la violencia.

Estos seres se consideran primero que nada una hermandad mundial bajo los estatutos de su religión, estar en cualquier lugar del mundo no les hace diferencia y atacan por las espaldas respaldadas por los derechos democráticos que exigen en cada nación que se establecen, abusando de la generosidad mundial que se les ofrece y este comportamiento es de traidores.

Los ciudadanos que quieren vivir en paz están en un constante peligro con la presencia de estos individuos a su alrededor, estos ocultos ciudadanos tienen el derecho constitucional de la nación de manifestarse libremente por todos sus ángulos, todo lo cual solamente sirve para darles oportunidades que saben muy bien aprovechar.

Demostrando que se burlan de la democracia y todos los que creen en ella, la utilizan en su favor exigiendo sus derechos para obtener oportunismo y ni siquiera ofrecen derechos en sus propias tierras, en esto se demuestra el peligro que las sociedades exponen a sus ciudadanos, que pagan con sus vidas lo cual es un hecho real en estos tiempos.

Lo que no tiene derecho y no ofrece derechos nunca puede exigir derechos, estos personajes no tienen ni tampoco ofrecen derechos, pero ellos si reclaman el derecho contra todos los demás de que se les respete la manera de vivir sus vidas de acuerdo como escogieron vivirla.

Si los derechos de vivir sus vidas de acuerdo a como la escogieron perjudican a los demás ciudadanos a su alrededor, desestabilizan la nación y sus propósitos también atentan la seguridad de la nación completa poniéndola en peligro.

De encontrarse estos falsos ciudadanos que están exigiendo esos derechos democráticos dentro de la nación en la cual viven y contra la cual atentan, sin lugar a dudas no tienen ningún derecho en lo absoluto a reclamar ni exigir, con nosotros estos personajes están totalmente perdidos pueden considerarse muertos.

Porque una cosa es la democracia otra el libertinaje y otra la estupidez, estos terroristas que estudian en las universidades demuestran al mundo que la culpa de sus actos nada tiene de relación con la falta de educación o la ignorancia religiosa, es una maldad deliberada en contra de la humanidad inspirada por un demonio refugiado en el nombre de Dios y nosotros no tenemos nada de estupidez.

Ningún derecho personal le da el derecho a nadie de abusar o violar el derecho ajeno bajo ninguna justificación, esto se aplica a todos por igual.

Dios lo puede todo, puede condensarse y caminar la tierra y quien le dice que no puede levantar muertos si no puede algo Dios entonces no existe Dios.

El Dios de estos salvajes terroristas no es nada, según sus propios comportamientos demuestran que están solos.

Miran las cosas en el mundo como avanzan y las niegan, están demasiado negativos quizás se avecina el cambio si no se enderezan quizás ya es tarde, Dios quizás ya está en la tierra caminándola.

Las energías cuando se van de balance solamente un impacto las arregla, la misma cantidad pero ésta vez será mucha más intensa para que dure tiempo la paz sobre la tierra, o completa se va al infierno de la inexistencia con todos los humanos.

Sin dudas nada bueno se puede esperar nunca de estos individuos que están fuera de tiempo, ni le pueden aportar nada más a la humanidad que valga la pena mantenerlos vivos.

Nada queda positivo de ellos en el mundo moderno que se prepara para vivir en el espacio, esa frustración mental que tienen los terroristas llamada guerra santa se le avecina una tremenda respuesta universal que estremecerá la tierra entera.

Los ciudadanos de América tienen que ser fuertes y no interceder ante el sistema que utiliza el espacio para ajustar sus irregularidades.

¿Qué clase de Dios representan estos inicuos que tienen ratas como éstas esparcidas por todo el planeta, que por una gota de sangre se enloquecen devorándose ellas mismas?

Eso es lo que hacen las ratas de la tierra de ustedes, cuando huelen sangre en los suburbios de Nueva-York, eso es destrucción y Dios sólo construye, aunque tiene muchas maneras de hacerlo según la ocasión y el momento.

La confusión es tan grave y tan estúpida que ellos mismos se llaman ángeles, o se creen ángeles porque ya perdieron las esperanzas de un salvador, los que están en el cielo son los ángeles y los que están en la tierra son humanos, los cuales están probándose para tratar de alcanzar ser ángeles, esto sólo se logra sobre la tierra, cumpliendo los mandamientos del Dios que te los dio y tú los aceptaste.

Muchos humanos nacen y crecen confundidos por los responsables que lo orientan hacia esos caminos, estos son sin dudas inocentes víctimas de la ignorancia, pero cuando crecen y saben distinguir el mal del bien y aún se entregan con placer al camino del odio, quiere decir que ya es tarde esa energía negra que tienen dentro tiene que cambiar, alguien tiene que pasarles la cuenta de Dios.

El Dios vivo del universo está libre de las leyes del hombre, los extraterrestres somos hijos del Dios de los ejércitos somos la guerra misma, pero de valientes no cobardes no reconocemos los que se esconden y actúan a traición por las espaldas envueltos en sabanas.

El Universo tiene infinidades de estrellas, todos los días nacen nuevas todos los días se van otras completas alguien les pasa la cuenta, parece que los humanos no entienden bien quien actúa como director de esa orquesta.

El hombre fue creado a resistir a sobrevivir a luchar con todas sus fuerzas, por eso cuando se pierde en el fanatismo y comete cobardías con los demás pueblos para imponer lo que no puede lograr con la paz, se fue el balance energético y le pasan la cuenta las estrellas de Dios y sin mirar a quien se llevan ni cuántos perezcan.

No queda otra salida que una guerra violenta y grande que determine el curso del mundo por mucho tiempo y para diferentes civilizaciones, sólo se logra una paz muy fuerte según tan fuerte haya sido la guerra.

Cuando los fanáticos llenos de ignorancia son los que se empecinan en enfrentarse y muchos están entre los culpables que gobiernan, más rápido tiene que ejecutarse la respuesta no saben que están jugando con el Dios de la guerra porque no hay más Dioses.

En los tiempos en que vive la tierra el extermino de la epidemia fundamentalista e ignorante sobre el mundo entero tiene que tomar lugar y cuánto más rápido mucho mejor.

Nadie podrá detenerlo porque está escrito es palabra del Dios vivo y sucederá impóngase quien sea, el fin está encima de la humanidad y contra el poder no se juega, al poder no se le tienta porque cuando responde es implacable, lamentablemente muchos también pagaran sin culpas por daños colaterales.

Solamente un camino ha dejado el hombre guerra contra el Dios de la guerra, ésta que se avecina será la última en la historia de la humanidad, se cambia la frecuencia cada cual recibe en el universo lo que merece, es cosa de tiempo pero el tiempo no cuenta el momento es todo, los tiempos del fin lo tienen encima todos acechándoles y parece que nadie observa.

Quizás no saben los terroristas por qué existen tantas cucarachas sobre la tierra, puede que casi todos terminen al final de su vida atrapada su energía en la materia de las cucarachas como castigo, para que todo el mundo que desprecia a estos insectos les pisoteen, para que sean devoradas por muchas otras especies y se devoren entre ellos mismos por un tiempo.

En ésta relación anterior se puede observar fácilmente en los terroristas que se comportan muy similarmente a las cucarachas caseras, cuando salen a cometer sus ataques se llevan a cualquiera que esté en el camino incluyendo inocentes, sin darse cuenta que también están mandando a esos inocentes al paraíso porque todos son de su misma especie.

En general tienen el mismo comportamiento entre ellos que los insectos, las cucarachas por ejemplo se devoran todo lo que encuentran a su paso incluyendo otras cucarachas.

Los Terroristas del mundo llamado la tierra al momento que el ruido de la metralla se siente fuerte, cuando el rugido de verdaderos de leones se escucha huyen despavoridos a esconderse, las cucarachas cuando se les enciende la luz también huyen a esconderse y a ambos cuando son muchos juntos se les puede sentir la peste, las cucarachas igualmente que los terroristas son altamente traicioneros.

Imaginemos un mundo totalmente dominado por los fanáticos religiosos qué absurdo y ridículo, que desgracia sería para la tierra y los humanos mismos la gran obra de Dios perdida, tanto tiempo esperando que el hombre crezca que se supere y después al final de tanta espera y tanto tiempo de sacrificios, se le reduzca su obra a un enjambre de locos fanáticos y traumatizados llenos de complejos.

El mundo avanza con sus civilizaciones por la inteligencia que Dios dio y eso muestra la grandeza del creador, Dios promueve el avance de la ciencia para el bien propio de la humanidad, para que comprendan con su propia sabiduría lo grande que es su Dios y lo traicionan aquellos que niegan al hombre el derecho a superarse.

¿Qué clase de representantes tendría la tierra ante otros planetas en nuestra o en otras galaxias?

Sin dudas serían vistos como un peligro para el universo, una total contrariedad seres con una sabiduría capaz de navegar el espacio en cualquier momento y un pensamiento tan prehistórico.

No se puede comprender, no tiene sentido, estos seres están muy desestabilizados mentalmente, serian aniquilados todos los humanos inmediatamente para evitar que los principios de sus creencias se traten de imponer por todo el espacio, explotando con bombas todo lo que encuentren y dejando saber que su Dios los manó hacer estas cosas para probar su poder e imponer su fuerza.

La tierra bajo el destino total de estos locos fundamentalistas estaría bajo un bloqueo estelar inmediato y sin dudas un consejo cósmico la sentenciaría a extinción, lo cual está a punto de suceder si el hombre no resuelve rápido está situación, lo cual tiene que hacerlo antes que lo haga Dios mismo y paguen todos incluyendo los inocentes.

Dios es el creador del hombre, no lo es de las doctrinas que los hombres se imponen ellos mismos, tampoco Dios es creador de nadie en especial y a la misma vez lo es de todos o no existe Dios.

Si Dios resuelve el problema sobre la tierra de sus propias manos no existen muchos puros en todo el planeta, Dios les receta su sentencia al estilo de Dios con fuego de las estrellas y fuego que funde el acero más fuerte que el hombre haya forjado jamás.

Recuerden que las cucarachas soportan la radiación y pueden vivir sin cabezas algún tiempo lo cual sería peor, el fuego de nosotros no deja huellas en el tiempo ni para los arqueólogos.

Dios es absolutamente todo o no es nada y a Dios no se le tienta, porque manda la respuesta al estilo de Dios.

Nadie más es Dios en la existencia y el que lo rete tiene una respuesta de Dios y una justicia de Dios, extiéndanlo pero bien entendido porque con los del espacio no hay errores de la tierra ni perdones tampoco, no dejamos a nadie con vida que no tenga espíritu de Democracia.

El razonamiento del espacio es muy sencillo, todo el que jura una bandera nueva y su constitución en cualquier país del planeta tiene que cumplir con el juramento, tienen que comportándose de acuerdo a las exigencias del país que acepto respetando su heredad, su cultura, sus costumbres, su manera de vivir, su bandera, su constitución y sus leyes. Debe vivir como viven los demás ciudadanos y hacer las cosas de acuerdo a las necesidades de la nación en que vive y los reclamos de la misma, para eso se convirtieron en ciudadanos de esa nación, de lo contrario es un falso ciudadano porque mintió al jurar que sería fiel en su palabra.

El que no está cumpliendo los acuerdos que lo convirtieron en ciudadano y respetando su constitución tendrá que marcharse, son traidores a su propio juramento y el jurar en falso es inaceptable, no tiene excusas mucho menos delante de la bandera.

Díganles a esos los que se creen lo que no son, no son ángeles no pueden serlo porque no fueron enviados desde el cielo ya que no tienen ningún poder, usan el poder que el mismo hombre creó por lo tanto si realmente ellos son los ángeles de Dios, entonces ese Dios no tiene poder celestial, todo lo que hacen es ripiarse en pedazos unos a los otros de una forma primitiva y eso no es una hazaña celestial.

Están tentando duro al grande de las estrellas y todos pagan por igual, el que codifica en el espacio es violento es el Dios de la guerra, quien quiere guerra en el universo recibe guerra y de exterminio en respuesta, hace rato en el tiempo que les toca una visita.

No entendemos bien la razón o la lógica de los fanáticos en la religión del Islam, ¿para qué se aferran en vivir en la tierra si tienen un paraíso esperando por ellos? si el problema es simplemente que necesitan alguien que los empuje a dar el paso final y marcharse todos al otro lado, créannos que lo haremos con mucho gusto el planeta quedara en paz y felicidad eso es lo que buscamos para todos.

Mandaremos al cielo para que estén felices con su Dios a muchos millones de fieles culpables y no culpables, no queremos reclamaciones si los humanos no pueden resolver entonces lo haremos nosotros a nuestro estilo.

Es muy importante que América anuncie al mundo la presencia del espacio sobre el planeta, estamos listos para comenzar en cualquier momento las operaciones y queremos terminar rápido pero ustedes siempre se atrasan.

Si guardas silencio eres culpable, estas en acuerdo secreto en tu conciencia moral, Dios la conoce y se molesta mucho no jueguen con la ciencia Dios es todas ellas.

Los que se salvan en la tierra son aquellos que les encantan las estrellas, los que buscan la respuesta del mundo y su existencia en el espacio y su tiempo, los demás se quedan rezagados y envueltos en la ignorancia se pierden en la historia envueltos en fanatismos y desgracian a los demás y tienen que marcharse.

Sería bueno que hablen los científicos denle consejo porque ellos son los ángeles verdaderos porque son los que buscaron a Dios revelando conocimientos de Dios, los demás arrastraron a los científicos por los tiempos y eso no nos gusta porque limitaron el poder de Dios y sus creaciones por todo el espacio, creaciones de Dios las cuales están observando hace tiempo.

La imposición que quieren usar contra el mundo no le servirá a ningún terrorista, porque con el que se van a enfrentar directamente tiene el poder y también tiene la fuerza porque provienen del espacio.

Muchas cosas tienen que cambiar los religiosos del planeta que son verdaderos retos estamos hablando de todos en general, por ejemplo los derechos de todos los que tienen comportamientos homosexuales hombres y mujeres, en ese mundo inferior se siguen limitando sus derechos y violando el respeto que todos los seres vivos tienen por todo el universo.

Las religiones acusan al demonio y sus aliados de estas situaciones, pero nosotros decimos que tiene que detenerse ésta ridiculez de los humanos porque es abuso, los científicos de la propia tierra conocen que esto de los demonios influyendo en el comportamiento de los humanos es ridículo y está fuera de lógica, pero se callan y no denuncian la verdad que ellos conocen de una forma absoluta, entonces para nosotros también son culpables.

En muchos lugares del mundo se limitan los derechos de los homosexuales impidiendo sus reconocimientos, influenciados los políticos por aquellos que tienen poder con los votos impiden que la democracia funcione en su totalidad sobre América y el mundo en general.

En el universo existió este comportamiento alguna vez en todos los planetas y todos respetan sus derechos, nadie cruza la línea de nadie y el balance se mantiene perfecto eso es consciencia, el gobierno tendrá que enfrentar ésta situación fuertemente porque puede perder el apoyo que ofrecemos, están en una violación de los derechos humanos.

Podemos detener la desviación sexual desde el nacimiento de forma científica con tecnología porque es un fenómeno de la naturaleza, nuestra ciencia nos ha permitido corregir los errores de Dios, cualquiera pensara que estamos criticando al creador pero no es cierto, al ser posible la manifestación de estas cosas en la naturaleza biológica incluyendo varias especies, quiere decir científicamente que es natural que suceda y porque Dios lo cubre todo para eso es Dios.

La verdad tiene que surgir pronto no es culpa de estos seres los sentimientos que tienen referente a su condición sexual, atrapados en un cuerpo por los caprichos de la naturaleza no es culpa de ellos ni de los padres ni mucho menos la influencia paranormal de entidades invisibles, todo eso es una gran mentira más producto de la ignorancia que tienen los humanos y continúan arrastrando.

Es la expresión de la naturaleza viva con sus hermosuras sus misterios sus caminos torcidos sus caprichos sus accidentes y sus experimentos, tienen que demostrar los gobiernos una totalidad en los principios democráticos para poderlos apoyar.

Los humanos han sido homosexuales en sus comportamientos desde las primeras manifestaciones de su existencia llegaron con estas condiciones, comenzaron las civilizaciones y nada cambio, llegaron las religiones y tampoco nada han podido cambiar, ahora en estos tiempos mucho menos en que el mundo se civiliza más rápidamente y comprende mejor, nosotros somos ciencia y tecnología nada más nos interesa.

Los cambios en la política se están manifestando en muchos estados respecto a los derechos homosexuales de todo ciudadano, aunque las controversias se incrementan en los ciudadanos por tener una democracia que permite estas cosas, el reclamo al derecho por parte de los afectados es un paso prometedor.

Por lo que felicitamos la intención del gobierno mostrando su alineación con nosotros, esperamos que todos los estados sean convencidos antes del 2012 cuando todo reviente o no podrá haber negociaciones, tomen de ejemplo a España que tiene una gran democracia.

Hablando de los seres religiosos terroristas de la tierra tan contradictoria algún día y no muy lejano lograrán alcanzar la tecnología espacial, utilizando los recursos económicos que poseen muchos de sus grupos y sin lugar a dudas de acuerdo a sus creencias, nos atacaran para controlar en el nombre de su Dios toda la galaxia cometiendo sus atrocidades.

Por esa razón tienen que destruirse nosotros no vamos a esperar que suceda los detendremos antes, al comportarse en la tierra de la manera que lo demuestran contra sus semejantes queda claro para nosotros que será igual donde quiera que vallan, mucho peor conociendo que existen civilizaciones por todo el universo que no aceptan creaciones de ciencias primitivas.

Otra necesidad imperante es la salud de todos los ciudadanos, en ningún lugar del universo se cobran con posesiones materiales o de ningún tipo a los necesitados por recursos médicos, la atención medica de todos los ciudadanos y toda la que sea necesitada por el tiempo que lo necesite, con los mejores recursos disponibles y la medicina requerida tiene que ser absolutamente gratis.

Esto sabemos que es un punto difícil para el gobierno por tantos intereses envueltos, pero no pueden pasar al futuro con nosotros con una consciencia tan débil, el ejemplo lo tiene que dar siempre primero el líder, con estar de acuerdo en este término es suficiente para nosotros poder empezar un acercamiento directo, ayudaremos con todo los conocimientos en ciencias medicas que tenemos.

Podemos resolver casi todas sus preocupaciones, pero los laboratorios tienen que producir para el mundo entero sin elevar el costo, sin recostarse al gobierno para pedirles pago o de lo contrario abastecemos nosotros los medicamentos y todos sus laboratorios sufrirán la quiebra económica.

Queremos que nos preparen bien el área 51 es un buen lugar estratégico y los humanos tienen mucha imaginación, de ésta forma tendrán mucho tiempo hablando de conspiraciones al vernos descender sobre el lugar, además nuestros transbordadores ustedes saben que son muy grandes y no caben en ningún aeropuerto, el área de Sedona también es perfecta por la ubicación de sus terrenos como ya les dejamos saber.

Nosotros respetamos todos los derechos incluyendo para la tierra el derecho de religión, pero si ellos quieren imponer su voluntad sobre otros entonces pierden todo respeto con nosotros, porque rompieron el triangulo e impondremos nuestra voluntad de acuerdo a los códigos universales.

Si fuera preciso reducir los números de los religiosos en grandes cantidades lo haremos, tienen que entender que están sentenciados a desaparecer lo que hagamos por ustedes es un regalo, no deben despreciarnos ni obstaculizar nuestro trabajo para que no se compliquen las cosas.

El que no da derechos no puede reclamar derechos, porque donde no existen principios de los derechos para todos entonces se está violando el derecho ajeno, esto va con los religiosos principalmente.

En nuestras críticas al gobierno de América, observamos que han mantenido la economía de sus ciudadanos algunas veces de forma injusta para muchos otros en el mundo.

Internamente y asesorado por malas influencias ha cometido muchos errores por los tiempos, entablando negociaciones con gobiernos corruptos, reyes sin perjuicios y otros que mantienen el control de su nación con la violencia y la fuerza de las armas.

Teniendo el conocimiento de todas estas cosas, solamente se limitan a justificarse con la excusa de que no es culpa de América lo que sucede en otra nación internamente y lo hacen lavándose las manos, esto no es una excusa aceptable ni una excusa moral tampoco nos interesan las situaciones creadas por culpas pasadas.

Si le da apoyo a una injusticia o lo sostiene por intereses propios y entabla negociaciones con ese lugar donde existen seres oprimidos impidiéndose la libertad democrática y sus derechos, está participando del abuso el cual despierta en los que están oprimidos un odio y una frustración en contra del pueblo Americano que no tienen la culpa pero la pagan.

Aunque realmente muchos de los ciudadanos son consientes del abuso sin importarles porque se ha perdido mucho la consciencia y otros participan del abuso de varias maneras, como la explotación moderna del sudor humano pero no se puede juzgar a todos por igual.

Tanta culpa tiene el que mata como el que sostiene al reo, pero el pueblo Norte Americano que trabaja no es culpable, son los errores de la naturaleza humana llamada Vanidad, pero delante de nosotros son igualmente tan culpables como el más culpable.

La casa de gobierno que dio estas declaraciones valientes "somos adictos al petróleo tenemos que buscar nuevas vías" pronunciadas de forma sincera, se anotó el Gol del triunfo con el universo que escucha.

No hay tiempo para perder porque el enemigo está en casa y se pasea por todas las habitaciones, esto ya se hizo una triste realidad en los acontecimientos del 911 en una escala superior.

Tienen lleno el país de situaciones conflictivas pero hay muchas otras acciones terroristas peligrosas que contar, las cuales han sido interceptadas por el FBI dentro del territorio Americano y deberían estar en el conocimiento y la consciencia de todos los ciudadanos, porque en la confianza siempre se oculta un grave peligro.

También es bueno destacar la labor de todos los organismos del estado que se esfuerzan día a día por salvaguardar el país.

Los inspectores de aduanas en América su trabajo y honradez son admirables, todos los departamentos tratan de esforzarse y cumplir con el trabajo y la obligación con su nación, pero los inspectores de las aduanas hemos observado de acuerdo a los reportes nacionales en general, que son los más honestos los más responsables y cumplidores en su trabajo, felicitaciones del espacio.

Pero que nadie le quede la duda que los ángeles verdaderos sobre la tierra son los soldados del mundo entero que defienden la democracia, los derechos civiles y las libertades de los pueblos y de cualquier nación.

En otro tema el gobierno americano decidió en una ocasión escuchar conversaciones telefónicas internacionales y esto provoco un escándalo, nadie con la consciencia alta por su nación y con estos acontecimientos terroristas a sus alrededores puede juzgar al Gobierno por el hecho de escuchar conversaciones, conversaciones las cuales pueden salvar a la nación o la vida de muchos incluyendo a esos que critican.

No entendemos bien el cerebro de los humanos parecen prematuros, nosotros por la seguridad de la galaxia entera, escuchamos a todos sin restricciones, incluyéndolos a ustedes los humanos, es bueno que entiendan bien, que siguen siendo escuchados y no van a detenerse las intercepciones internacionales telefónicas y cibernéticas, tampoco por mucho que exijan con sus derechos civiles detendrán nuestras intervenciones.

Cuándo hay que hacer las cosas que se necesitan hacer, no hay mucho tiempo para permisos o acuerdos de como se tiene que hacer, mucho menos cuando el enemigo está escuchando y moviéndose dentro de tu propio terreno, no comprendemos bien por qué los americanos son algunas veces tan brillantes y, otras veces muy opacos y limitados en su cerebro.

Esa es parte también del derecho y la obligación que se le entrega a todo gobierno en turno, defender la nación por sobre todas las cosas es el principal objetivo, el que no quiera entender tampoco entiende a Dios que escucha y observa a todos hasta en sus momentos más reservados e íntimos y sin restricciones de ningún tipo.

Simplemente en la manera de observar nuestra el gobierno tiene el derecho cuando la ocasión lo necesita, nadie puede argumentar y nadie puede reclamarle, esto no les gusta a muchos pero se tendrán que aguantar.

El Gobierno en turno y responsable del país tiene ese derecho si es justificado el motivo, no todos tienen que saberlo, no todos los que están presentes dentro del país son confiables, nosotros escuchamos todo de ustedes y nadie nos puede prohibir nada.

La tecnología lograda en cada avance del tiempo, tendrá complicaciones serias con muchos ciudadanos que tendrán que aguantarse, por ejemplo lo pueden observar en los sistemas de vigilancia actuales, los cuales cada día se incrementan por toda la cuidad, instalaciones continuas donde cada día esos sistemas son más avanzados y alcanzan mejores resultados, todos los ciudadanos estarán bajo una vigilancia absoluta, dentro de un corto periodo de tiempo la vigilancia civil estará bajo el control total de los gobiernos, ningún secreto quedara oculto, cada conversación será escuchada y procesada, cada paso estará muy bien observado y nadie lo podrá detener.

El que no entendió o los que no quieren entender estas cosas tan necesarias para garantizar la seguridad nacional, le recordamos la expresión del gran poeta y gran revolucionario independentista José Martí.

"En silencio han tenido que ser las cosas, porque hay cosas que para lograrlas han de andar ocultas."

Todo tiene sus límites, el de Norte América no puede seguir extendiéndose o la nación sufrirá más graves consecuencias.

No todos los que están en casa son de confianza, si no viven como viven los demás de la manera que quieren y siempre han vivido todos, si no piensan comúnmente como piensan los demás de la forma que siempre han pensado en términos generales, ni tampoco actúan ni se comportan como todos los demás ciudadanos, esos quienes quiera que sean están en la casa pero no son de la casa, entonces no les den derechos que no tienen.

Los pueblos que se respetan ellos mismos son las grandes naciones que sobreviven siempre los tiempos difíciles, demostrar unión es demostrar poder cuando es verdadera la unión es imparable la nación, ese es el camino para lograr su destino y se mantenga en el poder eso es lo que necesitamos de América para consolidarlos a todos.

El presidente puede que tenga muchos errores y esté totalmente equivocado, pero representa un ciudadano en el poder supremo en nombre de todos los demás ciudadanos, darle el soporte es importante de parte de todos puede que cualquiera no esté de acuerdo con su política y puede que tenga razón, pero al presidente se le debe respeto eso es lo más importante por eso se le da el soporte por respeto.

Las naciones grandes y fuertes deben demostrar su poder en cada situación de su camino según se vaya escribiendo su Historia, como los Romanos lo hicieron nosotros somos un ejemplo de esos antiguos romanos en la forma que arreglamos las situaciones en el espacio contra cualquier idiota.

No tenemos reglas que nos impidan hacer las cosas que se tienen que hacer el que se viste de la misma manera que los terroristas, habla como los terroristas tiene la misma religión que los terroristas y vive entre los terroristas es otro terrorista, simplemente está tratando de confundir a los demás justificando la ideología que predica delante de los demás con modales encubiertos.

Son numerosos los muertos en las guerras de América por la democracia mundial, esos soldados no podemos regresarlos tienen que seguir esperando por los milagros de su Dios.

Pero queremos decirles que gracias a la sangre derramada de esos héroes los musulmanes justos ganaron el derecho a la vida, porque si los eliminamos a todos entonces el sacrificio de esos soldados fue en vano y no podemos despreciar tan alto honor alcanzado, lo más probable es que los islamitas no entiendan ni acepten ni les importe ésta realidad pero sabemos que muchos otros si comprenderán y sabrán apreciar.

Para la consciencia de los familiares y en honor a todos los soldados que responden el llamado, el gobierno de los Estados Unidos logró que la justicia de la democracia les permita seguir viviendo a los justos. Nunca pudiéramos hacer alianza con América si eliminamos por nuestra cuenta sus ciudadanos responsables de conspiradores con el enemigo, porque tendrían que defenderlos bajo los principios de la constitución que tienen, le deben la existencia a los héroes del mundo que mueren por los derechos de muchos que no lo merecen.

Los soldados activos o retirados que participan en contra del gobierno con protestas nunca fueron soldados, porque la orden moral del soldado es cumplir el comando del ejército, para cualquier situación que lo determina el gobierno en turno, esté correcta la orden o equivocada nadie le obligo a presentarse al ejercito, estos son otros tiempos que vive América el que no cumpla las ordenes o las cuestione, simplemente nunca fue un buen soldado también es traidor como lo vemos nosotros.

Los terroristas son muy cobardes porque nunca se enfrentan en un campo de batalla y mueren luchando como verdaderos valientes, solamente saben hacer emboscadas y esconderse entre los civiles, saben perfectamente que enfrentándose directamente desaparecerían lo cual probaría que su Dios no los conoce o simplemente no existe para ellos.

Esa es la razón por la cual buscan armas nucleares las cuales intentarán usar sin lugar a dudas mientras más tiempo se les dé más alto el peligro, Estados Unidos puede aniquilarlos hace tiempo sin embargo se aguantan por los mismos que traicionaron a Dios, sacrificando sus soldados los leones de la tierra pudiendo terminar las cosas mucho más rápidamente.

Nosotros lo haremos sin contemplación de quienes caigan ni cuántos se pierdan con fuego desde el espacio, para nosotros no merecen ninguno otro destino mejor ni merecen ningún tipo de contemplación.

Porque con toda la justificación que se crean que tienen están cometiendo actos satánicos, sin lugar a ninguna duda el gran Satanás es aquello que quiere imponer su monopolio sobre todos los demás, eliminando todo indicio de competencia de una forma violenta y sin concebir los derechos religiosos universales propios de todo ser humano y, engañándolos y forzándolos a servir exclusivamente su propia religión.

Ni siquiera la existencia de algo que pudiera ser sombra de contrariedad a sus dominios y creencias permiten que se establezca, todos conocen bien que los terroristas exigen derechos en las naciones que se instalan, protestan libremente utilizando los derechos de la democracia o más bien exigiéndolos y se expresan con las libertades que obtienen en otros países.

Pero en sus propias tierras no admiten el menor derecho de expresión del pensamiento ni de la palabra, ni aún de sus propios ciudadanos mucho menos el derecho de religión o el amar a Dios en los múltiples caminos que tiene, lo niegan con todas sus fuerzas acecinado si es preciso a quien se les imponga en el camino, entonces nosotros haremos igual con todos ellos.

Irán sabe que nunca alcanzara a América con cohetes nucleares, ellos están procesando el uranio con otras intenciones el suicidio y la destrucción de Israel, lo han demostrado bastante sus fanáticos, quieren cargar suficiente para destruir en la explosión a Pakistán por estar de aliado y conspirador sus altos dirigentes con América y que también está cargado Pakistán con poderes nucleares.

Todo esto puede adelantarse si los fundamentalistas Islámicos alcanzan el poder gubernamental en Pakistán y ponen sus manos directamente sobre el poder nuclear, esto puede suceder muy pronto porque los gobiernos en Pakistán se sostienen por dictaduras que no responden profundamente al pensamiento y la ideología religiosa fundamentalista que existe en la zona, una ideología peligrosa la cual ha probado su fuerza y demostrado sus verdaderas intenciones acecinando mujeres de alto calibre político.

En la explosión los Iraníes reventaran los poderes nucleares de Pakistán ellos saben donde se encuentran localizados los misiles y caerá en la reacción la India que también está cargada y muy cerca, Rusia lo sabe muy bien los terroristas que comerciaron con los rusos quieren el uranio para esas intenciones, por eso han trasladando a lugares más seguros el gobierno Ruso grandes cargamentos nucleares nocivos.

Pero es tarde no existe un lugar seguro que escape de sus alcances y en América los protestantes están con sus acciones favoreciendo al enemigo mundial, por esa razón están en guerra para evitar que el mundo se pierda, algunas veces pensamos que son malditos los humanos y no merecen vivir.

Lo dijeron públicamente nos volaremos a Israel de una sola tormenta y llaman a este acontecimiento guerra santa, estúpidos humanos no merecen ayuda, por otro lado Francia está llena de plantas nucleares, una explosión nuclear en su capital desestabilizara toda Europa. Francia está llena de musulmanes conspiradores por toda su nación que están preparando un fuerte golpe sobre Europa y esto también lo han anunciado públicamente en carteles públicos, "Europa tu 911 está en camino" parece que nadie presta la atención adecuada que los acontecimientos actuales requieren profundamente se les preste.

Los Estados Unidos no pueden subsistir sin la comunidad Europea mundial, aunque Francia no responde contra el terrorismo de acuerdo a sus posibilidades, están jugando con la hipocresía porque Francia tiene su secreto que la mantiene alejada, secretos basados en las relaciones que tiene por el Medio Este con países terroristas, aunque quieren que la democracia triunfe por esa razón siguen apoyando con soldados franceses y han expresado buenas declaraciones al respecto.

América puede volarse todas las naciones donde existe el foco de terrorismo o donde se les permite esconderse con su poder nuclear, sin embargo sigue sacrificando soldados para no cometer un genocidio gigantesco utilizando su poder nuclear militar.

Muchos otros presidentes han optado por evitar estos acontecimientos con éxito pero con costo de vidas, sabiendo perfectamente que quieren lograr tener poder nuclear para volar al mundo con armas de destrucción masiva, mientras América sigue tratando de evitarlo sacrificando hombres todo por el mundo por la democracia internacional.

Por ésta razón los presidentes de América son considerados por nosotros hombres de Honor, nosotros los vamos a desaparecer a todos sin contemplación y están de suerte porque otros mundos se van completo, es importante que provoquen reacciones políticas entre los iraníes contra el gobierno, tienen que lograr la democracia, o lo removeremos nosotros con asteroides.

Los soldados y ciudadanos muertos en las guerras por defender la democracia y los derechos civiles por el mundo, los vamos a cobrar nosotros contra cada uno de los culpables, los soldados que están incapacitados los llevaremos con nosotros y sus familiares si es su voluntad, nosotros escogemos por supuesto los más necesitados vienen

Declaraciones Extraterrestres Mundiales • TJ Lubavitch

primero, nosotros creemos y sustentamos el patriotismo de manera muy firme.

En otras observaciones nuestras vemos que se está perdiendo la esencia del patriotismo en las escuelas, algunos de los jóvenes repudian con actos a los soldados que reclutan, y nosotros queremos preguntarles las razones que tienen para hacer estas cosas tan inconscientes y cobardes.

Parece que estos estudiantes solamente quieren que se les de todas las facilidades para realizar sus sueños, quieren vivir en paz de la forma que lo comprenden sin que los molesten para nada en la sociedad, pero exigen y saben exigir sin tener consciencia de lo que piden, parece que lograr sus propósitos materialistas es lo único que les importa. Sin tener conocimientos de que esas escuelas en donde estudian y esos fondos que muchos piden, los tienen porque el gobierno lo sostiene luchando duramente por todo el mundo para sostenerse en estos tiempos tan difíciles con esos mismos soldados que repudian.

Las escuelas que están sustentadas hasta los más básicos niveles educativos en una forma de Socialismo, esto se comprueba en la enseñanza gratis provista por los gobiernos locales y de manera nacional hasta el nivel de 12 grado, los jóvenes necesitan una clase donde se les imparta la forma en que funciona el sistema operativo que sostiene la sociedad en que viven, para que levanten los niveles de consciencia y aporten modificaciones efectivas cuando les llegue el turno de contribuir con su trabajo y esfuerzo, también esos conocimientos sirven para evitar que se les confunda fácilmente por campañas políticas cuando participen en elecciones.

Nada se logra por el arte de la magia y, sin ninguna duda América sin sus soldados hoy no existiría.

Estudien su nación y política mundial para que tengan mejor apreciación y vergüenza de las cosas que se hacen y los motivos que tienen para hacerlas, sin soldados en la nación estarían hace tiempo cubiertas de sabanas todas sus mujeres, recibiendo patadas y no tendrían escuelas para estudiar ni derechos que reclamar.

Los imperios se mantienen con el empuje de todos los ciudadanos, tener conocimientos de que es y cómo es la nación en que se nace todas sus leyes y toda su historia, es un deber de todos los que viven en ella para que puedan participar y elevarla con toda consciencia, también para cuando critiquen sepan lo que están haciendo.

Saber que pueden pedir de donde proviene lo que piden y la manera que se logró y que se sostiene, los que protestan en contra del reclutamiento que es voluntad individual de cada cual merecen vivir en un país donde se controla la vida de los ciudadanos con represión, en algunos de estos países se llevan a la fuerza al ejercito a todos los menores, o deberían vivir estos protestantes en algún lugar que no se permita la educación científica.

Lo que tienen es por el esfuerzo y sacrificio de los gobiernos que han tenido, en otros no existe por lo corrupto o incompetencia de sus gobiernos, deberían estar agradecidos con lo que tienen tener mucho mejor conocimiento y apoyar la nación porque se la quieren destruir, sin soldados jamás se hubieran levantado en América con tanto respeto mundial y mucho menos pudieran sostenerse.

La guerra de Vietnam fue muy sangrienta por lo tanto muy criticada, nadie entendió ni muchos entienden todavía los acuerdos tan importantes para la paz mundial y, mantener el orden democrático mundial y las regulaciones de la NATO que Estados Unidos tiene que cumplir.

Muchos ciudadanos confundidos e ignorantes más otros traidores que continúan todavía su existencia en el mundo, crearon fuertes dificultades y la guerra se perdió debiéndose ganar, debilitando la imagen de poder norte americana de líder mundial que todavía repercuten sus efectos en el momento presente.

Comprendemos que los sacrificios son difíciles de aceptar, pero si América quiere lo mejor tiene que ser el mejor, de lo contrario nunca logrará nada mucho menos sostenerse en un mundo tan convulsivo.

Nosotros habríamos ganado esa guerra desde el primer día estando al mismo nivel militar de esos tiempos, porque el que no tiene derecho no puede exigir derechos, entonces los hubiéramos barrido con bombas atómicas sin contemplación.

América se sostuvo sus impulsos y mantuvo sus acuerdos internacionales limitándose el derecho de usar dicho poder nuclear, lo cual termino en desastre perdiéndose muchas vidas en una causa que debió triunfar, hoy son responsables por ese fracaso los propios americanos y sufren sus veteranos la pena de sus compatriotas muertos en vano.

La razón que estamos poniendo nuestras propias vidas en peligro es por el patriotismo que sentimos por nuestra galaxia, quien se interponga con niveles peligrosos a nuestra forma de vida lo paramos con nuestras vidas si fuera necesario por los demás que dejamos en nuestras tierras, eso es patriotismo y en grande nosotros vivimos muy bien no es necesario tener que perder la vida por humanos tan miserables.

Pero solamente la razón de que existen gentes que lo merecen nos motiva a actuar, estos que condenan a los soldados que se enlistan al ejercito, son unos ignorantes que no merecen ni la oportunidad de estar delante de tan honorables hombres y mujeres, ni deben tener ningún derecho de la nación porque no lo merecen ni agradecen al no querer cumplir con ella.

Todo tiene su límite en la vida el derecho de cada persona termina donde empieza el derecho de la otra persona y viceversa, los fundamentalistas terroristas ha cruzado esa frontera con intenciones de destruirlo en todo el mundo, aplastando los derechos ajenos con garras de muerte basados en principios que rompen el derecho humano, no podemos admitir esto porque pone en peligro la existencia universal.

Solamente por defenderse una nación puede arremeter contra la agresora, puesto que el agresor con cualquier intención que tenga o justificación viola el derecho universal cósmico de respetar la existencia y su espacio, aunque la nación que se defiende lo haga primero no importa si puede probarse ella misma la razón de defensa.

Nosotros daremos un ejemplo sobre ustedes en la tierra de la misma manera que esperan los religiosos que suceda, pero nos llevaremos a cuántos estén en el lugar no arriesgamos soldados tan fácilmente.

El Gobierno Central en América no tiene conspiraciones ocultas contra la nación, son otros los que quieren desestabilizar el líder con sus conspiraciones y cambiar la Nación seleccionada para la política Mundial.

Ese líder ya está escogido y las estrellas no son fáciles de convencer para que cambien de opinión, la Casa Blanca fue débil y se confío no son todos los que están ni están todos los que son, pero no cambia nada y nada va a cambiar mientras respondan al llamado, mientras hagan los esfuerzos tendrán los Estados Unidos el soporte que esperan.

Tampoco no vemos a nadie posible que reúna los requisitos la mayoría están vendidos o son altamente inseguros.

El que quiere paz tendrá paz, el que quiere que le ayuden se le ayudara sean quien sean o lo que sean.

En el mundo existen muchos misterios, son otros los conspiradores esparcidos por el mundo que con sus tentáculos de muerte alcanzan la debilidad de los hombres y sus intereses materiales, destruyendo sin tener el menor remordimiento a cualquiera que se les ponga en su camino, nosotros sabemos los secretos de cada cual sobre todo el planeta.

El problema son las hienas siempre acechando y siempre insinceras, acechando la puerta trasera.

El presidente está obligado a confiar ese es el grave peligro y ese es el grave problema, el Presidente no sabe muchas veces las cosas que firma, solamente lo ponen a firmar y no tiene tiempo de leer, ni entiende tampoco muchas veces lo que lee esto le sucede a todos por igual.

Las conspiraciones las planean los que controlan los intereses y fuerzan a los gobiernos con sus poderes a responderles, acechan ocultos cualquier oportunidad a través de sus contactos poderosos y planean los acontecimientos conspirando, lo hacen para lograr ventajas de cualquier situación y la manipulan según sus propósitos.

Estas cosas pasan mucho antes que llegue al gobierno central en la Casa Blanca la información correcta, eso sucedió en el 911 antes también y siempre será igual mientras continué este sistema de cosas, las hienas detrás de la puerta siempre estarán esperando su oportunidad de carne fresca y fácil.

Por ejemplo Italia pasó información a los servicios de inteligencia, de haber escuchado conversaciones de terroristas donde se menciona un plan muy secreto contra América en gran escala.

Nadie puede creer que el departamento de inteligencia más

complejo del mundo con tan amplios y extensos recursos, pueda ser burlado por grupos que manteniéndose ocultos en su propio territorio, puedan conducir operaciones catastróficas realizadas por personas de poca habilidad y limitada inteligencia.

Indudablemente fue un atentado terrorista extranjero el 911 planeado desde el exterior con contactos internos, pero los poderosos intereses ocultos con su manipulación bloquearon toda investigación profunda para permitir que los hechos se realizaran según sus propósitos, los cuales responden solamente a la oportunidad de riquezas en muchas formas, todo lo que es igual a una macabra conspiración interna de esto nadie puede tener dudas, solamente los de elevada estupidez mental las tienen.

La inteligencia se olvidó que dentro de las grandes ciudades o fortalezas muy bien estructuradas y seguras, las ratas habitan debajo de sus cimientos multiplicándose pudriendo contaminando e infestando sus bases, lo cual destapa una epidemia de cualquier índole fuera de control en cualquier momento que muchas veces no se puede detener a tiempo y termina en desastre.

Las ratas de las sociedades se conocen por la manera siniestra que actúan y las intenciones que demuestran, por lo que comen para sostener sus ambiciosos estómagos y de la manera que lo hacen, por lo que apestan en muchos sentidos como resultado de las consecuencias que producen sus acciones y, por la sangre fácil e inocente que les enloquece los vicios de muerte que tienen en sus cerebros.

Nosotros nunca bajo ninguna condición y ningún propósito entablaríamos conversaciones directas con un traidor, el ex presidente de Norte América George Bush correcto o equivocado de acuerdo a su filosofía política y moral es un patriota, él solamente responde a las condiciones que se presentan nunca tienen el conocimiento total de los hechos ocultos. Porque en realidad depende de los más abajo que ocultan lo que les conviene manipular para lograr sus objetivos, relacionado todo a intereses que compran la moral de los hombres y se justifican con la seguridad y los intereses de la Nación.

Pueden tener la confianza que nunca defenderíamos a un traidor de su nación, la conspiración nuestra empezó con G. Bush al cual le tenemos absoluta confianza y respeto, el problema es que siempre estuvo sólo y en algunas ocasiones muy mal acompañado.

Los seres humanos mienten y cantidad por las mentiras están como están, intereses nada más y son muy malos no tienen Consciencia no tienen Respetos no tienen Derechos, rompieron el balance los mandaron a parar y la orden está por cumplirse.

La Nación que hieren con traición confiando en todos los que vienen a ti, pero no son todos los que están contigo traidores de su propio juramento de su palabra y su propia tierra, aún así dicen servir a su Dios ese Dios no les conoce tampoco.

Felicitaciones a todos los doctores de animales y sus colaboradores también a los amantes y protectores de animales son ejemplo de seres con muy elevada consciencia, los que abusan de los animales ninguno sobrevivirá sobre este planeta, son abusadores que es una forma de cobardía los trataremos de la misma forma que ellos actúan.

Para las mujeres que practican el aborto ese es un derecho personal de todos el cual se debe respetar, no se puede imponer sobre nadie la voluntad de otro y mucho menos usando la fuerza, la voluntad de cada cual es libre y se respeta de la misma manera que se respeta a Dios, porque el libre albedrío es un derecho divino aunque sea incorrecto el derecho a juzgar lo tiene solamente Dios.

Ellas serán responsables de sus actos delante del creador, nadie puede imponer su criterio utilizando el poder de las leyes según su entendimiento y su conveniencia, nadie tiene el derecho de forzar la palabra de Dios sobre nadie todos son responsables de sus propios actos, nadie puede imponerse en la vida y los derechos de otros, los tiempos de la inquisición pasaron de tiempo hace rato en la historia humana.

El aborto para nosotros es un crimen, un embrión vivo con actividad energética que se le interrumpe su ciclo, es cierto que se puede considerar un asesinato y nadie puede ser más acecino que Dios, él es todo o no es nada, la diferencia es que Dios aplica su voluntad de matar con justicia.

La mujer que escogió por el aborto tiene el derecho sobre su vida a escoger su destino y tener sus propias decisiones, prefirió el odio rechazando el amor, entonces tendrá la ira de Dios sobre su cabeza, pero ninguna razón le quita el derechos de escoger su destino Dios sólo dicta la sentencia.

No existe ninguna justificación fuera de la médica y sus posibles justificaciones para realizar un aborto, los anticonceptivos todos saben que fallan muchas veces y en otras ocasiones se olvidan o no da tiempo a usarlo por el desespero pasional, eso es responsabilidad de cada cual y todo esto es bien conocido.

Por lo tanto no existe justificación posible porque el sexo es necesario pero no es lo más importante en la vida para justificarse con eso y cometer el crimen después, bastantes cosas han inventado para entretenerse sexualmente muy curiosas.

Pero sigue siendo un derecho de cada cual, las sociedades no deben intervenir sobre los ciudadanos promoviendo impedimentos, basados en creencias particulares o ideologías religiosas que actúan detrás de las puertas.

La mujer que se justifica con problemas sociales y económicos, considerando que la vida que lleva en sus entrañas como una carga en su existencia está muerta para Dios según su propia palabra, el día que enfrente a Dios seguramente le disolverá el alma porque la mujer que no siente la maternidad no sirve para el propósito de Dios.

La que determino por Dios el derecho a la vida matando sin dudas también está muerta, los humanos matan nadie le puede decir a Dios que no haga lo mismo tampoco a nosotros, Dios manda no el hombre y nosotros actuamos por Dios.

La mujer puede escoger no querer ser madre pero no puede escoger ser una acecina ese derecho es solamente de Dios, pero tienen el derecho de hacer su voluntad porque cada cual escoge libremente su camino y su relación con Dios según le parezca.

Las madres que motivan a sus hijas menores al aborto son las más culpables, el sexo es un comportamiento natural que se manifiesta en todos a diferentes edades, son culpables por no saber educar y escogieron lo fácil para ellas y determinaron en el nombre de Dios quitarle el derecho a la vida a una criatura de Dios con muerte, marcaron a sus hijas con sangre sobre sus cabezas entonces son doblemente culpables y no tienen el perdón de Dios.

Pero siguen teniendo el derecho a escoger con su decisión el camino que deseen sin que la política interrumpa los derechos en sus vidas con la fuerza de la ley, creada por religiosos para controlar a su voluntad el derecho de los demás.

Todos los religiosos tienen la obligación moral de esperar la promesa, los que tratan de imponer la ley de Dios por la fuerza y contra la voluntad de los demás, sólo demuestran que no tienen confianza en Dios porque profundamente dudan de su existencia.

El que quiera ser ejemplo de un excelente predicador cristiano, honesto, sincero, de respeto y, un buen líder de una congregación con altos valores morales de fe, que escuche primero y durante mucho tiempo a Joel Ostén, también que lea el libro "Disfrutando la vida todos los días" de Joyce Mayer.

Dios es un político, es el más grande y experto político del mundo por entero, Dios es el Presidente Universal.

Dios es un policía, un agente del orden que actúa en todos los policías honestos del mundo entero, Dios es la ley de todos La Democracia.

Dios es un músico maravilloso, Dios está en las fibras del universo que vibran con armonía creando todas las notas musicales que el hombre copia del universo sinfónico, las notas que conoce el hombre y las que no conoce aún porque son infinitas, Dios es simplemente y absolutamente el perfecto director de la orquesta.

Dios es el arte, Dios es toda obra de arte y cultura que existe inmóvil o animada en la imaginación de la mente humana o plasmada en la existencia física cósmica, nadie puede dudar que la vida y todo cuánto existe son las obras de artes más impresionantes, más hermosas más exóticas jamás concebidas, todo el arte primero es el arte de Dios, la naturaleza en cada detalle en cada fracción de tiempo junto a la existencia absoluta en todo espacio, es el arte inmortal de Dios.

Dios es un gran deportista, Dios está en el entrenamiento que practican los deportistas para alcanzar mejores resultados físicos en su rendimiento como competidores, Dios es el deporte.

Dios es un doctor, un doctor bueno que está presente en cada uno de nosotros, Dios es la cátedra de la medicina, Dios es El cirujano maestro del universo.

Dios es un sabio científico, Dios es la ciencia que todo lo sabe que todo lo puede.

Dios es un profundo filosofo, el mundo sin filosofía no se hubiera concebido, Dios es la esencia filosófica enigmática que no tiene principio ni fin.

Dios es el perfecto arquitecto, Dios es el gran arquitecto el cual ha construido y continua haciéndolo con cada una de todas sus obras un milagro, un arquitecto que tiene todas sus obras apoyadas desde el mismo ínfimo punto de partida y, se mantienen sostenidas todas sus obras eternamente en perfecto balance elevándose hacia lo inmenso.

Dios es un poeta, un poeta que vive en cada hombre en cada mujer, seres los cuales inspirados por una emoción, los sentimientos, la pasión, la tristeza, la felicidad o cualquier situación que les provoque el alma y surja la inspiración, con sus expresiones poéticas revelan la existencia de Dios a través del espíritu que habla en nosotros el cual es uno con Dios. Dios es una poesía única y total que a la misma vez lo es todo, es inmortal y eterna que a través de los tiempos lo cubre todo y para todos, Dios es la esencia y la pasión poética de cada palabra.

Dios es la fuerza y Dios es el poder, Dios creó la fuerza con su poder, Dios es también la fuerza tratando de someter al poder, para que el poder se sostenga activo y se imponga de forma constante contra la fuerza, Dios es el poder y es la fuerza sustentándose mutuamente para que las cosas existan. Simplemente Dios Él es.

Yo soy quien soy dice estas cosas, las cuales están grabadas en el conocimiento del espíritu de los seres humanos desde el principio de los tiempos, viaje al interior de su ser y encuéntrelas allá esperándole para que despierten el alma.

Norte América, la Nación con muy abundantes recursos de toda índole y de toda clase, abundantes suplementos para cubrir todas las necesidades, abundantes alimentos para satisfacer todo apetito y paladar, con espacio para muchos sueños y esperanzas, La Esparta galáctica tiene ese código.

Norte América la Nación con muchos necesitados muchos

satisfechos y con muchos inconformes, con mucha libertad y con mucho libertinaje, con todos los derechos de la justicia para todos y con muchas injusticias acechando sobre la vida de todos.

Unos reciben todo el peso de la ley hasta en lo más simple, otros escapan libremente de la ley delante o por detrás de las puertas incluyendo homicidas, también tenemos ese código.

Queremos dejar bien especificado que no somos partidistas políticos, buscamos siempre el equilibrio mediante el balance de la misma forma que lo hace América en su política.

Deben estar conscientes que cualquier partido político que alcance el poder, tiene la obligación que continuar la relación de acuerdo a los términos establecidos con los extraterrestres, sin intentos de alterar cualquier pacto acordado.

Los cambios son de vital importancia que se deben tener en consideración en cada elección presidencial, mucho más cuando las dudas de una política presente sostenida por tiempo parece insuficiente y demuestran un fracasado.

Pero en estos tiempos actuales la importancia de sostener una línea dura atada a la seguridad de la nación y el mundo democrático en general contra todo obstáculo es vital, demostrar especialmente ante nosotros la firmeza intransigente del imperio dirigida por el líder mundial es la garantía para nuestras ofertas.

Nuestro candidato favorito para lograr el propósito de nuestra misión logrará alcanzar la victoria a través del voto bajo una buena campaña o bajo la conspiración, esa es la orden nuestra a cumplirse, aunque los pertenecientes al partido demócrata de estos tiempos parecen que tienen sus dificultades y debilidades, las cuales son que ante las situaciones difíciles en que es importante una fuerte y firme decisión, parece que les faltan pantalones para ser determinantes y quieren arreglar las cosas hablando, sabiendo que nunca resolverán nada lo que igual a sentir temor de enfrentar las cosas por cobardía.

Los gobiernos que negocian y quieren tener conversaciones sobre los derechos civiles y democráticos de los pueblos, que tienen dictadores en el poder y que son enemigos reconocidos mundialmente, están prestándose al juego porque los dictadores nunca cumplen todos lo saben y nosotros no jugamos con la democracia, la cual nunca puede estar bajo negociaciones la libertad de los pueblos en todo sentido siempre tiene que ser primero, ese es el punto y principio nuestro la libertad siempre vale el precio que cuesta.

Esperemos que el nuevo presidente tenga estos conceptos bien claros, no tienen necesidad de diálogos porque ahora tienen el poder del espacio, al enemigo se le dice lo que tiene que hacer o se obliga a cumplir, conocemos que el candidato demócrata no tiene nada de fácil quiere probarse el mismo y sabe muy bien con quien está metiéndose.

Los soldados del mundo entero que han participado en el nombre de la democracia en conflictos para estabilizar una nación y dirigir al mundo en caminos seguros, sintiendo en su consciencia que cumplen con su deber por el bien de la humanidad, todos los veteranos, todos los heridos, los que han servido y los que están en entrenamiento, los que vendrán en cualquier tiempo, toda la reserva, todos los caídos, les decimos en este pequeño mensaje que el universo está junto a todos ellos en apoyo dándoles todo el respeto que merecen.

Para los que invitan al pueblo Norte Americano públicamente a convertirse bajo una doctrina dictatorial religiosa con amenazas y terrorismo están locos, esos lobos vestidos de ovejas que por sus pensamientos y por sus hechos se reconocen muy bien cubiertos de sabanas blancas. A esos estúpidos les decimos América nunca regresara al pasado América va para las estrellas hacia el espacio, porque el espíritu que vive en América es el espíritu más puro que existe, el espíritu de la libertad y los derechos.

Norte América la Nación con la Balanza en una mano, con la Antorcha en la otra y con los ojos vendados donde cualquier cosa es posible.

Norte América la tierra del hombre libre y el hogar de los valientes, veremos si es verdad el himno nacional o se nos rajan los políticos otra vez por no poder soportar el peso de nuestras demandas y se pierde la Nación.

Esperamos que no se rajen los políticos que tienen fama de mentirosos y existen muchas evidencias de sus traiciones, considerando que los políticos son los más traidores seres que existen, los más corruptos y por consiguiente los menos confiables, es posible que cambien de opinión fácilmente.

Apoyamos la determinación de levantar una nueva torre o dos en respuesta a los terroristas, para demostrar al mundo que nada puede detener el avance de la nación, ser determinante contra todo impedimento sin olvidar los recuerdos y el respeto que merecen los que pagaron con sus vidas honrándolos se establece la diferencia.

Un imperio nunca se retrae ni se detiene contra nada ni por nadie, nunca se detiene ni siquiera sobre sus caídos un imperio siempre tiene que avanzar por encima de cualquiera, un imperio para sostenerse tiene que ser él mismo su propio Dios, para nosotros nuestros caídos representan las bases de nuestros cimientos, en su memoria en su gloria en su honor y por las razones que perdieron sus vidas por el imperio, levantamos nuestras murallas para que sean indestructibles y construimos nuestras ciudades para que florezcan.

Recuerden este comunicado es para la casa de gobierno por el momento, por lo tanto es una conspiración mundial hasta el día que se autorice a publicarse por todo el mundo.

Capítulo 7

Resumen personal del redactor sobre el próximo mensaje que fue dirigido al departamento de inteligencia para su estudio.

EN ESTE TIEMPO escribo directamente acompañado de mis amigos del espacio, la hora que estén siempre presentes sobre el planeta, para facilitar reuniones directas con el gobierno es una realidad, el nivel de la situación mundial está en la cumbre.

Yo estoy trabajando desde mi apartamento, conectado directamente con los demás agentes, solamente uno se mantiene con migo todo el tiempo y se turnan para compartir comidas típicas y tomar café, aunque en ocasiones son varios incluyendo hermosas hembras.

Todavía estaba oculto del gobierno cuando escribí este mensaje, pero ellos saben de mi existencia, son inteligentes saben que alguien está colaborando que es de la tierra y está en Norte América, pero sé que quieren apresar el grande, el agente de nuestro planeta que se transporta por el mundo, yo simplemente soy el que escribe al gobierno.

Aunque no me preocupo, porque los que hacen todas estas cosas son los mejores profesionales de la conspiración, de todas maneras me tienen en un estado paranoico, pero estoy bajo control, tengo muy buenos reflejos, he logrado confundirlos siempre y poder sostenerme oculto.

Entiendo que los días secretos en mi refugio están al terminar, por lo menos tendré la libertad de moverme, porque en estos instantes, estoy bajo la presión de terminar los escritos, terminarlos en el idioma que les dio las ganas de redactarlos.

Durante la última semana escribimos todos los que faltaban de un sólo golpe, los cuales observara que no tienen una introducción, notaran que tampoco tienen un orden específico.

Es difícil comprender para cualquiera lo mismo me pasó a mí, yo no soy muy rápido con las teclas pero ellos no tienen computadoras de teclado, todo es energético de símbolos extraños y no usan tampoco papel todo es holográfico, tampoco el orden en que se publican tiene un patrón específico, todos se escribieron en distintos momentos y se cambiaron o alteraron dependiendo las condiciones mundiales actuales de cada momento con el tiempo programado.

El objetivo principal, es llamar la consciencia mundial a la realidad que tiene encima, para que no digan que Dios es malo.

El mensaje sobre las referencias de Japón me preocupa bastante, confío en los del espacio para que salven la tierra, pero con las cosas que dicen y las que no quisieron publicar, empecé a dudar si tendríamos el tiempo suficiente para lograrlo.

No tengo ninguna duda de los esfuerzos y las buenas intenciones que nos brindan sin intereses materiales, pero me doy de cuentas que las cosas están de mal en peor y el nivel es mucho más complejo que simples terroristas mundiales, las conspiraciones andan sueltas por el mundo y me pregunto si verdaderamente vale la pena salvarlo.

Porque después de todo, seguiremos los mismos humanos gobernando y solamente será cuestión de tiempo en que volvamos a empezar los conflictos, sin dudas lo haremos con mejores armas y poderes mucho más destructivos.

En estos mensajes les di mi petición particular a mis amigos del espacio, usted comprenderá que se puede pedir sin penas, el problema está en lo que quieran otorgar eso queda a la voluntad de los Ángeles, dependiendo las intenciones que lleve, ya me pasaron una reprensión por exagerar demasiado las peticiones.

Aprendí hablar en códigos Japoneses, de la misma forma que lo hicieron los Samuráis en los tiempos del gran imperio, cuando las espadas fueron la fuerza y la ley, todavía muchos conservan esos escritos y practican los códigos, entre otras cosas también mejore mi acento en varios idiomas.

Por lo menos quiero tener buenos recuerdos de la tierra por lo que pueda pasar, Japón tiene lugares exóticos de mucha belleza, es muy emocionante sentirse un ciudadano de Tokio y experimentar sus encantos directamente, la experiencia es única, quizás quede con existencia o quizás se derrumbe todo, muchos no comprenderán bien estas palabras, pero en el tiempo adecuado de su tiempo lo harán.

Una revelación oculta en *La Historia de Japón* y otras informaciones.
Mensaje entregado al gobierno por correo electrónico.

En 1945 cuadro se firmaron los acuerdos de paz Japón mentía, de acuerdo a sus códigos del clan cuando el Imperio decae o es abatido, el Emperador y todos sus Royales tienen que cometer el suicidio, están confirmados los rumores de la venganza contra los Estados Unidos, una conspiración oculta y profunda se esconde en la altas esferas del clan imperial. No lo cumplieron y el suicidio es una orden y código de Honor que no se puede romper, tenían que entregar el mando del imperio al siguiente clan, se negaron para tomar venganza, la cual tiene que ser alcanzada no importa la forma en que se logre, estos códigos secretos vengativos son transmitidos al conocimiento de los sucesores que continúan conspirando actualmente.

El Emperador de aquel entonces no se suicido, ni tampoco uno de sus máximos y más cercanos generales, la única razón para romper un decreto de honor tan riguroso, es jurando venganza, tienen que siempre estar buscándola y obteniéndola por los sucesores en el tiempo cualquiera que sea. Mientras el mismo clan continué operando, estarán forzados a la venganza de lo contrario pierden el honor del clan, el emperador actual conoce estos decretos perfectamente y oculta a los responsables, los cuales actúan en secreto preparando el golpe mortal simplemente para demostrar que el espíritu del samurái continúa presente, lo cual es un error porque todos deberían haberse liquidado bajo el ritual de suicidio que ellos tienen y salvar el honor, hoy el clan de esos tiempos tendría una memoria de honor en su nombre muy elevada en los recuerdo históricos de Japón, la realidad es que les falto valor.

Los royales no conocen los códigos profundos que sustentan las bases del clan, ellos sólo juran servir al emperador, ni los ancianos tampoco saben todas las reglas, ni mucho menos el pueblo, es una mafia perfecta y bien estricta, los que están ahora tampoco saben, quizás algunos si por lo que están viendo suceder en el gobierno, varios miembros del gobierno japonés pertenecen al clan del imperio y también están conspirando.

Solamente es revelado el código secreto cuando la ocasión lo requiere, a petición particular del Emperador, entonces selecciona un Royal y le revela la cláusula del código del Imperio al que sirve, el royal tiene el derecho de aceptarlo o no, de no aceptarlo tiene que cometer suicidio, de aceptarlo recibe la orden, buscar y ordenar secretamente la venganza hasta que lo logre, utilizando sus propias generaciones.

Pero no tienen el honor ahora tampoco los conspiradores japoneses, porque existe una cláusula dentro de la estructura de códigos y muy antigua, que solamente se puede tomar venganza contra el agresor, en este tiempo lo están haciendo contra el mundo entero e inocente, entonces perdieron el honor. La única salida para detener estos acontecimientos, es enfrentar al Emperador con las cláusulas de sus propios códigos, que nosotros tenemos copiadas, de la forma como lo retamos nosotros en el primer mensaje que recibió el departamento de gobierno.

De reconocer el error, tiene que declararlo y dejar el poder al Clan que le pertenece en turno, o cometer el suicidio delante de su corte para que otro de su clan y de su familia pueda sucederle en el poder y el control, pero en ésta salida siempre tendrán la sombra acechando. El Clan que sigue en línea es pacífico, trabajan solamente para proteger a Japón, se alinea con cualquiera que tenga buenas intenciones para su pueblo, el juramento que hagan desde la casa de gobierno los ministros o el propio emperador actual es falso, porque ese clan tan antiguo de Japón nunca se rinde de buscar la venganza cuando se sienten que han sido humillados por la derrota, porque entonces han traicionado a sus antecesores.

De aceptar el reto que fue el más directo, el Emperador no vendrá a los Estados Unidos por orgulloso, mandara dos Royales primero a comprobar al Dragón Dorado, que el gobierno americano tiene en su territorio esperando por su respuesta. Japón es un pueblo laborioso, no queremos destruirlo otra vez, mucho menos por la culpa de historias y conceptos de organizaciones muy necias del pasado, que todavía insisten en principios anticuados, pero para eso tienen que desistir de la venganza públicamente, lo cual es imposible, entonces que se suicide el Emperador para el beneficio y la honra de Japón.

El imperio del clan que gobierna tras las puertas, tiene que revelar los códigos del clan para que todo Japón acepte que todo está verdaderamente olvidado, para los tiempos futuros por venir, Japón le ganó la Guerra a los EE UU con la mente, América se fue con el poder de la fuerza. Los japoneses tienen un sistema democrático casi perfecto, los hombres cumplen con sus obligaciones y responsabilidades en sus empresas, luego se van a los centros donde son asociados y se ponen cómodos con sus pañales tradicionales.

En el interior de esto lugares toman licor, juegan sus dados y otros entretenimientos, fuman su opio y tienen relaciones con prostitutas, todo bien reservado, después se dan un baño y vuelven a la sociedad, de regreso a cumplir de forma respetuosa, esto es perfecto nos gusta este tipo de sociedad, donde todo es bien balanceado en democracia. Entremos en el asunto principal. Los EE UU fueron los primeros en depositar residuos atómicos en el mar, pero no conocían su inestabilidad, Japón lo descubrió primero y cargo bastante, el triangulo del dragón está bien cargado de estos depósitos, las diferentes anomalías de los campos magnéticos de la zona, están activando esa radiación alterada.

Una explosión nuclear de gran poder en esa zona tan profunda, destruirá todos los depósitos radioactivos que están preparados para ese evento, provocando una reacción en cadena de consecuencias funestas para todos.

También tienen conocimientos para elevar la radiación, la cual han alterado a niveles de electro magnética radiación en grados mortales, poniendo a la tierra y sus habitantes al exterminio mundial bajo los efectos del viento solar en su próximo ciclo y los peligros del espacio en general.

Más otras consecuencias de la acción, los científicos conspiradores saben todas estas cosas, están esperando un viento solar fuerte en dirección al planeta, para detonar toda la carga que tienen depositada en lo profundo del triangulo del dragón.

El próximo ciclo solar es crítico para toda la humanidad, la venganza está en su cumbre, parece inevitable de muchas formas una catástrofe mundial, producto de una explosión y radiación nuclear desde muchos ángulos.

La expansión creara un Tsunami inmenso, que desbastará las costas oeste de América y todos los demás que comparten el pacifico, incluyendo a ellos mismos, pero no les importa si se marchan con honor, todos saben que los japoneses son los mejores suicidas del mundo, ellos lo inventaron.

También barren a la china y esto lo tienen en la mente los atrasados japoneses desde hace milenios, más los tremendos terremotos que causará por todo el planeta, los conspiradores quieren venganza a cualquier costo, son extremadamente fanáticos, nos gusta verlos en sus rituales cometer el Harakiri, hace falta que empiecen de nuevo, hace rato que estos eventos no se efectúan y estamos ansiosos por observar algunos.

Este grupo de conspiradores, se reúnen en repetidas ocasiones para discutir detalles y para pedir la acción en intensas meditaciones, ya les mandamos en una ocasión una fuerte descarga a sus cerebros, descargas de rayos cargados de electrones controlados para no matarlos, mientas meditaban profundamente.

Una descarga intensa que los revolcó por todos lados, que todavía se están preguntando que les pasó, ellos sienten la existencia de un poder superior presente desde el espacio, escondido en la tierra, el cual somos nosotros, pero piensan que son espíritus.

Pero lo más peligroso y los conspiradores ya lo saben, es que la explosión en ese punto específico en el triangulo del dragón, causara una expansión violenta en el magma, la salida de esa presión de acuerdo a los estudios recientes sobre la zona, será expulsada por la tierra exactamente a través de un gran volcán, el volcán más propicio es el que tienen en el parque nacional de Yellow Stone.

La gravedad es más débil en esa zona, el magma no tiene problemas en presionar fácilmente sobre la caldera en un acontecimiento como este, los Estados unidos están ante el fin de su existencia y están dormidos.

El terreno se ha levantado bastante en la zona en los últimos tiempos, debilitando el subsuelo entrando en sus secuencias expansivas, los gases tienen mucha concentración, lo suficiente para poner la suficiente presión en la caldera, que es bastante gigante de ese mega volcán, en peligro de reventar en cualquier tiempo por una presión alterada del magma, no tiene que ser muy poderosa la explosión para que reviente la tierra, pero la explosión que viene está extremadamente fuera de sus escalas.

Es el mismo caso de los conspiradores musulmanes terroristas, que están tratando de dinamitar en las Islas Canarias la montaña llamada cumbre vieja, para volársela, que ya está dando señales mostrando una gran grieta y es fácil provocar un deslizamiento, para ocasionar con ese deslizamiento gigantesco hacia el océano Atlántico gran parte de la montaña, un Tsunami que desbastara de forma violenta todo el este de la costa en América.

Tienen que estar muy vigilantes sobre la zona, porque los terroristas ya tienen la solución científica para lograrlo y el punto exacto donde dinamitar, el tiempo está contado y tienen que actuar ahora, ellos entraran todo el material nuclear que necesitan por Marruecos y lo están depositando en una isla perteneciente al grupo de las canarias.

Japón es muy trabajador y ordenado, un pueblo de muchas ilusiones, no merecen desaparecer por culpas de clanes mafiosos perdidos en el tiempo de su historia, esperemos que entiendan el mensaje, porque tenemos que remover esos depósitos urgentemente o neutralizarlos.

Tiene que lograrse una limpieza mundial con tiempo, antes que los musulmanes extremistas alcancen el nivel de uranio que se necesita, para llevar a cabo esa macabra conspiración contra el planeta y lo hagan ellos primero.

La China está creando virus en sus laboratorios, sabemos que tienen millones listos para armas bacteriológicas, están haciendo pruebas con ciudadanos para encontrar una inmunidad con los que tienen activos, quieren matar a todos los habitantes que no sean asiáticos, ellos piensan que son una evolución independiente de todos los demás y quieren liquidarlos, tenemos que detenerlos aunque se acaben los chinos.

Ese es el más grave problema, por eso están condenados por

la Galaxia entera a ser disueltos, el escape es con nosotros y los procedimientos mejor no lo sepan todavía para no crear un pánico.

Estamos con Norte América, no nos pierdan porque solamente es una oportunidad, pero no sabemos qué hacer exactamente porque los niveles de sus problemas son muy diversos, ustedes los humanos en todos los tiempos sólo saben crear dificultades.

Enfrenten a Japón, preparen el mensaje primero que recibieron a su conveniencia, fíltrenlo y después iremos trabajando juntos de acuerdo como se van desenvolviendo las cosas, los japoneses saben que una luz superior energética está en América no entienden muy bien por qué razón, fuertes monjes budistas pueden sentir con sus mentes las vibraciones que emite la luz, también los conspiradores que están pidiendo la acción en sus rituales de meditación, para que se revienten todos en la tierra perciben la presencia de la luz, por el momento le temen y esto nos dará el tiempo que necesitamos.

Cuando recibieron el fuerte impacto en sus mentes que lo mandamos nosotros, que les dejo en estado de choque sus cerebros por un tiempo mientras meditaban, se asustaron mucho, estarán tranquilos por un tiempo porque están muy atemorizados y, no saben exactamente de donde vino el poder de luz que los impacto, pero eventualmente continuaran.

Queremos salvar la tierra y al pueblo japonés que no tiene culpas, son muy organizados nos gusta sus costumbres y tradiciones, por esa razón tienen que enfrentar al emperador con las pruebas que ofrecimos, el clan se pondrá furioso por revelarse sus códigos, pero la única manera que vemos es la denuncia mundial.

La hecatombe atómica que sufrió Japón durante la segunda guerra mundial, fue muy violenta, siempre se castigan los civiles por las culpas de los gobiernos, que piensan que tienen el derecho de manipular el destino de sus pueblos a sus antojos.

Japón no tenía el derecho de someter con imposición, a las naciones vecinas que tuvo bajo su control, las cuales abuso de diversas maneras incluyendo experimentos, también querían dominar la china invadiendo Shanghái, de hecho la situación se agravo producto de esa acción, terminando en una guerra sin sentido.

Pagaron la culpa los más inocentes todos sabemos que una acción de ésta envergadura, castiga muy duro a un pueblo y es muy difícil de olvidar las huellas que deja, pero lo que se tiene que hacer se hace y nosotros somos iguales, sabemos que el gobierno Americano advirtió a Japón de su nuevo poder y exigió su rendimiento lo cual no respondieron.

Esas bombas podían haber detonado sobre Tokio desde el primer momento, se escogió una ciudad pequeña para disminuir las bajas civiles, Japón no se rindió y se les advirtió de una segunda, tampoco respondió.

Entonces se hizo lo que se tenía que hacer después de darles tres días, se mandaron mensajes al gobierno japonés advirtiéndoles, que la próxima caería en el centro de Japón sin lugar a dudas, lo cual presiono al emperador a tomar la decisión de rendirse al comprender su error y su derrota.

Nadie tiene el derecho de enterrar a su pueblo por mucho que piense que le pertenece, porque los pueblos tienen el derecho de ser libres, los gobiernos apoyan y protegen a sus ciudadanos, ese es solamente su deber.

Nosotros sabemos que Estados Unidos tenía en su posesión más bombas atómicas, todo lo cual habría terminado en muchas bajas en niveles mundiales muy superiores, de no haberse realizado esos acontecimientos que terminaron con la rendición japonesa, mucho más dramático hubieran sido los resultados, si Estados Unidos invadía territorio japonés isla por isla para ambos lados.

No estamos de acuerdo con tan drásticas medidas, somos pacíficos pero respondemos de acuerdo a las reacciones de los humanos, lo que se tiene que hacer y se necesita hacer, de ser la única salida se hace, esa es la diferencia nuestra cualquiera que sea la vía.

Pero ésta referencia es con todo el mundo en general, sabemos que Japón es otra nación en estos tiempos, lamentablemente la paz en el caso de los humanos se logra después de una guerra violenta, porque son extremadamente extremistas.

Exíjanle que manden a sus royales, 21 de ellos, sus ancianos también 21 y 21 de la suerte, de acuerdo a sus códigos y en algunas de sus historias místicas, el Dragón cuando viene en grande y con larga cola pide estos números.

El Dragón que somos nosotros, se encarga del resto estando en presencia de ellos, después continuaremos el trabajo de acuerdo a sus reacciones, verdaderamente les deseamos mucha suerte en sus intentos, los Japoneses que están envueltos conspirando son muy necios.

Capítulo 8

Introducción del redactor sobre los sucesos previos al siguiente mensaje para el Islam.

EL MENSAJE PARA el mundo del Islam lo escuche en una nave que tiene la apariencia de un navío militar, su nombre galáctico es "AURORA." Este mensaje llega como león en la noche, la sorpresa en el momento preciso e inesperado siempre causa un desnivel mental, por lo menos momentáneo. Esa fue mi suerte con la presentación espontánea de los dos Ángeles que sacudieron mi cuerpo de una forma que daba la sensación de una explosión gigantesca, el susto me hizo prácticamente volar de la cama por suerte aterrice en ella y pudo evitarme un tremendo golpe.

Antes de recuperarme y tomar consciencia de mi situación, sentí que el dolor en la cabeza era intenso, una fuerte presión como me sucede frecuente en el interior de mi cerebro la cual dura algunas veces días acabada de comenzar, pero no había tiempo para medicinas me dirigí inmediatamente al punto de ascensión.

Un nuevo mensaje se manifestaba el cual tiene un matiz especial, en estos momentos del tiempo el mundo civil y democrático, está en guerra contra guerrillas terroristas que actúan en el nombre de Dios, tampoco es la primera ocasión.

Yo no sé para qué quieren que estuviera en ese lugar tan revuelto, pienso que quieren hacerme comprender mejor el objetivo de sus próximas operaciones, no me gustan los lugares peligrosos y mucho menos cuando se está fuera de lugar, con estudiar la historia y escuchar las noticias es suficiente, la realidad es otra, cuando se experimentan las cosas directamente se obtiene una percepción más intensa de la realidad, sin discusión ninguna la presencia física hace una gran diferencia, por esa razón les doy mi respeto a todos los periodistas tan atrevidos y valientes que existen, los cuales arriesgan sus vidas para llevar con sus reportajes una realidad más latente de la noticia, yo sentí esa experiencia porque la viví.

Nos sumergimos en el mediterráneo próximos a las costas de Egipto, nos acercamos a la zona conflictiva bajo el mar, desembarcamos en esas tierras prohibidas antiguas, tuve la oportunidad de caminar por lugares históricos de la humanidad, lugares que todavía arrastran a todos con sus problemas primitivos de territorios y creencias religiosas, realizamos el trabajo encomendado a favor de la democracia y nos retiramos.

Odio las guerras siempre muere mucha gente inocente y, parece que para muchos en nuestro planeta la guerra es simplemente una diversión o una orden divina, nadie quiere morir pero todos moriremos algún día.

Entonces morir combatiendo por una causa justa es sin dudas un honor, el problema es que de estar equivocados por la causa que morimos estaríamos cometiendo una estupidez, en estos tiempos parece que los estúpidos están por todos lados en este mundo por cantidades industriales.

Pienso que todo lo relacionado con conflictos de religión serán los responsables del fin de todo el sistema mundial, sólo tuve una respuesta "paciencia" vendrán situaciones con tensiones peores en el mundo en cada avance que tengan en el tiempo, lo cual interprete que no debía perder la estabilidad emotiva para poderme concentrar en lo más importante de mi compromiso, lo cual es escuchar y escribir.

Algunas veces el ritmo de mis frecuencias mentales se aceleran de forma espontánea y muy acelerada, quizás me preocupa profundamente la situación en que el mundo se encuentra, observando que las cosas entre Dios y los hombres están de mal en peor cada día, cualquiera comprenderá que la vida del planeta está en el borde del abismo.

Termine de escuchar todo realice mis visitas y regrese a mi estado físico normal, entonces incorpore mi cuerpo para comenzar de inmediato a escribir todo lo más posible en ese mismo momento, pero volví a desplomar mi cuerpo en la cama víctima de un agudo dolor de cabeza.

Intente nuevamente pero fue inútil, no tuve otra solución que acostarme a dormir y esperar que pasara rápidamente, para lo cual tome mis medicamentos acostumbrados y le di tiempo al tiempo, paciencia mucha paciencia es todo lo que se necesita tener, pero no es fácil de alcanzar y es mucho más difícil sostenerla.

Este mensaje por más que quise escribirlo lo más rápido posible no pude, siempre surge imprevistos que dificultan la oportunidad y cambian los planes de alguna forma cada vez que uno los tiene programados, estas cosas parece que suceden en nuestra vida para molestarlo más a uno.

Pero todo aquel que tenga el poder en la mente de concentrarse y enfocar sus emociones dentro de su consciencia, sólo tiene que mencionar una palabra para lograr su objetivo, "paciencia" tirarlo todo a mierda y todo queda resuelto.

El problema es tener el tiempo suficiente para esperar, en este mundo tan agitado, todo el que tenga de su lado el conocimiento de la paciencia y el control mental para lograr ser paciente, es un sabio.

Tengo la impresión que la paciencia que me muestran los Ángeles o quieren hacerme pensar que ellos tienen, es simplemente una estrategia, lo que quieren es que las situaciones mundiales se eleven y se calienten, hasta el punto en que exploten lo más violento posible, para que les sea más fácil la invasión y conquista del planeta, después que se hayan destruido los humanos unos a los otros masivamente.

La guerra en nuestro planeta de hombres muy llenos de confusiones, continúa día por día escalando hacia mayores tensiones, escucho las noticias internacionales a la misma instancia que trabajo y puedo sentir que un desenlace de consecuencias funestas es inevitable.

Según la posibilidad voy escribiendo paso a paso todo lo que tengo grabado en la mente, parece un plan maestro celestial todo lo que sucede en el mundo muy bien estructurado. Porque no importa cuánto me apresure en escribir al observar la presión mundial, la cual anuncia un desenlace catastrófico con cada acontecimiento terrorista, por mucho que insista nunca logro un avance en mis proyectos.

Las cosas están calculadas para que tengan su momento en su tiempo preciso, el mundo se acaba, de esto no existen dudas, pero en el tiempo de Dios, simplemente porque Dios es el que manda.

También estoy al tanto de las opiniones de personas comentaristas de la prensa y de países con diferentes puntos de vista, se puede observar que muchos se manifiestan según sus propios criterios ideológicos y según sus propios intereses, todos están confundidos no tienen ni ideas de lo que se avecina.

De todas formas ese día tan temido por todos y esperando en el tiempo llegara, es inevitable el destino, puede verse fácilmente en la escalada armamentista nuclear, que desesperadamente quieren poseer los enemigos del hombre y con bastante volumen, estos seres están en el mundo para crear dificultades y nunca desistirán.

El destino nuestro está marcado en un camino siniestro, bajo el resultado reactivo de nuestras propias acciones, en estos momentos observando el mundo, pienso que quizás estamos dirigidos hacia ese futuro con toda intención, simplemente una conspiración más entre tantas otras.

La religión tiene la obligación de salvar la humanidad, la tiene por ser la responsable principal de tanto horror en la historia humana, también la religión está comprometida a cumplir su palabra.

En cada acontecimiento mundial de la historia a favor o en contra, todos los conflictos humanos, están relacionados de alguna manera con la religión, o las religiones de alguna forma están envueltas en el conflicto.

Todas las religiones piensan que lograrán probar su palabra por encima de las demás, ninguna lo ha logrado, ni con la fuerza ni con la paz, lo intentaron los judíos hasta que fueron aplastados por los romanos, nunca se establecieron como imperio mundial militar permanente para dominar el mundo bajo su religión.

Después lo intentaron los católicos, hablando de paz amor y amparados por las fuerzas militares que ellos financiaban para imponer su imperio, masacrando inocentes con la inquisición, los cuales también han fracasado, porque la ciencia moderna del hombre que es el despertar de la consciencia de forma libre ha probado sus equivocaciones y demás contrariedades.

La religión del Islam está desviándose de su propósito y siguiendo los mismos caminos destructivos, por la fuerza quiere imponerse olvidándose del poder de la palabra y la promesa que tiene que ser cumplida por el Mesías que esperan.

Este mensaje es para los musulmanes que sienten y llevan su palabra en su corazón con todo el respeto que merece, a todos mis amigos del desierto, que hoy continúan por sobre sus arenas guiados por las estrellas, de la misma forma que lo han realizado por miles de años, los cuales visite varias veces en el desierto descendiendo desde el espacio.

Los Ángeles del espacio, están muy complacidos con el trato tan amable y cariñoso que recibieron por parte de este grupo de pobladores del desierto, gente pobre que ofrecieron lo poco que tenían y lo que no tenían también lo ofrecieron, lo hicieron con mucha sinceridad hacia los extraños visitantes y los trataron con tanto respeto.

En cada despedida, este grupo de musulmanes agradecía a su Dios el gran Alá, delante de nosotros por todo lo que les ha proveído en su vida y les ha permitido vivir, me parece increíble tanta convicción de la fe demostrada y el agradecimiento profundo a su Dios, porque son personas que no tienen nada que tenga un verdadero valor económico, sufren y tienen hambre y sin embargo son agradecidos y respetuosos, teniendo en consideración que al Dios que agradecen y oran es el dueño de todo y por tanto lo puede dar todo, sin embargo ellos son muy pobres y están contentos, es un ejemplo digno de admirar.

También agradecen a su Dios profundamente por haberles dado el privilegio, de ser los primeros en vivir la experiencia de un contacto directo con entidades de otro mundo, dándoles la oportunidad por encima de otros, de ser los primeros musulmanes en lograr una bendición única que muestra el poder y sabiduría de su Dios por todo el universo, por lo que tendrán que guardar silencio para evitarse la represión de los envidiosos, que sin dudas intentaran hacerles daño de alguna forma.

Agradecen mucho el haber tenido el privilegio de compartir con los Ángeles del cosmos, en particular el de conocer otras especies muy especiales y únicas que viajan de acompañantes, especies de baja estatura las cuales tienen alas lumínicas similares a las de insectos para volar.

Sin dudas se sienten agraciados llenos de bendiciones celestiales y debe ser cierto, porque ningún otro grupo ha sido visitado, ni prometido que serán respetados de la misma forma que ellos respetan, principalmente porque son pacíficos y quieren la misma paz interior del espíritu para todos por igual.

Este es un mensaje desde el espacio con esperanza para ésta religión tan hermosa, llena de fieles muy bondadosos tan devotos y muy respetuosos a su fe, una religión que en los últimos tiempos está causando tanta polémica llena de contrariedades y causando muertes inocentes en todo el mundo.

Me temo que será la que más consecuencias funestas y costos de vida tendrá que pagar por la culpa de unos pocos, las religiones todas serán reprendidas pero en el mundo musulmán donde las cosas andan de mal en peor entre ellos mismos y contra el mundo. Todo parece indicar que para lograr una consciencia de paz sincera y duradera por todos los tiempos del futuro entre todos, las acciones para lograr una estabilidad de esa índole serán mucho más graves dramáticas y violentas sobre todos los musulmanes.

Por alguna razón el Papa ha visitado líderes de estados musulmanes importantes como la familia real de la Arabia delante del mundo, algo grande se está cocinando y solamente esperamos que los más capacitados entre los musulmanes, principalmente todos aquellos que tienen altas responsabilidades comprendan el mensaje, tienen que alinearse y rápido porque la selección es muy limitada y cada cual está buscando de forma muy inteligente la salvación de su nación y su pellejo, quizás despierten a tiempo los que faltan quizás ya es tarde.

El Mundo es nuestro el poder es de Alá.

El mensaje espacial del final de los tiempos que se avecina, mensaje para todos los musulmanes verdaderos del mundo entero. Mensaje al pueblo de Alá para los hombres del profeta Mahoma, a todos los musulmanes honestos. Contra el Demonio que se esconde en el Islam, el cual no está en todos los musulmanes, pero todos le conocen y le temen algunas veces más que a su propio Dios.

Contra el Satanás que utiliza una noble causa para ocultarse tras ella y utilizarla de escudo, condenando hacia un futuro incierto el destino de los justos. Contra el Diablo maldito que miserablemente está logrando su objetivo, destruyendo cobardemente con corrupción la imagen del hombre santo delante de su Dios, el destructor de toda la creación divina el mismo Satanás.

Dios sólo construye y ama, el demonio destruye y promueve el odio para que se destruyan entre sí mismos incluyendo la destrucción propia, el que atente contra la vida que sólo Dios crea no tiene a ningún Dios de su lado, está confundido por el demonio y le sirve en su propósito confundiendo la verdad de la palabra.

Este mensaje no es para ofender al pueblo musulmán, porque Alá no necesita descender desde los cielos para señalar las faltas de los hombres. El poder de las palabras de Alá es mucho más fuerte para señalarles los desaciertos a los hombres.

El hombre se demuestra así mismo quien es él a través de sus actos, el propio hombre se ofende él mismo mediante sus propios comportamientos dentro y fuera de su casa.

La palabra es muy cierta todo lo bueno que le sucede al hombre proviene de Dios, todo lo malo que le sucede proviene del mismo hombre por sus propias acciones.

Nadie tiene el derecho de justicia, solamente Dios puede aplicarla porque Dios nunca se equivoca y tiene todo el absoluto derecho ningún hombre tiene el derecho de Dios.

Con el poder de las palabras vamos a conversar hace mucho tiempo que no lo hacemos, muchas cosas malas han provocado sus grandes estragos entre todos los hombres de la tierra.

Vamos a decir unas cuantas verdades de unos y otros, el Dios verdadero dice solamente verdades, nunca guarda silencio el silencio es lo mismo que mentir en aquellos que conocen la verdad.

Voy a observarte que tan valiente dices que eres por mi musulmán, cuando hayas terminado de verte en mis palabras, si tienes el valor de aguantarlas.

No decir la verdad o no reconocerla es una forma de violencia y rebeldía contra Dios.

La fe que está representada por un ser de la manera que se le exige por sus propias leyes cumplidas palabra por palabra, es sin dudas una fe con derechos para ese ser que la sustenta mucho más de estar fundamentada en obras buenas.

De lo contrario nunca seria escuchada en ningún lugar y nunca pasaría las pruebas de los tiempos, el problema es que clase de fe y que intenciones se esconden detrás de las palabras.

Las palabras son verdaderas o son falsas, solamente Dios puede probarlo él mismo y por esa razón quiero que escuches, tú me conoces bien pero es el tiempo que los demás por toda la tierra sepan bien quien habla en el nombre de Alá.

El Islam es Santo, las palabras a sostenerse y la conducta correcta a cumplirse por sus fieles a través de la historia y por todos los tiempos, es la prueba más fehaciente y absoluta.

El Islam es bueno, es muy bueno, los malos son los islamitas los fieles son los que hacen la diferencia en la fe, ellos mismos la levantan o la arrastran con su comportamiento, Dios no es el culpable los hombre si lo son.

Dios entrega la palabra y es total responsabilidad de los que la toman de cumplirla, los que justifican sus acciones buscando excusas en las palabras de Dios son falsos, porque la palabra es inquebrantable Dios menciona una palabra y nunca se cambia, porque la palabra sólo tiene una interpretación.

Para todos los que piensan contrario entonces que saquen su libro y póngase delante de un espejo Alá será el espejo, entonces hablemos palabra por palabra como están escritas, yo seré lo que soy lo que tú, hombre musulmán honesto también sabes que soy, el Dios misericordioso, el Dios bueno, el Dios bondadoso, el Dios compasivo, el Dios amoroso y tantas cosas más que un buen musulmán conoce de su Dios.

Las palabras del libro sagrado que no entiendas te perdonaré por sus errores, las palabras que no sabes interpretar te perdonare por tu equivocación, las palabras que has confundido te perdonare por sus consecuencias y las palabras que nunca escuchasteis, te perdonare por tu ignorancia.

Pero las palabras que conoces muy bien, como todo el resto del mundo las conocen y las entiende, te las aplicare de la misma manera que lo haces o lo piensas tú, desde ese punto y para no perder tiempo empezara cada juicio sobre todos los hombres.

Entonces después de analizarte en el espejo y observar el resto de los fieles dentro de tu misma fe, respóndete a ti mismo de acuerdo a lo que piensas y la manera que actúas quienes son los benditos de Alá y quienes lo confunden y difaman con sus acciones y pensamientos para que los denuncies y sean expulsados por ser falsos musulmanes.

Todos ustedes saben que el que niega o rechaza a un hermano, está negando de alguna manera a su propio padre, el padre Abraham aunque diga lo contrario.

No existen razones que justifiquen el odio, si quieres reprenderle hazlo con la intención de educar y explícale las razones por las cuales lo has reprendido, de lo contrario no sabes educar no eres de Dios porque no le conoces.

Sin la historia de los Hombres con todos sus caminos sobre la tierra jamás hubiera llegado el Islam, la revelación del ángel tiene la respuesta, existieron muchos caminos primero para alcanzar el final.

Están siendo rebeldes e irrespetuosos con sus hermanos, matándose unos contra otros y nadie tiene la razón.

La palabra se respeta se obedece y es inalterable, como también es único e inalterable el que sea el verdadero Dios, Dios nunca cambia su estado de lo contrario deja de ser Dios.

Las revelaciones dadas al profeta Mahoma no son para odiar son para amar, Dios no tiene odios es todo amor por eso fueron creados, el odio es un trauma de los humanos que solamente sirve para marcarlos de inferiores y de inseguros, el Dios que tenga odios no tiene poder para crear nada porque el odio sólo destruye.

La palabra es solamente una y para que sea verdadera tiene que ser siempre la misma respetada en todos los tiempos, el que la tome para aplicarla según le convenga está destruyendo la credibilidad de la palabra alterándola, violando el derecho que sólo tiene Dios esto culpa y castigo de muerte segura.

Muchos de ustedes niegan la propia historia con sus rechazos, por eso los que odian buscan siempre destruir tratando de aparentar otras razones, para no dejar huellas de esa historia de Dios, la cual no se puede borrar jamás porque va grabada en su sangre misma y en la existencia de los tiempos que están registradas en las huellas de la historia.

El padre de todos es Abrahán y lo saben todos, entonces todos tienen el derecho a la justicia divina, porque el que rechace el derecho de un ser con Dios, no tiene el derecho de pedir por el suyo propio esa es la ley de la palabra, tienen la obligación de probar la palabra verdadera con sus actos de buena fe, para convertir a los infieles que esperan escuchar la verdad con pruebas de Dios.

Yo les digo que están muchos de ustedes siendo muy irrespetuosos con sus hermanos y muy desobedientes con el padre.

Contra los hermanos testarudos arrogantes y prepotentes, existen otras formas de conducta, no prestarles la atención algunas veces molesta mucho más.

Los hijos de la rebeldía contra sus hermanos y todo para lograr establecer una fe por la fuerza, el Islam nació y siempre ha pasado la prueba de los tiempos como una religión de mucha educación y respeto por las cosas de los cielos, pero hoy se pone en penumbras sobre la tierra la esencia del verdadero musulmán.

Los combates entre hermanos y contra los infieles es una prueba del error moderno, el hombre combate contra el hombre con el ejemplo de la palabra que lleva en su alma la palabra es la que tiene el poder.

Si no puedes triunfar con la palabra es porque entonces no la conoces y esto para los ignorantes demuestra que tu palabra no tiene el poder de Dios, sin embargo la culpa es tuya, por ser tú el ignorante que no conoces bien la palabra de tu propio Dios.

Dios es el que combate desde su trono en el día que el juicio se manifieste sobre toda la tierra y sobre todos los hombres, los Ángeles que esperan desde el cielo hace tiempo n los ejecutores, los hombres simplemente son pecadores todos y ninguno tiene el derecho de Dios, el deber de los fieles es respetar a su Dios cumpliendo con la palabra.

Dios nunca ordena a un hombre hacer las cosas de Dios, la tierra nadie la controlara ni unos ni otros porque eso está reservado solamente para el día de la manifestación total del gran Alá.

La palabra mal comprendida es pecado y más pecadores son los culpables que la enseñan equivocadamente, el hombre no tiene derecho de la vida ni de la muerte de ningún hombre todo tiene que estar regido por la palabra de Dios.

Los musulmanes siempre se han defendido vividos y luchando en el tiempo por sus derechos a la fe de la forma correcta de acuerdo a las circunstancias, pero en estos últimos tiempos son los agresivos de la fe y parece de acuerdo a estas acciones que están abandonando el Islam.

La palabra dada al hombre es solamente para el hombre y entenderla al nivel de los hombres, nunca ningún hombre se puede tomar el derecho de Dios ni confundirlo, combatir al infiel de acuerdo a la palabra dada para ser cumplida por el hombre es mediante la conversión, mostrando con el ejemplo propio el verdadero rostro de Dios, porque los mortales no tienen derechos divinos.

Muchas criaturas han nacido por todo el mundo en diferentes lugares las cuales también son creaciones de Dios y, solamente el creador sabe las razones por las cuales existen y los motivos por los cuales están en esos lugares desde tiempos antiguos, nadie puede cuestionar la voluntad de Alá, los bendecidos del mundo son los musulmanes pero muchos están perdiendo la gracia y provocando la ira de Dios.

Alá es el más santo por encima de todo nunca ordenaría a los hombres cometer los horrores que son del maligno, miren sobre sus cabezas el universo que tienen encima y el creador de todo eso es un sólo Dios, un sólo Dios tiene el poder de hacer estas cosas y ustedes son sus fieles, no pierdan la bendición de gracia que tienen porque el tiempo se acaba en estos tiempos.

Vienen momentos en que tendrán que conocer verdades de Alá desde las fronteras del cosmos, todo lo que existe es porque lo creó tu Dios y se respeta la obra de Dios en su universo sin argumentar palabra, o se pierde el derecho de la palabra misma todos saben estas cosas.

No necesitan más de lo que tienen poseen tierras llenas de petróleo, "El Oro Negro del Mundo" es mucho más que suficiente lo que tienen, pero si piensan que no es todo yo les digo que para muchos entre ustedes que dicen ser musulmanes lo es todo y bastante, lo que sucede es que para esos reyes ustedes los pobres no les interesan, están en la fe pero no están dentro de ella y contra esos impostores que los tienen delante nadie atenta.

Esos que yo digo son los que los dominan y no les dan lo suficiente como pudieran hacerlo, no quieren darles para medicinas ni para saciar la sed y el hambre de tantos empobrecidos por el mundo, robándose las riquezas de la tierra que les pertenece a todos por igual.

Observen en el mundo los resultados de la violencia la cual sólo genera más violencia, están cerca muchos de que una gran violencia se les abalance encima, desde los cielos para tranquilizarlos por mucho tiempo a todos por igual.

El que lleva la divinidad del conocimiento del Dios vivo nunca actúa con comportamientos que son del lado del maligno.

Existen seres dotados con espíritu divino o de lo contrario no hubiesen existido nunca sobre la tierra ningún profeta, el poder de cada profeta encomendado está en la verdad que tengan sus palabras y la intención que encierre en su corazón, los que son de Dios solamente las cosas de Dios dicen los demás mienten.

Alá es el superior y lo tiene que probar el Dios que no prueba con sus acciones de poder no existe, acciones del cielo sin ningún sucio sin ningún mortal.

El hombre que ante el Dios absoluto se arrodilla agachando su cabeza en señal de obediencia y después hace lo contrario ofende a Dios, el respeto a Dios se demuestra con la disciplina y sus actos a través de la vida que vive la manera que la vive y con todos los demás que la vive en el mundo en que vive, de qué le sirve a ningún hombre orar mil veces cada día y tener en su interior pensamientos negativos con él mismo y contra los demás.

Pensamientos que oculta desde mucho antes de orar y los cuales continúan también después de orar, a quien le oró ese maldito sin dudas le oró a un Dios que no le escucha por esa razón después de orar se levanta y ofende a Dios con sus acciones, el que haga lo contrario representa un Dios falso y son muchos los que puedes ver en el mundo representando dioses falsos.

Los seguidores de falsas fe creyendo y justificándose que actúan inspirados por el espíritu de su Dios, no se dan cuenta o quizás en estos tiempos no les importa ya más, que cuando matan a otros y todas las demás cosas que ellos practican en sus creencias, sólo prueba lo débil que es su Dios.

El hombre muere por sí sólo en estos tiempos al fin de su vejez o por otros caminos de la vida, hoy ni siquiera estos confundidos pueden esperar que eso suceda, adelantándose ellos mismos dejando ver ante el mundo que su Dios no tiene ese poder, tienen que hacerlo ellos con sus manos porque su Dios no actúa por él mismo, cualquier ser humano puede matar a otro todo lo que tiene que hacer es herirlo de muerte.

Todo muere por sí sólo hasta este momento hacerlo por sí mismo en el nombre de Dios no es ninguna hazaña para Dios y no prueba ningún poder de ese Dios, el Dios que acepta la imposición de su fe por la fuerza, aprueba la muerte como represión y le niega al hombre y la mujer adquirir conocimientos que él mismo habilita en la estructura de su ser a través de su inteligencia.

Conocimientos que él mismo Dios dio al hombre y conocimientos que son verdaderos y reales ante los humanos alcanzados con la sabiduría que dio al hombre, el Dios que reprime todas esas cosas obstaculizando los conocimientos, está lleno de contradicciones por lo tanto es falso.

Eso es lo que demuestran sus seguidores fundamentalistas de todas las religiones cada día sobre el planeta con su fanatismo, por eso los violadores de la palabra no representan la verdad ni conocen a su propio Dios, están infiltrados en la fe y tienen su propósito el cual es destruir la imagen del Santo.

Tienen una ausencia de total de conocimientos de educación y de respeto, los fundamentalistas actuales están ofendiendo al profeta Mahoma con sus comportamientos y por lo tanto están ofendiendo al propio libro sagrado del Corán, estos son otros tiempos donde la fe tiene el deber de esperar pacientemente la promesa.

El que pertenece al partido de Dios nunca puede ser un asesino, no pueden tener sentimientos de odio y muerte, Dios no es un criminal Dios no es un hombre de la tierra, ninguno del partido de Dios tienen el derecho a representar al Dios verdadero.

Dios es el Amor puro nadie puede decir que sirve al Dios de los cielos, haciendo todo lo contrario de Dios con sus acciones.

La imagen del Gran Santo Celestial es la más pura nunca está Dios en ningún ser que miente, prometiéndome ser fiel con su palabra y juramento y aplican su propia justicia, no mencionen mi nombre divino cuando cometen actos de cobardía porque están manchando mi nombre Sagrado.

Nunca permitiremos sus Ángeles que la imagen Santa de Dios Creador Universal, para todos en el Universo entero el cual es muy grande y numeroso, tenga manchas de sangre en ningún lugar de la existencia infinita, aunque sea una tierra primitiva e insignificante aunque tengamos que desaparecer el planeta entero, los devoramos a todos vivos en el nombre del Dios al que sirven.

Dios también tiene muchos defensores por todo el Universo, que sienten vergüenza de la ignorancia del hombre y es el mismo Dios de todos existe un sólo Dios.

El poder de Dios no está en la fuerza de los hombres, están mostrando con sus acciones un Dios débil.

El hombre musulmán tiene el compromiso de esperar el cumplimiento de la promesa por respeto a la palabra, el profeta de Dios está con su Dios, solamente él puede levantarlos y sólo lo hará cuando lo diga Dios, para pasarles la cuenta de la justicia a todos ustedes mismos.

Todos los que dicen son de Dios todos los que le juraron respeto serán los que tendrán que responder primero que nadie, porque los demás seres infieles en el mundo esos no cuentan esos los ajusta Dios como Dios quiera, a su juicio y su voluntad nadie puede intervenir porque el que manda es Alá.

Ustedes los musulmanes son los que no tendrán ningún derecho si tienen pecados cuando sean sorprendidos por la muerte, porque están bajo la palabra y su ley y tienen que cumplirla.

Nadie puede entrar en lo eterno a través de acciones que son pecados, no existe razones que justifiquen un permiso al paraíso a un pecador, ese es el lugar de los limpios de los santos y los puros el que diga lo contrario miente, el que mencione en su boca el paraíso como un lugar de gentíos que hablan de hazañas de muerte blasfema contra Alá.

Pero muchos de ustedes se están comportando como infieles, están confundidos en la desesperación violando la palabra.

Lo que persiguen los fundamentalistas no es destruir a Satanás en cualquier parte que se esconda o se manifieste, lo que buscan esos pecadores es destruir la imagen del Santísimo con las acciones que cometen, quieren corromper la pureza de Alá quieren destruir la verdad por eso están ahí y son muchos.

¿Quién ha matado? ¿Quién mató a un musulmán?

¿Cuántos en la fe y sobre toda la tierra, tienen sentimientos de muerte y deseos de aplicarlos contra alguien, por cualquier razón o motivo?

¿Quiénes son los justos, donde están?

¿Cuántos quedaran vivos sobre toda la tierra, si el gran Alá les cobra las cuentas a todos juntos ahora mismo?

Están viviendo bajo la misericordia de Alá, el planeta por entero Dios quiere un pueblo de justos, un pueblo grande ese es el propósito de Dios enseñarle al mundo lo grande que es Dios, pero solamente se observan niños recién nacidos tienen que crecer para cuando llegue el profeta le puedan recibir multitudes de hombres adultos o todos morirán.

La fe del Islam sostenida en ciertos lugares del mundo por los falsos y los profanadores de la palabra, mediante la imposición, el fanatismo, la violencia, la amenaza, la ignorancia y todo cuánto método primitivo se pueda concebir en el ser humano, tal como sucede en la realidad reprimiendo la inteligencia del hombre y arrastrándolo a convertirse en bestia nuevamente.

Religiosos que se toma la justicia en sus propias manos cometiendo barbaridades, justicia que en muchas ocasiones no tiene los argumentos necesarios ni sólidos, para sentenciar al acusado a tan salvajes procedimientos de castigos, lo que persiguen es satisfacer sus deseos de muerte.

Acomodando la justicia muchas veces a su conveniencia, que reprime el derecho de una justa defensa, que es extremadamente injusta en sus sentencias, mutilando y sintiendo el placer creyendo que hacen justicia, otros que acusan sin argumentos sólidos llenos de confusión y maldad en su interior mienten y lo saben.

Familiares que asesinan a sus propios miembros para salvar el honor, matan a sus seres queridos que han tenido la desgracia de haber sido acusados de cualquier cosa, que no se puede en muchos casos probar y acusados por otros ajenos de la familia.

El que conoce bien su familia como debe conocerla una familia firme en la fe, sólida entre sus miembros sabe si le mienten o no, el que no conoce su propia familia tampoco conoce a Dios que está con todos los fieles en una gran familia.

Pero prefieren escuchar la voz ajena y por el temor de quedar en evidencia delante de los demás prefieren acecinar a su propia familia, pensando que esto los salva de la vergüenza.

Pero se olvidaran que tendrán que responder algún día delante de Dios y de estar equivocados al haber acecinado un inocente, tendrán que pagar las culpas y entonces la vergüenza de su error delante de todos será aún mayor, porque le mintieron en su propia cara y prefirió creerle a un extraño que a su propia familia.

Muchos musulmanes cometen actos inhumanos, negando toda posibilidad de superación académicas a sus miembro en los lugares donde la ignorancia es extrema, pero sí saben buscar esos conocimientos con plena consciencia y con mala intención consiente usando la maldad del hombre, para cometer sus actos criminales contra poblaciones civiles indefensas todo esto deja clara la evidencia de una triste realidad.

El Islam es una religión muy abusada por muchos de sus miembros los cuales están mostrando con sus acciones una religión equivocada, no respetan ni las palabras de su propio Dios ellos son su propio Dios, que intentan mantenerlo vivo a través de la imposición en ellos mismos, confundiendo con sus actos violentos el propósito verdadero del Islam, el que quiera probar lo contrario que lo haga si puede delante de su propio Dios.

El orden está establecido ahora el tiempo es de esperar el cumplimiento de la palabra.

El mandamiento es difícil de cumplir porque son las pruebas que da Dios a los hombres para que se midan ellos mismos, no solamente se es un hombre porque se nace con testículos tiene que probar en su vida que lo es y para eso tienen la palabra.

Quiénes son los valientes que las cumplen y donde están, muchos musulmanes están presionados y responden participando en actos criminales por cobardía estos son doblemente traidores.

No tienen Dios solamente lo mencionan son simplemente hombres que luchan contra hombres para imponerse unos contra otros, todo lo que poseen en vida no les sirve más allá de la tierra porque ante el inmenso universo la tierra no necesita existir tampoco el hombre.

Los Dioses de innumerables religiones tienen que derrotar al demonio que se pasea suelto impunemente el cual está libre sobre la tierra, esas historias de los humanos y su incomprensión de la realidad tiene que detenerse.

Los dioses jugando a la vida y la muerte con los pobres humanos desde el cielo, el Dios bueno le permite al malo por una razón desconocida o no muy convincente que haga su voluntad con sus criaturas, sin importarle lo que sufran ni cuantas sufren, ni cuánto tiempo llevan sufriendo ni cuánto les queda, esto deja ver que Dios sabe lo que pasa en cada instante pero parece que no le importa.

Eso es lo que demuestran las religiones del mundo en su mayoría con sus enseñanzas, pero sus sacerdotes buscan dar la vuelta con muchas justificaciones y excusas de palabras vacías que sólo dejan más dudas en los fieles.

En estos tiempos los hombres decididos a jugar el papel de dioses determinando por la fuerza quién es el verdadero, rompiendo la barrera de la paciencia demostrando la cara de la verdadera guerra que viven la cual es terrenal, mostrando quienes son en realidad esos dioses y en qué lado de la existencia se encuentran.

Quién perdió la paciencia y que derecho tenía para romper la palabra y actúa con desespero al observar que su fe no tiene el apoyo del mundo que le rodea, acusados de ser una religión primitiva carnívora y en desacuerdos incluso entre sus propios miembros con resultados que provocan muertes constantes, mostrando una religión primitiva acusada de ser absurda delante del mundo.

Ese es el caso de los que perdieron la fe su Dios no llega y determinados a imponerse por la fuerza lo quieren traer con violencia, este es el comportamiento de los que nunca respetan porque nunca tuvieron bases firmes, tratando de convertir al mundo sosteniéndolo mediante el radicalismo es su única salida Justificándolo con matices de guerra santa.

Éste es el semblante del demonio que más fácil se puede apreciar a los ojos del mundo, o de lo contrario el demonio no existe de ninguna forma.

El Dios que no pueda cumplir la palabra por el mismo simplemente no existe, el que se comporte en su religión dejando ver que el propio creyente tiene que tomar la iniciativa de la promesa está demostrando que su Dios es falso.

Los equivocados fundamentalistas que no conocen el Islam, buscan aniquilar a Israel extinguiendo su existencia del mundo mediante acciones de exterminio, pero no sucederá Israel también sabe defender su palabra, Israel tiene sus propósitos miren alrededor del mundo Israel está en todas partes.

Son los misterios de Alá que los humanos nunca entienden y nunca entenderán, Israel tiene una historia fuerte no se marcharan y ahí mismo morirán, Israel tiene una historia de sobreviviente grande en comparación con lo pequeño que es su pueblo, no tienen miedo y esa es la verdad.

Israel tiene que ser fuerte por una sola razón el Padre Abrahán el padre de todos, para probarle al mundo entero que tu raíz es del árbol de la luz, porque todos son sus descendientes los buenos y los malos.

Israel resistió el holocausto si desaparece en aquel entonces, hubiera probado esto que tu padre es débil y por lo tanto tú, musulmán también eres débil, del árbol puro todas las semillas son fuertes aunque sus ramas nazcan torcidas.

No se permitirá la destrucción de Israel por manos de hombres, no sucederá porque nadie tiene en sus manos el derecho que solamente tiene Dios, el derecho que tienen que esperar para cuando se presente el profeta de Alá, porque sólo ese derecho le pertenece a él para que se cumpla la palabra y la palabra no puede tomarse en falso.

Israel solamente quiere vivir y desea servir a su Dios y han luchado por esto a través de los tiempos con honor, como lo entienden ellos levantando la palabra que tiene la historia de la creación.

No son muchos más los que sostienen la fe como el pueblo judío lo hace, sea falsa o vacía, el factor es que la sostienen cumpliendo la palabra que tienen en sus manos sus rabinos, el que mira desde las estrellas ve esas acciones firmes y muy diferentes de como lo ven ustedes los humanos.

Vence sobre Israel y los responsables inconscientes, reclama los derechos de sus hermanos relacionados en la historia el pueblo Palestino con la propia palabra que tienen en sus manos con sus propias escrituras sagradas de la Torah, exíjanles que cumplan y respeten los mandamientos de su palabra tienen el deber y la obligación moral de hacerlo, de lo contrario ofenden su palabra.

Exijan masivamente delante de los organismos mundiales los derechos de igualdad que todos tienen, para hacer posible que el pueblo palestino alcance su estado soberano al cual tiene todo el derecho.

Israel quiere levantar su templo lo ha perdido varias veces demostrando la falsedad de los judíos por sus errores, pero esto causa pánico en muchos hombres débiles, los Islamitas le niegan el derecho no pueden aceptar en su mente semejante posibilidad.

Todo indica que alguien tiene mucho miedo dentro del Islam, alguien no está seguro de la fe alguien no conoce bien al que tiene el poder, alguien no tiene idea de quién es ni como es el gran Alá y parece que son muchos.

Estos que se oponen tienen quizás miedo que aparezca un Mesías redentor desde los cielos y perdone a todos.

Ese mecías redentor profeta para la humanidad se fue y les dejo dicho, "El Reino de los cielos pertenece a los pequeños y los pobres de la tierra."

¿Quiénes tienen más pequeños y pobres en su fe sobre toda la tierra? El Islam es la respuesta.

Otros que se oponen al levantamiento del templo tienen quizás miedo que aparezca un Mesías descendiente del trono de Sión y con una vara mágica de poder desconocido, les diga a todos en el mundo lo que tienen que hacer y el mundo obedece como corderos, tampoco es de ésta manera.

El político ya pasó por el mundo y dio las instrucciones, para que tuvieran un planeta de paz, respeto, obediencia y Amor, fueron regulaciones muy elevadas nadie las comprendió bien todavía en estos tiempos no la comprenden.

Hagan lo que quieran con sus consciencias los humanos porque ya me están cansando, ustedes son los responsables de sus actos y sus culpas, aunque sea por ignorancia tendrán que enfrentar las consecuencias de sus errores.

Yo el Gran Alá, les digo a los judíos que construyan su templo si les dan las ganas, sin ofenderme, no pueden ofenderme todo con ecuanimidad y sabiduría, que estén felices yo soy el que da felicidad para todos ese es mi poder y es el final que todos alcanzaran por igual los justos donde quiera que estén.

Porque nadie vendrá nadie puede venir, porque nadie es más poderoso que Alá y solamente Alá dice quien viene y cuando tiene que venir, todos se quedaran esperando mientras la Meca Gloriosa siempre de pie.

Yo soy el Fin de la Historia, yo soy el Fin de la Saga, el que está por encima de todos, si todos saben todas estas cosas entonces hombre

Musulmán dime a quién le temes, dime porqué tiemblas porque razón te desesperas y cometes pecados.

Israel será castigado por su propio dios, porque en estos finales del mundo el gran Alá ordenó visitas a través de sus Ángeles y mensajeros, para valorar la falsedad de los hombres y juzgarlos por sus propias acciones y los judíos fallaron la prueba, pero ustedes también tienen faltas y eso es un grave problema.

Tómalo como quieras pero te recuerdo y te insisto, que tu deber como musulmán es con Alá y no con el mundo, los hombres no mandan el que manda es Alá.

Nadie más ha pagado tan costosamente a través de la Historia más alto precio con tantas vidas con tantos sacrificios y continúan pagando, como han pagado todos los religiosos del mundo entero.

Qué importa que una religión no tenga la palabra del Dios verdadero, los feligreses la sostienen con su propia verdad.

Miren a los humildes cristianos, los verdaderos que cumplen desde sus principios la palabra de su libro de la manera que está instruida la cual debe ser la más pacífica, los piratas de esa palabra vinieron en tiempos posteriores, para usarla a sus condiciones y sus malvados propósitos.

Tu Dios Alá habla de aquellos cristianos los que comenzaron en tiempos antiguos mucho antes que se revelara al hombre la palabra del Corán, cristianos devorados por los leones de los circos Romanos, más otras barbaries de esas épocas y quedan muchos todavía de esos fieles sobre la tierra.

También ellos subsistieron los embates de los tiempos, después de los siglos les tiras los leones otra vez y no tienen miedo de enfrentarlos, sin armas en las manos y solamente tienen una esperanza de salvación posible en una sola frase, de acuerdo a la misma palabra que tienen y ellos lo saben bien, "Gracia y Misericordia" eso es toda la promesa que tienen y están conformes porque eso es todo lo que necesitan.

Ellos creyeron la palabra, la aman, la respetan y la cumplen, eso es todo lo que puede pedir el hombre ante Dios para que no ofenda a su creador, es lo que ellos esperan tener Gracia o misericordia que lo cubre todo, el derecho de cada cual para con Dios es voluntad de Dios solamente y, sólo Dios lo puede dar o quitar.

Nada es más poderoso que la palabra, la palabra que produce actos de buenas obras es sana, está limpia, aunque no sea la más verdadera, ni la más poderosa, se le puede perdonar su error concediéndole piedad. Yo soy el más piadoso, Yo soy el más bondadoso Yo soy el más grande de todos el Gran Alá.

Que moral puede tener el Dios verdadero el Dios de la justicia divina el Santo, para destruir a los cristianos en un juicio de pura justicia divina y Purísima, cuando mire sus culpas y observo que sólo tienen un pecado, el de haber creído su palabra haberla respetado y haberla cumplido hasta el final.

Una palabra que respeta la creación una palabra de mucha paz, que moral tendría el Santísimo contra los que sean justos en esa fe para matarlos, el Dios verdadero nunca destruiría una verdad que está delante de su consciencia, el que diga lo contrario miente.

Alá no es un cobarde ni un asesino, nunca me comparen con los pensamientos de los hombres y sus comportamientos sobre la tierra.

Alá es el poder del universo por entero los hombres son nada sin mí, son nada delante de mí nunca me señalen de responsables de sus actos, el que lo hace está muerto en la vida y después de la vida también, esto está escrito.

Miren las cosas como las ve tu Dios el Grande, porque Alá es el Grande.

Todas las religiones del mundo tienen su Dios, que vendrá a combatir el maligno para vencer y restablecer el orden, está garantizado en sus escrituras que será de esa manera, no importa con quien se tenga que enfrentar ni contrala cantidad, siempre el bueno va a vencer al malo y destruirá las demás religiones con su palabra para probar quien es la verdadera.

Pero ninguna dice cuando, no tienen tiempo, siempre existe una excusa pretenciosa, para señalar que está cerca el día y retener a los fieles y pasan los años y los siglos, los musulmanes tendrán el privilegio de mostrar su verdad primero que nadie.

En los tiempos de toda la historia incluyendo en las guerras, los

Musulmanes verdaderos han dado a sus enemigos la oportunidad de arrepentimiento y convertirse para ser perdonados incluyendo prisioneros y nunca atacaron civiles.

Un ejemplo de ésta bondad lo tiene registrado la historia de Jerusalén, pero esos fueron los grandes que vivieron hace mucho tiempo y tenían el poder, hoy solamente quedan sus recuerdos, hoy no tienen los llamados soldados de Dios ningún poder, sólo tienen fuerza la fuerza de los hombres de la tierra, esto prueba que son falsos.

Están vivos todos porque yo soy el Santísimo, conociendo estas cosas siguen tentándome están provocando una ira gigantesca en la que todos pagaran por igual.

Díganme ustedes mismos los hombres de la tierra a quien destruyo, La Tierra o El Sol, parece que nadie vio las señales de Júpiter lo mismo le puede pasar a la tierra, casi los devora su propia estrella no hace mucho, lean mucho e instrúyanse no se dejen engañar.

Dios es la historia entera de la humanidad, el que quiera destruir cualquier capítulo de la historia me quiere destruir a mí, que soy todas las historias del mundo completo, el Dios que lo es todo es el Dios supremo, los que me conocen a mi no pueden ser los mismos que no cumplen con la palabra, esos son los falsos que quieren apagar la luz del mundo, El Islam.

La mentira se destruye ella misma con el tiempo no es necesario atacarla, la verdad se sostiene sola la verdad es la que hay que cuidar, porque siempre estará siendo atacada por Satanás, para vencer a Dios con la única arma que tiene el maligno; "la fuerza" y contra la fuerza solamente pude vencer una cosa, "El Poder" y el poder todos los musulmanes lo tienen en sus manos, El Sagrado Corán.

Alá no tiene rivales tampoco necesita luchar contra nadie él es todo, Alá es la obediencia el que escape de la obediencia es un falso musulmán.

Toda la tierra está corrupta, hoy sólo quedan pocos lugares que nadie puede negar son santos, Jerusalén es Santísimo en toda su historia con su aposento de la Roca sus muros del Templo y con su Cruz, en espera del último tiempo mientras La Meca con su gloria Altísima lo es mucho más por sobre todos los demás, desde donde todos estos lugares muchos hombres buenos esperan una promesa y Dios tiene que cumplirla.

La existencia del diablo tiene un objetivo presente destruir cualquier fe, pero la fe que tenga los matrices de la verdad se lanzara sobre ella con todas sus fuerzas, creando en su interior violencia la cual genera más violencia.

Forzara confusión y toda contrariedad para destruirla totalmente, envueltos todos en la confusión y los desacuerdos, ninguna fe sobre la tierra está más amenazada por ella misma es más pobre y está más despreciada en el mundo actual por los de afuera que el Islam, Dios nunca abandona ustedes los musulmanes son los que se abandonan a sí mismos.

No pueden ni darse cuenta del daño que se causan ustedes mismos, al provocar que el mundo se esté levantando en su contra, arrastrando a los que en su fe no quieren la violencia a un repudio mundial que solamente conseguirá destruirles.

Porque el mundo moderno no puede permitir que el eslavismo el abuso el odio y ni tan siquiera la ignorancia, se imponga haciendo retroceder a la especie a su etapa primitiva.

El que mantiene una fe por medio de la fuerza, la violencia y todo lo referido a imposición, debe ser reprendido por todo los musulmanes fuertemente porque es un abusador y el abuso es de cobardes, la fe verdadera se sostiene ella misma bajo el poder de la palabra o es una fe falsa.

El mundo entero conoce ésta triste realidad, de sólo el hecho verlas por el mundo dan entendimiento de quienes son los que las gobiernan y de la forma que lo hacen, el mundo vive en conocimiento de las atrocidades que sufren en muchos países, las mujeres que tienen que vivir bajo el dominio de los confundidos, que no son todos pero son muchos.

Las mujeres dentro del Islam tiene un serio problema creado en los tiempos por los confundidos, observara que el código como lo aplican esos religiosos extremistas con sus mujeres es simplemente abuso, atraso mental y falsedad de creencias absurdas están confundiendo la verdad.

Todo ser humano sabe que la discriminación que sufren las mujeres en ciertos lugares es injusta, fuera de tiempo y más que todo fuera de la razón la lógica la justicia y la palabra, no todos son así pero todos conocen estas cosas.

Existen diferencias entre todas las especies creadas eso es cierto, la hembra está en un estado inferior al hombre pero no es inferior como especie para Dios, por lo tanto no se le puede maltratar, la palabra mal interpretada ofende al que la dicto.

En el cuerpo del hombre viven muchos microorganismo, bacterias que no se pueden ver con los ojos, unos son parásitos, otros los necesitas para vivir, son parte de ti durante toda tu vida, si tu eres superior ellos también lo son están contigo siempre, son parte de todo lo que tú eres, las mujeres también tienen los mismos microorganismos, ninguno de los dos es inferior ante el poder de Dios.

La mujer es creada con capacidad de mantenerse al lado del hombre, todo lo que avance el hombre si no está la mujer junto al hombre no pudiese nunca lograrlo, no tendría el balance.

Todos los lugares donde aplastan y discriminan los derechos de la mujer están en ruinas y dificultades.

Mírenlas alrededor del mundo fuera de la opresión todo lo que han logrado por sí misma, están capacitadas porque el creador poderoso no hace obras inferiores, todo es perfecto, la verdad es la que los ojos del mundo ven con sus conocimientos, la que desde arriba los Ángeles del Dios verdadero ven también.

Las mujeres desenvolviéndose en muchos caminos por todo el mundo, ciencia de todo nivel, arte y cultura, empresas, deportes, política, música de toda categoría, todo.

Pero culpan a Satanás de estos comportamientos de las mujeres que viven fuera de los dominios del Islam.

Los que no comprenden pero creen que lo saben todo, no culpen al diablo porque Satanás tiene muchas formas y una de estas formas es la frustración y la confusión, observen lo que logran las mujeres por el mundo entero y comprueben que no tienen nada de inferioridad las mujeres, comprueben ustedes mismos el verdadero significado de la palabra escrita.

Vergüenza deberían sentir todos los que maltratan la obra divina de Dios, que realizó con amor en la creación de la mujer para regalarla al hombre, sólo tienen una respuesta posible, si no pueden cuidar la obra dulce delicada y maestra de Dios con el arma del amor, tampoco tendrán moral que los mantendrán de pie delante del Dios creador para pedir perdón por sus vidas y tener derecho a vivirla.

La mujer es una obra perfecta a través de la cual pasa el hombre y la humanidad continúa, Dios solamente le la lo mejor al hombre por eso le creó la mujer, si los hombres las consideran inferiores débiles y demás contrariedades, están insinuando que la obra de Dios es deficiente, están insinuando que ellos también son débiles al unirse a su cuerpo.

También están diciendo que Dios crea cosas que son débiles inferiores y que no sirven, la mujer en todo sentido es muy importante e imprescindible para existencia del hombre, entonces no tienen nada de inferiores.

La mujer tiene la capacidad en todo sentido de controlar un universo, de controlar al hombre como suplemento de segunda de la misma forma que ha sucedido en la tierra con las etapas de matriarcados, que impusieron su reinado en diferente etapas del tiempo, que dominaron la fuerza y la mente del hombre.

Reinas y Princesas en muchos tiempos que todavía las hay, miren que linda y bonita la Reina Musulmana que tienen en una tierra de Historias antiguas y es muy buena Musulmana, Dios tiene muchos secretos ocultos.

La mujer es limpia de culpas, paga a Dios por sus emociones sexuales y las culpas de los hombres que llevan sobre ellas con su naturaleza. La mujer es limpia de culpas y lo hace con su propia sangre, en cada ocasión que tiene menstruación. Están habilitadas en su interior desde siempre y por siempre, eso es la obra de un gran creador y sabio, la mujer paga con su propia sangre y se limpia cada vez que tiene un periodo de menstruación, ni siquiera el hombre con toda su perfección tiene esa facilidad para justificarse con Dios en su naturaleza.

Pregúntenles a los científicos el propósito de la menstruación de la mujer, para eso están en la tierra los científicos para mostrarles el poder de su Dios.

Las que ya no tienen menstruación pagaron durante muchas veces en su vida, ahora son libres. La mujer tiene la responsabilidad de continuar la historia por eso son especiales hasta en su naturaleza. La mujer le sirve y sigue al hombre no para que se arrastre, le sigue y le sirve para sostenerle en todo sentido de la palabra.

El Dios verdadero no crea nada inferior todo es grande y perfecto, inferior es el hombre que creyéndose superior no se da cuenta que al pedirle a su mujer su cuerpo y aceptarlo, se está rebajando al nivel de ella y debilitando su orgullo si la considera en su concepto un ser inferior, o hace las cosas sin dedicarle toda consciencia y toda la atención que merece, entonces el hombre también es un inferior.

La mujer puede desaparecer al hombre de la tierra y preservar su vida y su existencia manteniendo en los laboratorios el espécimen del hombre para reproducirse, en el mundo animal existe este comportamiento donde toda la especie de este reptil son Hembras, no existe ninguna en que todos sean machos.

La mujer es el tesoro que Dios dio al hombre desde el paraíso para que el hombre sienta placer en su vida, porque todas estas cosas maravillosas que tiene la mujer en su intimidad fueron creadas para vivirse.

Comprendan que todos los Mesías nacen de una mujer, porque ellas son las que tienen la puerta por donde traspasa el espíritu para ser un alma viviente.

Muchas mujeres son arrastradas en humillación, entregándolas en muchos lugares en matrimonios arreglados, manipulándolas y forzadas a tener que entregar su cuerpo sin derecho de protestar, ni pedir que se les considere su voluntad siendo usadas como objetos de posesión, porque donde no hay amor y solamente se complace el instinto para la satisfacción personal tampoco hay un Dios.

Están comportándose muchos musulmanes igualmente que los sacerdotes cristianos que equivocadamente y acomplejados de inferioridad, en un tiempo arremetieron contra la mujer en contra de su propia palabra y masacraron muchas inocentes, hoy terminaron en los tiempos modernos descubiertos al ser denunciados por víctimas infantiles, victimas que sufrieron violaciones sexuales de sacerdotes descendientes de esos primeros sin tener en cuentas las violaciones de monjas, sacerdotes que son los mismos en todos los tiempos porque sostienen los mismos ideales en contra de la mujer.

Las mujeres son inferiores en el orden de Dios porque el hombre es primero, ellas están simplemente detrás del hombre creadas para el hombre esa es su inferioridad.

Esto no se aplica sobre todos los musulmanes, pero se aplica sobre una gran cantidad que están confundidos y tienen que arreglarse rápido porque las cosas con Dios y los hombres no están bien y les está encima una sorpresa en cualquier momento.

Los que quieran tener varias esposas estén seguros que las pueden sustentar correctamente y muy seguros que estén bien atendidas como mujer, Dios lo sabe todo de no cumplir con ellas estas poniendo en dudas al creador, esto te lo voy a reclamar yo mismo de las muchas maneras que lo hace Dios, se puede tener varias esposas pero también se tienen que atender por igual eso está escrito y tiene que cumplirse.

Pregúntenle aquellos que mutilan a las mujeres en sus genitales.

¿De qué escrituras obtuvieron estos mandamientos?

Pregúntenles por qué aplican estos conceptos que no están en la palabra, alterando el orden de las escrituras según sus propios entendimientos.

Mutilar a una mujer en sus genitales es señalar a Dios de inferior, la manera que Dios las formo es perfecta nadie puede alterar la naturaleza de Dios y decir después que hizo algo mejor que Dios más perfecto, porque estaría diciendo que Dios se equivoco y que un ser creado por Dios e inferior a Dios puede hacer algo mejor que el propio Dios, querer ser mejor que Dios tiene pecado de muerte y todos lo saben.

Sin la mujer en la existencia nunca el hombre se podría el mismo reconocer, todavía te estuvieras preguntando para qué son esas cosas que te cuelgan, que de vez en cuando te pican y que los animales que no tienen manos se rascan con la lengua, las mujeres le dieron la diferencia y lo siguen haciendo, sólo al compararte en su presencia te puedes llamar hombre porque si no existiesen las mujeres.

¿Que serían los hombres?

No serían absolutamente nada o serian los hombres un ser inseguro buscando su diferencia, sepan todos que hubo prepotentes entre los hombres de tiempos muy antiguos, que pensando no necesitaban la mujer por creerse ellos superiores o innecesaria para su existencia, que pretendieron ser muy superiores terminaron siendo los homosexuales que todos conocen hoy arrastrados por las culpas de los tiempos.

El hombre que comete abusos y discriminación contra la mujer no está probando nada, porque el abuso contra lo amable lo bueno es simplemente cobardía.

Prohibirle educación a la mujer es abuso y mucho peor es una cobardía, todo por el temor la inseguridad y la impotencia que tienen en la mente los falsos musulmanes.

Dios les dio la capacidad y la inteligencia de estudiar y comprender las cosas a toda mujer al mismo nivel de los hombres esa es la realidad delante del mundo, les dio un orden ante Dios y ante el hombre, pero nunca las ha negado en su palabra porque ellas también pertenecen a su creación y su obra, todo el que lo niegue está negando también a Dios.

El que está en control de todos sus impulsos y en ningún momento se violenta contra una mujer, ese ya es un hombre en busca de mejores grados los cuales están en los cielos.

Los demás no han aprendido a ser hombres todavía, están inseguros, confundidos, por eso las maltratan con sus contradicciones y leyes absurdas, resultado de la confusión que reflejan sus traumas de cobardes e impotentes.

Cada cual es responsable de sus actos con su consciencia, por la verdadera intención de tu consciencia serás juzgado, todos lo saben y está escrito.

Los demás que marginan la importancia de la mujer en la existencia, discriminando, limitándola, marginándola, e implantando toda contrariedad, estos son los cobardes que sintieron miedo ante la presencia de otro ser hermoso, que sintieron envidia en vez de gratitud.

Esos son hombres como aquellos que una vez llenos de ego, que creyéndose mejores más importantes más hermosos más perfectos más especiales más arrogantes, terminaron cultivando los sentimientos homosexuales que nacieron en los tiempos antiguos y que perduran hoy arrastrados en el tiempo como condena.

Sin la mujer no tendrían los hombres impulsos internos para que se conozcan ellos quienes son, sin las mujeres no existirían tan bellas obras de arte, ni fuera posible vivir.

Grandes hombres musulmanes han inspirado sus obras de arte y sus conquistas basados en el amor a una mujer.

Cada día el fin está cerca queda menos tiempo, el hombre no razona se miente él mismo y se aferra a la ignorancia, para el musulmán éste es un capítulo difícil, donde solamente sobrevivieran quizás aquellos que con inteligencia dirijan los sobrevivientes en caminos más espirituales.

Debe orarse en sus momentos pero actuar conscientemente es la salvación para todos aquellos que quieran vivir en un mundo distinto, más sano, más puro, en un mundo que solamente el hombre de Dios puede alcanzar.

Cada día se despierta más el infierno en las mentes de los falsos, al ver al mundo unido avanzar hacia la llamada democracia del mundo, que es el infierno de los extremistas fundamentalistas y radicales incompetentes, que confundieron las escrituras y están abusando de ellas.

Todas la Naciones tienen sus historias y todas sus distintas maneras de proceder, cada cual en la suya propia, solamente Dios es quien juzga a todas de acuerdo a su tiempo y su vivencias, cuida tú la tuya propia Musulmán que ese es tu deber, déjame a mí ser lo que soy el Dios de todo y juzgarlos con mi sabiduría.

La democracia que busca proveer la mejor forma de vida para los hombres del mundo, que les permita crecer libremente con todo derecho de libertades, los extremos de la democracia se producen por la falta de principios convirtiéndose en libertinaje, por todos aquellos quienes siempre están buscando hacer daño, no pueden tener miedo ninguno de los justos si tienen a Dios de su lado.

El perfecto musulmán observa estos comportamientos del mundo y no se ofende, su fe crece más profunda porque puede ver la palabra de Dios manifestándose y comprende que tiene un deber con su Dios, el cual es cumplir su palabra y mostrarlo a los demás para que vean la diferencia.

El verdadero musulmán al observar las cosas del mundo revueltas fuera de control, injustas, inmorales, entonces le crece su fe, porque sabe que el fin está muy cerca, porque sabe que tiene que ser más fuertes, porque sarán provocados con más intensidad, las pruebas son duras porque todos los que son de Dios tienen que ser los más perfectos y serán los más probados.

Satanás anda suelto, todos lo saben, Satanás está en todas partes, todos lo saben, pero nadie entiende bien cuál es la razón de estas cosas.

Las religiones en el mundo todas tienen internamente sus problemas, pero son situaciones mínimas, propias de los hombres y sus comportamientos, el Islam desde que se anuncio la revelación comenzó con obstáculos, con oposiciones fuertes, sólo existe una respuesta posible porque sólo existe una verdad.

Satanás es lo contrario de todo, Satanás es la maldad, el odio, es todo lo opuesto a todo lo bueno a todo lo sano a todo lo justo a todo lo puro a todo lo santo, en todos los lugares del mundo donde se manifiestan las cosas negativas está Satanás detrás de ellas, empujándolas para que se pongan peor.

Pero Satanás con todas sus fuerzas y con todos sus odios juntos, ataca más intensamente dónde esté la verdad, porque esa es su misión destruir la verdad, nadie está más acosado en el mundo por Satanás que la religión del Islam.

El Islam es la religión menos aceptada por los que están fuera de ella, el Islam es temido como una maldición por los que no la conocen, el Islam es la religión menos comprendida por los que están fuera de ella y por muchos dentro de ella, que tampoco la comprenden.

El Islam por todas partes está siendo acusado en el mundo y señalado de abusivo y salvaje, con millones de empobrecidos en todas sus regiones y los culpables son aquellos que le abren las puertas al Satanás para que penetre en su corazón y estas cosas sucedan.

Por estas razones el perfecto musulmán sabe que la verdad es el Islam y que Alá es Dios.

Porque sabe que la verdad mientras más grande sea, mientras más pura sea, mientras más santa sea, más oposición tendrá de Satanás, esto está escrito.

El Islam nació para dar un ejemplo, el cual se tiene que mantener no importa donde vivan ni quien esté a su lado, si toman la nombrada democracia del mundo y los pueblos que la siguen como una amenaza a su fe y a su convicción es porque son inseguros, tienen miedo de no poseer la verdad el que está seguro no tiembla, no protesta y lo demuestra con sus obras delante de cualquiera.

Por esa razón están por otros pueblos del mundo los honestos que son de Alá, están por el mundo para demostrarle a la mentira quién es la verdad sin tener miedos porque se sienten seguros.

Los Santos no necesitan ninguna arma en sus manos, porque esto los mancharía de pecado, contra la revelación del Espíritu ninguna arma del hombre tiene poder.

La guerra es Santa, Santa, Santa, los justos solamente pueden participar, los justos solamente los justos.

Los actos de cobardía y las ratas no representan nuestra historia Islámica.

Los combates apocalípticos son para los hombres con sus armas de destrucción masivas, esto lo vienen intentando desde hace mucho tiempo, la diferencia de hoy es que las ideologías se han quedado atrás, una nueva y más temible amenaza se manifiesta sobre la tierra.

Están matándose los musulmanes entre ellos mismos por recelos pasados, al regreso del profeta encuentra lo mismo, lo mismo persiste la palabra no penetra en sus corazones, Satanás les gana la partida a los musulmanes.

Hoy continúa la misma discordia entre ellos, el mismo celo, la misma envidia, el mismo odio, la misma ignorancia y la aniquilación entre sus tribus en muchos lugares, ni ellos mismos se ponen de acuerdo como seres civilizados de estos tiempos y conocedores de la verdad.

Todo es prueba que no saben conducir su religión, están poniendo en dudas la fe porque no se mantiene sin aplicar la violencia, estas acciones son los comportamientos que tienen los falsos, nunca un musulmán puede aprobarlas ni vivir en ellas.

Las palabras de ésta religión nunca han logrado su propósito central con todos sus fieles, parece que no tienen poder es la manera que lo ven desde afuera los infieles, pero la culpa no es de la palabra, la culpa es de ustedes los que tratan la palabra como basura.

La fe está poseída y gobernada por muchos que no creen en ella, pero la manipulan por propia conveniencia, tienen muchos beneficios y son extremadamente ricos, mientras sus pueblos sufren tratando de vivir cada día, otra contradicción en las tierras del Islam que no les aceptamos.

Le dio a vivir Dios unos años de vida unos pocos años de vida para que se probaran, unos años de vida que son nada ante la inmensidad del Universo y su tiempo infinito, para que se ganaran la eternidad en poco tiempo y no pueden ni con eso, si les doy a los hombres mil años nunca lograrían nada son muy débiles no merecen ni la salvación.

La fe del Islam en las manos de aquellos confundidos y llenos de odio está llevando a todos los musulmanes a su tumba, al mundo no le importa si los extremistas son los responsables de las malas acciones que siembran una reputación mala para todos los musulmanes honestos.

Al mundo no le importa tampoco que sus máximos líderes sean los que declaren guerra contra toda existencia y les exijan a todos los miembros de la fe en el entero planeta, que actúen con violencia contra todos los demás que no acepten su fe.

Al mundo no le importa tampoco que muchos musulmanes no están de acuerdo con esas acciones y se mantienen neutrales, lo que importa es que ninguno condena fuertemente y públicamente con toda su congregación su desacuerdo, por lo tanto lo acepta al guardar silencio, lo que le importa al mundo es que todo proviene de La fe del Islam.

La cual si no existiera sobre la faz de la tierra, el mundo no tendría ésta terrible situación, esa es la manera de pensar de los débiles, el mundo es débil por eso están en su contra Satanás les está ganando la partida y la verdad se está hundiendo.

Lo que importa es que si no se logra ahora el orden mundial el mundo como tal se acaba el que está observando no pierde tiempo, el Universo es muy importante y hermoso, los que no quepan en él tienen que eliminarse y mientras más rápido mucho mejor, están en el tiempo que los profetas anunciaron nadie se lamente ahora.

Los falsos hacen la guerra ellos mismos Dios hace la guerra el mismo personalmente y la puede hacer sólo, porque su poder es absoluto no necesita subordinados, la fe está lograda por el poder directo de Dios hace tiempo, estos son los tiempos de los fieles de sustentar esa fe con amor no con violencia el que hace lo contrario está pecando.

El próximo tiempo pertenece a Dios por completo, nadie tiene el derecho a intervenir en sus asuntos, el que tenga sabiduría que empiece a preparar su casa.

La guerra santa que buscan sobre su existencia les viene encima desde las estrellas a todos los hombres, las estrellas que nadie puede alcanzar, la guerra que nadie puede enfrentar con armas creadas por los hombres de la tierra.

Aprendan cómo funciona el universo la manera que se mantiene y arregla las cosas y sus propias razones les darán las respuestas, el infierno de Satanás al que los infieles serán arrojados lo tienen en la misma tierra dándoles señales de muerte y siguen jugando.

Muchos equivocados creen que son pecadores por sólo el hecho de ser mortales que no merecen estar de pie delante de su Dios, si un hombre es justo honesto y lleva su vida por los caminos de la misma, con la verdad en sus palabras y un gran amor por todas las cosas de Dios y su palabra, este ser es un hombre de Dios.

Por lo tanto no es culpable de nada no tiene porqué sentirse culpable ni humillarse, no es un pecador cumple con la palabra y eso es suficiente, los que se lamentan solamente son los que no entienden a Dios de ninguna manera, ellos mismos se condenan con sus pensamientos entonces se vuelven culpables.

Estos seres en su ignorancia son su propio Satanás, de la forma que el destino a la muerte está marcado sobre los seres humanos, el fin de sus tiempos también lo está y la palabra tiene que cumplirse.

Busque cada cual su propia salvación y la de su familia la cual también es su congregación, porque todo lo que se escribe son sólo las palabras, pero el poder de la acción que esas palabras generan es una ola imparable que ya tienen encima, el que no se dé cuenta del mensaje no sabe leer.

La sabiduría de los hombres lograda en todos los caminos de la ciencia, es la prueba que el creador es sin dudas un Maestro con el poder de la energía cósmica para animar sus obras, que le entregó al hombre de una manera especial un gran conocimiento, el de poder comprender y analizar por sí mismo todas las cosas y encontrarles sentido de existir y de ser y de estar, Dios no se esconde de nadie.

Ciertamente les aconsejo que oren bastante, pero levanten las obras con acciones positivas eso es más importante.

Alá les dice a los justos, los limpios, los sanos, los respetuosos, los Santos, la hora de Alá está escribiéndose aquí, sólo quiero que seas fuerte en la fe cree en mi siempre con la verdad de las palabras, porque vas a ver temblar la tierra por el poder de las estrellas en estos tiempos.

Yo si hablo, yo si voy, los demás están en el misterio, que nunca tiene una respuesta, mis caballos si están listos, mis caballos con fuego de estrellas, fuego de Energía Universal, nada inventado por las manos de los hombres de la tierra.

El Dios que quiera probarse que es el Dios de las estrellas el creador inmortal, las cosas de las estrellas tiene que traer, o es un Dios falso.

El que fue a la Sagrada Meca a jurar defender y servir Alá hasta la muerte y salió después y dio golpes de muerte contra sus hermanos musulmanes ya sabe la sentencia que le espera, Dios es el más Puro, Puro, Puro nada más, el Dios verdadero no cambia su esencia nunca en ningún tiempo.

El Dios que cambia su palabra o sus fieles la modifican a su conveniencia esa no es una fe buena, no está sustentada por un Dios verdadero, el que vive en esa fe está muerto en vida.

El que profane La Meca entierra a su pueblo completo, lo saben bien por eso la cuidan si está profanada ya no es santa, saben la sentencia que les espera a los culpables.

El que jura ser musulmán cumple el juramento como lo prometió al gran Alá, de estar haciendo lo contrario en cualquier forma es tradición al juramento y también saben la sentencia.

Alá les ofreció las estrellas y nunca las vieron, muchos musulmanes teniéndolas delante de sus ojos nunca han comprendido bien la creación, otras religiones hablan de existencias que no se pueden comprobar.

El universo inmenso es el regalo de Dios donde se vive eternamente y donde está el profeta de dios, paseando en su carruaje de fuego y Dios tiene muchos carruajes tantos carruajes como tantas estrellas.

Yo soy todo, soy Alá lo soy todo, El Gran Alá y les digo a todos que en las estrellas no vuelan angelitos de grandes alas con plumas de aves de la tierra, pregúntenle a los científicos que tienen en la tierra y estudian los astros.

Muchos musulmanes estudian la ciencia con intenciones malignas, pregúntenles a esos científicos donde están los cielos del paraíso, Alá ofrece las estrellas del universo el cosmos y después del universo todo lo que existe más profundo también lo regala a sus más fieles.

Pero muchos musulmanes parece que cambiaron de religión y ahora buscan los cielos, todos saben la sentencia por blasfemar y confundir la palabra extraviando a otros en la confusión.

El fin de los tiempos y el juicio de los santos sobre los hombres es un acontecimiento imparable que tendrán que enfrentar todos los seres humanos, a cada cual su propio Dios le juzgara y si pasan la prueba entonces los musulmanes perfectos de alta consciencia, juzgaran a los que sobrevivan de cada religión y pondrán la sentencia según hayan sido sus obras.

El Universo es mío el mundo es mío, los seres que lo habitan son mi creación, el Poder absoluto le pertenece al Gran Alá, todos los musulmanes conocen la Palabra pero muchos la ponen en dudas entonces todos están pecando.

El Gran Alá creador de todos los animales, solamente envía leones y de pura cepa para sorprender a ladrones en la noche, ustedes lo saben.

Para morir por Alá y vivir junto a él eternamente en el paraíso, primero tienen todos que conocer y saber vivir para Alá, solamente esos lo lograrán los demás ya están muertos estando vivos.

Capítulo 9

Introducción del redactor del siguiente mensaje.
Dios reprende al hombre para poderlo salvar.

ÉSTE ES UN mensaje que fue escuchado y estudiado su contenido en el espacio dentro de una nave con apariencia muy linda, lo escribí en mi portátil y después lo salve en la memoria destinada para este objetivo, en espera de la orden para revelarlos todos juntos.

Estoy cansado muy cansado del trabajo tan fuerte en este día de mucha agua, la lluvia ha sido constante y no fue fácil terminar el trabajo, muchos contratiempos de toda índole especialmente para chóferes de camiones no es una tarea fácil en los días de tormentas y aguaceros incontrolables que parecen no tener fin.

Las entregas se dificultan y por toda la ciudad se aumenta el tráfico de vehículos, junto a todas las complicaciones que todo esto arrastra para complicarlo todo de una manera más molesta, especialmente el hecho actual de encontrarse tantas mujeres manejando a todas horas, las mujeres en su mayoría no tienen respeto al manejar quieren todo a su conveniencia y tampoco entienden nada de situaciones de tráfico, mucho menos la manera de comportarse correctamente en las horas picos.

Muchas mujeres manejan a la misma instancia que se maquillan o están peinándose, manejan hablando por teléfono y cambiando las estaciones de radio simultáneamente, mientras hacen todo esto también levantan las manos para ofender con sus dedos mostrando expresiones groseras o para buscar alguna revista o la cartera en alguno de los asientos traseros, no tienen ninguna consciencia pero lo quieren todo y piensan que lo merecen todo, las he visto manejando con la rodilla la cual utilizan presionando el volante para mantener el vehículo en la línea y entonces realizar todos estos actos de acrobacia mencionados, usted pensará que todo esto es un imposible pero créame lo he visto todo en el trafico.

Las perdono a todas las mujeres que manejan porque comprendo que son mujeres y bastante hacen, cuando tienen un accidente sea su culpa o no (95% de los casos registrados de accidentes de alguna forma son culpa de una mujer aunque no le den una multa o no estén manejando, esto no es un reporte oficial pero está confirmado por todos los hombres que vivimos manejando todo el día y la noche, también por muchos otros hombres que nos comprenden por sus experiencias y nos apoyan) en cada accidente que provocan todas las mujeres se atacan de los nervios, empiezan a llorar y llaman a todo el mundo que conocen para contarles lo que sucedió siempre de acuerdo a su manera.

En conclusión una desgracia social que parece nunca tendrá un final feliz para los hombres, pero todo tiene su lado bueno por ejemplo cuando manejan en faldas me encanta observarles todas las piernas hasta donde se pueda, especialmente aquellas mujeres que les encanta subirlas y tenerlas abiertas, la que me descubre mirándola se molesta y me protesta, le digo con señas que no es mi culpa ella es la que tiene las piernas abiertas mostrándolas y los ojos son para mirar, además yo tengo el absoluto derecho a observar por la responsabilidad como conductor profesional que tengo, debo de observar muy bien sobre todo acontecimiento en el tráfico vehicular para evitar accidentes, y al que no le guste entonces que no maneje o se comporte correctamente.

Definitivo de cualquier manera el tráfico es una pesadilla convertida en realidad y más difícil y molesto, es no poder abandonar la responsabilidad y sentarse tranquilamente a relajarse o disfrutar de algo mejor que trabajar. Cualquier cosa es mejor que tener que darle duro al trabajo sin querer hacerlo, muy al contrario tener que sobreponerse a las dificultades y cumplir para evitar situaciones que pueden terminar peor, todo un sacrificio para después no lograr ni las gracias por el esfuerzo.

Pero ese es el mundo que vivimos nada se puede hacer por el momento ni tampoco nada mejor se puede pedir, tengo muchas ganas que todo acabe pronto no solamente por mí, también por todos los que esperan y lo merecen. Llegué a mi casa, me di un baño largo y me tiré en la cama sin comer, en esos momentos el apetito había desaparecido después de tanto tiempo en el trabajo esperando una oportunidad para comer algo, momentos que a veces no llegan o se dificultan por alguna razón y termina uno comiendo lo que se encuentre o dejando de comer.

Estoy seguro que me dormí muy rápido, el cansancio tiene tremendo poder de control y con el tiempo de andar por la vida cada día se hace más difícil imponérsele, tampoco sé cuánto tiempo descanse pero fue lo suficiente para que un sobresalto de mi cuerpo me despertara de forma brusca. El caso es que el amanecer me sorprendería escuchando un nuevo mensaje en la voz de los Ángeles no sé exactamente qué hora fue, sólo recuerdo que no había amanecido, empiezo normalmente más tarde el fin de semana a trabajar para recuperar un poco el cuerpo del viernes sociales, o en el caso específico de este día por lo largo que fue y lo cansado que me dejo por las circunstancias ya mencionadas.

No tuve una idea de la hora, me sentía bien en ese momento y eso era suficiente, porque para los Ángeles no hay excusas me despertaron de la forma que algunas veces lo hacen, con un empujón de energía que lo hace a uno saltar. Me dieron las coordenadas para ser recogido y tener un paseo estelar el cual me refresca la mente y me cura los malestares inmediatamente, me apresuré al lugar, esperé el momento y me fui al espacio con la intención de escuchar y así lo hice, primero me di un paseo interior en la nave que siempre resulta impresionante por las diversas cosas que se pueden observar.

Cuando estuve listo empezó el mensaje comenzando con estas palabras, éste es el cuarto mensaje que recibes y el cuarto en el orden, está ubicado en el punto central en este momento todavía no sabía si seguirían llegando, pero algo dentro de mí no me permitía preguntar. Sentía que me informarían sin rodeos el día que escucharía y tendría que escribir el último mensaje, me sentí libre y en control de mi persona totalmente como las veces anteriores y entonces en silencio comienzo a escuchar hasta que termino por completo.

Este mensaje de la cruz me empezó a inquietar y después de escribirlo me empezó a preocupar el contenido del próximo, siempre me sentí determinado pero ésta vez sentía que la situación era mucho más seria de lo que pensé en los momentos de reflexión sobre mi encuentro con aquellos Ángeles cósmicos, pero una vez más hice mi trabajo y cumplí mi palabra y me concentre en esperar el próximo una vez concluido este.

Es bueno dejar saber que la intención de Dios es para que cada cual tenga consciencia absoluta del lugar donde está ubicado, lo que tenga debajo de sus pies como base y lo que debe hacer en ese mismo lugar para no desplomarse. Todavía en este encuentro no estaba yo muy bien comprendido a cual orden numérico se estaba refiriendo los Ángeles ni que tenia de relación o importancia el orden de los mensajes, pero de acuerdo a lo escuchado y tratándose de Jesús lo relacione con el ultimo, estaba muy equivocado si había acusaciones tan especificas sin dudas muchos otros tendrían su plato en la mesa, lo cual estuve en lo cierto.

Yo comprendo que las cosas que dicen estos seres para que las escriba para mi entender muchas no tienen sentido, otras tienen demasiado sentido y otras no las entiendo para nada, pienso que quieren de alguna forma tener compasión con los que la merecen quizás se sientan por alguna razón culpables o quieren ser buena gente por lastima.

Perdónenme los afectados porque yo solamente soy un instrumento de la voluntad espacial, claro es cierto que me gusta el juego y es intensamente irresistible.

Yo soy el Alfa y la Omega el principio y el fin.
El mensaje de la Estrella Divina para la casa de la Cruz.

Para todos los fieles que van clavados en la cruz del calvario con el espíritu derramando su sangre internamente, perdiendo la vida poco a poco cada día sintiendo en carne propia los clavos de la cruz igual que su señor, al cual le sirven todos sus fieles experimentando el poder de la cruz. A todos aquellos los buenos que esperan la salvación y la paz eterna en un hijo del pueblo, cumpliendo con la palabra y siendo fiel hasta la muerte y una muerte de cruz si fuese preciso.

Los hermanos que a través de los tiempos difíciles o no difíciles porque no todos pasan las mismas pruebas ni son tentados igual, los hermanos aquellos que han mantenido la fe y la esperanza confiando que el hijo del Dios vivo, les devuelva con amor del padre todo el mismo amor que ellos han derramado por la cruz y su propósito, creyendo firmemente en sus consciencias que en la cruz está la verdad que les salvara.

A todos los que con su corazón abierto le creen y le aceptan en todos los tiempos, obedeciéndoles en todo camino y jornada sin importar que difícil o pesada les sea la prueba, los fieles que siguen el camino que el señor se esforzó por señalarles muchas veces para que no fueran confundidos por los que siempre están tratando de manchar la obra divina. Todos los que obedecen con fe profunda y seguros de él y de sí mismos que guardan la obediencia celosamente para no ser sorprendidos, en el momento que el hombre finalmente se encuentre de frente al poder del Dios creador y amenace sobre su cabeza la destrucción de su cuerpo y el del fin de la existencia de su alma en el día del Armagedón.

Todos sin excepción de personas ni razas y a la manera que cada cual siente y comprende todos los que llevan en el alma la cruz de la muerte y la vida en el balance, la cruz por la cual él sufrió por todos y les enseñó como soportarla y como caminar sobre las huellas que él dejó impresa en la palabra, a todos los que soportan la violencia en sus cuerpos de muchas maneras manifestadas por el mundo por sólo amar a la cruz y lo que ella revela para el mundo. Para los que conocen su mensaje y todos los que esperan se cumpla en ellos la palabra por la fe depositada y la promesa de la resurrección, también para todos los que confunden la interpretación del evangelio y trastornan la razón y el entendimiento de otros estando ellos mismos muy extraviados, en otros casos obteniendo oportunidad de abusar para beneficios propios.

En conclusión tienen todos los fieles cristianos un mensaje aquí escrito con su nombre impreso, procedente de la estrella que salva, la estrella de la luz la cual está en estos tiempos lista para cumplir el destino de los tiempos. Y todo gracias al pueblo que sostiene la herencia de su palabra, si es que se encuentra alguno todavía sobre ésta tierra porque nada es garantizado para nadie. Nadie conoce al hijo más profundamente que el padre que lo envió y le dio un destino especial, nadie puede poner en dudas que su paso por la tierra dejó una huella inigualable, que deja ver el cielo en ella matizado, nadie puede dudarlo, nadie puede desmentir su poder, el poder de la cruz que cada día se gana unas nuevas almas para su gloria que es la gloria del padre mismo.

Estos momentos que vive el mundo son importantes donde se han revelado finalmente valiosos documentos históricos secuestrados en el tiempo, que al ser expuestos nadie puede negar la solidez de su contenido, sólo aquellos que ven en peligro sus intereses lo tratan de censurar, aquí se escribe palabra de Dios.

Para la vergüenza también de todos aquellos que hacen uso y manipulación de la palabra que no conocen, porque no son sinceros nunca lo han sido son los lobos disfrazados de ovejas que sirven el otro propósito, el que sienta que le señalan que se mire en el espejo que se hable él mismo delante de su imagen y que lo desmienta si puede.

Jesús el Nazareno el Cristo redentor salvador que esperas vendrá sin lugar a dudas nadie puede negar esto, porque es la palabra de Dios que está escrita con promesa y si no se cumple, es falsa la promesa, también es falso el Dios que la pronunció. La promesa es de todos los que están bajo la ley, pero también de todos los que el padre quiera levantar, porque su voluntad es por encima de todo eso, lo tiene solamente el

Dios verdadero que guarda el poder absoluto. También para que se cumpla toda palabra de Dios.

El padre Celestial de todos sabe muy bien sobre los muchos pueblos que siguen a Jesús con buena fe sinceros de corazón.

También conoce a todos los muchos que han muerto por su causa desde los tiempos primeros, los que han llevado la cruz con valor profundamente clavados en ella y tantos que han perecido devorados por el hombre Satanás.

El demonio, el cual disfrazado de muchas formas ha realizado sin misericordia sobre los cristianos de toda dominación incontables atrocidades alrededor del mundo, muchos cristianos han terminado su vida física internados en la creencia profunda y absoluta, que su fe en su señor le levantará de los muertos el día que Dios llame a su pueblo, los pobres de la tierra y con él a todos los que le siguen.

Desde las entrañas de la tierra el padre que todo lo comprende nunca pudiera ignorar la obra de amor más hermosa que un hijo suyo y judío de nacimiento y bajo el pacto, dejó como legado de buena voluntad en la tierra de los mortales, para que fuera oportunidad de salvación pagando por eso con su vida en sacrificio de cruz, cumpliendo a la vez con la ley judaica de la expiación a través de la sangre. Un judío puede reprender a su hermano pero nunca negarle, el pueblo de hebreo nunca negó a Jesús como hijo de Israel y salvador es una errónea interpretación de malas influencias, el pueblo negó el momento porque no era la hora final esto estaba escrito.

Jesús tenía que cruzar el puente primero para coronarse Rey, el destino estaba escrito y la palabra tenía que cumplirse los rabinos judíos conocen todas estas cosas, ellos también aman la obra de Jesús que fue compasiva y enseña la parte de amor y sacrificio del pueblo de Israel para el mundo extranjero.

Eso es muestra de la buena intención cristiana que busca la paz mundial y puede verse todo esto hoy en los cristianos verdaderos, el poder que logra la palabra pronunciada en la boca de un hijo de Israel. Mira que poder vive en el pueblo Judío, uno sólo se dio por el mundo entero y es más que suficiente su sangre para cubrirlo por completo, por los que estuvieron los que estaban y los que vendrían fuera de la ley.

Lo que no pueden aceptar los rabinos es la mentira de aquellos los que impulsados por el fanatismo esquizofrénico, motivados por la euforia se abalanzaron en todas direcciones contra el mundo, inventando historias que no pueden sostenerse delante de la realidad alterando la palabra. En el pueblo de Israel no existe el odio porque estarían pecando, porque las cosas que suceden han sido permitidas por la voluntad del Padre, el padre que nadie conoce mejor que ellos por eso respetan a Jesús por todo su valor por toda su hazaña.

También lo respetan por toda su grandeza, pero no comparten con la mayoría de sus seguidores porque estos no entienden ni prestan atención al padre que lo envío, los cristianos conocen lo que hizo el hijo de Dios por ellos, pero es más importante el Padre que hizo posibles todas estas cosas.

Ésta no es la dimensión en que la existencia total humana es cristiana, convertida desde la primera palabra pronunciada y que espera pacientemente que vuelva no importando cuando porque todos están en paz.

En ésta secuencia del universo la locura del hombre sólo tiene una salida, por eso los enemigos de la paz mundial le tientan a Israel provocándoles con ataques suicidas y terrorismo, obsérvenlos como gozan de las atrocidades que cometen los asesinos todos aquellos que simpatizan con ellos y es satisfacción para sus cuerpos.

En un lugar de la existencia cósmica las cosas se resuelven con una palabra de amor en otras con una voz de poder y una acción de inclemencia, en Jesús se cumplirá toda palabra de Jehová para todos los extranjeros de este planeta que ustedes llaman tierra, todo cristiano le debe agradecimiento si son verdaderos en la fe una gran gratitud a Israel.

Solamente los que escriben la historia podían ser los que la cumplieran porque son los responsables de todos los hechos y todas sus palabras, por lo tanto sólo Israel tenía esa obligación y el absoluto derecho palabra por palabra y hecho por hecho, cada uno en su tiempo el que sabe leer y también interpretar comprende enseguida el mensaje del opus cristus en su totalidad.

Un judío primero que nadie debía ser la puerta de oro y sólo un judío primero que nadie el que la cruzara y de ésta forma se cumplió, ellos no son mejores que nadie pero ellos son el principio sin un principio no hay una existencia posible que se sostenga.

La sabiduría del padre busco un ejecutor directo para no manchar con culpas de sangre de salvación a Israel, salvación que llega cuando el padre mire la obra de cada cual y la juzgue y perdone si tiene mérito de perdón, por eso entiendan bien claro la palabra dada al espíritu que es el que interpreta bien las cosas y, lo que significa en el conjunto total de todo el evangelio el mensaje de la cruz.

"La salvación es por la gracia y la misericordia del padre" esa es la esperanza que el cristiano tiene, mira que sabio el hijo Jesús es creyeron en él muchos de la tierra y ahora el padre tendrá que juzgar su obra, los condena a todos o los perdona a todos por la fe que mantuvieron en un rabino judío limpio de buenos sentimientos.

Un judío que le dijo al padre con su corazón abierto tómame a mí y que sean salvos todos los que en mi se bauticen, aceptándome y comportándose como yo les oriento que conduzcan sus vidas, para que no tengan manchas delante del padre para que puedan apelar por la misericordia que es infinita en Dios para los que le respetan incluyendo a todos los que respetan a su pueblo.

Jesús es uno de ellos esto es palabra escrita en el libro de la vida, nadie puede dudar de la inteligencia y el conocimiento de Jesús y el valor de su sacrificio es una de las pruebas de amor más grandes del mundo la cual nadie puede negar que nace de Israel, porque para eso vino a cumplir su destino Jesús, a probar que el pueblo amado de Dios es Amor y por tanto el Dios que lo representa también es Amor, más todo lo que existe y se manifiesta por su gracia divina.

Por eso a Roma se le impuso la encomienda y se convirtió en el castigador y responsable a la vez, principalmente por ser el representante del mal más notable del momento y sus tiempos estando tan descontrolados en sus mentes.

La razón por la cual Roma se limpia las manos no es para condenar a los judíos como se interpretó por personas ignorantes durante tanto tiempo, ni como se enseña todavía en muchas dominaciones de cristianos, los romanos siempre castigaron al inocente con su afán de conquista sin importarles el dolor ni el sufrimiento de nadie.

El imperio que dejaba a su paso destrucción y llanto de muerte y lo hicieron con el mundo de aquel tiempo por sobre todos los lados que pasaron, los gladiadores peleaban a muerte y era solamente un juego, fueron tiempos de una humanidad insegura y oscura donde Roma fue especial.

Ninguna persona con sentido común o con conocimientos de historia aceptaría que un Romano de tan alta clasificación y con tan difícil responsabilidad en sus hombros sobre toda esa región, se limpiara las manos por pena o sentimientos de culpas eso no pasaba con La Roma imperial ni pasa con ningún sistema que se soporta y sostiene mediante la tiranía incluyendo cualquier tiempo moderno.

En ésta ocasión querían cumplir pero estar a la vez perdonados, porque descendientes de aquella Roma todavía existen en la Italia moderna y no tendrían hoy que ser responsables por sangre de salvación.

Lo llevaron al calvario y lo ejecutaron el acto violento y criminal se les perdona al exclamar aquel soldado romano la frase famosa, que aquel era el hijo del Dios verdadero lo cual es cierto.

Y para aclararles el camino para tiempos del futuro se fundó la Iglesia Católica Apostólica y romana en el corazón del imperio Romano por un apóstol, la cual sigue establecida y en el mismo lugar teniendo el honor de bautizar en su fe a un emperador Romano.

Qué pena que no todo es comprendido por la ignorancia del hombre la cual le hace contradecirle en lo que ni el mismo puede negar.

Israel nunca negaría a su Dios Jehová exaltando al Cesar como su rey eso es blasfemia, el pueblo hebreo ha sido testarudo rebelde impulsivo pero jamás ha sido cobarde delante de nadie, estas son pronunciaciones expresadas por seres que en su dilema se extremaron lo cual no era necesario porque no prueba nada.

El pueblo hebreo adoró en el desierto en los tiempos de exilio a Baal y todos saben lo que les pasó y las razones porque pasaron esas cosas, pero aquella deuda no fue la que cobro Moisés lanzando las tablas y los judíos lo saben.

Las faltas el padre las cobra el padre mismo con sus muchas maneras de hacerlo.

Jehová no es fácil comprender porque los tiempos del padre son sin tiempo.

Pero esas fueron historias que tuvieron su tiempo cuando Israel fue guiado de la mano hasta su destino, desde entonces le guardan celosamente y nunca más sucederá nada igual porque la historia ya está narrada, pero nadie sabe el destino de los tiempos el padre siempre da la última palabra.

Ahora es el destino del fin que falta cumplirse los castigos de Jehová son duros sin juegos y se cumplen, los judíos lo saben hasta cuatro generaciones en pena de culpas es lo que está escrito pero las extiende si le da las ganas para eso es dios, Jehová con su palabra y su pueblo es uno siempre el mismo.

Los rabinos que cuidan al pueblo y que conocen bien al que ellos adoran y sirven como su Dios, jamás hubieran permitido al pueblo caer ni ellos apoyarlos, porque saben que cuando un hermano juzga a otro se juzga el mismo y le viene la ley y la ira de Jehová encima sobre todo el pueblo.

La Nación de Israel es fiel a su Dios y lo han demostrado en varias ocasiones de forma determinante, en la resistencia contra los romanos hasta el final de muerte que enfrentaron tan valientemente en la fortaleza de "Masada" también en la rebelión que les costó los muros del templo con la perdida de muchas otras vidas.

Para que no quede dudas de esas historias marcharon en tiempos modernos en la oscuridad de la segunda guerra mundial, llevados como desechos a ser masacrados no decayó su fe no tembló la esperanza dada en la promesa y continúa firme hasta el fin de los tiempos.

Su amor es sincero y puro no cambia con las etapas del tiempo, son los Hijos del Dios vivo y se comportan de la manera que su Dios les exige, nadie puede condenar esto conoce a Israel y te enamorarás del Dios vivo que se siente entre ellos el padre de todos tu propio padre.

Tienen que tener un mejor entendimiento para poder tener mejores conclusiones, aquellos que rechazaron a Jesús delante del gobernador romano fueron ciudadanos romanos nacionalizados, los únicos con derechos a dirigirse a un gobernador a expresarse y ser escuchados como representantes de una comunidad y por esa razón mencionaron al Cesar como su rey absoluto.

En todos los tiempos los rabinos de Israel han preferido la muerte en Dios que la traición a Dios dándolo todo por Dios como lo demostró el padre Abrahán.

Ninguno de aquellos que le señalaron delante del gobernador eran rabinos del interior del templo, en los tiempos del imperio los romanos jamás permitieron a nadie nombrarse rey sin ellos haberlo primero consentido bajo algún acuerdo, la sentencia por tal atrevimiento era muerte segura sin preguntas y sin juicio, el que quiera dudarlo que estudie la historia.

Dentro de todo esto parece que los cristianos se olvidaron que estas cosas estaban destinadas a cumplirse por voluntad y palabra de Dios entonces nadie es culpable, a Jesús lo ejecuto la palabra y la voluntad de Dios.

Por eso Israel que conoce la palabra guarda silencio y espera con paciencia, que el poder celestial sea el que juzgue y diga su palabra de Poder, con toda la sabiduría y la verdad por delante como sólo Dios sabe hacer.

La esperanza en el Cristo redentor es positiva, pero recuerda sus palabras y ten conocimiento de ellas.

La salvación es por la gracia y misericordia del padre, esas fueron sus palabras porque el que no está bajo la ley no puede exigir nada solamente le queda esperar el milagro de la fe, esto lo saben bien los que entienden las palabras de su señor, seguir al Cristo sólo les dará la oportunidad de salvación, el abogado de los gentiles el cual ante su padre celestial pedirá perdón por muchos según hayan guardado la fe.

El padre celestial de los cristianos es el Dios de Israel no lo olviden, porque les puede costar la confusión la vida que esperan, por eso es bien importante conocer saber diferenciar y más que todo entender las cosas de la forma que verdaderamente son.

Aquí comienza a dirigirse el mensaje con las palabras de poder y juiciosas para ésta humanidad tan difícil y pecaminosa.

Jesús es el Mesías redentor de los pueblos del mundo eso es cierto y es innegable, tienen en él la esperanza si han sido obedientes con sus enseñanzas con todo el amor.

Jesús no puede ser el Mesías que Israel espera, porque Jesús es amor y no puede estar presente en una guerra que los propios cristianos esperan contra el maligno de forma violenta escrita en el libro de revelaciones, ni mucho menos al frente de ella ni como observador ni general, porque el verdadero amor nunca cambia su estado.

Vendrá un Jesús que lo cubre todo esa es la diferencia recuerden el mandamiento "ámense unos a los otros, si te golpean en la mejilla pon la otra mejilla" y esto se aplica sobre todos los cristianos porque es palabra de Dios la cual nunca cambia con los tiempos.

La guerra de los santos es conducida por aquellos destinados en el espacio a ejecutar la palabra del ordenador, después viene la paz en la cual los hijos de Israel se encontrarán todos a la misma vez o ninguno.

Dios no hace diferentes ni exclusivos a los judíos, ni tampoco ellos se creen de esa manera como muchos tratan de asegurarlo, ellos sólo respetan a su Dios y el que critique es por envidia de no tener valor de hacerlo él también.

La verdad de las palabras están escritas y al alcance de todos, los judíos se consagran a su Dios y se mantienen firmes con mente abierta sin dejar su fe sin abandonar lo que son y lo que representan, eso es lo que deja ver bien claro quién es el que lleva el sello de la palabra revelada y quién conserva la fe verdadera, estas son palabras con poder que nadie puede contradecir.

Éste es el comienzo del juicio primero que Dios pone sobre todo los seres de la tierra, para que sepan lo que tendrán que enfrentar cada uno según sus propias acciones y sus culpas, porque cuando la verdad se pronuncia hace eco profundo en la consciencia del ser humano o no es la verdad.

Muchas enseñanzas cristianas muchas denominaciones diferentes criterios y un incontable número de sectas que se aclaman la verdad sin saber lo que es la verdad.

Han creado sobre el planeta un verdadero desastre del evangelio del amor, porque todo ha servido para darle un lugar sin precedentes a la confusión, la discordia, los celos, los abusos, los oportunistas y un lugar al propio demonio, pero más lamentable la destrucción personal al nivel espiritual de los que buscan sinceramente una verdad absoluta.

Muchos son culpables de destruir aquellos que buscan una respuesta a sus inquietudes y un consuelo a su alma, un camino a seguir y al no tener una buena orientación se alejan perdiéndose muchas de estas almas para siempre.

Los llamados pastores de la paz o pastores del evangelio cristiano y todos sus líderes, todos en su éxtasis reclaman impunemente que el poder de la palabra y la verdad de ella está sin lugar a dudas en sus enseñanzas exclusivas, ellos son y se creen en derecho de ser el Cristo moderno, pero que no se inmolan ninguno de ellos en la cruz de la verdad y la vida durante su existencia.

Esos que son hoy muchos los que caminan la tierra pero sin sentir el dolor de la cruz, por lo tanto no sienten tampoco el amor que tiene el evangelio, ni cargan la cruz del calvario más bien la arrastran por sentirla pesada, pero pueden según ellos interpretar la palabra con exactitud explicándola con sabiduría intelectual celestial, pretenden explicar una palabra que no tienen en el alma.

La relación es personal cada cual sabe lo que hacer según el entendimiento que Dios le dio y por sus acciones serán juzgados, nadie puede tomarse ese derecho sobre los demás.

Estos pastores toman la palabra deliberadamente y crean de la palabra múltiples composiciones por todo el planeta, esto deja el sabor de una manipulación a conveniencia propia, lo puede observar cualquiera en los personajes que se ven por todos lados predicando según su entendimiento, la palabra tiene solamente una sola respuesta entonces muchos cristianos tienen que estar equivocados.

Los observan gritando eufóricos a los miembros que fácilmente manipulan y controlan imponiéndose con miedo la palabra a unos y a otros con consuelos emocionales mientras a otros con cuentos de todo tipo, principalmente los más afectados son aquellos que necesitan aliviar el peso de su conciencia por cualquier razón, o de culpas que no tienen pero les hacen creer que las llevan encima, los cuales son fáciles de convencer por su inocencia y su ignorancia.

Los pobres de la tierra los cuales son muchos y de muchas maneras incluyendo pobres de mente, estos pastores se pasan el tiempo juzgándose unos contra los otros nominación contra nominación, guerra de palabras y criterios opiniones opuestas de la misma fe que se han tornado violentas.

Hasta el punto de hacer correr la sangre en muchos lugares y ha sido violenta a través de la historia, nada que se comporte de ésta manera puede tener raíces firmes ni verdaderas, no es la verdad de nada ni mucho menos los que la pronuncian algo se esconde en sus interiores y no es algo bueno.

El que no tenga paz con todos y un gran respeto en su interior no puede hablar de un Cristo redentor donde el absoluto amor es toda su esencia, estos personajes solos les interesa mantener el control de sus fieles imponiéndoles su entendimiento, hipnotizándoles con palabras y actos de ilusionismo falsos que los mantienen sostenidos bajo el control de una terapia emotiva.

Cierto es que existen hombres sabios y sinceros entre ellos pero cualquier persona con propio entendimiento puede darse perfecta cuenta, que sobran dedos de las manos para identificar a esos que por sus acciones en sus ministerios, representan y son la luz verdadera del evangelio cristiano.

Uno por uno caerán en vergüenza bajo el poder del Dios verdadero bajo la palabra que no conocen algunos la ocultan y otros confunden, para que les queme los huesos y las sientan en su interior constantemente cada día que vivan en lo poco que les queda por vivir.

Estos personajes que juegan con el filo de la espada en el borde del abismo, tienen encima un fuerte castigo según sean sus culpas y según está su conciencia, contra todo el que ha hecho un juego y oportunismo de la fe del hijo del Dios vivo y esto va contra toda la humanidad.

Dios está en guerra yo soy el Dios de la guerra, yo soy el motivo de la guerra de todas las especies, la guerra por el control y el derecho de la supervivencia, un sólo Dios de todo lo que existe y para toda solución.

Soy el Dios de la paz para subirte a las estrellas y el Dios de la guerra para condenarte contra las estrellas.

El que esté limpio no tiene que temer pero que se mantenga limpio ante lo que se ve claramente que es falso alejándose y dejando saber por qué lo hace, la sinceridad es poder.

El Espíritu ejecutor tiene envuelta la tierra y se cierra el círculo de tensión, se acabó el tiempo dado al hombre para arrepentirse cierren sus ojos y abran su mente, háblale a Dios y pide tu perdón y el de tu Familia, el resto de los acontecimientos personales de cada cual para salvación está en la esperanza por la convicción de la fe.

La Iglesia Católica Apostólica y Romana que se considera la Iglesia universal y es la única institución cristiana fundada por un discípulo de Jesús y como tal la única legítima.

Aunque en todo el mundo la fe se manifieste en muchos lugares que tienen sus propios conventos y que se nombran de diferentes maneras, pero sirven al señor con devoción y fe sincera, si no son respetuosos del símbolo universal que representa la Iglesia Católica están en pecado, son culpables de juzgar y al hacerlo están abandonando la humildad en sus corazones lo cual pone la fe en juicio y ninguno tiene ese derecho.

Las culpas pasadas son para cobrarlas Dios solamente.

La iglesia Católica a través de los tiempos lleva la pena de haberse equivocado muchas veces y de múltiples formas, cuando se apodero de ellos el ego de controlar y someter todas las naciones forzando el evangelio con fuerza bruta e imposición, siendo implacables con toda cultura dejando muchas huellas de muerte y abusos con criaturas muchas veces indefensas, lo cual no pertenece al evangelio ni las palabras de Jesús.

Hoy están más civilizados y han superados muchos de sus errores, han sido enviados muchos misioneros por todo el mundo llevando otro mensaje que representa la fe tal como es, paz y servidumbre y el nombre por el cual lo hacen y se han enviado a lugares donde se necesitan más urgente.

Esos misioneros que arriesgándose de enfermedades incurables y su propia vida, dando alivio a las necesidades de muchos pobres abandonados sin esperanzas y ésta vez sin amenazas ni represiones y sin la brutalidad de la inquisición que implantaron en tiempos pasados tiene nuestro apoyo y nuestro respeto.

No muchos en el evangelio cristiano y sus múltiples nominaciones lo hacen por el mundo llevando esperanzas y soporte a tantos necesitados que existen, tengan presente que es un mandamiento ayudar sentir compasión por todos y expresarla con obras, el amor es el mandamiento más importante de los cristianos pero muchos lo olvidaron en estos tiempos.

La Iglesia Católica encontró el camino esperemos que de su último paso en la misma dirección y sea conducto de salvación para tantos fieles que tiene, pero el hombre es débil y la iglesia católica tiene su cuerda floja y oculta secretos, también continúa pecando con sus acciones.

La Iglesia católica es la única que mantiene sus puertas abiertas a todo el que quiere encontrar un momento de silencio, o conciliación con su Dios sin importarle quién es ni a quién alaban los que visiten sus catedrales sin preguntas ni prejuicios, que recibe de sus fieles y visitantes cualquier donación sin exigir ni manipular y colabora con mantener la paz en el mundo y la paz de las familias teniendo mejores bases y principios.

Continuando su misión sus monjes en ser mejores personas superándose para perdurar la obra y palabra de su señor, llevando el evangelio a otros niveles que fue bien representado en su Santidad el Papa Juan Pablo II pero éste también se equivocó.

El Papa demostró por todo el mundo las grandes intenciones de paz y amor de la iglesia Católica para el bien de la humanidad entera con su propio ejemplo, impulsando al hombre a buscar la paz y darle alivio a los pobres que son los que pagan el error que cometen los que gobiernan las naciones y las religiones con sus malos manejos y sus malas intenciones.

Pero nada de esto dará el resultado esperado el hombre vive el fin de los tiempos la Iglesia Católica se identifica como debe hacerlo, con el creador y padre celestial para poder cruzar la puerta de la esperanza y la vida con todos sus feligreses, esa es la verdadera razón de la existencia del catolicismo nada mas lograrán.

El hombre está fuera de control no entra en razones escucha las palabras pero no las oye con la atención que necesitan ser escuchadas, promete y hasta jura que cumplirá sabiendo que miente, atacando después por la espalda traicionándose el mismo y la Iglesia conoce todo esto pero no puede decaer en su afán porque esa es la misión, servir el propósito de Dios hasta el final de los días.

Pero la Iglesia Católica no es excepción y todo él tiene culpas y cuentas que rendir en la historia, tiene que pagarlas para con Dios.

A través de los tiempos pesan culpas que aún no han sido olvidadas, la Iglesia reprimió el derecho y con violencia de muchos pueblos a ser libres en muchas formas principalmente las religiosas aún en aquellas que se manifestaban independentistas de la misma fe.

El libre albedrío que el hombre desarrolló en diferentes creencias en su soledad y alejamiento en muchos lugares remotos de la tierra desde tiempos antiguos, y en el nombre de un salvador los hombres de la Iglesia Católica forzaron de forma injusta e inhumana sobre los indefensos su voluntad, y permitieron a la fuerza que les acompañaba despojarles de sus bienes y riquezas de su tierra.

Torturaron y mataron de muchas formas en el nombre de Dios a seres inocentes, que solamente eran culpables de ser ignorantes, ocuparon territorios buscando riquezas en el nombre de dios evangelizando por la fuerza a pueblos enteros, acusándolos de demonios con todas las razones que tenían o pensaron tener, sin dudas no tenían ningún derecho a masacrar inocentes el evangelio de Jesús es el amor y todos lo saben.

La Iglesia estuvo envuelta en una euforia de frustración, Jesús jamás hubiera regresado en esos tiempos porque no habría a quien salvar.

Tampoco Jesús autoriza actos semejantes sobre ningún pueblo o persona ni llevar el evangelio como imposición, se obsesionaron con la palabra que hoy comprenden interpretaron mal les falto fe en la misma, todo queda como prueba que el hombre es el propio pecador de sí mismo.

Esto es todavía sombra oscura en las memorias de muchos en la tierra que mancha el evangelio de Jesús, por eso es importante el conocimiento de la historia para que se detenga el juicio del hombre y se busque lo que verdaderamente importa, el cual es el Espíritu verdadero de Salvación en la fe.

La Iglesia es culpable que muchos se hayan alejado y otros perdido de ser salvos de la ira de Dios de acuerdo al evangelio de la cruz, sus sacerdotes cometieron errores pero no se puede juzgar en general a todos otros fueron excelentes representantes de Dios en la tierra y muchos otros lo son en todos los tiempos.

A esos hijos perdidos por culpas ajenas Dios les puede otorgar el perdón para que no paguen errores ajenos y al culpable se le reduzca el peso de responsabilidad, Dios es grande pero justicia se hace o la palabra no es verdadera, también el perdón por misericordia y gracia es justicia de Dios.

No existe ninguna excusa que autorice el rompimiento del mandamiento "no mataras" en la fe cristiana, y hoy muchos son responsables de este error por la ignorancia de los tiempos.

Este mandamiento tan importante lo tienen los tres libros, El Triangulo.

En estos tiempos que en que tantas cosas han sido finalmente reveladas por el hombre con sus estudios de ciencias, no tienen otro consuelo que reconocer sus errores muchos de ellos muy grandes.

Especialmente el de juzgar erróneamente la grandeza del creador limitándole a espacios reducidos de creación, cuando el hombre de religión limitaba la existencia solamente en este pedazo de tierra tan pequeño y con tantas equivocaciones, que le costó a muchos científicos el no poder trabajar libremente y exponer la obra de Dios con todo detalle.

Queda claro que aquellos primeros tiempos de historia y fe cristiana y otros que llegaron después, fueron manipulados por religiosos muy confundidos y por la ignorancia y la fe mal interpretada, que muchos hoy quieren seguir persistiendo en la confusión esos verdaderamente están perdidos.

Dios es la ciencia absoluta o no existe Dios.

A la Iglesia Católica le pesa encima pecado de muerte en gran escala y son cómplices en la historia de la humanidad de muchas contradicciones, han estado en conspiraciones mundiales que nunca debieron apoyar, a Dios no se le esconde nada pero estamos limpiando las culpas con la palabra, para no condenar a tantos fieles a la destrucción de sus almas y el perdón tenga un lugar especial donde lo alcancen aquellos que lo merecen.

Durante años muchos católicos se internan en conventos y se distancian por largos periodos de tiempo de toda la realidad exterior, principalmente el matrimonio es una ignorancia este comportamiento lo cual no prueba nada ni logra ningún mejor propósito, esa ha sido la experiencia más absurda que han experimentado todos los que practican el celibato.

Esto último fue recomendado por un anciano el apóstol Pablo y solamente a los ancianos responsables de las congregaciones, todos se extremaron y entonces terminaron cometiendo atrocidades sexuales por los traumas que se derivan de la ignorancia.

Los cuales creyendo que se acercan a Dios realmente se distancian mucho más, porque Dios jamás le pidió al hombre ser como Dios, todo el que se abstiene de matrimonio con la intención de ser perfectos o puros niega a Dios.

Al considerar de alguna forma pecado esa acción que es mandamiento "Hombre y Mujer unidos háganse una sola carne" abandonan la esencia de la creación divina, el Nazareno Jesús nació de mujer, está sujeto a sentir pasión en esa carne o estaría negando a su madre.

Todo el hombre que nace del vientre de la mujer tiene en su interior grabado el sentimiento emotivo del amor pasional, contra el cual no se lucha se cultiva y se deja florecer.

El amor trajo a Jesús no puede haber pecado en lo que Dios creó para que se viviera en todas las especies, no tiene ningún sentido ni da pruebas de nada forzar la naturaleza en contra de la obra de Dios la cual es perfecta porque es obra del maestro perfecto.

Negar cualquiera de su obra es negar la sabiduría y el orden establecido es estar en discordia con Dios, marchar por caminos opuestos a su voluntad eso es un comportamiento satánico, el hombre mientras siga como mortal sobre la tierra nunca será totalmente libre de la materia y sus generalidades.

El que pidió o dio consejo sobre este tema era entrado en años y por tanto se refirió a los que como él son ancianos y dirigen congregaciones, solamente por el hecho de tener y dedicarle más tiempo a los demás.

Pero solamente el que su naturaleza le pide ese comportamiento o estará en contra de la voluntad de Dios que actúa en todos, el apóstol dejo bien explicado que es preferible casarse y no quemarse en vida por el deseo.

¿Por qué entonces se martirizan al contradecir su propia naturaleza con que Dios le creó y le dio mandamiento al respecto?

¿Cómo se comportan en las noches que la naturaleza les visita, en que los sueños les tientan?

El que sigue los pasos que van en cualquier forma en contra de la voluntad de Dios en su interior es muy débil al no poder aceptar la realidad que lleva con sigo viviéndola, rechazarla es una forma de criticar y condenar a Dios.

El que niega la intimidad niega la creación, la razón principal de crear a la mujer es para que el hombre no estuviera sólo, todos los que se abstienen de matrimonio la vida y las experiencias que ésta proporciona en los placeres y al crear la familia, queriéndose comparar con los ángeles y santos del cielo, sólo consiguen atormentarse a sí mismos y no logran nunca para ellos mismo ni para nadie la admiración y el respeto de todos ni del creador mismo.

Todos lo que contradicen la palabra de Dios que es el padre universal y responsable de la fe cristiana pues un hijo suyo la fundó, nunca lograrán levantar un pie de la tierra primero hay que ser lo que Dios destinó, hombre o mujer con todos los sentimientos expresados y que existen en ambos después de cumplirse estos se busca la gracia de Dios.

El que no acepte ésta verdad se está desviado del verdadero camino y del Dios que lo creó, Dios crea con intenciones de reproducir cosas firmes en un lado de la existencia, el otro lado es un misterio porque el hombre nunca lo entendería mientras sea mortal.

Estas palabras de aliento son para los intermedios en cualquier estado que se encuentren de la naturaleza hombre o mujer, aquellos seres despreciados y marginados por las religiones fundadas por los hombres que discriminan aquellos seres humanos alterados en su naturaleza por las consecuencias de los tiempos y su evolución.

Los que tienen atrapado su espíritu en el cuerpo equivocado sintiendo atracción por el sexo opuesto, queriendo amar a Dios y estar discriminado por la sociedad que dice servir a Dios, quiero que pienses en tu interior profundamente la razón por la cual sientes estas cosas a Dios no les gustan los términos medios porque no los puede juzgar.

Si sientes que eres diferente en el espíritu a la naturaleza de tu cuerpo de una forma que no puedes explicar y te sientes atraído por el sexo opuesto, o cualquier contradicción que no corresponde a la naturaleza específica de los sexos establecidos en el principio de la creación.

No es tu culpa no tienes que sentir vergüenza ni permitas que nadie te condene, porque nadie tiene el derecho a juzgar ni siquiera basado en la palabra de Dios, el mandamiento nadie tiene el derecho de Dios de quebrarlo y todos tienen que respetarlo es palabra de Dios para eso la da.

Son los misterios de Dios y su ciencia, es la energía interior de tu cuerpo es el espíritu interior consciente que tiene concentrada la fuente de su energía en la mente, el cuerpo responde como materia alterando su comportamiento y los sentimientos de acuerdo a su biología y sus alteraciones que sufre en la profunda naturaleza, ellos también son de Dios porque todo es de Dios y para todos.

La energía universal que creó este universo es una sola y única no reconoce las diferencias de la materia orgánica, está activa en el cuerpo humano durante toda su vida manifestando sus impulsos espirituales de las varias maneras que se conocen en el mundo desde los tiempos antiguos, el cuerpo humano responde a sus impulsos dependiendo el nivel espiritual de cada cual, estos seres mal comprendidos son más cercanos al cielo espiritual que a la tierra de los mortales porque son más libres.

Si eres invertido y estas en un lugar que eso es considerado inmundo y no es tuyo o estas envuelto en sus creencias estas sosteniéndote oculto y en penas te vas de ese lugar, eso es sinceridad yo te pondré la sentencia cuando te venga a buscar nadie más puede juzgar.

Tu sentencia con Dios es el perdón, no eres culpable de

absolutamente nada es mi responsabilidad y no puedo juzgarme yo mismo, te acepto es mi error no el tuyo es tu deber de aceptarlo porque es mi voluntad tienes el perdón y tienes todos los derechos.

Yo soy quien más se equivoca porque lo soy todo y tú, tienes que aceptar a tu Dios con todas sus virtudes y todos sus defectos, Dios es lo más importante nadie más, no permitas que el verdadero demonio te confunda.

La esencia de la existencia con todo lo que se manifiesta proviene de Dios todo pertenece y es parte de Dios sin excepción, todo lo que existe y se manifiesta en la existencia en donde quiera proviene de Dios por creación por lo tanto es parte de Dios.

Miren la naturaleza de Dios creadora con todas sus bellezas y hermosuras, sus ramas genéticas torcidas todos sus misterios, todas sus crueldades sus incomprensiones sus desacuerdos su majestuosa inteligencia y sabiduría, con todo su poderoso poder de evolución para sostener vida en todo nivel y tiempo, en la cual todas las flores son las semillas de Dios, todo demuestra que solamente se tiene una respuesta la cual es que Dios lo es todo o no es nada.

En el tiempo de Dios todas las especies y todas las contradicciones de la naturaleza de Dios serán ajustadas de la mano de Dios, nadie tiene el derecho de criticar ni juzgar Dios lo cubre todo para eso es Dios, amar a Dios es un derecho divino de todos.

Pero los homosexuales sucios que se expresan vulgarmente tratando de jugar con Dios con actos que son inmorales ante los demás y tratan de influenciar y presionar, esos están acercándose donde los puede sentenciar Dios.

Porque siguen en el medio no los puede juzgar pero ofendieron a otros, entonces ya tengo el derecho por el respeto que exigen los demás hacia ellos y los voy a retrasar muy feo porque se burlaron de Dios, solamente el creador tiene la respuesta de su existencia muchos son buenos muchos son malos exactamente como todos los demás.

Todos se confundieron en las escrituras y comenzaron a condenar impunemente de forma deliberada rompiendo el mandamiento, dentro de Dios las cosas de Dios solamente según la palabra.

Pero en el mundo exterior sólo Dios puede juzgar porque todo es de Dios y todo tiene el derecho de Dios porque todo es obra de Dios y voluntad de Dios, todos tienen el derecho al libre albedrío dado por Dios y nadie puede cuestionarlo ni condenar mucho menos en el nombre de Dios, no importan las razones el derecho solamente lo tiene Dios.

La naturaleza con todos sus caminos en general que nadie tiene el derecho de cuestionar son la obra de Dios y por su voluntad se manifiesta todo de la manera que es, yo los acepto a todos en mi tienen su espacio porque yo soy el Dios del Amor y el amor nunca discrimina ni condena ni abusa ni cambia su estado ni su condición de amar.

El Respeto en una esquina del ángulo el Derecho en otra esquina del ángulo la Consciencia y la Justicia juntas en otra esquina del ángulo sosteniéndose entre sí los puntos en perfecto balance, los tres puntos los cuales forman todos unidos El triangulo perfecto.

El Nazareno judío fue un hombre sano limpio de culpas, que manifiesto su amor de muchas maneras con toda la creación, si no lo hizo incluyendo la de amar a una mujer con toda la pasión de su interior no fue un enviado de lo superior.

El Mesías es ejemplo de toda obra y voluntad esto no puede cambiarse, como judío tenía que cumplir primero la palabra no existe un salvador fuera de Israel para los cristianos, porque ustedes mismos lo comprueban con sus escrituras.

Ni tampoco nacido en lugares donde no existe la fe Judía, el Mesías de los gentiles está escrito nacería en Israel del linaje de David.

Por tanto tiene que ser primero buen Judío, probado y de acuerdo a toda la ley para que fuera perfecto y el sacrificio sea válido y pueda cubrir el planeta entero, no sólo los que le conocen también a los que nunca han podido escuchar su palabra, todas las controversias se resumen en un punto en el cual no es necesario especular de las escrituras y sus misteriosos significados.

Primero para que fuera descendiente Jesús del linaje de David como está escrito tiene que ser hijo de la tierra en la carne, por eso se bautizo para recibir la esencia del Espíritu Santo sobre su cabeza y nombrarse salvador en vida e intermediario de los hombres por la voluntad de Dios, lo cual se comprueba al descender el espíritu en forma de paloma.

Segundo tiene que cumplir con todas las leyes bajo las cuales nació y que sustentan la palabra respetarlas aceptando todos sus mandamientos, porque para poder pedir por los demás tiene que probarse primero todo hombre ante su Dios con su conducta, la cual se valora por el cumplimiento de las leyes y los mandamientos que están escritos sin omitir ninguno de la fe que representa y de la cual proviene.

Tercero El Espíritu Santo es el único que tiene el poder y el único que actúa es la acción, por eso muere Jesús en la cruz de forma física como todos los demás condenados a muerte para entregar el cuerpo mortal a la transformación.

La misma sangre dada en donación no puede ser restituida al donante porque entonces queda anulado el objetivo de la acción.

Ningún cuerpo material puede vivir de forma física sin sangre la cual conduce el oxigeno que es el aliento de vida, sin la sangre tampoco tiene alma para sostenerse y animarse en la materia.

Esa fue la razón por la cual no puede tocarlo su esposa María Magdalena en los días postreros de la resurrección, simplemente porque dejo de ser materia está en una visión del espíritu el cual no se puede tocar por mortales pertenece a otra dimensión.

Fue tan puro que se cristalizo y mostró el espíritu y si ustedes no tienen lo mismo adentro, aquí no viene ninguno aunque tengan la cabeza llenas de coronas o el cuerpo cargado de atuendos religiosos.

Los paraísos son en las estrellas no en los planetas de polvos y ustedes están hechos de la más inferior.

María su madre bendita solamente recuerda lo que quedó plasmado en el sueño de su consciencia de sus encuentros con Dios.

Los sueños son misterios de Dios energía activa en función mientras la mente divaga, las energías interactúan con el espacio para que los humanos lo puedan visualizar y sentir sus poderes pregúntenle a los científicos si lo pueden dudar.

El Espíritu Santo vino sobre ella y la sombra del altísimo los cubrió, nadie sabe exactamente ni lo sabrá cómo sucedieron las cosas ni como se realizaron en detalles, tampoco saben mediante que proceso se materializo la fecundación a la virgen, de quien se obtuvo el espermatozoide ni como específicamente sucedió en detalles esa concepción mágica.

Entonces no existe ningún motivo por el cual no estuviera dado en matrimonio Jesús ni que no hubiera descendencia de su raíz, ser puro y sin pecado no tiene ninguna relación con el matrimonio aprobado y ordenado en mandamiento por Dios.

Quien piense lo contrario está señalando al pueblo de Israel como imperfecto y pecador, nunca pierdan el camino verdadero o serán encontrados todos culpables sin perdón nunca olviden los mandamientos "hombre y mujer háganse una sola carne" reprodúzcanse sobre la faz de la tierra.

Muchas contradicciones han tenido lugar al respecto muchas polémicas se manifiestan en estos tiempos sobre la vida privada de Jesús, les daremos nuestra opinión segura porque conocemos bien la historia, Jesús es un descendiente de David el día de la revelación y manifestación divina sobre la tierra tiene que estar presente un descendiente directo del trono de Sión esa es la palabra.

Jesús tenía que dejar semilla de su simiente que perdurara por los tiempos y estuviera protegida por organizaciones secretas para que la palabra de Dios se cumpla, lean los evangelios legítimos manipulados por religiosos mal intencionados que en algunos casos escribieron falsificaciones, religiosos los cuales sirven un propósito contra Dios incluyendo los tiempos modernos.

Nosotros tenemos todos los textos evangélicos y epístolas bien conservados, en uno de los cuales Jesús besaba constantemente en los labios a su esposa María de Magdalena mostrando su pasión humana recuerden que la mujer nació para ser amada.

Jesús tenía que demostrar delante de sus discípulos que él vino en el nombre del amor y el amor lo cubre todo dentro de Dios, para lo cual tenía que demostrarlo amando en todas sus formas, el que lo dude nunca ha conocido a Dios.

Esa fue una de varias intenciones ocultas de los nazis llegar hasta encontrar el descendiente de Sión y acecinarlo, para en el fin de los tiempos proclamarse el derecho único de superioridad como los legítimos herederos.

Todas las intenciones nazis estaban escritas por el propio líder nadie puede negarlo consultaron predicciones de astrología y ocultismo para alcanzar sus propósitos, trataron de encontrar los poderes de Dios reflejados en símbolos y objetos clasificados de divinos para obtener su poder incluyendo ciudades mágicas, muchos de ellos se sintieron de forma confundida reencarnados procedentes de otros tiempos con la misión de establecer el orden perdido.

Pensaron que destruyendo totalmente a Judea por todo el mundo alcanzarían la prueba de su superioridad, entonces detener la salvación de los hombres directamente de la mano de Dios y tener el derecho de poseer el mundo indefinidamente el cual es bien pequeño, intención que continúa presente insistiendo en el odio hacia Israel de muchas formas.

Nada que hagan contra Israel tendrá los resultados negativos contra la palabra del Dios verdadero la prueba está demostrada en los tiempos, Dios juega a la guerra y la paz porque Dios lo es todo

Israel es el árbol y la palabra la escribieron los hebreos, quien no acepte está realidad se hunde por sí mismo en la ignorancia, todo tiene un principio y final todo es un triangulo que todavía lo están tratando de descifrar.

Dios escogió al pueblo Hebreo porque le dio las ganas para eso es Dios para hacer lo que quiera de la forma que quiera, camino a su pueblo escogido por los desiertos alimentándolo con mana muy nutritivo cargado de minerales y vitaminas muy sabroso, les dio agua abundante haciéndola brotar del subsuelo a través de las rocas procedente de manantiales subterráneos, el que lo dude que alce su mirada al espacio y lo estudie.

Los fieles tienen que ser cuidadosos porque la blasfemia puede ser aplicada de muchas vías, el que hable otras cosas no conoce nada y se pierde el mensaje más importante de su vida el cual es la revelación a la hora de su final sobre la tierra.

Observen por el mundo lo que ha llevado a muchos sacerdotes el celibato, innumerables violaciones sexuales de todas clases incluyendo homosexuales y contra menores, esa es la reacción que consiguieron a la acción de violar el mandamiento.

El ser humano olvida el jardín del Edén totalmente hombre y mujer desnudos sin sentir vergüenza y Dios creador de los dos paseándose entre ellos, estando en todas partes y así hubiera sido el mundo al poblarse, hoy no se puede comprender un mundo de esa forma.

La consciencia le evoluciono al hombre de acuerdo a las circunstancias al despertarse conocimientos más allá de lo habilitado, ya no puede regresar hubiera que comenzar una nueva creación lo pueden observar todos en el comportamiento de las demás especies.

Todas las demás criaturas del planeta representan la naturaleza viva tal como es y se comportan como lo que son, las criaturas de la naturaleza sin penas ni culpas son libres no tienen normas sólo las guían una misión celestial, vivir para Dios esa es la naturaleza viva y la manifestación del creador implantada en todos.

Innegable su poder y Maravillosa su obra, sin embargo para la comprensión de los seres que se llaman civilizados es un estado salvaje irracional y animal muy primitivo el comportamiento de las especies, las especies no tienen razones ningunas para considerarse ellas mismas inmundas por sus comportamientos, ni nadie tiene el derecho de crítica porque es la voluntad del que las creó para que fuesen así es la naturaleza de Dios.

El que las señalas como inmunda o inferior o vulgar me está señalando a mí el creador de todas ellas, el que critica a las especies me está juzgando y la sentencia por señalar a Dios o cualquier obra suya tiene culpa y la sentencia es muy dura.

Están las especies realizando la obra tal como se les ordenó, entonces las criaturas todos los animales del reino salvaje de la forma que el hombre las llama tienen la salvación porque nunca han pecado, tienen todos por igual la misma energía pregúntenles a los científicos.

Algunos seres de la tierra se expresan hoy como en esos tiempos exhibiendo sus cuerpos desnudos y no son los mismos tiempos, pero si están con el espíritu y los que le rodean son igual y se respetan no tienen culpas y pueden andar desnudos, el hombre siente culpas de él mismo, Dios puede ver el interior de todos en cada momento y eso es lo que tiene valor delante de Dios.

Pero si les pudieran hoy injertar a las criaturas del reino salvaje parámetros en sus consciencias del bien y el mal, según lo interpretan y hasta donde lo conciben los propios humanos en sus consciencias, les verán a los animales esconderse y trataran de cubrirse el cuerpo, entonces sentirán culpas y temor y a la vez querrán justificar sus acciones.

Pero aún peor y de manera casi instantánea las verán criticarse juzgándose unas a las otras por lo que son o por lo que no son por lo que tienen o lo que no tienen, por todo lo que hacen o por todo lo que no hacen, de la misma manera que los humanos civilizados del tiempo presente lo demuestran con sus hechos, más real y comprensible que esto no se puede mostrar mejor entonces pregúntense quienes realmente son los salvajes.

La corona de gloria es de espinas y hace sangrar no tiene telas finas ni joyas valiosas ni metales preciosos, es la corona de un hombre nacido de la casa de Dios donde la riqueza de los hombres no tiene ningún valor.

Un enviado del padre celestial bautizado con poder que abrió una puerta de la casa de Dios por amor a su Dios para que todos tengan igualdad, nadie está por encima de Dios nadie está al nivel de Dios nadie tiene nada y lo que piensa cualquiera que tenga Dios lo quita cuando le da las ganas.

El que abandone algún dato de la Historia o la distancie, la cual se sostiene hoy como prueba latente y se sostendrá hasta el día final, me está abandonando a mí el Padre que la escribió y la entrego a su pueblo, la Historia es una sola y se conserva completa para que se sustente por todos los tiempos o se destruye todo y se quedan en la nada.

La Historia únicamente es verdadera si en cada momento están presentes todos los que son parte de ella con todo el respeto y el lugar que tienen cada cual.

La Iglesia Católica tiene muchos fieles que no son culpables por los errores de los que la dirigen hoy y, otros dirigentes que en tiempos anteriores abusaron al sostener el control de la misma en sus manos equivocadamente de muchas maneras, incluyendo un Papa homicida.

Esos fieles que tienen una fe sincera y llena de amor por el hijo del hombre el Mesías Jesús y por lo cual están amando también a Israel que fue quien lo trajo a la vida, yo Dios todo poderoso quiero que tengan la oportunidad de vivir junto a los hijos buenos que son sus hermanos.

La Iglesia que siga el camino de la paz que su señor le mostró y que espere la misericordia del Padre Altísimo que está envolviendo la tierra en estos momentos con todo el poder de su gloria, porque el tiempo del fin se avecina sobre todos.

La ejecución de su palabra tiene una velocidad sin tiempo, será como el despertar y todo habrá pasado el hombre recordará los hechos pasados pero no podrán medirles el tiempo.

El fallecido Papa Juan Pablo II dejo con varias de sus acciones esclarecido los reconocimientos de la Iglesia a sus errores, así como también su arrepentimiento acercando de forma sabia al reencuentro de la Iglesia con la verdad de su camino y el propósito de la misma.

Este gran hombre comprendió la posición y la razón de todos los acontecimientos y los hechos envueltos en ellos del evangelio cristiano, un ejemplo de su buena fe y sabiduría lo tienen en el acercamiento que tuvo hacia el pueblo de Israel aunque no fue perfecto.

La Iglesia Católica es la cabeza de todas las nominaciones cristianas, la única legitima la única limpia en estos tiempos con relación a su intención humana del evangelio cristiano, es cierto que quieren dominar el mundo de la religión por eso están envueltos en tantas conspiraciones y misterios, pero la intención es lograr un mundo de paz y obediencia en el señor.

Las culpas de los malos manejos de sus representantes anteriores en varias maneras y desordenes no es culpa de los feligreses, esos han sido más bien las víctimas del destino y la maldad del hombre.

La Iglesia Católica es también la única a la cual en la resurrección por la promesa al pueblo Judío se le levantara un defensor importante, el primer Papa, el cual está incluido porque es un hijo legitimo de Israel, el cual le hablará a su señor en el nombre de la iglesia que fundó en su nombre y desde ese punto serán señalados los demás.

Nadie más tiene este consuelo que le puede garantizar esperanzas nadie más tiene absolutamente nada, el resto han sido fundados la mayoría por seres de muy dudosas convicciones y principios mientras otros están muy mal informados.

Observen en estos tiempos el número creciente de famosos pastores cristianos que supuestamente son ejemplos de la iglesia y de la sociedad, muchos están envueltos en escándalos sexuales de toda clase, Dios está tratando de decirles algo y parece que nadie comprende el mensaje, están todos bajo la esperanza de la misericordia y gracia del padre y es todo a lo que tienen derecho pero primero habrá juicio delante de los Ángeles.

El secreto para el perdón por gracias y por la misericordia divina, está en la propia lengua de los fieles y servidores en cada día que tenga de existencia, la palabra lo confirma.

La conclusión final para la Iglesia Católica en estos tiempos que ha recuperado mucho su balance es esperanzadora, pero no está confirmada todavía esa esperanza porque tienen una deuda actual por lo tanto siguen bajo observación hasta el tiempo del Padre.

A todos los nazarenos y cristianos fuera del velo de la Iglesia Católica.

Este primer señalamiento tiene la intención de ubicarles en el lugar que tienen, lo que son hasta el día de hoy y lo que serán siempre.

El cual no va más lejos del que la Iglesia Católica les destino, porque todos los textos que todos los cristianos tienen en sus manos como la palabra de Dios y las enseñanzas del Cristo, fueron determinados, escogidos, clasificados, manipulados de acuerdo a los intereses y la conveniencia de esos primeros tiempos por la Iglesia Católica.

La cual era la única que existía y lo cual todos saben, como también saben que existen varios otros evangelios que también fueron escritos como testimonios de las obras y los mensajes de Jesús.

Evangelios los cuales también fueron manipulados a los caprichos de los Católicos y se clasificaron como apócrifos, en algunos casos por insuficientes de recursos limitaron las enseñanzas, tal como lo fue el evangelio de Juan para los primeros cristianos y otros importantes que nunca comprendieron bien y prefirieron silenciar.

Muchos son buenos, otros blasfeman.

Pero lo más importante de este señalamiento es para dejarles saber que solamente Dios juzga, el que se lanza con ataques sobre la Iglesia Católica en su contra tan sólo con palabras, está pecando y fuerte porque los Católicos son los progenitores de todas las demás denominaciones cristianas que hoy existen, en todo el sentido de la palabra "Honra a tu Padre y tu Madre" porque sin ellos no existirías hoy.

Existen muchos cristianos en la tierra combinados todos juntos son verdaderamente un gran número, todos creyendo que serán salvos y perdonados sus pecados por el Padre celestial en el día que el señor Jesús regrese a la tierra, muchos de estos cristianos tienen una equivocación grave en su entendimiento de la fe.

Muchos tienen otros objetivos muchos miran a Israel y no entienden lo que ven, miran el Islam ven muchas cosas feas pero juzgan entonces son igual, están tan perdidos y necesitan empezar de nuevo todo el evangelio.

Y muchas cosas más que no terminaríamos nunca pero las vamos a enderezar todas ahora con palabras de poder, todos los cristianos están en dependencia de lo que Israel determine, ustedes esperan la salvación a través de un judío nacido en "El Pueblo amado de Dios" no olviden esto.

El que está en contra de Israel de alguna manera o pensamiento no tendrá excusas para que sea perdonado, la última palabra la tiene Jehová el padre de su libro que es el que manda por sobre todo, recuerden las enseñanza cristianas "muchos los llamados pocos los encogidos" y son palabras del señor.

Caminemos por los senderos de los cristianos actuales y juzguemos por encima de sus actos sin condenar.

Se observa que ya predican sobre la tierra aquellos que el señor predijo correrían a su encuentro "señor, señor, en tu nombre echamos demonios hicimos milagros y sanamos enfermos, quizás también agreguen más cosas, pero el señor les contestara nunca los conocí apartaos de mí obreros de mala fe" esto es palabra y tiene que cumplirse todos los cristianos lo saben, hasta ahora ninguno se escapa son muchos los culpables.

Están en todas partes, míralos como se anuncian predicando el evangelio de los pobres el cual es el evangelio del amor.

Afirmando que son guías expertos de la palabra inspirados por el espíritu, son todos mentirosos nadie es conocedor de la palabra porque es de Dios, nadie entiende a Dios porque Dios está por encima de todos.

El hombre escucha la palabra y la guarda en su interior es dada para cada hombre, los que utilizan la palabra son charlatanes por eso existen tantas denominaciones por la falsedad, se puede opinar constructivamente para entendimiento de una forma sana y lograr un crecimiento de la iglesia limpio, pero no se puede afirmar la interpretación individual como única o correcta porque solamente esa sabiduría la tiene el que la dio.

Todas las nominaciones cristianas fuera de la Católica han sido fundadas por personajes que tomaron la interpretación a su entendimiento, los cuales muchos han terminado en fatalidades, vergüenza publicas y causándole el trauma y la confusión a muchos hombres buenos que los siguieron.

Estos pastores que gritan eufóricos a las masas sólo están tratando de imponerles en las mentes de los que escuchan de una forma manipuladora sus intenciones y la interpretación de la palabra de acuerdo a su conveniencia, se lanzan contra todo el que no comparte sus opiniones por una sola razón el temor a perder seguidores y lo que representan para sus bolsillos, se extreman a tal manera que muchos aseguran la presencia del Espíritu Santo en su persona que les da la sabiduría y el poder para realizar sus supuestos milagros.

Todo es una falsedad que se debe detener urgentemente para que no paguen justos por pecadores, el amor del padre es sin dudas muy grande, pero su ira también es fuerte y si te sorprende con cargos en tu contra, cargos graves o imperdonables no se escapa la culpa hasta que no se pague completa.

Jesús predicó su evangelio con mucha sabiduría de forma ecuánime y pasiva hacia sus discípulos, toda su historia está escrita hoy en el libro cristiano con otros textos que manos muy mal intencionadas ocultaron con plena consciencia, los cuales son reales y pertenecen a todo el ministerio.

Lo escribieron cristianos ahora lo tienen que sustentar, el problema es que no tienen explicación lógica unos evangelios con los otros, esto es una controversia por eso están como están todos confundidos y eso da facilidad de manipulación a los oportunistas.

Textos que en estos momentos siguen siendo discriminadas esas escrituras por considerarlas contradictorias, tal parece que se les olvidó a muchos que Dios es todo y lo cubre todo sin límites parece que nunca le entenderán.

Nadie tiene el derecho a censurarlo porque nadie tiene sus conocimientos, hoy tienen miedo de aceptar los demás evangelios escritos en su tiempo porque no tienen una verdadera pasión por Jesús, también esto es culpa de la manipulación de la Iglesia Católica, aunque ya acepta tal existencia como verdadera lo cual demuestra hasta cierto punto su arrepentimiento y su culpa por restringirlos durante mucho tiempo.

Jesús es un libro abierto Jesús lleno de paz exterior e interior les mostraba a todos los que buscaban sus conocimientos, el camino a recorrer para llenar la casa de Dios de salvación desde muchos rincones de la tierra, habilitando sus apóstoles para que viajaran el mundo y lograrán el objetivo, esto se ve en el hecho innegable del poder de la fe.

La persistencia en nuestros tiempos de su evangelio es la prueba, la palabra que lleva poder recorre el cuerpo humano y le llena de espíritu, siente sus efectos la siente viva en su Interior pero no se impone no se insiste y no se juzga con ella a otros, "las ovejas que son de mí escuchan mi voz y me siguen."

Lo que vemos hoy por muchos lugares del mundo es la sugestión o el hipnotismo, de estos expertos en la manipulación sobre los muchos perdidos de nuestros tiempos, que confundidos y sin sabiduría quedan extraviados a merced de los falsos profetas.

Cuando se trata de imponer un concepto usando de alguna forma el temor, la imposición o cualquier cristiano que se mantenga en la fe por evitar en su persona las catástrofes del Armagedón están perdidos y perdiendo el tiempo, no conocen a Dios en lo más mínimo se les advirtió a todos lo tienen escrito, el día del Armagedón los sorprenderá como dijo y todavía no están listos ninguno.

Todos esos que tienen o están bajo ese pensamiento porque no tienen libertad les digo a Jesús se le ama no se le teme, recuerden el más importante mandamiento cristiano "El Amor."

El único y más importante momento está escrito en la historia del evangelio, todos tienen el libro en sus manos, Dios te habla personalmente la relación es entre tú y él, nadie más tiene derecho sobre ti, ni pastores ni santos de la iglesia porque tú mismo eres el santo de Jesús.

Ningún evangelista estuvo más de tres días en el mismo lugar o de lo contrario no es verdadero y no se justifiquen con las ventajas del tiempo moderno, el evangelio no es para los que escuchan todos los días la misma predicación, aunque tengan diferentes tópicos está basado en la misma palabra.

El evangelio se lleva con la presencia física a los que no han tenido la oportunidad de conocerlo, donde quiera que se encuentren, se les visita con la presencia física que es la que da el calor lo demás no cuenta.

Los que se llaman pastores como lo fue Jesús, o como lo fueron sus apóstoles que cumplan haciendo lo mismo porque esa fue su voluntad y mandato o son falsos, simplemente oportunistas buscando ventajas.

Hoy tan solamente quedan unos cuantos que llevan en su corazón una profunda sinceridad de lo que predican, sirviendo con el alma profundamente pero siempre tengan presente las palabras de su señor "me confiesan con su boca pero no me tienen en su corazón."

Miren bien lo que tienen delante predicándoles la salvación, los que hace mucho tiempo no se miran en el espejo, no pueden verse lo sucios que están vestidos de ropa fina en autos modernos y costosos.

Viviendo en mansiones con todo tipo de comodidades sin pasar hambre anunciando el evangelio de los pobres al cual se deben se deben, "no he venido por los que me conocen vengo a buscar los perdidos" esto lleva todo sentido Dios es todo o no es nada.

La predicación es para aquellos que no han escuchado todavía las buenas nuevas y para los que no la han comprendido como verdaderamente se deba entender, pero más que todo de los niños "porque de ellos es el reino de los cielos" por eso Dios está furioso, están siendo hipócritas dicen una cosa y hacen otra están en el medio son invertidos, Dios está bien molesto.

¿Cuántos niños de la calle existen en el mundo sufriendo por culpa de las sociedades?

¿Dónde están los verdaderos evangelistas?

¿Qué están haciendo por ellos?

¿Cuántos están donando sus ingresos por los pobres de la tierra?

De nombrarlas todas las excusas que se escuchan serian incontables, las nuestras también serán incontables para condenarlos, porque nosotros somos verdaderamente los que representamos a Dios en todo el universo, los humanos en términos generales no tienen ninguna moral delante del cosmos.

Algunos evangelistas están luchando y sufriendo con ellos por toda la tierra y son muchos los que sufren, esos son los verdaderos apóstoles modernos del señor Jesús, los demás no tienen lugar en la fe están infiltrados

Mejor les será que les sorprenda la muerte porque en el día del fin, si están vivos el castigo será sin piedad, "el que tiene misericordia de la misma manera será tratado, el que no tiene misericordia sin ella será juzgado" y esto es palabra de Dios.

Sería bueno que los pastores presentaran sus impuestos federales los de su familia y los de su congregación, y también cada centavo de sus ingresos a todos sus miembros así como también cada gasto personal que tienen, esto no es ir demasiado lejos, después de todo se deben a la iglesia y a su señor.

No tendrían ningún inconveniente y si alguno tiene más dinero del que necesita para vivir honestamente, pregúnteles por qué no cumplen la palabra "ve entrega todas tus riquezas toma tu cruz y sígueme" la respuesta es simple no les importa Jesús.

Después de todo están asegurando que estarán en los cielos en un futuro cercano donde no se necesita divisas de ninguna índole porque no existen, si están tan convencidos de esa realidad entonces pregúntenles a los pastores de iglesias.

¿Por qué están tan aferrados a ellas en estos tiempos del fin al dinero?

¿Cuánto más es demasiado más allá de lo que se necesita para sustento?

Las organizaciones dirigidas por personas que no son realmente lo que aparentan, son aquellas que siempre piden los recursos económicos de sus fieles y no los comparten entre ellos mismos ni con los demás necesitados del mundo sin importar quien lo reciba, estos no toman la cruz y la siguen estos toman la cruz y la roban y son muchas.

Muchos dirán y aseguran que es el esfuerzo de su trabajo o herencias o la profesión que les permite esos lujos, pero el evangelio no reconoce en ningún momento esa justificación la palabra no puede cambiar con el tiempo.

Si esperan el destino final que es el cielo a través de la salvación por el evangelio cristiano, no lo están demostrando son hipócritas porque no estarían atados a ningún comportamiento material.

Que importa pasar hambre sufrir y todo el mal que se abalance encima de la misma forma que lo hacen los pobres, soportar y vencer en Cristo es el objetivo aunque cueste la vida, para merecer aquellos que sean verdaderos y fieles hasta la muerte el derecho a recibir la corona de la vida.

Si estuvieran seguros lo entregarían todo incluso trabajarían para donarlo, "dar sin pedir nada a cambio y sin esperar nada en pago" nadie es mayor que nadie en la fe de Jesús nada justifica la posesión material.

Engañarán a muchos con palabrerías pero al que todo lo sabe no pueden mentirle, porque arranca la verdad desde el fondo de cada cual sin poder escaparse.

Dios mira y conoce las acciones buenas y sinceras en cualquier lugar que se practiquen y por cualquiera que lo haga, el que quiere ayudar no tiene excusas para no hacerlo existen pobres en todas las naciones, desamparados marginados por la sociedad y despreciados muchos por los propios hermanos en vida.

Quienes piensan que al poseer mejores recursos que son mejores personas y sin saber quien tienen delante le juzgan, no entienden que sin saberlo quizás condenan con su mente a un sabio de la existencia que posee con sigo la luz que otros nunca tendrán, el que se olvide de los pobres está abandonando al señor el cual vive en ellos, entonces tendrán la misma receta del castigo que predican.

Cuídate de los falsos pastores que manipulan tu mente las palabras se están cumpliendo, el que tenga ojos que vea oídos que escuche enfoquen sus sentidos y analicen quién está a su lado o por detrás y con qué intención, comprueben lo que dicen y lo que hacen con la palabra que tienen en sus manos.

Hablemos de otros que son los peores los cuales practican curaciones y milagros, los cuales se manifiestan solamente en lugares específicos previamente encogidos para tal evento y sólo sucede durante un tiempo limitado, que pobres y reducidos son estos seres confundidos y que bajo arrastran el nombre de un santo como Jesús.

¿Cómo es posible que puedan confundir a tantos cristianos juntos o es que todos son falsos?

Nuevamente les recuerdo las palabras con las cuales serán confrontados, "Muchos los llamados pocos los encogidos."

La palabra que está al alcance de todos es para que todos la conozcan por sí mismos, cualquier ser que busque en ella respuestas las encontrará, solamente tiene que pedirle al padre conocimiento y lo recibirá nadie es exento, tienen derecho a recibir conocimiento todos los de la fe sin que ningún intermediario manipule el entendimiento.

Cada cual es su propio guía es tu cruz y por ella recibirás cuentas tu mismo, nadie más pagara aunque sean otros los culpables de haberte equivocado el camino.

Jesús hizo milagros con muchos necesitados y con todo el que la ocasión lo requeriría el poder del Espíritu Santo es inmenso es total, no tiene fronteras levanta los muertos el señor lo asegura en sus palabras "cosas mayores que yo harán en mi nombre" pero nadie las hace, nadie prueba al mundo el poder de la palabra parece que es falsa pero no lo es entonces alguien blasfema.

Existen muchos que aclaman poderes y milagros que nadie puede comprobar o llevan con ellos testigos de la misma congregación o comprados, háganlo si verdaderamente lo hacen con pruebas grandes y demuestren al mundo que son reales, para que la fe se amplíe a todos los que esperan la luz que les dará la visión del camino a seguir.

Yo les digo hasta el momento ninguno tiene el poder del Espíritu Santo ni le conocen y si supieran bien con lo que Juegan caerían muertos en la escena.

Jesús levantó muertos sanó enfermos limpió de culpas a muchos delante del pueblo y de muchos testigos, para hacerlo mayor tienen que cruzar esa línea no caminarla, levanten personas que han sido notables a través de la historia y están en silencio por mucho tiempo den pruebas grandes y seguras fuera de dudas y fehacientes para los que verdaderamente las necesitan.

En estos tiempos modernos donde la ignorancia por un lado y la rebeldía por otro la inseguridad por otro la desconfianza entre personas, donde los avances del hombre y su ciencia han creado fuertes dudas en las mentes de los débiles y le arrebatan al señor sus hermanos.

La manipulación de las entidades que buscan el desequilibrio y la abnegación al espíritu del hombre y muchas situaciones más que no permiten a los seres humanos desviados por las consecuencias y envueltos por las sociedades en caminos difíciles mantener la fe o encontrarla.

Otros tantos que viendo y escuchando las situaciones que vive el mundo de hoy no saben qué camino tomar sin temor de caer y perderlo todo incluso la vida, o todos aquellos y que son muchos que no les interesan más lo que pase en la tierra ni lo que pase con ellos.

Porque están cansados de escuchar sermones y nada sucede en la realidad, es tiempo de pruebas verdaderas y no de juegos el evangelio de Jesús no es para los que escucharon y creyeron, es para rescatar a los perdidos dirijan sus milagros a esos perdidos no a los fieles de sus templos porque esos no los necesitan.

Pero para que les crean háganlo en grande tan grande como es el Espíritu Santo, que no descansa siempre está activo y en cualquier lugar al mismo tiempo, no necesita de reposo ni se aleja por momentos para pasear por la ciudad, el que tenga esa bendición que lo pruebe al nivel que necesita nuestro tiempo el cual se pone más crítico cada día.

El Espíritu Santo es todo o no es nada Dios no da limosnas eso es para los hombres de la tierra, si quieres ser grande tienes que dar en grande o estarías cerca del medio.

El espíritu Santo, el cual es el ejecutor de la palabra de Dios, con el poder de cumplir sus ordenes y con todo el poder absoluto no tiene límites.

Cualquiera que sean las condiciones, en cualquier momento que fuese y sin tener contrariedades realizaría milagros poderosos, el espíritu santo es el máximo poder, no tendrían aquellos que dicen en ellos se manifiesta su poder, porque la fe de la cruz los bautizó con ese don o se reveló posteriormente en ellos, no tendrían ningún inconveniente de levantar de los muertos, varios buenos ejemplos siguientes y mostrar la verdad que aseguran tener con poder absoluto, levanten de los muertos si pueden a cualquiera o a todos los siguientes difuntos de la historia y prueben lo que dicen.

El poeta José Martí.

El padre de la patria norte Americana George Washington.

El arquitecto Romano Hadrian y el arquitecto F. Brunelleschi

El cantante Carlos Gardel.

El escritor Julio Vernes y Ernest Miller Hemingway.

La competidora Olímpica; Cynisca de Esparta.

El emperador Napoleón Bonaparte.

El revolucionario Emiliano Zapata.

La Reina Egipcia Cleopatra.

El Rey Ricardo corazón de León.

El gladiador rebelde Espartaco y los esclavos que le siguieron.

El astrónomo Copérnico y Galileo.

El Guerrero Geinghis Khan y Aquiles.

El Sultán Aladino.

El pacifista hindú Mahatma Gandhi.

El Filosofo Chino Sun Tzu.

Todos los caballeros de la orden de los Templarios.

El famoso Samurái Japonés Musashi.

El pintor Francisco de Goya y otros maestros contemporáneos.

El carismático Ingles Winston Churchhill.

El legendario Joaquín Murrieta.

El explorador Sr. Francis Drake, el comerciante Marco Polo, los exploradores tienen esencia divina. Levanten Soldados de todas las épocas. Fenicios; Filisteos, Romanos, Egipcios, Griegos, otros tantos soldados de las últimas guerras del siglo 20 y 21.

El poder del Espíritu Santo tiene ese poder nadie puede dudarlo, entonces, ¿dónde está ese Espíritu en ustedes los que tienen el don de sanar la muerte?, la realidad es que no tienen nada pero mucho peor blasfeman.

Pero sobre todo levanten a muchos pobres que fielmente han muerto por servir a la cruz desde los tiempos primeros del cristianismo, como aquellos que fueron arrojados a las bestias en los coliseos romanos. La lista sería interminable de ejemplos notables que sin dudas llamarían la atención del mundo entero y sin lugar a dudas se ganarían nuevas y numerosas almas para la obra de su Cristo, obra la cual es principalmente salvar vidas para el reino de su padre celestial que está por manifestarse en estos tiempos.

Creando la atención que realmente se necesita es la forma de probar la verdad, también se puede entretener a los científicos devolviendo a la vida algunas especies extintas en el tiempo, como algunos Dinosaurios o aquellas especies mencionadas en los días de la creación bíblica los mencionados monstruos marinos en el libro del génesis.

Pero pueden hacer algo mejor y bien grande, levanten muchos de los judíos muertos en el holocausto, para que le demuestren a Israel con absoluto poder que Jesús es el único y absoluto Mesías del mundo el cual está en camino a la tierra.

Dios es inmenso y sus historias han transcurrido los tiempos preparando a la humanidad para su propósito el cual es un misterio para el hombre.

Existieron sobre la tierra tiempos donde seres especiales caminaron por el mundo, mostrando a los hombres la superioridad divina de un creador preparando el futuro, por ejemplo Horus, Attis, Krishna, Dionisos, Mitra, Buda entre otros varios que también tuvieron místicos poderes celestiales antes y después que se manifestara Jesús, esto es una realidad de la voluntad de Dios sobre la tierra y su historia, el que la niegue se miente él mismo.

El señor dijo en sus palabras "las ovejas que son de mí escuchan mi voz y me siguen" con esas no hay problemas, pero el vino por las pérdidas para las cuales hizo los milagros y realizó las pruebas de su poder. El Apóstol Pablo comentó sobre "los que no vieron y creyeron" pero éstas son las que escuchan a voz del pastor, cuantas ovejas como estas existen ahora mismo sobre la tierra probablemente muy pocas.

Para las circunstancias del mundo actual, todos aquellos que tienen según el testimonio de ellos mismos el poder supremo del Espíritu Santo, un poder bautizado sobre ellos y con ese importante don recibido, tienen la responsabilidad de predicar el evangelio con todo el mensaje de la cruz y con pruebas que son sus legítimos representantes, recuerden que después del Cristo vendrían muchos falsos profetas, esto último es palabra de Dios la cual se está cumpliendo en estos tiempos, para comprobarlo simplemente todo lo que se necesita hacer es observar detalladamente a cada personaje que asegura tiene el poder de Dios.

El momento es de grandes eventos, porque los perdidos de hoy están más materializados y envueltos en sombras, necesitan para poderlos salvar de servidores de Jesús que ejecuten aquellas palabras que El señor pronunció, "cosas mayores que yo harán" palabras que son para cumplirse por los que aparentemente predican hoy el evangelio, recuerden también al que mucho se le dé mucho se le exigirá.

Les dio el Espíritu Santo poderoso el poder de levantar los muertos según ustedes, pero yo les digo estén listos para que levanten sus propios cadáveres porque el fin de los tiempos está encima de todos y no tienen fuerzas ni para sostenerse ustedes mismos.

Pero si los ejemplos mencionados fueron muy fuertes y no pueden lograr realizar algo tan sencillo para el Espíritu Santo el cual no se da en medidas, lo más posible entonces pensar es que estos evangelistas no tengan ningún Espíritu Santo, están hundiéndose en un hueco negro gigante arrastrando y confundiendo a muchos seres buenos que buscan la paz.

Podemos bajar el nivel de los ejemplos para que no tengan dificultades, podemos transformarlo en algo verdaderamente maravilloso y más frecuente, algo últimamente muy observado entre los que tienen el don del Espíritu Santo y Sanan enfermos con todo tipo de casos, restablecen o activan sentidos perdidos o que nunca han funcionado como oídos, vista, tacto, a los inválidos les quitan las muletas y caminan, pero a ningún paralítico de condiciones extremas han restablecido en público y en una forma que se pueda confirmar por la ciencia médica.

Todas estas últimas escenas la han visto muchos en el planeta en programas televisivos, tampoco nunca han sanado enfermos mentales en descontrol total, enfermos que tengan archivos médicos que puedan ser confirmados por los incrédulos de nuestro tiempo.

Más lamentable es que nunca jamás visitan los Hospitales con enfermos en estado de coma, ni donde están los de su propia fe y le salvan, y nunca jamás se presentan en los hospitales de niños, donde les dan tratamientos a muchos niños destinados a una muerte segura por múltiples enfermedades fuera de control para la ciencia médica moderna. Existen muchos tipos de estas enfermedades y muchos hospitales en todo el mundo, jamás estos evangelistas milagrosos han hecho nada en nombre de Jesús salvador por ninguno de ellos con el poder que aseguran poseer.

Visiten los hospitales demuestren el poder del Espíritu Santo con poder, sanando desde el primero de los más graves hasta el último todos a la misma vez, así actúa el poder en grande como lo grande que es, observen a los pequeños morir lentamente día por día, miren en sus caritas tristes la sonrisa de alegría cuando ven o sienten la presencia de una visita amiga, cariñosa, compasiva, es una sonrisa alegre que les nace del alma misma porque se van a la gloria con el que viene y tú, le das pena.

El que ha vivido esa experiencia comprende que ningún predicador actual con el don del Espíritu Santo de curación es real todos son falsos, mienten y lo saben engañan cobardemente juegan con el sentimiento de los indefensos de los pobres y se burlan de los ignorantes, tampoco visitan por el mundo otros tantos que padeciendo de hambre, de frío, de epidemias y perdidos en el mundo mueren solos sin que a muchos les importe.

Los niños que son los dueños del reino de los cielos abandonados en los hospitales por el poder del Espíritu Santo, esto no tiene sentido tienen sentencia de muerte todos no sirven ninguno. Comentaran y se justificaran con excusas de cualquier índole pero nunca harán lo que dicen que pueden hacer en lugares donde se necesita y por los que merecen más respeto, que son aquellos los que están muy enfermos esperando por el milagro divino que nunca llega. La realidad es que esos predicadores ni tienen el Espíritu Santo con ellos ni le conocen, mucho menos tienen al que entrega al Espíritu Santo con bendición de don espiritual y sus poderes. Estos predicadores son falsos son unos monstruos y pagarán sus faltas duro, no tendré piedad porque han cometido y siguen cometiendo el pecado imperdonable se les advirtió en la palabra nadie se queje ahora.

Al usar el nombre del Espíritu Santo en falso, "La blasfemia al Espíritu Santo" es imperdonable el castigo será implacable según la ley del padre de Jesús, alma por alma ojo por ojo diente por diente pregúntenle a los Judíos.

¿Quién menciona entre los cristianos el nombre de Jehová con tanta pasión?

¿Están refiriéndose al Dios de los Judíos?

"El que no conoce a Jehová no puede llamarse su testigo."

Testigos de quién son quién les dijo a ustedes que lo eran y cual derecho tenia de hacerlo, existen hoy muchos pretenciosos que no conocen a Jehová pero dicen ser sus verdaderos testigos, aquellos que piensan equivocadamente y enseñan a otros que Israel perdió los derechos y los privilegios con su Dios y ahora quizás son ellos los escogidos.

Dios parece que cambio su palabra según piensan estos equivocados testigos, cuidado esto es pecado de muerte segura. El Dios verdadero absoluto y total cambiarle el derecho de Judea los Hebreos de ser el pueblo amado y los escogidos, a través de los cuales se escribió la historia, los hijos de la vida eso nunca será posible, quizás también se proclamen muchos los nuevos herederos de la Torah, a todos los testigos de Dios les decimos que el Dios que cambie a su pueblo, lo abandone, renuncie a su pueblo o cambie su nombre, es un Dios falso. Dios verdadero siempre es el mismo con su palabra su promesa y con aquellos a los que se las entregó.

Dios siempre está presente en sus principios, estos conceptos son inquebrantables todo aquel que conoce el amor verdadero limpio y puro, conoce también que este concepto no cambia nunca de ninguna forma, el amor de Dios es invencible e inquebrantable, es la luz lo puro y es todo lo santo que nunca se mancha las manos de sangre. Yo si lo hago, yo soy de Jehová el cuchillo, El León de Sión, pregúntenle a Judea y es a ese a quien tendrán que enfrentar desde las estrellas todos los falsos testigos y los culpables del mundo en general. Les dio Dios la palabra a los judíos para que pudieran ser salvos y la cumplieron, más nadie es igual más nadie cumple como debería hacerlo.

Gran amor le entregó Jehová a su pueblo y Dios es siempre el mismo, se levanta en ira como un padre y les reprende, pero también la ira pasa y Dios comprende y como buen padre que ama perdona sin reservar rencores. Jamás Dios rechaza a su hijo amado los corrige y les castiga pero nunca le da las espaldas ni le abandona, todos conocen los que hacen estás cosas nunca realmente fueron padres, mantener sus principios y sus responsabilidades es lo que hace la diferencia de un buen padre y otro que no lo es en lo más mínimo o nunca lo fue, el buen padre persiste mientras exista durante toda su vida o no tiene el derecho a llamarse padre.

El padre débil es el único que abandona su deber, Jehová es el padre poderoso insustituible están todos los testigos falsos acusando equivocadamente a Jehová de ser débil y eso es más blasfemia. Por la razón de ser siempre el mismo y mantenerse siempre firme en toda la extensión de la palabra es que Dios es Dios. Nadie puede asegurar delante de Israel semejante blasfemia, cualquiera que lo desee que busque a Sión y díganle que ahora el único heredero legitimo de su Jehová por derecho es el que se aclama su verdadero testigo según la forma que entiende la palabra, que le entreguen todo lo que tienen los judíos y que se olviden de su Dios para siempre, te aseguro quien quiera que seas serás aplastado por blasfemia contra la palabra de la sagrada Torah.

Quien no sea judío no puede ser su testigo nunca, mucho menos de aquellos del pacto que hoy continúan sus descendientes las tradiciones de fe como fueron dadas a cumplir, el que me conoce guarda mis mandamientos de la forma que están escritos, de lo contrario son falsos testigos aunque simplemente estén confundidos. Muchos dejan morir a sus hijos a sus padres cualesquiera de sus hermanos y se dejan morir ellos mismos negándome con sus acciones, yo soy vida nada relacionado con suicidio o matar puede ser mi voluntad o un mandamiento que doy para que lo cumplan.

La palabra dice "No Mataras", pero matan y responsabilizan al Dios creador a Jehová mismo señalando su palabra, muchos están confundidos y son observados como un testigo impostor. La palabra es para Israel, nadie que no sean judíos ni lleven la marca no pueden reclamarla yo Jehová no les conozco, solamente Israel tiene la palabra y sin dudas la interpretación correcta, todos los que la tomaron a su preferencia y la manipulan a su entendimiento son falsos testigos por su propia culpa. Entiéndanlo todo aquel que toma la palabra deliberadamente y está haciendo uso de ella según su comprensión y, en desacuerdo con los legítimos representantes que son los rabinos de Israel, está violando el mandamiento "no tomaras el nombre de tu Dios Jehová en vano" en estos momentos están todos los falsos interpretes bajo pena de muerte en el momento que arribe la estrella.

A Israel se le dio el mandamiento de no comer la sangre de los animales que cazan para alimento, también de los que sacrifican para ofrenda y expiación de pecados y debe ser derramada a la tierra. También se le recordó de abstenerse de esa sangre para alimento, Jehová dejó mandamientos en el pueblo de Israel y para los extranjeros que viven bajo la responsabilidad del pueblo, solamente ellos nadie más sobre la tierra tiene ese derecho, los mandamientos son para los que están debajo de la ley nadie más tiene ningún derecho.

Para que el sacrificio de la ofrenda este limpio se les dio mandamientos que fuera derramada a la tierra, se les dio mandamiento que no comieran de la sangre de animales cazados para alimentación o entregados en expiación, limpiar de sangre la carne de sacrificio para Dios del animal ofrecido, porque la ofrenda tiene que ser limpia de acuerdo a la ley de Dios, nada más puede agregarse sustituirse o alterarse.

Cada criatura sacrificada para expiación de pecados o cazada para alimento se limpia de sangre y para que estén puras en el sacrificio, porque también las criaturas son creación de Dios y aunque Dios las entregue a los humanos, sólo él tiene esa potestad y el conocimiento de las razones por las cuales lo hace, con todos los derechos por ser Dios nadie más.

Ustedes los confundidos al negarse a recibir sangre de un hermano se comparan con el resto de los animales que habitan la tierra, esa sangre que no viene de una ejecución para pagar deudas ni ofendas ni de un sacrificio para alimento, es una obra de sabiduría lograda por la inteligencia humana la cual Dios habilito en la mente del hombre, para que un día en el tiempo lograra con su inteligencia estas cosas. Dios es omnipotente omnisciente y de él y para él son todas las cosas. La palabra dice toma la tierra y todo lo que hay en ella y domínala por sobre todas las demás criaturas, el hombre no es igual para Dios que el resto de los animales, todo es de Dios pero el hombre es su obra maestra, por eso todos son hechos a su imagen y semejanza.

No comer sangre según la palabra nada tiene de relación alguna con lo que muchos predican, ni Dios es responsable de los hechos ni las consecuencias que han creado, ni culpable de sus comportamientos como aseguran, ni de tantas víctimas que en todos los tiempos han sufrido por sus culpas incluyendo la de muchos niños, hoy continúan muriendo muchos otros por el mundo que no reciben a tiempo sangre de transfusión por la escasez producto de la ignorancia la indiferencia y la ofensa a la palabra.

Pero los responsables sí son los culpables de que todas estas cosas malas sucedan, porque no tienen el derecho a tomar lo que no es suyo e interpretar a su conveniencia la palabra sin ser judíos ni estar bajo la ley, ni siquiera tomar en consideración la opinión de Judea para tener mejor juicio.

La sangre donada voluntariamente por un hermano en vida para dar vida a otro hermano es una acción hermosa y llena de valor, demuestra la sabiduría de Dios pero mucho mejor demuestra la relación de los hombres en que todos son creados iguales, aquellos que dan su sangre para salvar sin importarles quienes la reciban ni dónde se encuentren, son los verdaderos ángeles de la tierra.

¿Cómo se atreven unos a negarle la vida a otro hermano y justificarse excusándose con la palabra del creador y Dios verdadero Jehová?

¿Cómo pueden algunos culpar tan deliberadamente al creador de ser responsable de las consecuencias que incontablemente han terminado en la muerte de muchos inocentes?

¿Cómo se atreven muchos a tomarse la palabra sin ser judíos ni estar bajo la ley?

Muchos esperan la manifestación del anticristo sobre el planeta, para otros el anticristo está representado en la falsa religión, pero todas se aclaman como la única verdadera acusando a las demás religiones de ser el anticristo moderno por ser falsas, pero están basando sus acusaciones según sus propias interpretaciones y criterios de la palabra alterando el orden, entonces todas son el anticristo.

Muchas organizaciones religiosas reparten publicaciones que son confusiones porque son escritas según sus entendimientos, las reparten por el mundo y solamente sirven para desviar a muchos otros más, los ángeles les estamos creando un vacío nuevo a los culpables y será el más intenso posible en el espacio para que nunca nadie los encuentre.

Nadie puede reclamarse o tomarse por sí mismo y para sí mismo el derecho absoluto y exclusivo de Dios, porque Dios es libre y no le pertenece a nadie y le pertenece a la misma vez a todos, los humanos le sirven a Dios por voluntad propia y Dios responde si quiere y cuando quiere, tampoco nadie tiene garantías con Dios porque nadie tiene el derecho de Dios aunque tenga todas las razones o piense tenerlas, Dios pertenece a todos porque todo es de Dios y proviene de Dios, todos tienen que esperar el momento preciso cada cual en su lugar cumpliendo lo que se le ordenó.

La donación de la sangre cuando se hace de buena fe con la mejor intención y buena voluntad propia a otro hermano en consciencia de salvación, es una noble y humilde acción de amor, la cual Dios bendice porque refleja el mensaje más preciado de la creación la cual es la existencia.

Donar de forma proporcional donde no se acaba la vida del donante y que puede hacerlo muchas veces para salvar a muchos no se pierde el alma, al contrario se expande su alma al crecer su consciencia y se profundiza espiritualmente más con el creador y con sus hermanos, el creador que no tiene límites y está en todos a la misma vez "dar para recibir" recuerden que todos están conectados a niveles atómicos.

Recibir sangre de donación para restablecer la condición física y la vida de un hermano, no es comerse la sangre de prohibición como la palabra describe, toda la escritura basa los mandamientos de la abstención de comer sangre, está solamente relacionada con los sacrificios al santuario para la expiación de los pecados y la caza para alimento.

El hombre no es un animal común ni se da en sacrificio, no existe otra interpretación más allá que la de Israel con sus rabinos, el donante de sangre con fines medicinales no se sacrifico en un altar ni está pagando pecados también sigue vivo.

Esos confundidos interpretes de la palabra no saben lo que dicen ni saben el pecado que cometen, recibir una transfusión de sangre de otro ser humano no es comer la sangre prohibida, es aceptar la sangre de salvación que Dios te manda a través de otro hermano para tu cuerpo físico para ayudarte y restablecerte, sin embargo lleno de contradicciones lo desprecias entonces se vuelven culpables.

Contradictoriamente reciben otros tipos de medicamentos también logrados por la inteligencia del hombre, muchos de los cuales provienen de combinaciones químicas contradictorias a muchos conceptos religiosos, son contradictorios por la manera que se lograron en los laboratorios y se alimentan con ellos incluso a través de la sangre.

Si quieren ser científicos y relacionar que la sangre al ser transferida por vía intravenosa es igual que ingerirla por la boca y entonces justificar el rechazarla, les digo que la sangre que se utiliza es de humanos no de animales sobre los cuales se refirieron los mandamientos y sólo se aplican sobre los mismos todo lo cual continúa vigente eso es todo.

La sangre de donación que salva la vida al no aceptarla y provocar el hecho de la muerte de un hermano los condena también a los responsables a la muerte, porque el donador que dispuso la sangre no se le tomó en cuenta su voluntad, esto ante los ojos de Dios es un desprecio a la vida y más grave cuando no se tiene el derecho de la palabra, recuerden que Jehová no tiene pacto con nadie fuera de Israel para que tenga que perdonarlos por las malas interpretaciones de su palabra.

El que rechaza sangre de donación para la vida física que es dada primero, tampoco aceptan con sus acciones la sangre del Cristo para salvación simbólica espiritual, están llenos de confusiones, las cuales tristemente han extraviado a muchos que hoy arrastran el pecado del desprecio a la vida y otros muchos han pagado el error con sus propias vidas.

El alma es espíritu que está conectado con su creador, el alma es la verdadera vida porque yo la entrego y la animo porque soy quien la creó, el alma es la Energía consciente que quieren comprender los científicos y no la pueden explicar porque a Dios nadie lo puede alcanzar. El alma la disuelvo en radiación cósmica y se desvanece entra en el olvido al debilitarse su conexión astral y pierde su memoria y con ella los recuerdos, pero su esencia es eterna porque fue creada el alma por el eterno, "el espíritu vuelve a Dios que lo dio" el alma soy yo que lo soy todo, si están contra mí no me sirven para nada entonces habrá extinción.

El que niegue sangre que lleva la intención de ayuda y salvación niega a Dios que ordenó por su voluntad fuera recibida. "El Alma regresa a Dios que la dio" porque sólo existe una fuente que la crea y la da a todos por igual y es la misma en todos, físicamente "como mueren unos mueren los otros" la diferencia después de la muerte la establece Dios.

Nunca se puede comparar algo tan distante en el tiempo y los logros del hombre con su inteligencia que Dios habilito y permitió que se alcanzasen por alguna razón, la cual no es para confundir los que se adelantan sin entender bien lo que estudian en la palabra son los que confunden. Son dos cosas completamente distintas y distantes entre sí.

Las transfusiones de sangre logradas con el avance científico y perfeccionado con el tiempo, la dedicación de mejores estudios al respecto para mejores resultados, está relacionado con el mandamiento Cristiano más importante; "El Amor" la vida es amor porque representa la existencia consciente de un creador, el alma representa y alimenta la vida sustentándola ambos son uno sólo, entonces tienen que tener mucho cuidado porque los confundidos de la palabra por la consecuencias de sus acciones pueden ser catalogados como el odio sobre la tierra.

Recibir sangre de donación no puede ser comparada con la palabra nunca, el que coma sangre según la ley "Judía" y para los que están bajo esa ley con la consciencia de hacerlo para alimentarse y sustentar su cuerpo con las sustancias que obtiene de ella, satisfaciendo las necesidades químicas del cuerpo habiendo aniquilado al portador de la sangre intencionalmente para ese objetivo, está rompiendo el mandamiento está en pecado. Pero el que recibe la sangre de una donación voluntaria para salvar su existencia de parte de un hermano el cual está vivo, la recibe para levantar el espíritu de vida que tiene en la materia y se le está marchitando no está pecando el mandamiento, está sosteniendo el cuerpo restableciendo la vida que está perdiendo y eso es obtenido por bendición divina.

Aunque insistan en querer compararlos igualmente como un alimento común en ambos casos, no tienen los mismos principios ni llevan los mismos conceptos, tampoco está relacionado con la correcta interpretación de la palabra.

El demonio no invento las transfusiones ni utilizo a nadie para que se inventaran el demonio no inventa salvación, no puede hacerlo ni para señalar con pecado a nadie porque nadie puede hacer lo que le venga en ganas en la propiedad de Dios, ni se puede juzgar a cualquiera con culpas de leyes que no conoce ni está bajo ellas. Todos los que donan sangre están realizando la obra de Jesús la cual es salvar.

Muchos están justificándose con un tipo de plasma creado por los científicos que puede remplazar la sangre, es sin dudas una ventaja y buena obra pero todavía no compara ni sustituye a la sangre original nunca y lo hará. Lo que ha costado más vidas de algunos esperanzados y otros forzados por la voluntad de sus tutores a recibir ese tipo de plasma únicamente, aún cuando el especialista insiste en utilizar la original para salvar al necesitado, sin lugar a dudas que serán en el tiempo algún día comparable ambas al mismo nivel, esto no es malo será un avance más de la ciencia que Dios habilito en los hombres y que por su voluntad avanza con mejores conocimientos. Yo soy Jehová la ciencia pura miren a los científicos el lugar donde están sobre la tierra, todo lo que han logrado en conocimientos y de no existir los científicos los hombres nunca hubieran llegado tan lejos.

Al llegar al mismo nivel la sangre artificial portará sin dudas muchos beneficios, pero al lograrse la comparación exactamente entre ambas, serán las dos la misma sangre porque las dos tendrán los mismos elementos y componentes químicos, una sangre extraída de un ser viviente y otra procesada en un laboratorio con moléculas de átomos exactamente iguales procedentes de un mismo origen cósmico que alguna vez en el tiempo estuvo dentro de un ser viviente no existe ninguna diferencia.

¿Cuál es la diferencia entre ambas si las dos tienen los mismos elementos y compuestos químicos que existen en la tierra?

Quieras verlo o no estarás haciendo lo mismo alimentándote de sangre estas comiendo sangre, porque todo lo que existe proviene de una misma fuente.

¿Cuál es la diferencia entre la que el hombre crea en su laboratorio moderno con químicas procedentes de elementos de la tierra y la que Dios creó extraída de la misma tierra?

El universo en que viven todos es el laboratorio de Dios y todo en el universo está creado con átomos pertenecientes a la misma fuente creadora. La diferencia está solamente en la palabra y la correcta interpretación de la misma no existe otra respuesta.

Absténganse de comer sangre de prohibición esa es la palabra, propasarse en el entendimiento confunde la palabra y altera su orden todo lo cual conduce al pecado, donar sangre proporcionalmente y recibir una transfusión en los términos médicos no viola el mandamiento en ningún momento ni en ningún tiempo. El que dude que le pregunte a Israel, el que toma la palabra por su propia cuenta está cometiendo un grave error, porque se está enfrentando a Dios cuestionando su intención, entonces puede estar blasfemando de Dios y culpando a Dios sin desear hacerlo.

El mandamiento sobre la sangre es simbólico para obediencia, todo el que come carne de cualquier animal está comiendo sangre, porque dentro de los tejidos musculares que componen la carne los vasos sanguíneos sostienen sangre que se contrae en su interior al mismo momento que el animal se sacrifica, nunca toda la sangre de cualquier animal sacrificado se derrama y la cocinan en el interior de la carne en sus tejidos, al comerla se están alimentando de sangre, entonces solamente los vegetarianos son los que cumplen correctamente el mandamiento. El que observa no permite errores ni blasfemias contra su palabra ni acusaciones falsas contra su pueblo.

Los que acusan deliberadamente al resto de las religiones como falsas y las señalan como la representación del anticristo anunciada a manifestarse en la tierra, tampoco están exentos de culpas por las cosa que dicen y los hechos que cometen, son parte de la misma equivocación y la misma condena que todos los demás, representan también por sus hechos y sus palabras el anticristo mismo, todo aquel que señale a otro se condena a si mismo porque rompe el mandamiento con las palabras de su propia lengua.

Nadie puede señalar porque nadie está limpio ni exento de culpas "No juzgar" es un mandamiento cristiano sobre todos para cumplirse, incluyendo los que tienen la verdad o no son verdaderos porque la razón no da el derecho de Dios a violar ningún mandamiento.

El que juzga está en violación del mandamiento y los mandamientos son inquebrantables.

Lleno de amor y gran voluntad creó Dios las estrellas y las tierras del universo y porque todavía existe el amor en este mundo, expresado en ejemplos de compasión como la donación de sangre de un hermano a otro para salvación, por razones iguales el mundo se mantiene con vida, pregúntenle a Israel todas estas cosas ellos tienen la sabiduría de la palabra porque solamente a Israel se le confió.

El Nazareno derramó su sangre a la tierra en la cruz del calvario en donación perpetua, sacrificio simbólico piadoso para que fuesen salvos todos los que le confesaran y aceptaran como su salvador personal, por su sacrificio estarían limpio de pecado ante el padre porque su sangre pagó la culpa de todos y limpia la humanidad en todos los tiempos, recibiendo a cambio de aceptarla vida y vida en abundancia.

El Nazareno lo hizo donándola toda hasta la muerte y muerte de cruz, es el más grande donador de sangre de la historia, es el más grande sacrificio simbólico de un judío por todos los seres de la tierra, es la acción más poderosa de salvación jamás realizada. Jesús donó toda su sangre, entregando su vida por la de todos los que acepten su sacrificio, el mensaje de su acción es la salvación a través de la donación de su alma representada en la sangre, para eso se dona y se requiere sangre en los hospitales para salvar los necesitados de vida, Jesús enseño el camino su mensaje es salvación muchos lo rechazan con sus equivocaciones. Donar la sangre para pagar el pecado del mundo de todos los perdidos según la promesa era el destino, la cual solamente puede ser judía a ellos se les dio la palabra y ese fue el libro que escogiste, pero contradictoriamente muchos lo rechazan con sus propias conclusiones. Nadie puede negar sangre a un hermano en necesidad de sangre para que salve su existencia por un tiempo más, el que prohíba recibir sangre de donación a un necesitado es un asesino y si acusa y se justifica con Dios entonces tendrá consecuencias muy graves de culpas.

El apóstol Pablo rectifico en las iglesias con sus enseñanzas que la palabra de Dios siempre tiene que estar por encima de todo derecho "No Mataras" es la palabra y la donación tiene el propósito de salvar, los errores de las consecuencias fatales o complicaciones por donación son culpa de la ciencia no de Dios, pero en estos tiempos los avances científicos han demostrado que la donación salva mucho más de lo que afecta, de la misma forma que lo demostró Jesús en todos sus tiempos y sigue salvando a todos los que buscan en su sacrificio una respuesta. Los que niegan la sangre que da vida eso es negar la vida que da Jehová.

También les digo que tampoco Jehová les hablaba a gentiles con sus palabras y sus mandamientos, porque el libro de la Sagrada Torah de donde se traduce al mundo gentil toda la palabra, es de propiedad hebrea y los demás tienen que escucharlos a ellos primero y nunca tomarse conclusiones ajenas contra Israel ni relacionadas con Israel.

Nadie tiene esas autorizaciones se puede vivir sin ser judío y ser aceptado por Dios pero nunca se puede estar en contra de Israel, los desacuerdos que terminan en guerras y odios entre los humanos, surgen por personas ajenas que se toman la palabra y los derechos que nunca se les dio.

"No Matarás" muchos son culpables de éste pecado al interpretar la palabra a su entendimiento personal sin consultar a Israel, creando confusión entre los seres del mundo poniendo a Jehová en sus bocas constantemente sin saber lo que predican de él, causando muertes por su propia culpa y su falsa interpretación, "no tomaras el nombre de tu Dios en falso" nadie tiene derecho a querer ser mejor ni creerse superior por mucho conocimiento que piense tener porque nadie supera a Israel delante de Jehová, miren a Israel siempre leyendo la Sagrada escritura de la Torah siempre buscando y conociendo más de su Dios. Solamente para respetarle más cada día con el conocimiento y para obedecerle mejor cada instante, guardando silencio porque se cuida de no ofender a su Dios con palabras mal dichas, quiere siempre estar seguros de que no se les escape nada, lo que no comprenden se guarda profundo silencio y les piden a su Dios que les respondan.

Para el que quiera donar su sangre con fines humanos y con la conciencia limpia que está haciendo una buena obra, también para el que quiera recibirla en transfusión para vivir le deja Dios el siguiente mensaje personal. "Dar es una obligación moral con Dios para poder tener el derecho divino de recibir y recibir crea la obligación moral de dar en el nombre de Dios" "con la vara que midas serás medido" estos son los dones de Dios y su palabra. Jesús lo entregó todo por eso recibió todo y es una razón que ha contribuido para mantener el evangelio hasta estos tiempos vigentes, "la fe de las buenas obras" el evangelio vive porque tiene en sus fieles muchas personas buenas y esperanzada en la misericordia de Dios.

Al haber aceptado un judío descendiente del trono de Sión por salvador personal, un judío que dono su sangre abiertamente sin restricciones hasta que no le quedó más en su cuerpo, sangre sin distinción de personas y dispuesta en todos los tiempos a salvar al ser aceptada en el cuerpo y el espíritu, cuidado porque al negar una donación de salvación traicionan el mensaje de la cruz entonces desafortunadamente se convierten en los más falsos y los peores cristianos. Jesús entrego su Alma al derramarse su sangre, tú te salvas al aceptarla y llenarte de ella espiritualmente, con la sangre de Jesús se limpió el pecado, pero la rechazan equivocadamente muchos en la vida para salvación.

Todos son hijos de Adán y todos son hijos de Eva entonces todos son hermanos, todos tienen la misma sangre nadie puede negarle a un hermano salvación, cuando aceptan al Cristo están aceptando simbólicamente la donación de su sangre con la cual se alimentan el alma para ser salvos. Los que quieran ser cristianos son libres, pero pidan consejos cuando toquen la Torah a quien solamente puede darlos el cual es Jehová y el cual sólo tiene un traductor sobre la tierra, un sólo traductor legitimo el cual es Israel.

Muchas naciones en el mundo preparan productos procedentes de sangre animal procesada con otras partes del cuerpo, los que se alimentan de estos productos no tienen ninguna razón para sentirse culpables ni pueden ser juzgados por nadie, simplemente porque no están sujetos bajo la ley que aplica estas restricciones y les prohíbe el uso de la sangre como alimento, son libres pueden comer lo que les de las ganas.

Jesús es "el mediador de un nuevo y mejor pacto" donde todas las cosas son hechas nuevas, las reglas antiguas solo se aplican sobre los que las conservan por la tradición el derecho y el deber divino que tienen de conservarlas, los demás son libres el Cristo ya pago por sus culpas.

Israel tiene un derecho que le debo de tiempos antiguos pero Dios no es un acecino, para eso se utilizan los Ángeles los cuales disecamos o florecemos y lo hacemos de acuerdo a la voluntad divina, está vez Israel decidirá con el mundo entero quien vive o quien muere y la estrella lo cobra como solamente ella sabe.

Traicionaron los hombres de la tierra de muchas formas a Jesús, entonces no hay Jesús Dios dice quien viene y cuando, solamente para que la palabra se cumpla vendrá el salvador pero sin nadie a quien salvar quizás se marche con algunos justos elevándolos al cielo y los demás se los devore el dragón, esto está escrito parece que todo está listo en estos tiempos y continúan perdidos.

El que se mantenga con fe de amor y espere recibir la misericordia como Jesús les dijo, "Por la voluntad del padre serán escogidos" entonces nosotros les recomendamos a todos los hermanos que abandonen pronto todas las iglesias falsas porque están perdiendo el tiempo y casi todas lo son, entréguense con el alma ustedes mismos a Dios y espere el final que tienen encima acechándoles. La Iglesia Católica Apostólica y Romana está en una esquina del Triangulo, la mayoría de sus fieles son sinceros, manténganla limpia porque alguien ya pago por su salvación y la única representante legitima de los primeros doce discípulos, miren cuántos fieles tienen en el mundo y hoy está dirigida por su máximo líder en la búsqueda sincera de Dios.

Conozca el legitimo evangelio de judas y también otros que manos mal intencionadas ocultaron con fines perversos pero que en el tiempo preciso volvió a la luz de la vida, para que se conozcan los hechos que tienen una importancia vital, nadie puede controlar el poder de la verdad pregúntenle a los científicos y denles las gracias a ellos. El evangelio de Judas prueba con veracidad el propósito del Cristo, el cual fue hacer cumplir las profecías de los profetas de Israel, llenando esos espacios para que el camino quedara libre al Mesías que esperan los judíos, Jesús lleno el vacío de los tiempos ahora el final de la historia se avecina pronto porque ya no tiene obstáculos, después que se ha revelado al mundo la verdad.

Durante muchos años se ocultaron estos textos pero el tiempo de su revelación le llegó la hora y hoy el mundo gentil conoce ésta verdad, nadie podrá impedir que se manifieste el poder sobre la tierra en estos tiempos, Judas fue un buen ejemplo de obediencia y respeto siempre amo al señor, cumplió la orden de Jesús porque estaba escrito tenía que suceder y alguien cumplirla. Judas lo sabía muy bien todos los que nacen de Israel y mucho más en esos tiempos conocen todas las escrituras y todos sus profetas alguien tenía que cumplir ese destino, el señor lo escogió por ser un discípulo fiel y un amigo cercano y Judas cumplió con esa amistad, terminando su existencia cometiendo suicidio para demostrar su verdadera conciencia moral.

De no haberse cumplido las escrituras ninguno estaría a salvo, agradézcanle a los más sacrificados y ténganlos de ejemplo porque ningún cristiano puede condenar, y todos se equivocaron comprendan que el señor lo sabe todo.

Recuerden los cristianos que ustedes están esperando la segunda venida de su señor y las cosas a manifestarse en ese tiempo no son pacíficas, habrá guerra violenta contra el maligno y sus conspiradores sobre la tierra los cuales son ustedes mismos, juicios condenas y muerte el señor es amor no puede participar en estos eventos el amor verdadero no cambia su estado nunca.

El señor se entrego a si mimo para cumplir las profecías y mostrar la gloria de Dios por medio de la resurrección ese evangelio de Judas es verdadero, esa es una realidad oculta por la Iglesia con malévola intención para robarse el derecho de la palabra y gobernar sustentándose con normas de castigos, confundiendo la verdad con ignorancia, limitando a Dios y apoderándose con derechos que nadie tiene. Porque la palabra se tiene que cumplir por los que la representan y la practican de la manera que está escrita, con todos sus mandamientos sin excepción o son falsos.

Con su revelación pública expuesta a la luz, ahora puede regresar su espíritu a cumplir la promesa y rescatar sus discípulos en el tiempo que quiera en rapto divino, mientras es juzgada la tierra por el ejecutor de la justicia de Dios, el cual está observando y todos saben a quién representa. Acondiciónense unos con los otros respétense y eviten ser sorprendidos por la acción del Espíritu Santo, que no se detendrá para nadie cuando la orden de ejecutar la sentencia divina se active en los cielos.

Deténganse inmediatamente de criticas los unos contra los otros, opinen estudien pero nunca condenen esa es la diferencia, porque no se puede juzgar y nadie nunca puede tirar la primera piedra. Israel es esa Primera Estrella y el Islam la última secuencia sobre la tierra con vuelta o sin vuelta de ese triangulo tan convulsivo.

La Iglesia Católica tiene una cuerda débil delante de Dios, siguen siendo los romanos prepotentes y se lo probamos al Papa delante del mundo cuando prefiera. Pero como no existe el tiempo específico les va la prueba ahora, míralos como visten como caminan como se ríen las inmensas posesiones materiales que tienen, el poder de jerarquías que en la palabra no se contempla, en el cristianismo uno sólo es el señor y los demás son hermanos el señor se fue al cielo nadie más puede ocupar ese lugar.

Se les lanzó ese pequeño en el suelo, el pequeño que representa los que no tienen ninguna posesión, porque lo dan todo, que ofrecen compasión por todos los seres de la tierra incluyendo todas sus especies y ningún presente se digno a levantarlo. En nuestro entendimiento el Papa debió también inclinarse levantarlo y mostrarse humilde, porque el Papa no es mejor que nadie ni superior, no es un santo, debe ser un ejemplo del evangelio en todo sentido de acuerdo a lo que representa la fe que profesa, el Cristo fue un hombre simple humilde no un prepotente un hombre que vino buscando los perdidos no buscando el poder. Ni tampoco la religión cristiana representa la puerta exclusiva cada cual tiene su camino porque de Dios son todas las cosas, nadie es mejor que nadie sobre la tierra pero los católicos creen que son superiores y que el mundo se les tiene que arrastrar.

Son muy prepotentes están contradiciendo el evangelio, los más pequeños son los más grandes en las estrellas que ven desde los cielos las grandiosas del paraíso entonces repitamos la palabra "ve da todas tus posesiones toma tú cruz y sígueme" son muchos los que dan las espaldas al señor la tierra está llena de falsos pastores. Ninguno levantó al más pequeño todos se sonrieron y le miraron con satisfacción en el suelo, sintiéndose mejores, más grandes, más perfectos, más exclusivos, más superiores y los muchos pueblos del mundo que se arrastran dominados por católicos, mostraron lo mismo, repitieron la historia, no reconocieron el mensajero, están en pecado, ahora son ellos los que niegan al señor con sus acciones.

El Cristo es un ejemplo de amor, humildad, bondad, compasión y la palabra dice: "limpien los pies unos a los otros"; "hagan estas cosas en mi nombre", porque nadie es mejor que nadie, ni el mismo señor se mostró superior delante del pueblo, el señor fue al suelo a limpiar los pies de su discípulo y futuro apóstol, dando el ejemplo, pero los que dirigen quieren que los fieles sean esclavos, le limpien sus pies y más aún les cobran dinero. La iglesia católica y ni ninguna otra cumple con la verdad. Todo el poder que tienen es el de los hombres inicuos, solamente un señor el cual está en el cielo, los demás son hermanos, nadie más tiene ese galardón de superioridad.

Solamente el señor es superior porque es la puerta en el espíritu, pero en la carne es un hermano más incluyendo sus apóstoles y lo demostró muchas veces. El Imperio Romano continúa sobre la tierra con su nuevo disfraz, cuando se bautizo el Cesar estaba garantizando la continuidad del Imperio Romano en decadencia, que continúa sobre la tierra con una nueva forma de dominio la cual es la explotación de muchas formas. Lo demostraron a través de los tiempos, con sus conquistas, sus represiones en los tiempos de la inquisición y, lo siguen haciendo con abuso psicológico sobre muchos ignorantes en la tierra manipulándolos lo cuales ha enriquecido.

Todos los que no son Judíos e impunemente toman la palabra dada al pueblo de Dios para que la adoraran, y sacan conclusiones propias según sus entendimientos personales y conclusiones de los hechos que no se ajustan a la interpretación correcta, porque solamente Israel tiene ese derecho a Judea se le entregó la palabra, están cometiendo un pecado de muerte y existen muchos bajo está sentencia "No tomaras el nombre de tu Dios en vano" recuerden humanos que Dios es sólo uno, "oye Israel tu Dios es sólo uno y uno su nombre."

Los cristianos por todo el mundo y de todas nominaciones se están condenando unos contra los otros todos predican el evangelio según les parece mejor o les conviene mejor, todos no pueden tener la verdad uno sólo que hable la palabra correcta no existe, porque lo más importante es que están todos rompiendo el mandamiento y los mandamientos de Dios son inquebrantables. Cualquiera de los cristianos que se crea que tenga la razón de la palabra no importa, porque la razón no da el derecho a nadie para romper el mandamiento de Dios, los cuales son inquebrantables para los humanos es la palabra de Dios, solamente Dios tiene el derecho de todo por eso es Dios "no juzgaras" todos los cristianos lo violan cuando señalan a otro o se sienten con el derecho de hacerlo.

Ni la razón de Dios le da el derecho a nadie de romper el mandamiento del señor, "no juzgaras para que no seas juzgado porque con la vara que midas serás medido" el mandamiento más importante el Amor parece que también lo olvidaron, recuerden solamente Dios hace lo que le venga en ganas ningún humano tiene la razón por eso están en la tierra. Busquen por el mundo quienes respetan el mandamiento en silencio sabiendo el error que cometen los que critican y condenan a los demás, esos que guardan silencio lo hacen para no romper ellos mismos el mandamiento tratando de instruir a los equivocados, esos son los verdaderos a los cuales si les preguntas ellos te contestan para ayudarte nunca te niegan.

Dios tiene sus testigos la palabra pronunciada a ese respecto a su pueblo nada tiene de relación con ser testigo de Dios, Jehová no necesita testigos exteriores porque todas las cosas por sí mismas son los testigos de Dios. Jehová tiene un pueblo que lo respeta y obedece con pasión porque lo conoce muy bien, solamente un pueblo con su crónica y su marca "Israel" al cual el profeta le dio la palabra en presencia solamente de judíos, "ustedes son mis testigos" los demás son impostores de otras etapas del tiempo tratando de despojar con blasfemias el lugar que solamente ocupa uno sólo.

Recuerden tienen que tener mucha precaución con sus actos "no tomaras el nombre de tu Dios en falso" pero continúan haciéndolo están pecando y jugando con muerte del alma. Los cristianos verdaderos son los que esperan la manifestación de su señor respetando la palabra en todas sus formas, principalmente los mandamientos y dejan a la voluntad de Dios la respuesta en los tiempos.

Como los que fueron a la cruz y otros tormentos en los tiempos de Roma sin resistirse sin protestar, la palabra está escrita para respetarse hasta las últimas consecuencias las pruebas son duras, los cristianos modernos les tiemblan las patas no saben beber de la copa.

"Ama a tu enemigo" pero hoy están los cristianos buscando coaliciones con intentos de guerra de imponerse el cristianismo con violencia, o presionando los gobiernos con sus números de votos para dominar la sociedad, no tienen diferencia ninguna con los peores nada justifica romper los mandamientos.

Entonces no se quejen cuando se les aplique la palabra "señor, señor en tu nombre echamos demonios hicimos milagros curaciones" y el señor les responderá nunca los conocí apártense de mi obreros de mala fe" y son muchos los culpables que se les pueden aplicar estas palabras.

Recuerden siempre en cada oración que son "muchos los llamados y pocos los escogidos" esto es la palabra de Dios y tiene que cumplirse sobre todos los cristianos.

El tiempo se acaba y el juicio de Dios es para todos, los justos y los injustos la voluntad es don de Dios, nadie más puede objetar ni tratar de ser adivino de Dios ni en el nombre de Dios.

Israel tienes siempre deber y el derecho de la palabra libre para cualquier cristiano que la quiera enfrentar, ayúdalos a comprender el fin de los tiempos requiere tu sabiduría.

Capítulo 10

Introducción del redactor para el mensaje siguiente, de acuerdo como están las cosas por el mundo el final parece será dramático.

EL MENSAJE SIGUIENTE es pera la casa de Israel fue escuchado en el espacio astral navegando sobre los desiertos, despúes lo recibí nuevamente en la memoria mediante una transmisión telepática y nunca lo he olvidado, ahora les relato algunos de los momentos y la historia que viví durante el encuentro.

Israel te entrego a tu juicio y disposición lo que me confiaron dos Ángeles que hablan en nombre de tu Dios y varias veces lo hicieron como si fueran Dios mismo, otras veces como hombres que caminan la tierra en varias otras no lo comprendo todavía.

El Dios que tiene nombre y retumba en todo el universo, del cual sentí en mi carne y espíritu ondas de su poder y su gloria.

La noche está llena de estrellas y puedo hoy sin dificultad ver sus colores me doy cuenta que está cerca el momento que reciba otra visita, estoy ansioso por volver a escribir, aunque por más que piense no puedo descifrar cuales serian los textos que tendría el próximo mensaje y para quien, lo sospechaba o más bien lo presentía pero no podía asegurarlo.

Las cosas andan revueltas por el mundo y tengo cierto temor que empeoren, estoy calmado pero al mismo tiempo preocupado por tantas cosas que están fuera de mi alcance resolver y presiento que no nos queda tiempo.

Israel se enfrento hace algún tiempo y no es la primera vez contra guerrillas terroristas escondidas en el límite de sus fronteras, para vergüenza de nuestro planeta son guerrillas financiadas directamente por gobiernos políticamente reconocidos, gobiernos que apoyan actos criminales y atentan contra la paz.

Terroristas que en el nombre de Dios descargan artillería contra civiles y después se esconden cobardemente entre los demás ciudadanos, provocando la respuesta israelí que siempre termina con la muerte de muchos inocentes.

En estos últimos tiempos se enfrentan a extremistas palestinos, que hacen lo mismo escondidos dentro de la población para provocar la respuesta de Israel, que siempre es la misma respuesta porque no tiene otra salida, tampoco existe otra salida contra terroristas.

Una respuesta que empieza con intercambios de misiles disparos e invasión de territorios, que termina nuevamente con destrucción y pérdidas de muchas vidas inocentes.

Conozco varios palestinos que son gente muy decente muy amistosa y compartidora, personas que solamente quieren vivir en paz con todos los que le rodean, aunque observan a Israel de invasor comprenden que tienen el derecho a existir porque provienen del mismos padre.

Son creyentes en espera del cumplimiento de la palabra porque saben que la justicia perfecta solamente proviene de Dios, el hombre solamente sabe crear dificultades y complicar las cosas poniéndolas de mal en peor.

Todos estos ataques terroristas son provocaciones e intentos de conducir al mundo a una catástrofe mundial militar de elevadas consecuencias, con las pérdidas de civiles inocentes están tratando de provocar una reacción violenta en gran escala del mundo musulmán. Reacción de los musulmanes pueblos que terminara con una guerra de exterminio masivo en gran escala, que ganaran sin dudas los que tienen mejores armas de guerra reservadas y tendrán en su momento que usarlas, momentos que están rondando las puertas del gran desastre mundial en un tiempo muy próximo.

345

La paz es un derecho que tiene cada ser humano a vivir y una obligación de todo gobierno a garantizar, entonces los que están en contra de lograr la paz vivir en la paz y mantener la paz contra toda contradicción, son los demonios de la tierra que sirven al maligno y que tenemos todos los habitantes del planeta unidos que enfrentar de forma definitiva en el nombre del creador, sin importar el nombre que le demos a Dios cada cual.

El sistema presente le llega la hora y muy pronto de rendir cuentas por todas sus acciones al que cobra las deudas de cada cual, alma por alma ojo por ojo y diente por diente, la maldad con todas sus secuelas se le agota el tiempo sobre la tierra.

Después de calmar mis preocupaciones diarias me relaje lo suficiente para poderme concentrar bien en los Ángeles cuando la ocasión tomara lugar, ahora comprendo que estaba equivocado cuando pensé que aquellos conflictos anteriores de Israel eran la señal definitiva, me falto aplicar la paciencia porque el mundo tiene su hora y solamente Dios la sabe. Referente a estos mensajes puedo decir que este es el ultimo el que anuncia el tiempo definitivo, me dijeron escribirás los detalles correctamente porque hay un mensaje para un ser en la tierra que espera y su momento es nuestro momento porque somos uno.

No entendí nada pero me concentre en tratar de ver aquello que estaba delante de mí por detrás de los Ángeles pero no podía distinguir bien, me encontraba lejos del alcance de mi visión astral para poder distinguir con perfección.

En cualquier momento el que despierte de un sueño y no conozca el lugar o esté confundido por las cosas que le rodean, es porque le perdonaron la cuenta de las muchas maneras que lo hace Dios.

Yo solamente siento pena por las demás criaturas que pagan las culpas que no tienen, que sólo viven porque Dios se lo ordenó, la muerte de ellas también pesa sobre nuestros hombros.

El mensaje empezó al instante mismo sin perder ningún tiempo, siento satisfacción por mí y los míos de haber vivido ésta experiencia, que les haré llegar de forma personal para contarles sobre la verdad y quien la tiene de acuerdo a su comportamiento por el cual cada ser humano será juzgado, sin importar quien sea o para quien vive porque de alguna forma y para Dios todos somos iguales.

Quiero darles aliento de esperanza a todo el que me dé tiempo en mi vida mientras espero el desenlace por donde quiera que venga. Dios existe es una realidad latente que está siempre viva, el hombre es la prueba de esa realidad latente y con vida, realidad que el hombre mismo sostiene en los tiempos y lo demuestra con su propia muerte mientras Dios sigue vivo en cada uno de nosotros.

Que dichosa serian las Naciones los pueblos y nuestro planeta entero viviendo bajo la palabra de Dios, en la obediencia la rectitud y el respeto a la palabra de sus santos y los mandamientos de Dios. Todos respetándonos unos a los otros con gran compasión y profundo amor desde lo más profundo de nuestra consciencia, mirar cada noche hacia el universo observar la obra más grande que existe y tenemos delante de los ojos y observar en todo eso lo grande que es el creador que adoramos.

Pero yo soy simplemente un soñador y uno no es suficiente en un mundo tan poblado, y me da mucha pena la humanidad por todo lo que se pierde.

Mensaje al pueblo de Israel.

¡Sión, Sión, Jehová está aquí!

¡Israel no sientas temor!

Yo Soy quien Soy, envía estos mensajes para ti.

¡Al que nadie puede decirle que no!

¡El que nadie le puede decir que si!

El Mesías que espera el pueblo está rondando sobre la tierra, en espera del llamado de su Dios que le levante y se anuncie delante de todos con poder, Dios le va a tentar en el momento preciso con el instinto que es espíritu de Dios para cumplir la misión de su destino.

En estos tiempos se cumplirá el momento exacto de exponer la verdad del Dios vivo por encima de todos los dioses falsos, Jehová tu Dios está vigilante sobre el mundo de los humanos dando la señal de poder a quien espera, cada humano sentirá desde su interior quien es el que se pronuncia en nombre de Israel.

La fe sin Dios verdadero no tiene poder esa fe cualquiera que sea sólo tiene fuerza, la fe de fuerza es una contradicción la cual se conoce porque divide naciones enteras y juega con ellas a la muerte la ignorancia y la somete bajo una gran confusión, la fe confunde y despierta un odio escondido en los humanos contra sus semejantes.

También la fe falsa crea discordias entre sus propios pedestales, es el empuje de los que quieren mantener y lograr las cosas contra cualquier realidad, por sobre todos los demás forzándolas a través del mundo con acciones violentas y criminales de toda índole e imponiéndolas con la fuerza, en cualquier tiempo de su existencia esa es toda su moralidad porque nunca han despertado.

La fe encierra al ser humano en sí mismo y lo hunde en el fanatismo la confusión el ego, la fe es una ilusión del pensamiento en la mente de los seres humanos que huyen de la verdad, no tienen nada mas por eso en la fe se matan entre ellos mismos y quieren matar a todos los demás para imponerla por la fuerza.

Actuando en contra de todos y de su propia persona, es la única forma de mantener la fe cuando es una fe que se sostiene de la imaginación e ideologías sustentada en el vació de la falsedad creada por una mentira.

Todos obstruyen sus mentes confundiendo sus acciones de fe creando una pared para no tener que enfrentarse a las realidades abiertas de la razón y la lógica, ni tener que respetar los derechos de las demás especies las cuales todas son creadas por un sólo poder, un poder que puede cubrirlo todo a la misma instancia en todos los tiempos.

La fe de muchos es el hombre contra el propio hombre y en ésta reacción no existe ningún verdadero poder, mortales despedazándose de muchas formas para demostrarse ellos mismos la fuerza y el ego de su vanidad.

Mírenlos y comparen analicen con lógica lo que ven y se escucha por todo el planeta y todo lo que hablan ellos mismo, lo distantes que están del resto del mundo civilizado todos los que establecieron una fe por su propia cuenta.

Eso lo quieren lograr para todos los habitantes del universo el padre da abundancia el padre nunca quita, todo lo negativo es el resultado de la fe que se impone con fuerza, por eso ningún Dios les habla con palabras de aliento ni esperanzas, están estancados en límites marginados por su propia ignorancia.

Israel no tiene una fe Israel no cree en la palabras de fe porque esa no es la verdad, existen muchos que claman su fe como verdadera pero todas no pueden serlo a la misma instancia.

Israel en todos sus tiempos tiene y cree en su Dios hasta la muerte, pero sin matar inocentes usando su nombre, Israel vive por el Dios del cual todas las cosas posibles que se manifiestan en la existencia y vibran en su interior, porque es el Dios que está sobre todo absolutamente y todo existe dentro de Dios o no fuera posible su omnipotencia y su gran poder.

Israel no tiene que probarle nada a nadie en absoluto Israel solamente se defiende, Israel tiene en su Historia el Arca de la Alianza y los Ángeles que la cuidan son la gloria de Dios eso es lo que habla del verdadero camino, nadie más tiene esa Historia ni el privilegio de servir a Dios, tampoco nadie lo mantiene más firme ni más unido.

Otros por el mundo tienen grandes desacuerdos y grandes discordias que conducen a la muerte de muchos entre ellos mismos, parecen y actúan como enjambres de locos envueltos en la ignorancia.

A través de todos los tiempos de su vida lo ha demostrado una y otra vez con sus acciones, Israel respeta ama y vive por su Dios con toda la ley de sus mandamientos, el que quiera que se pare delante de Israel que trate de negar ésta realidad.

Quien lo haga que también muestre su conducta ante todo el mundo y se ponga en una balanza de Justicia con los libros abiertos y, que pruebe quien tiene el poder por su ejemplo y quien aplica la fuerza con imposición y odio para establecer a su Dios, los verdaderos solamente sienten amor.

Toda la fe que establece como líder máximo a un Dios que no puede cruzar los límites de la mente humana y que lo margina a regirse según una constitución especifica, bloqueando los límites del conocimiento es totalmente falsa o la hacen falsa sus líderes, como lo son todas las que limitan con sus escrituras la mente humana aplicando la esclavitud a la inteligencia.

Dios es y existe solamente uno y para que esto sea siempre una realidad evidente, está comprometido a ser Dios de todo y sobre todos, sin reglamentos a Dios pertenece la total soberanía su autonomía no tiene límites por eso es Dios.

Israel ama a su Dios no por fe lo ama por sus palabras las cuales les dio hace mucho tiempo, las que tienen el poder que identifica al Dios vivo de la creación sin ninguna duda y, respeta la existencia de todos por todo el mundo porque respetan el mandamiento.

La fe no es lo que muchos en mundo creen que siente Israel, la fe que Israel siente en su seno es el amor, porque Israel no está atado a una creencia ni está obligado a imponerla a nadie, Israel tiene la palabra original que le da sabiduría su pueblo es libre su devoción es voluntaria están unidos a Dios por amor.

Israel no cree en una llamada verdad, Israel sabe cuál es la verdad, esa es la gran diferencia por eso Israel lo que siente por su Dios es mucho más que una simple fe atada a una tradición, Israel lo que siente por Dios es una inmensa pasión.

Israel sabe y siente en la palabra la verdad sin sentirse oprimido ni forzado para que la acepte, quien niegue en el mundo ésta realidad se podrá apreciar sobre esa persona que nunca ha recibido una educación completa de la historia, está envuelto en la confusión y está hiriendo su propia palabra.

Dios ama a su pueblo unigénito y es celoso con su nación admira su comportamiento su moralidad y crecimiento social porque tienen que demostrarlo con el ejemplo, para que los demás hijos de la creación puedan apreciar en el testimonio vivo, ¿quién es el Dios verdadero?, Israel tiene esa misión en su existencia pero Dios es Dios de todo sobre todos Israel sabe todas estas cosas.

Dios tiene la responsabilidad en todo aunque esto no se comprenda.

El León soy yo, aunque sean muchos delante de ti no sientas temor Israel tu Dios está al frente y los ha entregado a ti por todos los tiempos, tú lo sabes bien.

El Rey verdadero que pone delante su escudo para defender a su pueblo y empuña su espada para luchar por su trono contra cualquiera que se interponga, que va delante y sin temor de la muerte, porque contra el poder verdadero no existe ningún rival.

Todo el futuro es sólo para justos; tú, Israel si estas probada para enfrentar el futuro y sin futuro no hay existencia, tú eres el destino de todos los tiempos y la única esperanza del hombre a seguir viviendo, porque tú si cumples con Dios y eso es todo lo que todos necesitan, saber cumplir, mis palabras no pasarán sin cumplirse.

Ahora es el momento te acechan con intención malévola de muerte y exterminio en masas, usando la fuerza del maligno que tienen dentro no quedará ninguno sin castigo divino, ahora es la hora de la verdad estoy aquí para actuar con el poder de mi gloria desde los cielos sobre toda la tierra.

Los necios son seres con traumas posesionados por el arrastre de culpas antepasadas, aquí se rompe la condena y se comienza de nuevo otra etapa, porque la hora les está encima acechando sobre todos en la tierra ustedes serán los jueces ante el poder de la Estrella.

La dirección de la tierra se cambia y con él toda la humanidad superviviente, el hombre enfrentará finalmente la guerra que busca contra el Dios de la guerra, hoy esa es la realidad triste que envuelve con sus sombras el planeta de los mortales inicuos.

Yo soy Jehová el Dios de Israel, soy el León que nadie retiene por la cola la promesa se cumple cuando yo quiero, nadie me juzga nadie me exige mi pueblo tiene que esperar por mí todos saben que es de ésta manera, el Rey tiene la última palabra y se cumple en su tiempo sin que nadie lo conozca, sin que nadie lo cuestione para eso es Rey para gobernar de la forma que quiere y cuando lo quiere la cambia.

En ésta confrontación de guerra contra el mundo y su maldad, Jehová el Dios de Israel le dice a su pueblo y al mundo verán la mano fuerte de Dios reprender al mundo como jamás se haya visto ni pudiera ninguno de los culpables imaginar o soñarlo, las muchas Sodoma y Gomorra de estos tiempos ni siquiera verán el fuego descender.

Yo soy la verdadera ciencia que les está acechando a todos para caerles encima.

Todas aquellas naciones que hoy se alzan sin motivos porque no lo tienen contra Israel con la intención de destruirle de cualquier forma, creando o apoyando restricciones que llaman regulaciones que Israel cumple aún siendo injustas.

Regulaciones las cuales sólo sirven para darle espacio y tiempo a todos aquellos que solamente buscan la destrucción del pueblo, no importan los acuerdos nunca los respetaran porque todos saben bien que sus verdaderas intenciones están en lograr la destrucción de la Nación Israelí.

Otros no cumplen las regulaciones y nada se hace en contra de ellos ni actúan con determinación, para exigirles que cumplan dejando pasar el tiempo hasta que las cosas se eleven a término peligrosos para Israel y el mundo estable en su totalidad, las pruebas lo demuestran y sigue el silencio.

El mundo tiene que despertar porque Israel no puede vivir toda su existencia bajo provocaciones cobardes, que sólo buscan alterar la paz en que el mundo moderno quiere vivir, quieren destruir a Israel por lo que representa y ese es el grave error que conducirá a todos a la muerte bajo una hecatombe mundial.

Estas cosas suceden en el mundo, estos enemigos de la humanidad muchos se esconden en las Naciones Unidas que está hoy convertido en un nido de ratas, que cada día está más sucio y cada vez más confundido de la realidad presente, que tienen la humanidad en un intenso peligro donde muchos de sus miembros se han vendido a las manipulaciones de los intereses y otros por cobardía.

En esa sede mundial no todos son traidores a la causa mundial de la humanidad, pero todos los miembros saben quiénes son los que están presentes con el cuerpo y ausentes con el espíritu, mucho peor callan como si tuvieran miedo a las consecuencias futuras o motivadas por intereses individuales.

Eso es prueba de ser inseguro es evidencia de no estar alineado en un mismo principio, sus comportamientos demuestran una inmensa hipocresía, son cobardes en lo profundo el mundo nunca podrá cambiar con estos falsos representantes.

Cada uno de estos representantes tiene su propósito según sus intereses, pero las Naciones Unidas deben ser el propósito y los intereses de todos los pueblos, con hechos palpables reales y determinantes por el bien y el futuro de los propios pueblos que representan cada uno, la verdad tiene que imponerse porque es la única salida.

Pero para declarar la verdad y establecerla sobre quien se atraviese en el camino se necesitan hombres y mujeres verdaderos en todo sentido, decididos a cumplir con ellos mismos primero como se espera de un representante ante un organismo mundial, el cual está siendo observado por todos los pueblos dentro y fuera del planeta hace mucho tiempo, la justicia puede que tarde pero llega entonces reciben el peso de la espera.

La ONU no cuenta con suficientes personalidades sinceras en su interior que quieran dar el paso firme, ni que tengan principios firmes para mantenerlo, son muchos los que están pero son pocos los que son, sin misericordia habrá castigo con los culpables y todos los que le siguen apoyándolos con el silencio.

Sin el respeto hacia ustedes mismos nunca tendrán moral para atreverse a presentarse como los representantes de la Tierra y sus Naciones, tienen la responsabilidad de los pueblos pero ellos mismos no son totalmente responsables, no podrán reclamar nada en nombre de la humanidad porque los gobiernos mundiales no la representan.

Al permitirse que se sienten representantes hipócritas en esa organización que ninguno respeta los verdaderos derechos en sus propios pueblos, conociendo muy bien los principios universales redactados en las propias naciones unidas los violan en sus pueblos.

Todos los representantes son personajes que han recibido una educación al suficiente nivel para comprender los derechos humanos y su importancia para observar quien los cumple y quien los viola.

Pero cuando se tiene que decir la verdad contra una nación que viola esos derechos muchos se abstienen otros niegan el voto sabiendo que se violan los derechos, entonces todos son iguales de hipócritas digan la verdad siempre porque el hombre solamente tiene una verdad una sola palabra y una sola respuesta.

Ser o no ser es el verbo, demuestren que si son lo que dicen ser diciendo la verdad y haciendo cumplir la justicia, pero no pueden porque primero están vendidos segundo no tienen el valor.

Todos dentro y fuera de la sede saben quiénes son y conocen la procedencia de los culpables, no se justifiquen más en congresos mundiales no pierdan más el tiempo ni los recursos porque les está encima la resolución de las estrellas, la cual es determinante y sí se cumplirá opóngase quien se oponga, apártense que los Ángeles salvaran el mundo a su manera cualquiera que sea el camino más práctico.

El Mesías con el poder de levantar el arca desde su santuario y arremeter por sí sólo contra todas las naciones enemigas de Dios y llevar la injusticia del hombre hasta su tumba, está en tu seno esperando el momento preciso que tu Dios sólo sabe y que tú guardas en las escrituras sagradas.

Pero su poder es del cielo y tiene justicias de estrellas no de hombres de la tierra.

Todos los que pisotean la Santa Jerusalén con una conciencia diabólica y sin respeto por los santos, tierra histórica en la humanidad serán arrancados sin remordimientos.

Jerusalén no puede ser pisoteadas por hombres que odian a los pueblos, la tierra santa de Jerusalén que no tiene el oro negro de los hombres por el cual la humanidad actual se aniquila por su control para saciar sus vicios.

El oro negro la sangre de la tierra procesada por millones de especies en la metamorfosis de la materia orgánica, la cual se almacena en las entrañas del planeta y que el hombre profana con su extracción constante, transformada al paso de los tiempos en el aceite de la tierra no puede existir en Jerusalén.

El pueblo Judío no come sangre de muerte sacrificada por Dios para continuar la existencia, la tierra santa está fundada sobre roca Santa.

Miren los demonios que viven sobre los desiertos dispersos en todo el territorio de muerte tienen hambre miseria y se hunden en un fanatismo ciego, no cuidan el lugar que es santo profanándolo constantemente con sus comportamientos irrazonables, por eso la tierra de Jerusalén no puede tener petróleo para extraerlo, Jerusalén tiene a el Dios de los Dioses y no necesitan a nadie más tener.

Santa es Jerusalén y los judíos tienen su verdad están cumpliendo la palabra con sus actos, aunque esto moleste a todos los falsos de la fe y los demonios del desierto es la verdad inconfundible, la primera piedra para levantar a Jerusalén la plantaron los hebreos y tomaran la ciudad de nuevo para gobernarla en su momento.

También soy el Dios que visita la maldad de los padres en generaciones futuras, por eso los hombres de Israel se cuidan para no condenar a sus descendientes a pagar culpas que no cometieron, porque saben por experiencias propias que su Dios cumple sus palabras.

El hombre es insistente y necio no importa que pase persisten en chocar sus fuerzas contra el poder que ni él mismo conoce.

Los hebreos por los cuales el mundo hoy sigue con vida recuerden humanos Jehová no tiene pacto ni promesas con nadie más de salvación, el buen corazón de los judíos es todo lo que cuenta el mundo para sobrevivir la hecatombe que tienen encima de la ira del creador.

Por eso Satanás quiere destruirte Jerusalén porque busca el exterminio de la especie humana él mismo se aniquila esa es su misión.

Israel te comportas fuerte unida en la fe del amor como yo quiero y te ordene a mantenerte firme en todos los tiempos, aún estando por todo el mundo sabes quién eres y no abandonas tu raíz, conoces cómo comportarte qué debes hacer y cómo dar ejemplo al mundo de tu verdad y la verdad del Dios que tu guardas tan cuidadosamente.

Estás por toda la tierra respetas a cada sociedad en la que vives de todas las maneras posibles respetas sus leyes y su cultura y participas junto a ellas con gran respeto, en todos sus caminos te conviertes en un ciudadano más de la nación en que vives.

Creces dentro de cualquier nación, te envuelves en toda oportunidad trabajando fuerte y logras muchos éxitos en diferentes niveles, la educación la política artes deportes ciencias de todo nivel y generalidades música y toda rama que de los gobiernos se desarrollan, te comportas decentemente con todos y eres muy limpio.

Toleras los demás ciudadanos del mundo respetando sus formas de vivir y pensar, porque sabes que todo es obra de tu Dios y, le pertenece solamente a Dios imponer la justicia.

Sostienes una religión impecablemente limpia de toda culpa por la cual pagas un alto precio con todo esto estás aportando más a cada nación que te acoge, dando ejemplo de buen hijo y de respeto en lo que tú crees y que nunca abandonas, nadie puede objetar esto porque sería sin dudas blasfemia, nadie puede negar que sirves al Dios verdadero, el ejemplo habla por sí mismo.

Tú, Israel bien sabes todas estas cosas pero no puedes decirlas porque tu Dios te prohibió pronunciar palabras con las cuales te puedan señalar, por eso hablan mis profetas y mis mensajeros.

Nadie ha sido probado más en su amor a su Dios que Israel, jamás ningún pueblo ha soportado tantas pruebas de convicción, ni nadie jamás ha resistido con tanta firmeza y determinación de ser fiel hasta la muerte que Israel.

La única forma de probar a los demás quien es el verdadero Dios y quien lo conoce y le tiene, gracias a ti el mundo es mundo todavía y aunque no te lo agradezcan no importa, te lo agradezco yo tu Dios y eso para ti es más que suficiente nadie es igual en esto.

Nadie en el mundo honra más a su Dios que tú, Israel, con tu comportamiento lo demuestras compáralo con los otros y mira la diferencia no respetan ni las palabras de su propio Dios.

Todos aquellos que se ensañan en contra tuya terminan en la destrucción de todo su imperio ahora el nuevo ensañamiento de estos tiempos tampoco quedará impune, ahora yo digo e impongo las reglas ésta vez es personal porque será para mucho tiempo, la paz de Israel y su existencia es prioridad del tiempo actual, para ellos y los que tengan la gracia del pueblo judío, también todos los que están esperando justicia del cielo.

Pero para muchos esto es el fin porque en estos momentos en que la humanidad está siendo juzgada en los cielos y determinándose su futuro, aquel sorprendido no tendrá salvación la justicia divina no puede esperar más, ni se puede detener para que nadie reflexione en Dios.

Se está con todo tu ser o no se está del todo, nadie puede exigirme excepciones, el exterminio sin dudas se vislumbra masivo. Cuando se envuelva la tierra en el fuego de Dios será demasiado tarde, solamente los que estén conmigo verán otro amanecer.

El vacío universal está sobre el hombre sólo tiene que alzar su mirada y darse cuenta, estén conscientes todos que a la hora final ya no hay arrepentimiento aceptable.

Los malditos de la tierra que sirven en contra del propósito de Dios "la vida", se les hará pagar con la ley alma por alma ojo por ojo y diente por diente, los que estén del lado del amor y viven con amor no tienen nada que temer quienes quieran que sean o todas las cantidades que sean.

El Dios todo poderoso que conoce hasta donde la humanidad puede llegar con su inteligencia y sabe hasta donde se le puede permitir llegar, así como su comportamiento con el uso de ella.

La venganza es de Jehová, para lograr a través de ella si es necesario la paz de Jerusalén y sus amigos por tiempos y tiempos.

Pero para aquellos los relacionados en la Historia de muchas maneras que reaccionaron con envidia y odio en vez de felicidad y admiración marcándose un destino, condenando los logros que el pueblo de Israel alcanzo después de haber sufrido el terrible genocidio de la segunda guerra mundial, el reconocimiento como estado de Israel de parte de los organismos vigentes en el mundo sentados en las naciones unidas.

Esos cercanos que se aferran en tener un reconocimiento por la fuerza y la violencia, esos que tuvieron el privilegio de estar al lado de la luz y le negaron, que levantaran sus voces en júbilo y alegría con burlas y con satisfacción en todos los acontecimientos terroristas del mundo y que todos en el mundo sepan quienes son.

Lo ven todos públicamente manifestarse, lo ven todos mancharse las manos de sangre inocente y expresar satisfacción sin que nadie condene con firmeza, entonces tenemos que actuar nosotros los Ángeles encomendados para hacer valer la justicia de los que pagan el precio con sus vidas.

Dejando ver con estas acciones quienes son realmente y los verdaderos sentimientos que tienen como humanos, para que nadie los defienda más con justificaciones ni excusas inciertas porque las estrellas lo ven todo y todo se paga, la acción de los hombres trae consecuencias de reacción de Dios.

Un pueblo que no solamente quieren parte de los territorios esa es solamente la excusa ellos quiere como todos los demás vendidos al odio, la muerte de Israel como nación y como pueblo.

Con ellos no habrá perdón ni piedad porque perdieron el derecho y la oportunidad que se les dio por gracia y cambiaron el beneficio de la amistad que el creador les ofreció de estar y vivir junto al pueblo de Israel por el de ser traidores, que por las espaldas y amparados en la confianza descargan sus frustraciones con golpes de muerte.

Ese gentío inmoral que se glorifica de que sus propios hijos mueran si lo hacen en contra de un ser que Dios creó lo cual demuestra la frustración ignorante que sufren, están bajo la mirada directa serán arrasados de la tierra violentamente con la misma intensidad y el odio que llevan dentro.

Dios tiene que cubrirlo todo o no es Dios de todo lo que se manifiesta y existe.

Ésta vez Israel dirá quien vive o quien no y esa es la mejor opción que tienen los humanos, porque si sus rabinos obtén en ese momento por no ser jueces y darle paso libre a la total voluntad de su Dios.

Todos conocen la historia si tienes paz te dará paz, si quieres enfrentarte serás aniquilado con toda tu casa sin dejar sobrevivientes, la humanidad estaría en un grave peligro de ser borrada totalmente sin regreso sin paraíso sin existencias.

Me levanto a los puros los limpios los sanos los que caminan por el mundo con el alma por afuera de su cuerpo y el mundo los tiene en el olvido.

Entonces que todos los demás que le reclamen mientras desaparecen consumidos, al Dios que sirvieron el cual nunca vendrá porque el verdadero ya se marcho.

El horno de la guerra santa está caliente, los enemigos lo encienden sin saber que el Santo soy yo alimentando con fuego al propio fuego, el León de Sión está sobre la hiena acechándola es de noche en cuando el instinto se manifieste, el cual no tiene tiempo sólo acción caerá sobre la hiena y no despertará nunca en ella otro amanecer.

Vienen de las estrellas sólo traen estrellas y todos saben lo que son las estrellas, el fuego puro consumidor y creador y luz que da vida o la quita.

No temas según el pacto que hice con vosotros cuando saliste de Egipto, así mi espíritu estará en medio de vosotros cada instante que me necesites por tiempos eternos.

Israel no sientas temor con nosotros el mundo y le damos amor, contra nosotros nadie porque se mueren el derecho de defensa es tuyo el poder también.

Haz lo que tengas que hacer por nuestra tierra Jerusalén, con tu defensa que es tu derecho, hasta el momento que la manifestación que esperas del cielo tome posesión física de toda la tierra la cual está hablando.

Quieren juicio del cielo, piden juicio del cielo, quieren juicio del cielo pero nadie conoce como es el cielo lo van a conocer en estos tiempos del fin de los tiempos.

Están provocándote continuamente con ataques terroristas, muchos en el mundo te señalan por defenderte y causar tus actos de defensa muerte inocente, eso es lo que persiguen los terroristas provocar reacciones mundiales en tu contra y levantar al enemigo ignorante que se deja arrastrar fácilmente.

Tienes el derecho de defenderte aplástalos sin misericordia, tu Dios que siempre observa conoce la verdad y es lo que más te tiene que importar, destrúyelos con todo el poder que tengas.

Israel; ¿Dónde está mi TEMPLO?

Sión; ¡Donde está el templo!

El templo sagrado de Jehová en la santa Jerusalén, los judíos están en deudas con Dios.

Israel; Dime cual es la razón que te detiene.

Sión; El diezmo es de Jehová para los gastos del Templo, el Templo va hacia arriba yo no sé cómo, yo no sé donde, pero El Templo va hacia arriba.

No tienes que destruir nada nosotros no destruimos nosotros construimos, yo soy el creador el que crea todo yo soy el arquitecto perfecto piensa en mí, en lo grande que yo soy para ti.

Israel; ¿Dime que es por lo que tú estás esperando?

Sión; ¿Dime cual es la razón que tú crees por lo que estoy esperando yo tu Dios?

Quiero la presencia física del aposento santo, donde puedan adorar las reliquias sagradas para que cuando se manifieste la revelación que esperan todos y con toda justicia y todo el poder y la fuerza y les está encima a todos en la tierra, no sufran todo el poder de la ira implacable de la extinción a la tierra.

El Triangulo Completo es el que salva y salva empezando por donde termina, el más herido o no es Justicia de las Estrellas ni de los que viven en las Estrellas, ni de los que vienen de las Estrellas.

Dios tiene hijos e hijas poderosos por las estrellas caminando, los hijos que han llegado hasta su ceno con el alma en la mano los más puros los que él le pregunta lo harías por mi y sufren pero ellos lo hacen, sólo están aquí los que están probados por mí no los que se lanzaron ellos mismos ni los que quedan esperando la oportunidad para realizar su crimen alentados por humanos imperfectos.

Yo soy la Justicia esa justicia divina que todos esperan y me toca a mí sobre ésta tierra realizar, la diferencia es simple para aguantarle el cuchillo y depende a quien van a matar, a un puro un santo un inocente o a una congregación de infieles y pecadores de la palabra.

Esos hijos de las estrellas saben todo lo que pasa y si es una hembra la que sufre sobre la tierra están llorando las estrellas mucho más, porque son unos cobardes los que castigan por el mundo y maltratan con discriminación y abuso, entonces que les caiga todo el peso de la ley de la Estrella.

El que tienta a las Estrellas las Estrellas recibe y ésta estrella se llama "La Esparta" mirando la tierra y todas sus injusticias, una Reina que busca por el universo donde están las Princesas de las estrellas que dejo hace tiempo en tierra, quienes las cuidan y como las tratan.

Este planeta se acaba con el Escudo la Espada la Lanza y su Látigo, busquen en la historia y comprueben.

Quieren mucho el día del juicio ya lo tienen encima desde ahora serán sólo muy poco tiempo de la tierra, no vemos a nadie son muy pocos los que merecen ayudarse y no volvemos por tiempos muy eternos Dios quiere limpiar duro y duro será.

Israel los días del planeta tierra están contados para el mundo pero tienes una cuerda débil y tendrás que repararla antes que caiga la luz sobre el mundo, o tendrá consecuencias duras sobre el pueblo entero y se la pruebo a Sión ante el mundo porque Dios no esconde los pecados de nadie, tienes pecados y existen pruebas de los mismos.

Quienes saben entre los judíos sobre el mensaje quien lo escuchó y lo botó, quien lo escuchó pero no presto atención, quien mando para el templo al mensajero sin prestarle atención y escucharlo el mismo, quien estaba apurado y corrió hacia el templo y no quiso escuchar el mensaje tampoco tenía la vestimenta de acuerdo al código correcto.

Sión, tu Dios está muy molesto contigo, Jehová probo la fe de varias maneras en diferentes lugares, encomendó a su mensajero a comprar una estrella de David y una joven que debió cerrar el pacto sobre la palma del mensajero a la cual se le pidió la estrella poderosa.

Se burló del mensajero y de las razones que le explicó por las cuales buscaba la estrella refugiándose en el interior de la tienda para llamar a otros y burlarse, ese era el pacto de la vida todos los judíos deben estar preparados en espera del tiempo y su fin, cualquier señal puede ser la verdadera, nadie llegó a tiempo para recibir el mensaje.

Una mujer de mayor edad que la joven presente en el lugar, algo desorientada y molesta le vendió la estrella y cerro el pacto con el mensajero sobre la palma de su mano, pero esa era la señal de la muerte, los judíos encogieron con su comportamiento y por su propia acción otra vez la muerte, un nuevo holocausto puede caer sobre todos.

Se levantó la estrella sagrada de David en las manos del mensajero, exclamando la palabra en voz alta "esta estrella es el poder" la respuesta debió ser la misma de parte del que escuchó, pero esa persona el cual representaba un hombre no muy seguro para tu Dios por su condición emocional no respondió de la manera que debió hacerlo, como debía de estar preparado.

Asegurando al mensajero que él era judío eso es una vergüenza, se burló con una sonrisa irónica de la expresión de aquellas palabras, es un judío pero no cree en Jehová no cree en el poder de la estrella y eso es blasfemia y muerte segura.

Existe un testigo judío que se encontraba dentro de la tienda, que guardo silencio en todo momento, un hombre serio que escuchó todo lo que se menciona en estas palabras, tomaron al mensajero como un drogadicto y loco por la autoridad que mostraba a pesar que él aseguró que no estaba bajo esos efectos ni ser un demente, pero Sión aún así yo lo soy todo o no soy nada, tú debes saberlo bien y respetar.

El mensajero fue instruido para visitar en el tiempo otra vez a la casa de Israel, un rabino recibió los mensajes en su puerta en señales de símbolos que solamente los judíos conocen y esperan, en repetidas ocasiones los mostró tres veces para ser exactos y a la media noche, pero ese débil rabino olvidó la promesa de Dios y los botó, debió consultar con miembros del templo, el mensajero le confronto y le pregunto por su comportamiento.

El rabino lo insultó y confesó que no cree en historias antiguas, es un judío por tradición y porque nació de padres judíos, este rabino se siente que está condenado por toda su existencia a cumplir como judío de la misma manera que lo están todos los demás judíos del mundo entero.

Es un judío pero no cree en la fe ni espera que se cumpla la promesa del Mesías y su revelación sobre la tierra para salvar a Israel, por considerar la palabra una historieta de los tiempos primitivos y esto es blasfemia contra la Torah.

La mujer del rabino pronunció delante del mensajero palabras de dudas contra el patriarca Moisés y, con su actitud se rompió el día de la esperanza judía preparado por Dios, ahora tendrán que esperar nuevamente y pagar un alto precio con sangre, recuerden los judíos que ustedes son el pueblo amado de Dios y están bajo el pacto, entonces pagan de acuerdo a su ley.

Yo soy el Dios de la guerra por eso estoy sobre la tierra, la tierra y sus habitantes quieren guerra contra la guerra, me pregunto si los judíos también están esperando angelitos con alas de plumas.

Dime, ¿qué quieres que haga con ustedes? tengo algunas quejas más por toda la ciudad, Israel tendrás que venir limpio el Mesías no entrara en el templo hasta ese momento.

Durante estos primeros siete años de el milenio presente sucedieron estas cosas tan pecaminosas en algún lugar del mundo búsquenlo, aunque el lugar ha sido cerrado por incompetente víctima del castigo de Dios, encontrarás a los culpables porque están entre ustedes.

Esas son pruebas que demuestran al mundo que no están listos los judíos para ser salvados, por lo que siguen pagando su deuda con ataques enemigos terroristas y la amenaza de ser destruidos de forma aplastante.

Israel es fuerte como nación pero no está segura tu soberanía, porque son muchos los enemigos y tienen muy malas entrañas, es importante que estén en buenas con su Dios que todos los judíos conocen los castigos de su ira, confiesen los culpables en su congregación yo Jehová pongo la sentencia sobre el pueblo.

De no confesar La Esparta estelar caerá sobre todos los hombres incluyendo los judíos de toda ésta tierra, por haber traicionado a su Dios una vez más como en el desierto, que hable Israel al mundo, el momento del tiempo le llega la hora con el universo.

No sientas temor Israel en el fin de los tiempos todas las cosas escritas tienen que suceder primero, esa es la voluntad del creador y tú la conoces y la esperas.

Dios es firme con su palabra nunca se equivoca, los hombres se equivocan cada vez que se sienten perfectos esto siempre será la diferencia.

Quiero restablecer sobre la tierra Santa el Arca de la Alianza, perdida en la historia de los tiempos y sabes muy bien el lugar secreto donde se encuentra reposando, esperando el momento del fin y el comienzo del nuevo, el arca está ardiendo está lista para entrar en acción.

Por eso de cierto les digo levanten pronto el Templo y rápido, porque estoy por caerle encima a todo los humanos con gran poder y fuerte ira, de no encontrar el Templo que me detenga recordándome nuestro pacto no quedara nadie sobre el planeta.

Yo soy implacable y lo saben muy bien, porque lo llevan gravado en el alma a través de los tiempos y su historia en profundas cicatrices.

Israel no sientas temor.

Capítulo 11

*Referencias y condena a los racistas del mundo entero más
directamente a los que se consideran blancos.*

Las razas no existen ya deberían saberlo todos, la ignorancia que
tienen dentro deben superarla con el conocimiento científico, todos
son descendientes de negros y el que quiera negarlo que se someta
a una prueba de ADN y busque sus antepasados, el racismo es un
arma peligrosa en la mente de los enfermos de odio, los humanos son
experimentos universales como lo somos todos los que compartimos
el espacio, hoy sobre la tierra la ciencia del hombre finalmente ha
demostrado que las razas no existen, quieran aceptarlo o no puedan
aceptarlo es la realidad de la historia humana, todo comenzó en el
África negra y las pruebas están sobre la mesa científica al conocimiento
de todos.

Todos los seres humanos del planeta son descendientes de los negros
africanos, químicamente hablando todos los hombres son iguales
pregúntenle a sus científicos, las diferencias de los rasgos étnicos que
son de carácter físico, fisonomía desarrollada a través de los tiempos
por genes mutantes bajo cambios biológicos, pero siguen siendo
genéticamente los mismos humanos, cada cual y por grupos tiene su

particularidad establecida en la actualidad por el paso evolutivo de los tiempos.

Dios no pide milagros a los humanos pero el odio escondido en las mentes de los racistas que motiva sentimientos de muerte contra cualquiera que no sea igual no lo podemos aceptar, nosotros no somos blancos entonces significa que están en contra nuestra.

No es una obligación de ninguna persona aceptar otra persona con la cual no desea relacionarse por razones personales principios o cualquier inconveniente, pero el respeto es una obligación de cada persona para con todos los demás, la persona que quiere ser respetada también tiene que respetar.

Tener odios de muerte sobre cualquier ser humano por motivos de creencia absurdas contra la obra del universo creada por Dios no lo podemos permitir porque nos afecta a nosotros, los blancos no son perfectos están muriendo de cáncer en la piel y la razón es una deficiencia en el pigmento de la piel.

Porque la piel blanca es producto del deterioro que sufre la especie humana cuando está en proceso de extinción, los blancos van en deterioro de su organismo genéticamente hablando, los negros conservan en mejor estado el organismo humano de una forma más natural y más saludable.

Observen más detenidamente a los albinos de todos los grupos y comprobaran que los negros pueden ser blancos y los blancos negros, con un simple procedimiento químico del cuerpo o una pequeña píldora que les suministremos nosotros.

Nadie está obligado bajo ningún concepto a tener relaciones intimas con representantes de diferentes culturas ideologías o diferentes colores de piel, nadie puede acusar a otro de racismo por negarse a compartir con otras persona de diferente fisonomía, cada cual escoge según su predilección personal y su gusto.

Muchas personas no sienten atracción por personas de diferentes grupos étnicos otros si cada cual es un mundo aparte e independiente, los sentimientos no se pueden forzar pero el respeto tiene que estar presente siempre de ambas partes en el lugar de cada cual.

Queremos coger a todos los racistas para introducirles químicos en su cuerpo que le devolvieran el color natural de la especie humana, entonces tendrán que escoger suicidarse o vivir dentro de la sociedad como un nuevo ciudadano negro, no nos importa lo que decidan si quieren matarse ustedes mismos porque no pueden soportar verse negros, liquídense todos suicidándose y ahorremos el problema o cambien la conciencia sucia que tienen.

Nosotros comprendemos los problemas sociales creados en las sociedades civilizadas, muchos hombres negros se extralimitan en el respeto y en los derechos, pero ellos llegaron forzados a estas tierras de América y muchas otras fueron abusados lo cual nadie tenía ese derecho, ahora tienen que aguantarse los blancos porque las culpas son de ustedes mismos.

Miren sobre las sabanas del África y los bosques los que viven cazando con lanzas todavía y no les interesan las sociedades civilizadas, no quieren vivir en ciudades modernas no ofenden a nadie viven en paz con la naturaleza y con Dios y con el mundo, son gente muy sanas los hubieran dejado tranquilos en el África hoy no tuvieran ésta molesta situación.

Porque una cosa es cierto nadie tiene el derecho de explotar ni esclavizar ustedes los blancos no son mejores especie que los negros solamente se creen mejores, mírense entre las piernas lo que tienen por órgano sexual y se darán cuentas lo perdidos que están como especie en comparación con los negros.

Si Dios creó al hombre según su imagen y semejanza entonces Dios es negro, porque Dios nunca crearía algo basado en sus apariencias con un órgano sexual tan limitado en tan especial lugar y, si el diablo fue el que creó al hombre el diablo también es negro porque el diablo es un hijo de puta y nunca crearía tampoco una especie limitada en tan importante lugar con tanta importancia para lo que más le molesta y traumatiza a los religiosos y al diablo le encanta la contradicción.

Pero si el diablo es blanco y los creó con esa deficiencia, también el diablo al que adoran y le rinden pleitesía muchos de ustedes se burla de ustedes mismos, mientras se arrastran a sus pies con sus odios y peor los ha puesto a dar las nalgas a las mujeres para divertirse bastante.

Muchos se hacen tatuajes por todo el cuerpo entonces ya no son tan blancos por que la tinta es mayormente negra, tiene la piel pintada con el color que odian ustedes son una contradicción.

Están perdiendo los blancos las mujeres con hombres negros incluso con otras especies que viven en sus propios territorios, la culpa también es de ustedes porque lo único que hacen es criticar creyéndose mejores y mostrar un odio que despierta en la mujer una curiosidad interna que termina en la cama.

La mente humana es muy inestable cualquier situación la puede controvertir fácilmente, el hombre blanco de estos tiempos sólo quiere que la mujer lo atiendan sexualmente para su propia satisfacción, el hombre negro en general atiende a su hembra para complacerla mucho mejor que los blancos.

Los blancos están en deficiencia hormonal porque les gusta que las mujeres le aprieten las nalgas, se las muerdan y algunos se dejan hacer cualquier cosa por el trasero, las mujeres les miran más las nalgas en los hombres que el frente en donde está la diferencia entre hombre y mujer.

Pero más vergonzoso es que ustedes los blancos aceptan estas cosas, lo que prueba su debilidad emocional como hombres y el desinterés de las mujeres en el órgano masculino de los blancos, están perdiendo la esencia masculina por la debilidad de su genética sin lugar a dudas están en deterioro de su especie.

Dicen que son muy hombres, pero hacen cosas se dejan hacer cosas y tienen comportamientos que no son de hombres, entonces son débiles.

Los negros les sobrepasan en los deportes, de hecho los han desplazado de los mejores juegos deportivos por considerar a los blancos inferiores jugadores y menos productivos, analicen los porcientos presentes en cada deporte y comparen ustedes mismos, los negros son más sobresalientes obtienen mejores resultados, esto muestra que los negros son mucho más completos y mejor conservados como especie sobre la tierra que cualquier blanco.

Les han demostrado hasta en los juegos inventados por los aristócratas finos blancos la presencia de los negros triunfando en ellos, esto demuestra que estos últimos son mejores hasta en deportes como en el tenéis y el golf, los negros se multiplican más rápido que cualquier otra especie pronto los racistas blancos del mundo entero tendrán negros hasta en la sopa.

Están envenenando a sus criaturas con odio sobre los demás las están arrastrando en traumas difíciles de superar en sus vidas, queman las cruces porque odian a Dios que es el creador de todos incluyendo los negros que odian, se justifican con otra excusa equivocadamente la luz lo es todo sin excepción de naturaleza, muchos piden guerra santa contra los demás y buscan al demonio para refugiarse en su poder.

Pero aquí está el grave problema porque Dios no los acepta mientras sean racistas y el diablo somos nosotros que venimos a liquidar a mucha gente negativa y a ustedes nosotros no los queremos porque no somos blancos, entonces están en un grave problema terminaran devorados por todos lados por imbéciles.

Se van quedando detrás rezagados en pequeños pueblos y los que viven en ciudades grandes están acosados mentalmente por lo que tienen que ver y vivir diariamente, perseguidos por la justicia condenados por el mundo y muriendo en confusión, ustedes se creerán mejores pero a nosotros nos dan pena por lo miserable que son como personas y lo inferiores que son como especie, por estas razones tienen que ser eliminados del planeta porque lo apestan con su presencia, ustedes los racistas son las ratas inmundas de la especie humana en deficiencia orgánica.

Los blancos tienen el mismo trasero que cualquier otro ser humano solamente con diferente color, tienen que defecar y orinar como todos los demás y también se mueren como todos los demás.

La mierda les apesta como a todos los demás, los sobacos también les apestan a grajo cuando sudan como a todos los demás, tienen la misma peste en los testículos en el ano y en la vulva cuando sudan que todos los demás.

Si van al cielo cuando mueran en ese lugar esperan muchos negros buenos que ustedes odian y tendrán un serio problema, o tendrán que compartir con ellos eternamente si van al infierno en ese lugar esperan también muchos negros malos y el diablo no tiene color ustedes no son mejores para el demonio el cual nunca tiene un pacto sincero con nadie.

Entonces tienen un problema eterno de sufrimiento y tormento nunca tendrán paz están perdiendo el tiempo nunca lograrán evolucionar, seguramente los disuelven o los regresan de negros que es lo que más les dolería y en el África de pobres y miserables para que se jodan y paguen sus penas.

El siguiente mensaje es para todos los hombres negros del mundo a los mestizos y otras combinaciones. Para todos los hombres negros del mundo y los descendiente que de alguna forma llevan la marca negra de forma visible, Dios es la tinta del hombre Dios los ama y Dios los reprende, también nosotros los ángeles de Dios los reprendemos.

Dios conoce los sentimientos más profundos y las heridas de los que sufren, la justicia de Dios es divina para todos también el castigo, muchos hombres negros son decentes personas sufridos por la culpa de los tiempos y la maldad de los propios humanos, muchos otros no merecen vivir por diferentes razones.

Muchos hombres negros sufren hambre y grandes miserias por todo el planeta especialmente en el África negra, pésimas condiciones de vida que dan vergüenza ante el universo, muchos otros tienen abundantes recursos pero no lo agradecen, están equivocados con las bendiciones que han recibido de Dios los humanos son muy malos agradecidos con el creador.

En los estudios y todas las observaciones que hemos realizado por todo el planeta nos vamos a referir en este mensaje a los negros en norte América.

Hoy siguen los mismos descendientes de aquellos esclavos presentes en muchas partes del mundo, pero irónicamente ya no son los blancos los que acosan, el racismo ha sido vencido por lo menos en la política que denuncia públicamente y reprende este hecho criminal.

Hoy son los mismos negros que se esclavizan ellos mismos dentro de sus barrios en los cuales se puede observar el nivel de destrucción en que viven, resultados de la maldad en sus consciencias frustradas ejecutando todo tipo de actividad delictiva posible.

En los barrios las gangas de delincuentes de todas las edades aterrorizan los ciudadanos negros decentes convirtiéndolos en victimas de sus atrocidades, no tienen una paz que les permita tener una vida sana y parece que no tiene final la odisea, el gobierno no responde de una manera firme y son muchas las condiciones que lo impiden, principalmente por el reclamo de los derechos civiles que han sabido explotar muy bien los oportunistas y criminales.

El nivel de la delincuencia en los barrios se fue de control y culpan a la pobreza para justificar estos acontecimientos tan difíciles de solucionar, las necesidades no son la causa de ninguna situación en el comportamiento de los delincuentes para que justifiquen sus actos criminales.

Los negros siempre fueron pobres y marginados pero siempre fueron personas nobles y humildes y enseñaron buenos modales, enseñaron obediencia a sus hijos y continúan haciéndolo en estos tiempos.

Los ciudadanos negros que están haciendo todas las cosas fuera de la ley son doblemente culpables, ellos saben muy bien que están afectando la imagen de sus semejantes pero no les importa, no es culpa de la sociedad ni las situaciones económicas muchos tienen problemas por todo el planeta de índole económica y conservan la vergüenza y los principios durante toda su vida, el que quiera comprobarlo que mire profundamente al continente del África negra.

Son muchos los que viven presionados por las influencias negativas y soportan las tentaciones porque conocen de la misma forma que todos conocemos la diferencia entre el bien y el mal, estos modernos explotadores de su propia raza tendrán que ser evaporados uno por uno.

Lo que estos modernos explotadores de las oportunidades hacen contra sus semejantes no tiene ningún perdón de Dios tampoco el nuestro, serán barridos por despreciar su propia raza ellos mismos son sus propios enemigos.

Tal parece que la esclavitud es lo que merecen tener estos culpables porque solamente de ésta forma se controlan, las sociedades con sus derechos les abrieron las puertas y pagan el favor siendo muy mal agradecidos convertidos en criminales de lo peor.

Desde donde observamos nosotros parece que se les abrió las puertas de sus jaulas y se fueron fuera de control ellos mismos, demostrando su verdadera personalidad puede pensarse que quizás nunca debieron darles ese derecho.

No son las situaciones económicas las que elevan a los criminales y crean estas dificultades, muchos trabajan con sueldos insuficientes para pagar sus cuentas y se mantienen dentro de las leyes y respetan a sus mayores, todos saben distinguir entre lo bueno y lo malo, son las malas entrañas que tienen dentro los seres humanos que cuando se liberan o sienten la oportunidad de atacar y tener ventajas sobre los demás, lo hacen sin ningún tipo de conciencia buscando justificaciones.

Lamentamos por lo que tendrán que sufrir pérdidas en sus familiares que se fueron fuera de control buscando lo fácil y se convirtieron en pecadores, ellos son culpables de sus actos nadie los obliga todos saben muy bien la diferencia entre el bien y el mal, lo sentimos porque tendremos que eliminarlos de la sociedad para que puedan sobrevivir los buenos.

Muchos se han sacrificado en su vida buscando mejores condiciones de vida para ellos y sus familias estudiando muy fuerte y cumpliendo con la sociedad y sus demandas, los ven en los deportes y muchos otros campos por toda la ciudad en la cual han logrado sus beneficios con mucho sacrificio y provienen la mayoría de la pobreza.

Todo logrado con mucho sacrificio y buena voluntad, muchos ciudadanos negros trabajan en dos y algunos hasta tres trabajos a la misma instancia para ofrecerles a sus hijos mejores condiciones y mejor futuro, trabajos mal pagados con salarios mínimos que les limitan sus posibilidades y sus derechos sin embargo continúan luchando decentemente.

Las cárceles están llenas en su mayoría de ciudadanos negros en los estados unidos y si comparan el porciento de la población, se darán perfectamente de cuentas que los niveles de criminalidad en los negros dan vergüenza, en estas estadísticas sólo se reflejan los que tienen cargos criminales, nos preguntamos cuánto más elevado sería el porciento de poderlos probar a todos.

Los negros en América están demostrando una insuficiencia moral que hace pensar y dan lugar a la opinión pública, de quitarles los beneficios que obtienen del gobierno para subsidio y mandarlos de nuevo a la esclavitud porque no merecen nada mejor.

En todos los barrios donde viven negros existe un índice de criminalidad, los blancos introducen o cultivan la mayoría de las drogas en el país, pero los negros las distribuyen por todas las ciudades y sus barrios envenenando a sus propios prójimos, sin darse de cuentas o no les importa que en esto último los blancos corruptos y criminales los están utilizando nuevamente de esclavos para lograr sus propósitos.

Propósito el cual es marginarlos en la miseria y en la inferioridad, los negros en América están convertidos en los tiempos modernos en basura social demostrándole al mundo la ignorancia que tienen.

Están dañando la imagen sana de todos los negros buenos sufridos en la historia, estos delincuentes juegan con las autoridades burlándose de la justicia por las culpas de los derechos civiles que se han convertido en libertinaje.

Los criminales huyen de las autoridades por toda la ciudad delante de todos, muchos piensan que los criminales corren cuando son sorprendidos simplemente para no ser atrapados, otros piensan que esa es la naturaleza del crimen, nosotros decimos que corren por las culpas de la propia ley que les da el derecho.

La ley del viejo oeste debe volver a implantarse, dispararle sin misericordia a todo el que corre de la ley porque nadie tiene el derecho de ser criminal, incluso después de detenerse el agresor y rendirse queda a discreción de la autoridad darle exterminio, la ley está para proteger a los que quieren vivir en paz con toda libertad democrática que lo acepta todo, pero nadie puede vivir en contra del derecho.

El crimen y el terrorismo son exactamente lo mismo todo lo que hacen es violar los derechos ajenos y nadie tiene ese derecho sobre nadie, entonces el crimen no tiene derechos no puede exigir derechos, cuando impongan una ley similar verán los negros y el crimen en general comportarse muy obedientes, con el mismo y temor de la misma manera que lo hicieron cuando llegaron del África.

Porque en lo profundo de su ser los criminales son cobardes solamente saben enfrentarse en grupos a traición y correr cuando la candela es fuerte, de la misma manera que lo hicieron en las sabanas en los tiempos de historia para sobrevivir entre las demás especies.

Por las culpas de seres inconscientes pagan con el rechazo racial incluso con la mirada los que sufren todavía los rezagos de tan difíciles viejos tiempos del esclavismo, y de los que hoy quieren vivir en paz con los demás ciudadanos decentes que los aceptan, porque no todos los blancos son racistas, deben recordar los negros que en América que los votos de blancos permitieron que los negros en América tuvieran el derecho de votar en elecciones.

Muchos blancos han apoyado la causa de los derechos civiles por todo el mundo los negros solos nunca lo hubieran logrado, hoy continúan muchos blancos defendiendo los derechos civiles de todos los ciudadanos y muchos negros por sus propios comportamientos no merecen tener esos derechos, porque representan más un problema para la sociedad que una solución.

Los negros se nombran descendientes de los africanos, en los Estados Unidos los negros se consideran una descendencia Afro-Americana, pero les preguntas a cualquiera de ellos con limitadas excepciones y no saben absolutamente nada del África.

Pero mucho peor se han olvidado del África la mayoría de sus descendientes, los niños en el África se mueren por miles las necesidades son inmensas pero no les importa a los ciudadanos negros en otras partes del mundo, tampoco a los ciudadanos negros en América muchos de los cuales tienen muy buena fortuna.

La realidad cósmica es que o son norte americanos o son africanos nombrarse afro americano nos suena como un africano que vive en América, lo que es igual a un muy mal agradecido con la nación en que vive y en la cual nació, quizás por esa razón solamente saben crear dificultades y viven abusando los sistemas que les facilitan recursos a los más necesitados, no son todos los ciudadanos negros iguales pero son muchos los que son iguales.

Los blancos tienen programas para aliviar la situación de los niños del África y piden mucho menos dinero de lo que los negros con comodidades económicas dejan de propinas en los restaurantes de la ciudad y en otros gastos materiales.

Les debería dar vergüenza comportarse con sus antepasados olvidándolos tan miserablemente, el ex presidente de Norte América ha estado visitando el África dando soporte mostrando su molaridad con nosotros y lo está haciendo de forma sincera.

Muchos negros tienen fortunas algunos dan algo pero de acuerdo a sus recursos y posibilidades no es lo suficiente que pudieran dar, están siendo miserables e hipócritas con sus hermanos de la misma manera que fueron con los negros los ricos blancos cuando le tiraban migajas como si fueran un desperdicio o no lo merecieran.

Los que tienen fortuna deben dar de acuerdo a lo que Dios le provee, la materia es mierda todo el que se aferre a la materia también es mierda, por eso casi todos los humanos para nosotros son mierda.

Cualquier persona puede observar la diferencia de los que sirven o de los que no sirven y nunca servirán para nada de muchas maneras, las modas de los tiempos han sido procesos en que los hombres han manifestado su arte y pasión, las características de trajes típicos identifican a muchos grupos de diferentes nacionalidades y lugares de la tierra, los tiempos traen en las civilizaciones diferentes y continuos cambios en las formas de vestir de los ciudadanos.

Muchos se critican unos contra otros porque no consideran los cambios en las modas correctos y aplican muchas razones desde ideologías políticas hasta los conceptos de religión para condenarlos, otros están atrapados en el tiempo y no cambian nunca estos también critican a todos los demás.

Todo esto es una verdadera contrariedad humana que no acaban de comprender y aceptar los derechos libres que tiene cada ser humano, el derecho a escoger por su propia voluntad y lo que decide vestir como atuendo cada individuo tiene que respetarse.

Pero todo tiene su límite en las sociedades porque no se puede hacer lo que le da las ganas a cada cual o todo se vuelve un relajo y un libertinaje, eso es exactamente la situación actual mundial pero más lamentable la de los negros en los Estados Unidos.

En la vida cada cual se viste como le da las ganas eso es correcto y todos tienen que respetar y no juzgar especialmente los religiosos, que son los que más condenan a los demás por todo lo que no les conviene o simplemente no tienen el valor de de hacer lo mismo.

El que observe por el mundo las diferentes maneras que el hombre viste se dará de cuentas que cada cual tiene su historia y una cultura bien conservada en su manera de vestir, nadie puede criticar por absurda o ridícula que le parezca porque todos tienen su derecho, nosotros nos vestimos muy especialmente.

El caso de los negros es diferente ellos buscan sus modas las cuales son muy buenas para diferenciarse esto también está muy bien, pero cruzar los límites donde se falta la moral y el respeto de los demás ciudadanos que comparten la sociedad es un abuso y violación a los derechos que ellos mismos exigen, derechos que cada cual tiene la obligación de ofrecer a su prójimo.

Estamos hablando de los negros mayormente porque también algunos blancos confundidos los imitan, muchos se ponen los pantalones por debajo de la cintura con su cinturón bien apretado usando camisetas largas o camisas, más otros atributos que completan la vestimenta total esto también está correcto, lucen muy elegantes están en la moda de ellos tienen su propio estilo de vestir y tienen su derecho.

Pero los que andan mostrando sus calzoncillos con las nalgas al aire enseñando su rajadura delante de todos los demás tienen problemas hormonales, cruzaron la línea del derecho y el respeto ajeno, le están faltando el respeto a Dios el trasero tiene mierda entonces Dios es una mierda para ellos.

El hombre nunca muestran su trasero por toda la ciudad a los demás hombres que andan mirando, pregunten en las cárceles a cualquier prisionero incluso a los mismos negros lo que opinan de un hombre que enseña su trasero por toda la ciudad a los demás ciudadanos, mostrando las molduras de las nalgas o que les sucedería estando en prisión.

Estos que se creen muy machos parece que están pidiendo que los vacilen porque tienen miedo de salir públicamente y expresar la verdad que esconden referente a sus sentimientos sexuales ocultos, están frustrados como muchos homosexuales y tratan de expresarlo enseñando las nalgas negras que tienen.

Parece que quieren regresar al monito después que ha costado tanto trabajo civilizarlos y tantos años de evolución se pierdan, miren a sus hermanos tan grandotes por las selvas y no se quejan.

En el mundo de los humanos a muchos hombres les gustan las nalgas de otros hombres para sexo y estos personajes andan por toda la ciudad, cualquiera puede ser un hombre de este tipo y estar en cualquier lugar de la cuidad, los que muestran sus nalgas lo saben entonces sin lugar a dudas lo que buscan es que les miren y vacilen sus nalgas, quizás no lo sepan ellos mismos pero sin lugar a dudas son homosexuales frustrados.

El hombre que se siente discriminado por otro hombre es porque no acepta su linaje no existe una razón para sentirse humillado por otro ser, pertenecer a cualquier grupo étnico es un honor que la naturaleza regala, cada cual debe agradecerlo y estar orgulloso de sí mismo, el que no acepte o se sienta inconforme con su naturaleza está pecando para con todos los demás de su especie y condenando la voluntad de Dios.

En el África los negros de la selva no se sienten discriminados, son libres de estos problemas sociales creados en las civilizaciones de los países que deben ser ejemplo de humanidad y son los peores.

Pero en el África lamentablemente muchos tendrán que ser eliminados por las acciones de sus comportamientos, para purificar el África vendrá sobre ella una limpieza muy grande y extensa en todas sus naciones.

Nosotros estamos preparando la extinción, los que conservan sus culturas en las sabanas los bosques y demás lugares, como por ejemplo las tribus inofensivas que viven en paz con la naturaleza y con todos los demás no tendrán problemas, son los hijos del África por donde empezó la evolución de los hombres, esos nativos representan la cuna del mundo los dejaremos continuar sin interrupciones su vida y sus costumbres.

Esos nativos Africanos que viven sin importarles las civilizaciones modernas que cuando reciben una visita muestran una sonrisa de alegría y nadie comprende, los visitantes que arriban a esas zonas piensan que están pidiendo limosnas.

Nosotros sabemos que su alegría de ver a otros seres similares es sincera y no busca gratificaciones materiales, estos seres tan sencillos y humildes muchos de ellos con hambre y mucha miseria se alegran por la razón simple de poder conocer a otra criatura similar a ellos.

Seres que han venido a visitarlos desde otro lugar en la tierra que ellos no tienen ni ideas donde se encuentra, conocer la existencia de otros les causa la reacción alegre porque son puros en el alma y tratan de mostrarse felices ofreciendo lo poco que tienen.

Pero en el África negra se ha perdido también el respeto por todo y el respeto a la vida desaparece constantemente en cada momento, esto tenemos que pararlo para salvar a muchos otros que quieren tener paz y vivir en ella.

Muchos países africanos se pasan los años en guerras de toda índole, otros practican rituales demoníacos usando seres humanos vivos para sacrificarlos y la mayoría de ellos son niños, de estos grupos sectarios no quedara ni uno sólo vivo.

La limpieza tiene que ser total o volverán a las mismas cuando se les presente la oportunidad, todos estos salvajes solamente se controlan con la fuerza, cuando ésta fuerza se debilita se aprovecha la oportunidad para atacar por las espaldas nada que prometan se puede confiar.

En muchos lugares se han cortado las manos de los ciudadanos que van a las urnas a ejercer sus derechos del voto, por individuos totalmente confundidos que matan sin ningún tipo de consciencia a cualquier ciudadano que se les atraviese.

Estos asesinos están esperando un momento oportuno para volver a cometer sus atrocidades, es lamentable la cantidad de negros que tendrá que ser eliminada en el África pero no existe otra salida.

Estados Unidos se pronunció en favor de convertir la república del Congo en un nuevo estado de América, nosotros le pedimos al presidente que limpie las culpas y manchas de racismo tan negras que tiene la nación, convirtiendo toda el África entera en un estado bajo su protección para que los derechos civiles se mantengan observados constantemente.

De todas maneras no quedaran en toda el África muchos negros vivos que cuidar la mayoría es mierda, entonces no tendrán un problema con el gasto del presupuesto para ese propósito.

El hombre negro que quiera saber cómo deben ser las cosas que le gustan a Dios que le pregunten a los verdaderos Rastafarians, los rastafarians son amigos nuestros y del león al cual lo conocen y también lo esperan.

Para concluir, esa forma actual ridícula de vestir, es una burla a la cultura y la historia mundial de la moda, están representando una muy mala imitación de un famoso comediante mexicano fallecido, que fue el que primero la popularizo para identificar su personalidad, el gran Cantinflas.

Capítulo 12

Introducción del redactor para el mensaje posiblemente más comprendido por mí.

ESTE MENSAJE FUE escuchado en un debate personal en mi apartamento por tres seres angelicales, sobre el destino que tienen preparando para ésta fe tan especial para mí.

Hermosa mañana se avecina debe ser hoy un día bien soleado estamos en plena primavera son las 5 AM. Después de asearme y desayunar el café de costumbre me tome un momento de meditación para darme fuerzas al duro trabajo que me espera.

Más que todo para agradecer la vida que tengo a la existencia infinita y esperar con fe y paciencia que las cosas mejoren para el próximo día, por lo menos es un consuelo esperanzador para los pobres como yo.

Generalmente el próximo día siempre es igual, duro el trabajo y poco el dinero y muchas las dificultades, se me ha resbalado un poco la conciencia algunas veces y he tenido el atrevimiento de pedir pago en efectivo a los del espacio pero no tienen efectivo, entonces les he dicho que lo impriman tiene la tecnología yo tengo deudas y dependo de recursos monetarios para pagarlas, mas todo el tiempo que invierto con ellos tiene un precio porque en este mundo todo tiene un costo.

En nuestro mundo material es muy importante el estado económico para sobrevivir, después de recibir un silencio y una mirada fija y seria comprendo mi error y pido disculpas con una sonrisa, dejándoles saber que a nosotros los humanos nos gustan las bromas en todo momento algunas veces bromas fuertes.

Bueno parece que tendré que seguir trabajando y aguantando sin quejarme, quiero que llegue pronto el día que me marche con ellos para siempre, ojala me escojan para exhibición y no tenga que trabajar en ninguno de sus planetas.

No tuve ningún problema en escribir estos mensajes mi mente estuvo muy bien concentrada, el que quiera que me juzgue es libre de hacerlo tiene el derecho pero que lo haga según su consciencia y que se arregle con Dios después.

Yo no acepto criticas porque ellos me protegen y son del espacio que es donde quiero llegar, pero todos son libres de criticar a su antojo no me importa en lo absoluto de todas maneras hablaran, después de todo lo que hablan los humanos el 80% es mierda entonces no me importa.

Si Alguien opina que me falta textura pido una disculpa pero yo no me siento mal con mi tarea, pienso nunca la hubiese recibido si no pudiese cumplirla al nivel que esperaban los que me la dieron a mí, escribí y escribo según mi capacidad académica en el idioma que me da las ganas y de acuerdo a mi nivel de educación personal, yo soy como soy por lo tanto me siento satisfecho.

El esfuerzo contra muchas adversidades en mi vida me ha hecho comprender que yo quede bien con quien verdaderamente me importa más, el cual es con migo mismo yo soy mi propio Buda.

De mi propia conclusión considero a los monjes budistas como seres mucho más superiores espiritualmente que muchos de nosotros, están balanceados más hacia la energía universal la cual es infinitamente eterna que a la materia inferior de la cual estamos confeccionados, materia la cual después y más abajo de nuestro nivel se desintegra, por eso vive en ellos el poder de la preciada e importante paciencia.

Para mi es imposible tener una paciencia controlada en un mundo tan agitado y negativo, sin embargo ellos reconocen el mundo material como hermoso en su naturaleza viva y sana de acuerdo a la expresión del creador, un mundo al cual por alguna razón cósmica nos enviaron a experimentar su física y quizás la comprensión alcanzada de esa realidad por los budistas es la que contiene el secreto de ser paciente, entonces se concentran en observar al mundo con su naturaleza de una forma más consciente y más concentrada.

Los monjes conocen que nuestro objetivo en la tierra material es ayudar a conservar la obra más importante del creador y ayudarla a su desarrollo la cual es la consciencia en todas sus formas, por esa razón nos mando Dios a manifestarnos en vida sobre el planeta, estamos en el medio de una disputa donde nosotros mismos somos nuestros jueces y el destino que nos determinemos a lograr nos conducirá incrustándonos más abajo donde estamos o más arriba.

Estamos en una experiencia en la cual los que elevan la conciencia hacia el lado de la luz, se les abren las puertas del universo celestial y se transforman en espíritus eternos del espacio, Maestros de la existencia universal por tiempos y tiempos infinitos, yo sé que estoy cerca de comprender y convertirme en un iluminado, pero todavía quiero disfrutar experiencias que me siguen encantando de la vida física y me sostienen atado a su materia, el sexo es una de esas experiencias bueno una buena cena también lo es.

Los seres del espacio sienten un profundo respeto por los monjes budistas del mundo entero, por ser pacifistas amantes de la naturaleza y estar llenos de compasión para todas las criaturas, respetan desde la más insignificante de las especies hasta las más salvajes, porque solamente de ésta forma se respeta al que las creó todas, puedo decir que delante del creador todos somos culpables en alguna manera de ofenderlo, somos culpables por nuestras acciones tan bajas y tan inconscientes contra nosotros mismos.

Recuerde, siempre respete para que lo respeten y pueda exigir el respeto, y para que lo respeten a usted sobre toda ésta tierra desde todas las dimensiones que nos observan, piense en las palabras de los grandes maestros, las cuales traspasan tiempos y espacios las cuales siempre están presentes, yo le doy muchas gracias por hacerlo.

Mensaje del Universo a la fe budista del mundo, para todo el continente del Asia Majestuosa.

Desde las alturas montañosas del Tíbet hasta lo profundo del Océano Pacífico, desde la estrella del norte, hasta el cono sur de la majestuosa India y extendiendo la visión hacia el horizonte, abrazando la apasionada tierra del sol naciente.

Para todos los monjes budistas en cualquier lugar del mundo en que se encuentren, a todos los seguidores del tao, Confucio, todos los místicos mundiales, a toda la tierra del Dragón y el Fénix, guardianes del cosmos.

El dragón rojo escarlata, de rostro sonriente, ejecutando sus danzas alegres en múltiples festejos, celebrados por diferentes y diversas culturas mundiales, el poder varonil en acción instintiva, Yin.

El Fénix, una belleza astral muy colorida, una divina criatura plasmada en un diseño único, el cual nos inspira una pasión emotiva ante tan exótica obra de arte, la hermosa Yang.

Admiramos todos los símbolos representados por estas dos entidades, Dragón y Fénix el balance perfecto que representan multitudes de pueblos en existencia, en especial el del Asia majestuosa.

El Asia, tan diferente en los caprichos de la naturaleza, con sus especies únicas en todos los tiempos, desde los primitivos dinosaurios hasta el momento vigente, donde se pueden encontrar exuberantes lugares de hermosa apariencia, lugares con multitudes de especies únicas en su clase.

A ustedes los budas de la tierra, que visten el color del Dios vivo, el rojo escarlata, los budas que llevan en su semblante una sonrisa de alegría, sonrisa que no todos los seres humanos la entienden ni la comprenden, porque a la humanidad le falta la visión interna desde donde surge el alma, el hombre del mundo en el presente tiempo, no sabe, no siente, ni tampoco le interesa lo que es paz interior y mucho menos exterior.

Para todos los que te admiran y respetan, para los que como ustedes, tienen y sienten compasión para con todos los demás semejantes, en cualquier lugar y de cualquier lugar de la tierra, existe un pacto universal, bajo el cual tendrán que ser mundialmente reconocidos en todos sus derechos.

Porque el tiempo de todos los tiempos, está en manifestación y la humanidad necesita urgentemente la salvación.

Maestro, cuando te veo arrancado de la tierra en que naciste, despojado de una forma miserable y sin compasión delante de los ojos del mundo, sin que se tomara una acción seria, una protesta responsable y firme exigiendo derechos, más lamentable aún, se ha olvidado el hecho por la acción hipócrita del mundo.

Nos preguntamos muchas veces si el hombre merece salvarse o morir, están vivos por la misericordia que merecen los pocos justos que quedan, de los cuales ustedes componen el mayor porciento de todo el total.

El mundo, al cual solamente le interesa el programa que persigue, en el cual el sentimiento no existe, ni tampoco cuenta, porque no es importante y mucho menos lo es aquel que espera justicia, porque el interés de todas las cosas en estos sistemas imperantes, sólo se mueven de acuerdo a la ambición que el propio hombre se propone alcanzar.

Maestro, más allá de todas estas cosas negativas presentes, está la importancia suprema de salvar la humanidad, todo ser humilde será transformado, pero antes tendrás que ser observador mundial, observador como testigo presente muy respetado para recuerdo y el conocimiento de las generaciones futuras, que entiendan que todo lo realizado por nuestras fuerzas cósmicas sobre el planeta, lleva la intención de salvar la humanidad.

El balance es extremadamente importante que se restablezca en estos tiempos, la hora está en sus segundos finales y la presión de la caldera anuncia lo inevitable, amenazan la existencia y habrá respuesta, las estrellas dicen estas cosas y nunca se toma por broma una amenaza.

Muchos seres de la tierra se sorprenderán, envueltos en su confusión al no comprender las cosas, de la manera que son y la forma en que están aquí escritas, muchos tendrán dificultades en descifrar o poder absolver el mensaje.

Tampoco podrán aceptar como ciertas cosas pueden ser posibles, mucho menos entenderlas, es como cargarle la consciencia con planos que no pueden soportar, todo producto y culpa de la ignorancia que llevan encima, Dios es uno sólo para todas las cosas y, si uno es fuego también de fuego es el otro.

Existen entre los pueblos del mundo muchas cosas en común, cosas que no son productos de la coincidencia entre la relación de diferentes culturas, las tradiciones de fe y los conocimientos de los pueblos, aún estando lejanos y habiendo recorrido diferentes caminos están relacionados sus ideales, eso es manifestación de poder el Dios absoluto, Dios es así de total y omnipotente, se manifiesta en múltiples secuencias y puede unificarlas todas juntas.

Dios mantiene toda la existencia, balanceando todas las cosas aunque algunos le llamen naturaleza, simplemente porque no pueden comprender mas allá de sus límites, todo en la naturaleza es una obra científica, pero una obra de mucho más alto el nivel, el nivel de crear desde las microscópicas bacterias hasta las inmensas galaxias.

Al renunciar a toda posesión y amar la naturaleza viva de la que todos somos parte con pura devoción, te llenas de la ley universal la cual está sobre toda condición física, acción y reacción, dar para recibir, amar para ser amado.

Maestros, son todos ustedes hombres limpios, mantienen siempre disponible su toalla para el aseo personal, a Dios le gustan las cosas limpias, son muy respetuosos de todas las criaturas vivientes de la tierra, incluyendo aquellas que otros detestan, porque bien sabes que son todas obras del Dios universal y, la energía que las mueve pertenece a la misma fuente original creadora.

Pero todo tiene base en un principio, una unidad que se manifiesta según la voluntad de un sólo Dios, respetando mis criaturas me respetas a mí, que soy quien las creé y las sostengo y te respetas tú mismo que eres también parte de ellas, esto les hace sabios, sin dudas los budistas son seres con la fuente de la iluminación vibrando en su interior desde que nacen, analicen los hombres qué compasivo es el creador, que compasivo se comporta al no destruir al mundo, sin embargo el propio hombre busca constantemente destruirlo.

Muchos piensan que el mundo no se destruye porque no puede hacerlo Dios, otros piensan que no existe Dios por eso no sucede la destrucción, pero la respuesta de Dios es simple, ustedes mismos lo destruirán, también están al capricho del cosmos que les puede hacer vivir una mala jugada, más aún también tienen el sol vigilante, el cual puede darles una sorpresa en cualquier momento y borrarles del sistema planetario.

Porque todo en el universo es impredecible, pero yo les digo no sucederá hasta que sea preciso hacerlo, nadie puede contra el poder celestial, llámenle a ese poder como quieran llamarle, ni pueden tampoco, forzarle cobardemente a actuar sobre criaturas tan inferiores.

Mientras existan sobre la tierra, seres que respeten su obra maestra, habrá sin dudas esperanzas, aunque estos son los tiempos, en que la esperanza sólo sirve para tener fe de que algunos sobrevivirían.

La salvación de todos de forma mundial, está en las manos de aquellos que respetan al creador, aunque lo respeten en diferentes formas, cada cual según lo ha conocido, según lo ha imaginado o concebido, los que respetan de acuerdo a su comprensión desde el lugar que el destino les marco a vivir en sus vidas, que recorren caminos sanos de paz y obediencia, están perdonados.

Esos misioneros de la paz, que se cuidan mucho de no caer ni hacer caer a otros en culpas, aprendiendo y conociendo la obra del creador sin criticar, ni juzgar, ni condenar, creciendo y preparándose para servir cuando se les llame, sin exigir condiciones y sin esperar beneficios.

Esos hombres de todos los lugares de la tierra tienen la esperanza bien fundada, como la tienen todos aquellos que tienen en sus manos la palabra dada a ser cumplida y son obedientes de la misma, para mostrar con sus obras al mundo ejemplo de absoluta y verdadera fe, aunque paguen por ello con un alto precio, incluyendo el desprecio y la burla de otros, también pagan por su fe con el odio del hombre inicuo, el cual ejecutando genocidios salvajes de muerte sobre inocentes, pretende destruir la verdad.

El universo no encuentra en los monjes Budistas ningún pecado de muerte, y son los únicos pocos en la tierra exentos de esa culpa, sus mentes están sanas han cumplido el mandamiento, "No Mataras", tampoco juzgas con palabras, ni hechos, ni aún a los que te despojaron de tu legitima tierra, esto es ejemplo de una gran confianza en la justicia superior, que puede tardar según el criterio del hombre, pero cae sola por su propio peso en el tiempo desde el espacio un día.

"No Juzgarán" es también un mandamiento poderoso, el cual has sabido conservar y el vagar por el mundo te ha convertido en un extranjero de tu propio mundo, también hay gloria para los extranjeros y una gran esperanza, Dios ama al extranjero dándole pan y abrigo.

Maestro, juegas como un niño pequeño con tu pensamiento al eterno renacer de las estrellas, los niños que son la esperanza del mundo y la prueba máxima que Dios no ha abandonado al hombre, porque cada nacimiento significa la continuidad de la vida y la esperanza se mantiene viva, cada nacimiento demuestra que Dios no ha abandonado al hombre, más bien el hombre abandona a Dios.

Pero cuando esas vidas se dan en lugares en que la miseria, el hambre, los abusos y calamidades, donde muchas enfermedades están fuera de control por la falta de recursos, situaciones que se devoran sin compasión las esperanzas de los más necesitados, es la prueba más fehaciente que el hombre indudablemente, es quien abandona a Dios.

Cada una nueva criatura, significa la luz de una nueva y sana existencia, por eso los niños son la esperanza del mundo, están limpios y es responsabilidad absoluta del hombre, formarles para que cumplan con el hombre mismo.

En el universo cuando una estrella nace en el cosmos, desde el principio de la creación es un renacimiento, pues todo lo que la compone en materia y energía, ya tenía previa existencia, aunque estuvieran en otros estados son el resultado de fenómenos físicos y experimentos de alto nivel cósmico con sus fórmulas matemáticas de consciencia.

Donde las ecuaciones divinas tienen un importante papel, pero todo proviene de una sola esencia, extracto de un elemento especial, del cual se pueden desarrollar infinidades de experimentos, una existencia que no tiene un principio porque siempre existió de alguna forma, tampoco tiene un final porque siempre existirá en algún estado de la existencia, somos esencia de lo eterno por tanto somos eternos todos.

Todo lo cual puede sustentarse eternamente, por aquel que sostiene el control universal de la energía cósmica y los recuerdos en su ordenador, no importa como quieran llamarlo, el denominador común siempre es el mismo, "La Consciencia ética y moral Cósmica Energética". Por lo tanto y desde un punto específico, la reencarnación o el renacimiento es un comportamiento del universo en general, nace y renace repitiendo sus ciclos en tiempo y espacio eternamente, Dios es y siempre será, el eslabón que no podrán jamás abandonar los seres humanos para poder encontrarse y comprenderse entre ellos mismos, Dios el cual tiene el poder de sostener toda respuesta en cada momento, mucho más allá del entendimiento humano alcanzado en cualquier tiempo, incluyendo todo el futuro posible. Todos somos confeccionados por elementos que en algún momento del tiempo fueron parte de otro cuerpo celestial todos somos una reencarnación, compruébenlo en las palabras del profeta mesiánico Jesús dirigidas al creador "como aquella gloria que tuve contigo antes que el mundo fuera" Por lo tanto maestro, son ustedes los budistas unos niños muy sabios, muy pequeños, muy grandes.

Maestro, en un tiempo se le prohibió por medio de las escrituras no quemar incienso a un grupo de hombre de fe, para no ser confundido con aquellos que lo hicieron a dioses falsos, pero aquellos que sirvieron a dioses falsos fueron aniquilados de la existencia y no están hoy entre nosotros, conozco tus propósitos y tus intenciones, conozco que tus intenciones no llevan una mala influencia, él propósito es aromático y muy espiritual.

Los olores son buenos, limpian el ambiente y refrescan los lugares por donde se esparcen, produciendo satisfacciones alegres al percibirse sus olores tan agradables, es relajante el aroma y tiene propiedades espirituales, ya que puede esparcirse en todas direcciones penetrando en el cuerpo humano sin afectarle ni contagiarse. Son similitud del espíritu divino, tú no estás bajo ninguna ley nadie puede condenarte, tu incienso es libre y puro, por tanto el ritual es aceptado como bueno, es una obra y misterio de Dios, es importante razonar correctamente, el momento actual en que el destino de las naciones se está juzgando y se lleva a cabo una selección de las que van a sobrevivir, ustedes pasaron la prueba. La gran manifestación se avecina, donde muchos millones de seres que ya no se pueden ni llamar humanos, van a desaparecer y no para levantarse al cielo o paraíso, ellos mismos se marcaron el destino, el cual es inferior, más debajo de lo presente, de regreso y retrasados porque fallaron la prueba.

Escucharemos consternación, muy fuertes críticas y muchos desacuerdos, a fin de cuentas son humanos, pero el fin que se persigue y que no siempre justifica los medios, es prometedor para los que queden con vida, pues tendrán a cambio un mundo nuevo, un mundo donde la ley es el respeto mutuo y donde la libertad impere sobre toda la tierra. También recibirán la libertad de caminar el espacio y conocer muchos secretos interesantes e impresionantes.

Dios nunca le ha prohibido crecer a sus hijos en el conocimiento, todo está expuesto para alcanzarlo, de lo contrario no hubiesen llegado tan lejos, Dios es la libertad universal que muchos tratan de limitar.

El hombre marca una línea y culpa a Dios cuando fracasa para justificarse, todo el que sienta la curiosidad o el deseo inquietante, el deseo de buscar respuestas a todos sus pensamientos y curiosidades, es libre de hacerlo, conociendo más de lo que le rodea sin límites, de ésta manera conocen mejor al gran iluminado que lo creó todo. Un Dios de cualquier religión que diga lo contrario es falso, tiene miedo de su obra, no es auténtico, le teme al poder porque es un Dios de fuerza, saciar la necesidad la inquietud del pensamiento, hacerlo por los caminos de la educación y el conocimiento que se obtiene del mismo, es una buena obra, la cual está promovida y motivada en todos los seres del universo por el propio creador.

Nadie puede estar en desacuerdos con avanzar en los conocimientos, en cada paso más de avance en que algo positivo se logra, por el camino de la sabiduría del hombre, que le permite de muchas maneras extender su existencia sobre la tierra, está la sabiduría de Dios que le permite al hombre alcanzar todas estas cosas sabias para su beneficio propio.

Llénese el hombre de sabiduría exterior universal, es muy hermosa, pero no olvide nunca la interior, porque en ella está el secreto de su existencia, analicen la mente y todos sus misterios, todo lo que logra, todo lo que descubre tan sólo con su imaginación motivada por el pensamiento, el secreto está escrito hace mucho tiempo, "soplo en sus narices aliento de vida", llevan todos la sabiduría desde que nacieron.

Los grandes científicos sabemos profundamente, lo que es imposible de ocultar por más que lo intentemos y luchemos para lograrlo, nunca lograremos descifrarlo todo por completo y para cuando lo logremos, seremos entonces como dioses mismos. Para muchos la existencia parece una obra cósmica de la suerte, una casualidad muy coincidente y muy oportuna.

Si la casualidad no existe, entonces algo está detrás de todo esto que llamamos existencia y sabe muy bien lo que hace, pero si existe la casualidad, entonces la casualidad juega con la existencia creando maravillas, de cualquier manera el creador como único responsable y como respuesta de lo conocido y lo que falta por conocer, estará siempre e inevitablemente detrás y delante de cada ecuación, mucho más distante en el tiempo de todo lo que logremos alcanzar en conocimientos.

Tú lo sabes y yo sé que lo sabes, Dios es toda la existencia misma con sus enigmas inalcanzables de la vida, para eso se preparan en sus vidas los budistas renunciando a la posesión material, buscando en lo profundo el espíritu, para lograr alcanzar un nivel universal más puro, junto a la sabiduría eterna que solamente se consigue lograr dentro de lo eterno.

Meditando desde lo más profundo que existe y proyectándose hacia el universo entero, preparándose para mejores niveles de existencia en planos de mundos superiores, mundos mucho más elevados en consciencia, proyectando la energía hacia esos lugares cósmicos bajo la ley energética universal de la atracción, han logrado muchos hombres de fe su salvación personal.

También puede que seamos nosotros ángeles, los cuales tienen una superioridad de inteligencia fuera de la comprensión humana y reclamen el derecho de ser Dios contra los hombres de la tierra, también lo sabes, lo sabes porque lo puedes sentir por todo el universo, puedes sentir la presencia eterna de las almas superiores materializadas en otros mundos. El universo tiene múltiples escalas, ésta vez el hombre avanza o retrocede, no sabe que le está rondando una poderosa secuencia abajo o arriba. En una etapa en la humanidad se logran unos avances, se resuelve un problema y se solucionan misterios, se encuentran respuestas y se siente la satisfacción del heroísmo, pero cuando se confunden y se sienten dioses, entonces se les da muerte para que comprendan su debilidad.

La grandeza de los humanos con su ciencia los avanza en su evolución y se sienten fuertes, pero pronto nuevamente se vuelve al laboratorio, porque el ciclo comienza de nuevo, cada paso abre más misterios más preguntas y nuevos retos dentro de la existencia. Entonces comprendemos profundamente, que la distancia tan inmensa entre nosotros y el que buscamos, o los que buscamos, o todo lo que queremos lograr que es el conocimiento absoluto, esa distancia es inmensa, puede decirse infinita y hasta quizás imposible de alcanzar, por lo menos desde el lugar en que todos los seres materiales estamos destinados a existir.

La mano salva si la sujetas duro, está extendida no sabemos hasta cuando, el hombre del tiempo presente, no está haciendo la presión suficiente que necesita para sostenerse y el abismo que tiene es inmenso detrás y delante, abismo el cual se está acercando y se abre muy velozmente.

El hombre siempre trata de justificar dentro de cualquier campo de la ciencia lo que sucede en el universo, al comprobarse la solución de un problema por medio de la investigación científica con los resultados positivos se piensa muy sabio, pero sólo se puede decir que detrás de cada descubrimiento, hay que resolver otro más y posiblemente mucho más complicado.

Sería para todos sin dudas y mucho más emocionante, investigar buscando descubrir la identidad del que planea toda ésta compleja estrategia, el que para cada cual tiene su nombre, esa es la verdadera vía que enfocaría al hombre a descubrir mucho más de lo que hoy parece, nunca alcanzaran en todo su tiempo destinado a existir.

Si avanzaran los humanos, todos pensando con todos sus conocimientos por la paz y no por mejores armas de guerra, estarían hoy volando las estrellas más distantes, esa es la diferencia.

Si cada vez que el hombre vea el peligro de desarrollar un camino, que potencialmente es destructivo para él mismo, como lo han sido las armas nucleares y tantas otras cosas mortíferas, en las que el hombre ha sentido deleite al crearlas, detenerse en el juego inmediatamente y evitar continuar por ese camino, porque todo es un plan tejido para que el hombre escoja él mismo lo que quiere y con esto escoge también su destino, todos sabemos que por cada una de nuestras acciones, dependerá la reacción que tendrá que enfrentarse.

Dependiendo de sus movimientos anteriores, de todas sus decisiones presentes para el futuro, el futuro el cual muchas veces decide con imposición sobre todos los demás, el hombre en cada uno de sus movimientos presentes, tendrá grandes éxitos o grandes fracasos en su historia.

Porque la muerte que producen las guerras es un gran fracaso contra la inteligencia y la consciencia, los seres humanos de acuerdo a la inteligencia y sabiduría habilitada en sus mentes, comparadas con el tiempo actual en que se encuentran de su historia, no están en balance, el peligro constante en que todos viven y la inestabilidad que su comportamiento muestra en cada uno, simplemente es absurdo de acuerdo al nivel de entendimiento y comprensión que actualmente tienen.

Los seres humanos juegan el juego de la existencia, contra un estratega cósmico que observa y conoce muy bien a los hombres, habilitándoles con sabiduría para que la usen en cualquier dirección mala o buena, la decisión del camino es nuestra, si la usamos en el camino bueno, perduramos en existencia y el estratega nos volverá a probar con nuevas jugadas.

Porque el juego del espacio es eterno mientras existamos, si tomamos el camino malo nos destruimos nosotros mismos y perdemos el juego, el hombre debiera darse cuenta que el estratega universal y responsable de toda ésta encrucijada, juega fuerte y el juego es a muerte, el estratega cósmico tiende trampas en las que el hombre cae fácilmente, atraído por la tentación y lo que parece es el camino fácil.

También un regalo o un aparente error del estratega cósmico, puede confundirnos porque realmente no le conocemos, ni entendemos bien su juego y el juego se puede perder fácilmente en una sola mala jugada, en estos tiempos ya lo tienen casi perdido los hombres y, no le quedará más remedio a los seres humanos que sacrificar muchas piezas para evitar el jaque mate, porque aún viven y mientras vivan tienen la oportunidad de quedar empatados, rindiéndose contra el estratega y comenzar una nueva partida los que sobrevivan, dentro de un nivel superior mucho más y mejor preparados.

El estratega le gusta el juego y lo hace desde las estrellas, y se toma todo el tiempo que quiere, el hombre siempre olvida esto y creyendo que va ganando la partida, no se da cuenta lo perdida que ya la tiene, el estratega de las estrellas es eterno, tiene todo el tiempo y espacio de su parte, el hombre es un mortal en el tiempo en un limitado espacio.

El hombre está acercándose peligrosamente al punto de que tenga que abandonar la mesa de juego por incompetencia, analicen desde lo profundo de su ser y con toda la inteligencia emocional posible, todo lo que le rodea referente a la naturaleza, empezando por el reino vegetal, el invertebrado, el vertebrado, todo lo que se observa en la naturaleza biológica o de la forma que su entendimiento se sienta más conforme de llamarla, es igual es lo mismo.

Todo es una guerra constante de vida o muerte, la cual la ciencia llama a estos acontecimientos "equilibrio ecológico" verdaderamente es un equilibrio o balance, pero solamente hasta que la "naturaleza" o el "estratega" se canse de ellos y entonces le da la receta final, que se resume a "singularidad" y que se termina en una palabra "extinción" cósmica.

Después se hacen ajustes y todo vuelve a la normalidad en el tiempo y con los que quedaron perdonados, hasta que la próxima jugada haga su estrago, el equilibrio ecológico en cada etapa del tiempo, es solamente las consecuencias del resultado de un movimiento desarrollado por una jugada anterior.

Son otros jugadores, de iguales o diferentes inteligencias puestos en la mesa de juego en el futuro, solamente para que el estratega se practique o se entretenga con ellos por un tiempo, los que pagaron con sus errores o por el aburrimiento del estratega cósmico y desaparecieron en el tiempo, no regresan jamás, la oportunidad es una sola, dándoles la extinción propinada espacio a nuevos competidores, la ciencia conoce muy bien estos procedimientos.

Los humanos están jugando en la tierra contra principiantes, que son el resto de las especies, abusando de su poca sabiduría, sin darse cuenta que también a la misma vez desde más arriba, los tienen a ustedes sentados en la mesa de juego y los están apretando duro.

Regresen en el tiempo y observen por cuánto tiempo se entretuvo con los dinosaurios, y con todas las demás especies que vinieron después, las cuales fueron una por una o muchas juntas, barridas todas con diferentes estilos, geográficos cósmicos u orgánicos.

Más todo lo que hizo pasar a los seres humanos, hasta llegar a lo que en estos tiempos han logrado en convertirse, cuantas guerras, cuantas batallas, cuántos sacrificios, cuánto esfuerzo invertido, para tan solamente subsistir mientras el estratega cósmico se toma un tiempo libre.

¿Qué será de los humanos el día que tengan que enfrentarse como lo están en estos tiempos provocando, contra un abalance del estratega universal que tenga intenciones de liquidarlo? porque cualquiera puede darse cuenta, lo cercano que están todos de correr la misma suerte que tuvieron todos los antecesores, los cuales fueron absorbidos de la existencia de muchas y diversas maneras o caprichos de eventos universales.

Pero mucho peor que todo esto, es que los humanos no saben jugar y continúan imponiendo la ofensiva, acusándose unos a los otros para justificar las acciones que cometen, mientras los observamos consumiéndose poco a poco uno a uno, sin saber qué nueva jugada se les viene encima, porque el hombre de estos tiempos no sabe pensar, no sabe meditar, es simplemente un reaccionario de la existencia que les rodea.

Todos juntos pensarían y avanzarían más seguros, lamentablemente es tarde, ahora hay que concentrarse en los que se tendrán que sacrificar en nombre de la raza humana, para que los que queden puedan continuar viviendo, o jugando como mejor entienda usted la realidad presente, de lo contrario serán arrancados todos del planeta, de la misma forma que quieren destruirlo y, habrá definitivamente perdido el juego de la guerra que tanto buscan enfrentar.

Hasta el momento la partida se pierde, las salidas se reducen, los hombres no pueden ponerse de acuerdo entre ellos mismos para sus próximas jugadas y, oportunidades de sobrevivir, no cabe duda que la torre de babel fue simbólicamente una jugada maestra del estratega que todavía perduran sus efectos.

Quizás le devuelva Dios lo que el hombre perdió antes de atreverse a retar al creador en el juego de la vida, le devuelva "el Jardín del Edén" y queden en paz por algún tiempo al considerarlos prematuros, lo que sucede es que nadie practica la paz, porque nadie quiere la paz.

Desde hace mucho tiempo se diseñan Mándalas, que dibujan los budistas en el cual se representa siempre a un universo cambiante de ciclos eternos, un movimiento constante que se transforma de la manera que verdaderamente es y, que han sido diseñados desde hace muchísimo tiempo, cuando el hombre de ciencia no poseía los conocimientos del mundo y del universo actual, por lo cual no se puede acusar a los monjes de haber copiado los conocimientos, más bien la ciencia los copió a ellos.

Todo esto es prueba que algo vive en el hombre que tiene conocimientos muy extensos y superiores, conocimientos que se van manifestando según se busquen.

Nadie puede dudar la maestría de su balance, todo tiene Yin todo tiene su Yang o no se puede sostener, todo tiene balance para que se sustente, para que se manifieste en la existencia universal, tan simple como este ejemplo y tan exacto, no se puede duplicar ni comparar con nada mejor ni más perfecto.

Esto es una prueba más de tantas otras del poder escondido en la mente, para descifrar los misterios del universo por ella misma y de todos los que lo habitan, la anatomía atómica tiene el balance perfecto, desde lo más infinito hasta lo más inmenso, el más pequeño de los más pequeños y el más grande de los más grandes, son ambos uno sólo y el mismo.

El hombre ya tiene en su consciencia plasmada todo esto y está habilitado para saberlo si encuentra el camino, porque el hombre y su mente después de todo pertenecen a la misma energía que lo creó, todo en su consciencia proviene desde algún plano cósmico del espacio y sus tiempos, los cuales están todos conectados mediante la consciencia energética.

Todos sabemos esto por eso vamos a las universidades, definitivamente todos estos sabios que descifraron soluciones que el hombre aún no entiende como lo lograron, son estrategias del maestro universal, que les permitió a todos aquellos sabios, darle la oportunidad en la vida de alcanzar y comprender tales conocimientos.

Seres que descienden de una existencia superior sobre la tierra y vienen a vivir en materia, para ayudar a comprender a través de los tiempos con sus ejemplos a los más retrasados en conocimientos, la razón de la existencia y tengan un mejor papel en el juego de la vida.

Todo con un objetivo maestro, para que el hombre moderno tenga mejor percepción de quién es y a quién pertenece, por consecuencia de esto los seguidores de estas ideologías que otros critican no se pueden condenar, fueron plantadas en ellos por el mismo creador, Dios es de todos y para todo, lo cubre todo porque tiene dualidad, está aquí y está haya en la misma instancia, es ambos materia y antimateria, el cual existe en los dos universos.

A los seres humanos en general le gusta más lo simple, lo fácil y no quiere darse cuenta, lo difícil que es mantenerse simplemente con vida, la cual es muy corta en tiempo.

Hoy el hombre conoce perfectamente todos los males existentes, por eso no tiene justificación para seguir cometiéndolos, se ha destruido él mismo, creando un balance desfavorable en su contra desde hace mucho tiempo, hasta el punto donde hoy no hay retorno posible.

Tendrá que ser drástico con él mismo, si quiere ganar tiempo y tendrá que ser rápido antes que se llegue al mismo borde del abismo, o el abismo llegue a ellos de sorpresa y todos perezcan.

Hoy el hombre es culpable de todos los acontecimientos que le están encima, porque el hombre viendo la luz, prefirió mirarse a sí mismo y al voltear la mirada de la luz, se encontró con las sombras y permanece en ellas siendo tan simples reconocer el error.

En los seres humanos siempre ha existido la ignorancia y la

inconsciencia, por estas dos el hombre sin cometer excesos en sus límites, pudiera ser comprendido por su Dios y ser perdonado, la ignorancia y la inconsciencia en el mundo se pueden observar a través de toda la tierra, donde la diferencia en los niveles académicos y sus culturas, dejan claramente visibles el caso único de los humanos.

La ignorancia y la inconsciencia son pecados pues cometen abusos, pero el sincero arrepentimiento en una conciencia pura una vez que se haya elevado su entendimiento moral, le puede perdonar.

También existe el odio, la maldad, la envidia, por estas el hombre tendrá culpas. Pues cuando actúan estas intenciones, el hombre sabe bien lo que hace, siente dentro de sí la fuerza negativa que lo tienta y, la culpa del pecado se reconoce inmediatamente, sabe que actúo negativamente, ya no quedan en el mundo tribus rezagadas que sacrifiquen a sus hermanos, para agradar a los dioses en ninguna forma, hoy todos son conscientes de esos errores, pero sus huellas quedan en la memoria que los impulsa y los tienta a equivocarse de nuevo.

Esto es prueba del estado salvaje que le queda internamente y persiste en destruirle, sin un creador en la visión, la ilusión de la vida se muere y con ella los seres humanos van a desaparecer.

El hombre sin pensamientos de consciencia cósmica está vacío en su interior y en el vacío nada existe, son como marionetas activadas por un impulso, caminando la vida sin saber quiénes son, que desaparecen con el tiempo al romperse las cuerdas que las sostienen, entonces todo su esfuerzo fue en vano, porque si el espíritu interior no se alimenta entonces la consciencia no crece y nunca permanecerá, está condenada a la desolación y la disolución de la misma.

Dios no juzga a los seres humanos por los tropezones que dan con sus pies, en el largo camino de pruebas durante toda su vida, Dios juzga por las intenciones que llevan en sus corazones.

Maestros en sus acciones está el poder del creador en todas direcciones, continúa la misión de tu vida en paz, mantén el orden y la amistad con los pueblos que guardan la palabra sagrada de su creador, porque todos los pueblos que tú has visitado con tu espíritu emocional en meditación, para levantarles con el poder del pensamiento, desde las entrañas del subconsciente a mejores momentos y planos de vida, con mejores derechos, sin dudas lo tendrán.

Sentimos que tenemos una deuda contigo, sobre este mundo y en pago a tu nobleza y humildad, en gratitud a tus nobles sentimientos, te prometemos que en nuestras primeras exigencias a cumplirse, cualquiera que sea el camino que el hombre escoja, estará la ejecución inmediata de nuestra reclamación.

No nos importan los intereses de nadie, cualquier camino que el hombre escoja con nosotros tendrá como condición indiscutible, la autonomía del pueblo tibetano, las estrellas están de tu parte, no queremos condenar algo bueno condenando y sacrificando a otros, pero los humanos son difíciles y puede que todo termine en exigencias violentas.

Es nuestro deseo la paz para todos, pero no es el deseo de los líderes, sin el apoyo de los líderes, sólo se vislumbra una salida violenta para poder resolverles el problema a los seres de la tierra que buscan paz, siendo esto es una contradicción, pero de ésta manera son y se comportan los seres humanos, no es nuestra culpa.

La intención que tenemos en enviar este mensaje amistoso a la fe budista, está relacionado con las consecuencias que tendrán que experimentar los humanos, se avalancha una masacre mundial desde el espacio y sabemos que unos seres tan elevados de consciencia, como lo son los budistas rechazaran nuestros procedimientos, lo cual puede conducir a un distanciamiento de relaciones que no desearíamos tener.

Esperemos con fe la Gran Paz, de lo contrario tendrán que nacer todos de nuevo condensados en bacterias.

Conclusiones del redactor.

EN ESTE NIVEL de la lectura, tendrá la opinión que soy amante del cosmos, amo el universo desde que comprendí la inmensidad de sus fronteras, un universo demasiado gigante, simplemente para que solamente vivan en su infinitud perdidos en una galaxia cualquiera, dentro de un sistema solar cualquiera, un grupo de salvajes llamados seres humanos.

De todas maneras pido públicamente una disculpa, para todos los que puedan sentirse incómodos por todo lo expresado, yo escribí estos textos y soy responsable por ellos, pero el que quiera reclamar o crea que tiene el derecho, tiene que mirar a las estrellas y entonces pedirle explicaciones a los del espacio.

Yo soy solamente el instrumento de estos seres tan controvertidos y tan elocuentes, tan cómicos porque me hicieron reír muchísimo, en algunas otras ocasiones me hicieron temblar y en otras debo confesar que se casi llore.

Pero nunca llore porque los hombres no lloramos, para eso somos hombres para aguantar cualquier cosa, bueno quizás en silencio, a escondidas, en alguna ocasión muy sentimental, o cuando se es pequeño solamente, es aceptable.

En estos momentos me siento de lo más bien, puede ser que quizás solamente se trate de una locura común de mi mente, no sería la primera vez, algo quizás anda mal en mi cerebro, entonces no tiene de que preocuparse.

Los acontecimientos que se mencionan muchos son verdaderos, fueron sucesos físicos en los que me encontré envuelto en complicaciones que usted no quisiera verse, varios tipos de situaciones reales vividas, me pidieron hacerlos y cumplí.

Otros son redactados por ordenes espaciales, supuestamente fueron acontecimientos que los extraterrestres realmente tuvieron directamente con el gobierno, quizás todo es imaginación mía de la misma manera que tienen los esquizofrénicos por todo el mundo, quizás todo fue desarrollado en un paralelo establecido en mi mente quizás es real manifestado en otra dimensión.

Yo soy de los que piensan y estoy seguro que los humanos en su mayoría están todos locos, porque para poder sobrevivir en estos tiempos tan difíciles y poder comprender a los humanos por todo lo que hacen, por todo lo que dicen por todo lo que piensan, la manera que actúan, la forma que se comportan y responden en el mundo actual en el cual vivimos.

Y sostenerse entre ellos mismos sin perder el nivel mental dentro de tantas contradicciones que existen en el trauma de los humanos, sin terminar descontrolándose el juicio propio es un imposible para la mente humana.

Entonces todos ya están locos pero no lo saben y mucho peor piensan que los locos son los demás que son diferentes, los llamados sicólogos saben estas cosas pero se las callan.

Para lograr que este sistema mundial incomprensible se sostenga por los mismos humanos, tiene que tener oculto un patrón que los controle manipulándole los impulsos y el límite de su capacidad sin ser detectado, forzando a los humanos a reaccionar dirigidos por un poder superior mucho más sabio, un poder tenebroso que los dirige a todos según sus intereses sin que se den por enterado.

Entonces los seres considerados normales de acuerdo al sistema mundial que tenemos implantado son los que verdaderamente están locos, porque no ven ni sienten la realidad delante de sus ojos y continúan cada día en el mismo error.

Los humanos son autómatas que responden a impulsos internos injertados por un mal llamado sociedad, otros ven la realidad exterior pero no comprenden o le temen, mientras otros no pueden accionar porque están atrapados en sí mismos y tienen miedo liberarse, perdiendo si se revelan lo que creen tener y realmente no tienen, definitivamente están todos totalmente locos.

Nosotros los considerados por la sociedad de locos porque no nos importa el mundo material, tampoco respondemos a sus controles y demandas y que solamente vivimos soñando, tirando a mierda la vida porque no tiene sentido el final es el mismo para todos sin importar el camino que escojamos.

Disfrutamos la existencia viviéndola según las oportunidades que nos ofrece gratuitamente la vida muchas veces con la simple imaginación, o las oportunidades que alcanzamos con nuestros esfuerzos sin sacrificar mucho tiempo de vida para lograrlo, porque lo más importante de la vida es simplemente vivirla.

Los locos como yo podemos comprender que la vida es individual y solamente pertenece a uno mismo, juzgarse cada cual de acuerdo a su consciencia basada en el conocimiento y la manera que entiende la vida, para tener mejor ubicación el paralelo superior que nos espera a nosotros los locos dentro de la existencia eterna universal.

Los locos estamos alineándonos con lo superior y distanciándonos de los demás y comprendiendo la diferencia, observando la existencia material del planeta como algo absurdo en aferrarse, que no vale el esfuerzo más distante de nuestro alcance permitido porque el final es el mismo para todos en el tiempo el cual es bien pequeño.

Definitivamente nosotros considerados los locos por la sociedad somos en realidad los que estamos cuerdos o normales como mejor usted lo entienda, somos los que hemos logrado cruzar con nuestra hermosa locura, al nuevo nivel de existencia que nos espera a todos y haberlo experimentado antes de cruzarlo.

Sabemos hacia dónde vamos y lo que nos espera en el otro lado, por esa razón la vida en este planeta nos es indiferente solamente estamos esperando el cruce.

Dentro del cual no tendremos que repetir los mismos errores porque ya los superamos por anticipado, por eso tiramos la vida a mierda hasta que nos llegue la hora de partir mientras los demás nos juzgan de locos miserables y pordioseros.

Por esa razón hablamos con seres de otras dimensiones y ellos hablan con nosotros estamos conectados con nuestra locura a niveles superiores que ya lo hemos alcanzado, muchas veces lo hacemos delante de los demás que comparten nuestro espacio simplemente porque no nos importa más el plano en que estamos físicamente, tampoco nos importa nada lo que nadie piense.

Los demás a nuestro alrededor están atrapados todavía y parece que para muchos les será muy difícil superarse, tendrán que continuar estancados en este mundo por mucho más tiempo, por eso en el mundo persisten tantos niveles sociales y tantas diferencias entre los humanos, en donde se puede comprobar los diferentes niveles alcanzados en la evolución de la consciencia que es la clave de la existencia para tener derechos con Dios.

Pero de todas maneras le aconsejo que se prepare porque de todas formas todos nos tenemos que morir y ese tiempo no tiene un tiempo específico, es bueno por lo menos soñar cada día con una esperanza para la humanidad y el planeta en que vivimos en general, incluyendo todas las especies que existen y que tenemos la obligación moral de conservarlas protegiéndolas. Somos sus dioses y sin una consciencia balanceada en nosotros las desaparecemos a todas muchas ya las hemos eliminado, de la misma manera nos pueden desaparecer a nosotros otros seres superiores o el universo mismo con sus acciones y reacciones tan impredecibles.

En estos momentos de mi vida he tenido muchas experiencias muchas emociones, experiencias que me han dado un conocimiento muy profundo de la realidad en que vivimos y lo que verdaderamente somos como especie sobre este planeta.

Sin dudas sigo afirmando la existencia superior, es imposible que pueda ningún organismo por si mismo usando solamente la imaginación del pensamiento pueda desarrollar inteligencia y evolucionar de la manera que lo logramos los humanos, tendría que explicarse primero de donde proviene el pensamiento que nos da tanta imaginación y que la impulsa a desarrollarse o para que motivo específico.

Teniendo en consideración que no es importante la inteligencia ni la imaginación del pensamiento para vivir como especie orgánica, simplemente acomodándose dentro de las demás especies se subsiste dentro de la evolución en algún espacio por tiempos, de la misma manera que lo han logrado todas las demás especies que nos acompañan.

Sin embargo se puede observar una evolución perfecta con el objetivo previsto de alcanzar la especie humana, una especie especial con sabiduría y comprensión, con un pensamiento imaginativo extremadamente superior en comparación a todas las demás especies.

Alguien sin lugar a dudas tiene que estar por encima dirigiendo la existencia, con el poder de estimular nuestra mente con sus pensamientos energéticos para que avancemos hacia su encuentro, o terminemos destruyéndonos nosotros mismos arrastrados por la debilidad de la materia.

Yo sigo pensando que estoy en lo correcto no me importa lo que nadie diga ni lo mucho que se crea que sabe, nadie me puede hacer pensar lo contrario porque ante la existencia absoluta y desde donde estamos ubicados nadie lo sabe todo, entonces nadie sabe nada aunque piense que conoce mucho o que lo sabe todo.

Nadie puede prohibirle a nadie que limite su imaginación en el derecho de pensar libremente que todos poseemos, muchos quieren hacerlo impidiendo o tratando incluso que se publiquen libros de historias hermosas llenas de magia de ilusiones y otras tantas, incluyendo obras infantiles de leyendas hermosas llenas de fantasías.

Lo han tratado de impedir durante todos los tiempos de muchas maneras y esos mismos personajes que quieren controlar la mente humana su libertad y su poder, están basando sus excusas en sus propias historias llamadas religiosas escritas por las manos de los hombres.

Sus historias religiosas también están llenas de acontecimientos milagrosos y mágicos todos las conocemos nos han influenciado con ellas a través de los tiempos y muchos las creen como ciertas, pero niegan cada uno las historias de los demás, la humanidad en su mayoría es mala y en muchas formas se inclina de forma muy negativa y muy estúpida pero piensa que es inteligente y eso es peor.

Tampoco nadie tiene el derecho de limitar la verdad disfrazarla o modificarla para hacerla más sutil o conveniente, las cosas se dicen tal como son y de la manera que son la verdad es libre, por el mundo son muchos los que les gusta jugar con Dios y el Diablo o mejor explicado tratar de estar bien con los dos, algunos le llaman ética profesional a este comportamiento otros piensan equivocadamente que esa es la democracia.

Pero eso es imposible se termina quedando intermedio lo que es igual a ser un hipócrita, por eso se hunden muchas naciones en el anarquismo el monopolio la explotación la pobreza y sus miserias, cada ser debe ser primeramente sincero con él mismo para tener moral a exigir derecho a recibir y autoridad para gobernar.

Lamentablemente son muchos los intermedios por el mundo llenos de inseguridad, falsos con sus propios principios no tienen una base sólida y estos son los verdaderos homosexuales en todos los tiempos, los cuales están la mayoría gobernando el mundo.

Cuando se escribe o se lee da lo mismo usted está en su propio espacio y tiempo, es libre de pensar lo que quiera cambiar todo el ambiente transformar la realidad destruir construir, no tiene límites la imaginación.

Puede hacer lo que le venga en ganas incluyendo participar personalmente dentro de su imaginación, interactuando simultáneamente de la misma forma que sucede en los sueños y sentir todas las emociones por todo su cuerpo, esto se logra en la meditación con una buena conexión con el universo metafísico de la consciencia, el cual es lo mismo que el universo paralelo quántico.

Se puede lograr meditando a todo el nivel que quiera introduciéndose en su pensamiento sin temor dejándose llevar libremente, usted es el superior que desciende hacia ese espacio creado por su mente en su interior sin límites, donde el tiempo que dure el pensamiento lo establece usted, pero todo es creado por el poder de la imaginación usando energía y solamente existe en su mente.

Entonces al no ser un hecho real físico simplemente fue una ilusión del pensamiento energético dentro de su mente, la existencia física de ese tiempo para todos los que participaron dentro de su mente realmente nunca existió, o quizás si existió manifestado en algún otro lugar dimensional del espacio y tiempo porque fue creado en su mente energética a la cual pertenece.

Y nuestra consciencia atómica está conectada con todo el cosmos en todo nivel y plano que exista, entonces realmente toda la imaginación de nuestros pensamientos con todos los seres que creamos dentro realmente existió, también nosotros en este nivel que estamos podemos estar bajo un efecto similar de imaginación.

Quizás somos la imaginación de un pensador y estamos dentro de su cerebro quizás si quizás no.

Cuando una persona se introduce profundo en la mente de otro de la forma que lo hacen los hipnotizadores le pueden manipular el pensamiento, darles ordenes hacerlos actuar a la voluntad del hipnotizador, nosotros mismos podemos lograr esto dentro del mismo nivel que estamos quizás eso nos hacen desde arriba a nosotros y nos empujan a reaccionar a sus pensamientos, quizás algo similar o muy parecido.

Quizás somos todos seres de energía pura que provenimos desde un universo superior encarnados empujando el pensamiento y la consciencia de la especie humana, para vivir la experiencia material de muchas maneras y lograr elevar la humanidad en el tiempo hasta perfeccionarla, para tener un paraíso lleno de sensaciones físicas con pleno conocimiento con múltiples culturas y formas de vida en una felicidad total de experiencias físicas.

Quizás esa es la razón por la cual buscamos lo sobre natural y nos diferencia de las demás especies, somos negativos y salvajes de acuerdo a nuestro comportamiento y todavía somos primitivos en muchos pensamientos y acciones, por la razón que esa es la naturaleza original de la materia.

Pero vamos mejorando y de hecho lo hemos logrado bastante desde que aparecimos sobre el planeta avanzando con la evolución de la ciencia, buscando siempre en nuestra consciencia la razón de la existencia, incrementando el conocimiento y la consciencia de comprender la importancia de buscar la paz empujando los derechos civiles y democráticos para lograr las cosas que nos hemos propuesto, hasta lograr hacer comprender la realidad a todos por igual de nuestra procedencia y que la acepten.

Por eso cada día nos despertamos muchos sobre la tierra con mayor nivel de psicología y consciencia según avanza el mundo muchas veces sin darnos por enterado, quizás es cierto quizás no pero una cosa es segura nadie puede negarle ninguna posibilidad a la energía y a la existencia misma donde todo está demostrado que es posible en su interior.

Fíjense en el universo de las bacterias podemos observarlas en todas sus actividades y no saben que las observan y estudian desde un espacio superior, tampoco en muchos casos en el universo de los insectos se dan por enterado que los observan seres superiores pero lo sienten, según se va elevando el nivel se van relacionando los espacios o distanciándose.

Dando una explicación simple por ejemplo de tener una evolución inteligente las bacterias microscópicas del universo subatómico al nivel que estamos los humanos en tecnología, nos observarían a nosotros y al mundo en que vivimos y de acuerdo a nuestro volumen y las velocidades con que nos manifestamos en la existencia, les parecería imposible conquistarlo por ser tan inmenso y mucho más superior imposible de soportarlo mientras estén en ese nivel.

Es la misma forma que nosotros observamos al universo superior sobre nuestras cabezas, las bacterias microscópicas con inteligencia nunca conocerían la existencia de un universo por encima del que observan el cual es el que observamos nosotros.

El universo que observamos nosotros los humanos nunca lo alcanzarían las bacteria por mucha tecnología que alcanzaran desde el plano que se encuentran, quizás esto mismo nos pasa a nosotros de acuerdo a nuestro volumen en el universo y pensamos que no existe nada superior a todo lo que observamos, porque no podemos comprenderlo y estaríamos equivocándonos pensando que lo sabemos todo, quizás es de ésta manera quizás no.

El tiempo es una ilusión para los que viven encerrados en cada espacio creado regulado por un tiempo específico, pero no cuenta ante la eternidad absoluta la cual no tiene un principio y tampoco tiene un final.

Pero en la realidad de la existencia absoluta universal el espacio y el tiempo siempre existió y por lo tanto nunca dejaran de existir, la existencia es de carácter eterno se sostiene en diferentes planos y se sustenta en múltiples niveles, el espacio y el tiempo son eternos siempre han existido porque algo y de alguna forma siempre persiste existiendo.

Por esa razón nos volvemos locos con cuentas del tiempo astronómicas que no tienen sentido, todo puede cambiar de repente sin tiempo ni espacio específico, alterando el futuro de la existencia cósmica de todos sus espacios y tiempos que existen y los que llegaran a existir.

El tiempo se calcula desde el punto donde se existe y para cada cosa que existe nada más, porque no tiene un principio absoluto o un final determinado la existencia.

Cuando alguien se concentra en la meditación y construye en su mente un mundo o un lugar cualquiera incluyendo un universo entero, está creando una irrealidad imaginaria según los expertos en la materia, pero habría que preguntarse si realmente es de esa manera que los expertos aseguran, yo digo que están equivocados.

Muchos pensaran que ese pensamiento no existe en la realidad pero quien puede asegurar entre lo que es real y lo irreal, en ese pensamiento se concentra energía para crearlo y se manifiesta bajo una reacción energética constante para sostenerlo, la energía anima ese pensamiento tiene un espacio le cuenta el tiempo y está confeccionado dentro de materia posee todo entonces realmente existe.

Existió ese pensamiento dentro de la existencia que nosotros llamamos imaginaria, el tiempo que dure no importa aunque sean fracciones pequeñas el caso es que existió, dentro de un espacio infinitamente pequeño en el pensamiento profundo de nuestra mente.

La mente en la cual se ocupa un espacio microscópico muy ínfimo dentro del cerebro para crear un pensamiento, pero es inmenso visto desde adentro del espacio en que se manifiesta, por todo lo que podemos poner dentro no tendría límites ese espacio para cargarlo, se puede condensar eternamente lo mismo que sucede en el universo nuestro donde estamos.

Nuestra propia existencia dentro del universo real en el que vivimos está ubicada en un espacio infinito de su total volumen, comparándonos en volumen contra el universo parece que no existimos, entonces se puede comprobar que existimos dentro de otra existencia dividida en planos y niveles de espacios y tiempos, quizás sí quizás no pero de la misma forma que no se puede confirmar tampoco se puede negar.

Podría pensarse de otra forma si calculamos ese tiempo del pensamiento que creamos desde adentro de ese espacio mental, todo lo que duro la existencia de ese pensamiento con su energía, comprobaríamos que realmente nunca dejo de existir sigue viviendo porque esa energía que lo creó continúa activa en otro espacio y en otra forma en algún lugar de la mente, la energía puede recrear el tiempo reanimándolo lo tiene gravado en la memoria energética.

Cuando la persona medita puede implantar más tiempo dentro de los recuerdos de meditaciones previas, o continuar en progreso una meditación anterior sostenidos los pensamientos anteriores dentro de la memoria.

Lo que sería igual implantarle más tiempo entonces continúa existiendo, pero en un nuevo paralelo del espacio en diferente espacio y nuevo tiempo todo en la mente, este universo puede haber sido creado de esa manera en un cerebro electrónico o biónica, quizás sí quizás no imposible probarlo también imposible desmentirlo.

Si le pusiéramos con nuestro pensamiento a los seres que creamos en nuestra meditación inteligencia y pensamos que pueden tener propia imaginación de la misma manera que nosotros, o como lo que hacen las computadoras con programas capacitados para desarrollarse por sí mismos después de recibir la información y actúan posteriormente por si solos los personajes internos en el programa, pero crearlos en nuestra mente con la diferencia de ser libres y pensar sin restricciones dándoles toda libertad.

Que sucedería con esos seres creados por imaginación en nuestra mente, quizás lleguen a comprender un día que no son reales y dependen de una existencia superior, quizás pensaran que son mortales porque no entienden que están creados por energías la cual es eterna y que de alguna forma siempre existirán, consciente o inconscientes pero existirán eternamente.

Quizás no comprenderían nunca que están conectados directamente con el poder superior que los creó, de hecho viven dentro del mismo pertenecen a un mismo organismo procedente de un mismo origen, solamente no lo saben o no lo comprenden bien.

Entonces que pasaría al dejar nosotros de pensar en la meditación con esos seres imaginarios, yo tengo mi conclusión personal les pasa lo mismo que a nosotros la imagen se desvanece al perder la energía que la activa.

Pero la energía nunca desaparece sube y se establece en otro nivel de la mente, siempre continúa activa es una constante todos lo sabemos a nosotros se nos descompone la materia, pero la energía interna tiene que establecerse en otro nivel nunca detiene su acción.

Entonces esos seres de nuestra mente también continúan existiendo solamente traspasaron hacia otro paralelo donde la energía que los sustento continúa activa y la podemos regresar en el tiempo sin que ellos se den por enterados, activando a través de los recuerdos sus tiempos en nuevos espacios.

Puede usted también hacer milagros estando en presencia sobre esos seres creados en su imaginación, usted es Dios en ese espacio porque lo creó con su pensamiento y lo sostiene con su existencia, puede actuar libremente aparecerse milagrosamente de la forma que más le guste y darles historias para que tengan esperanzas según las reglas que establezca de un paraíso superior, el cual sería elevarlos a un universo superior que es el mismo en que usted se encuentra existiendo en vida material.

Esto parece un imposible pero el que tenga el nivel adecuado de energía puede lograrlo, quizás eso lo podemos alcanzar nosotros desde diferentes caminos elevados por seres superiores hacia su universo quizás no, yo por ejemplo puedo traspasar a los seres de mi imaginación a la realidad de nuestra dimensión y darles la libertad de existir en este paralelo por su propia voluntad y experimentar nuestras sensaciones físicas.

Puedo hablarles y compartir con ellos especialmente mujeres sin embargo su existencia proviene de mi pensamiento, un espacio y tiempo el cual está ubicado cuando se medita en otro paralelo de tiempo y espacio superior, manifestada esa realidad mental en el paralelo que existo de forma física.

Simplemente estos seres sólo yo los observo porque están en otra dimensión, pero cualquiera que yo quiera también puede verlos solamente tengo que abrir el canal adecuado para interactuar mutuamente entre ambos, porque todo está en algún nivel conectado, solamente tiene que encontrarse la forma de cruzarse de un lado a otro.

Puede que el universo entero sea una acción en respuesta de reacción proveniente de un pensamiento, un pensamiento profundo que surgió dentro de una imaginación superior muy poderosa y que origino por reacción la creación del cosmos físico material manifestándolo, dentro del cual la energía que lo creó sigue siendo su fuente de sustento.

La imaginación es muy poderosa no tiene límites ni fronteras cubre el universo por entero de forma instantánea, la imaginación de cualquier cosa es creada por un pensamiento que se origina desde la nada dentro de un inmenso vacío, un vacío sin límites que puede llenarse de todo lo que la imaginación sea capaz de producir.

Un universo entero no importa su tamaño lo cubre la imaginación de forma instantánea y, de la misma manera dentro de la imaginación en cualquier espacio que ocupe la imaginación se crea un universo infinito.

La imaginación existe dentro de un espacio aparentemente vacío pero es un espacio puramente energético por todo lo que se anima en su interior sólo la energía puede sustentar acción, existe y no existe a la misma vez todo muy similar al comportamiento y al núcleo de un simple átomo.

Quizás seamos simplemente un pensamiento y estamos dentro de una mente cósmica creada y controlada por un universo superior muy imaginativo, somos en nuestra realidad la imaginación del pensamiento de unos seres que tienen una mente que no diferencia mucho de la nuestra en cuánto a imaginación se refiere, la diferencia son los planos astrales energéticos de la existencia y sus niveles dentro de los cuales se manifiestan cada una y que no tienen límites.

Somos una existencia nacida de la nada realizada por un pensamiento que con su potente imaginación creó una realidad que es simplemente una ilusión, somos en nuestra realidad la fantasía animada de una imaginación dentro de un espacio cualquiera, sostenida esa imaginación por una energía que existe y proviene desde otro plano por encima o sea desciende desde lo superior y lo cubre todo.

Para crear la existencia de un espacio y darle tiempo tiene que estar obligatoriamente dentro de otro espacio, el que piense que después del universo no existe más espacio o es el único espacio que existe, tendría que responder, ¿cómo es posible una expansión atómica de espacio y bajo que principios expandió ese espacio, sin existir un espacio previo dentro del cual pueda expandir su espacio propio por reacción?

Lo podemos comprobar con la observación del poder expansivo energético dentro del núcleo atómico, dentro de los cuales existe la suficiente energía para crear un cosmos sin ningún problema mediante una gran explosión (Big Bang) con cada uno de ellos, infinitudes de expansiones de espacios se pueden crear dentro y fuera del universo, quiere decir que la existencia total de espacios y la exactitud de sus volúmenes y tiempos de los mismos es infinita, nadie sabe donde empezó y nadie sabe dónde termina.

Quizás seamos nosotros de esa manera quizás no, quizás nos sucede que nos elevemos a niveles más altos o más bajos, nuestra energía interna tiene que pasar y ocupar algún lugar del espacio con una consciencia o sin ella pero nunca muere la energía es eterna, entonces lo que pasa con nosotros realmente nadie puede asegurarlo tampoco negarlo.

La materia sólo aporta una parte de la experiencia en cada uno como la sienta o la quiera sentir de acuerdo a sus sentimientos o preferencias, las emociones de la materia nos gusta a todos por igual especialmente en el placer sexual en diferentes expresiones.

Las sensaciones que experimentamos en el éxtasis sexual en su máximo punto nos comunica con lo más profundo de nuestro interior y, nada en la vida nos hace sentir tan vivos y es lo mismo que sentimos todos en cualquier forma que lo expresemos, entonces podemos serlo todo a través de los tiempos y sin límites.

Somos la esencia de Dios y Dios es libre nadie puede juzgarlo porque lo es todo, cada cual vivimos lo que Dios nos destino a vivir y por negarnos unos a los otros juzgándonos es que suceden tantas cosas malas por el mundo, cuando juzgamos estamos señalando a Dios el cual es todo y ese es el problema, en la naturaleza de Dios en todo su jardín todas las flores son su semilla, por eso es Dios porque lo es todo, Dios simplemente es o no es.

Cuando experimentamos el éxtasis estamos sintiendo con nuestro espíritu interior es el paso superior de todo la experiencia, donde nos desconectamos por momentos y nos perdemos en el espacio y el tiempo libremente fuera de control y sentido, dentro de una consciencia pura limpia y sentimos una profunda paz.

En este sentimiento se puede comprobar la diferencia entre materia y espíritu el cual posee la máxima expresión de lo divino lo perfecto, el paraíso de las sensaciones espirituales eternas y es real su existencia nosotros mismos lo vivimos.

Lo lamento por aquellos que el materialismo físico nunca les ha permitido conectarse tan profundo y tan elevado a la misma instancia, más otros manipulados por las religiones llenas de contradicciones y tabúes que más bien parecen estar en contra de Dios que a su favor.

El mundo en que vivimos parece que es perfecto para sustentar la vida por tiempo hasta cierto límite en que se convierte en imperfecto, en su naturaleza tiene el balance lo sostiene por tiempos y lo cambia cuando quiere de una naturaleza fértil a un ambiente solitario y hostil en sus etapas por la existencia.

Estamos todos bajo los caprichos del cosmos y sus reacciones internas existe una magia en todo esto, el tiempo y espacio intermedio entre un punto y el otro es relativo con transformaciones constantes.

Parece que alguien nos cuida, da la impresión que aprovechamos la oportunidad en este planeta y vinimos a vivir es como si estuviéramos esperando el momento, para mi es indiscutible que venimos de otra parte en el espíritu para animar la materia y lo hacemos de un mundo a otro por todo el universo, regresamos en el tiempo si queremos experimentando diferentes ciclos de vida y evoluciones para eso se creó el universo.

Parece un juego de video donde la materia se destruye y se vuelva confeccionar sin importancia, porque al final de la conclusión la materia es mierda sólo sirve para jugar entretenidamente un rato.

Quizás somos los humanos otros extraterrestres porque de acuerdo a todo lo que hacemos contra el planeta y la forma que nos comportamos, parece que no nos importa si lo destruimos y aunque parezca irónico es necesario utilizar los recursos planetarios explotándolos para evolucionar.

Tampoco podemos parar de extraerlos aunque se destruya más cada día ya no podemos detenernos, es inevitable la catástrofe y el final de su consecuencia lo tendremos que enfrentar más tarde o temprano, parece que ya arribo sobre la tierra o quizás es la salvación enviada por un poder sobrenatural.

En cada tiempo seguimos multiplicándonos y devorando sus recursos mientras nos amenazamos mutuamente sin lugar a dudas tenemos un tiempo escrito, somos tan diferentes de las demás especies en nuestra naturaleza consciente que sólo puede explicarse que nosotros somos los extraños sobre ésta tierra.

Compare las bacterias de su cuerpo y se dará de cuentas que todo tiene un nivel en la existencia y depende de otro para subsistir, los microorganismos en nuestro cuerpo luchan entre ellos para sostenerse contra muchas adversidades durante toda su vida y dependen de nosotros para existir.

Todos nuestros microorganismos internos tienen su espacio y su tiempo el cual lo determinamos nosotros con nuestra propia vida, cuando perecemos en la vida física lo cual no tiene un tiempo específico puede suceder en cualquier instante, ellos también pierden la suya inesperadamente sin tener culpas.

Nosotros también dependemos de algo superior el universo tiene nuestra existencia en sus manos y puede cambiar la existencia de nuestro destino cuando quiera, nada nos asegura una eternidad todos estamos bajo la voluntad de otro, tenga consciencia o no la tenga no importa el caso es que existen seres vivientes más inferiores que nosotros incluso dentro de nuestro cuerpo y nosotros existimos dentro de otro superior, el universo es el ejemplo unos dependemos de los otros.

Yo pienso que en el nivel que estamos y por el nivel de la consciencia que tenemos, sin dudas el que está más arriba tiene que ser superior en todo sentido mucho más elevado y más consciente.

El universo por su tamaño es inmenso demasiado inmenso hasta el punto que se convierte en ridículo la inmensidad que posee, es demasiado grande para estar sólo entonces cualquier cosa en el universo puede ser posible, puede sustentar seres más avanzados que nosotros hasta el nivel que se convierten en entidades de energía pura.

El universo no tiene un final específico y el lugar que estamos ubicados nosotros en su espacio demuestra que todo lo demás es superior, donde quiera que nos ubiquemos en su interior no somos nada comparado a su inmensidad somos inferiores, tiene suficiente espacio y tiempo para que alguien pueda ser más inmenso que nosotros mucho más avanzado en todo aspecto y muchos otros más súper avanzados también pueden existir.

Nadie puede ponerle límites a la existencia quizás somos nosotros mismos esos gigantes energéticos animando la materia en ésta tierra en que vivimos, quizás si quizás no pero es posible porque en el universo estas cosas se pueden demostrar con física matemática entonces no se puede negar.

Tenemos que tener el pensamiento libre y eso es lo que busca Dios que todos nos aceptemos y vivamos en paz en todo el tiempo de vida que tenemos, para que merezcamos lo eterno primero tenemos que aceptar a Dios ese es el problema con los que no entienden que Dios es todo y son muchos lamentablemente los que no entienden, entonces se puede concluir que este mundo está bien abajo comparado con otros que existen en mejores niveles del cosmos.

Muchos meditadores incluyéndome yo pueden desprenderse y visitar la existencia en un universo inmenso superior pero eso es otra historia mía para otra ocasión, por favor ponga usted la última palabra según su opinión y muchas gracias por hacerlo.

El Mesías milagroso que todos esperan desde diferentes puntos de vistas tendrán que seguir esperándolo porque nadie merece salvación en ésta tierra, el universo es quien nos juzga directamente en estos tiempos el cual es el mismo Dios y lo que manda contra los planetas extraviados el día que se canse de ellos es fuego de estrellas, el que se anuncia al gobierno americano tiene poder en la palabra y poderes universales, quizás es el que usted espera quizás no.

El tiempo para estos eventos con el año el mes y el día están escritos desde hace tiempo, por civilizaciones antiguas en calendarios que confeccionaban estudiando las estrellas, estoy seguro que usted lo conoce y muchos otros también.

Prepárese bien porque las reglas nos la van a aplicar los de arriba tal como están escritas por nosotros mismos, juicio sobre la tierra contra todos dirigido por un poder superior y según nuestras propias culpas de consciencia.

No tengo nada en contra de la religión pero son los principales culpables y los más responsables pecadores según lo observan los del espacio cósmico, en todos los tiempos de existencia que tienen sobre la tierra la religión han culpado a una entidad maligna de ser responsable por todas las malas acciones de los hombres y las consecuencias de sus actos.

Pero la religión condena acusa castiga discrimina juzga está en contra de la naturaleza de Dios en muchas maneras limitándola, está llena de regulaciones y mata en el nombre de Dios, todos lo han realizado en todos los tiempos incluyendo los presentes y continúan actualmente de muchas maneras castigando con salvajes procedimientos, asegurando que tiene el derecho de Dios a matar y violar el propio mandamiento de Dios.

Los del espacio piensan que la religión hace exactamente todo lo que dicen los religiosos que es el demonio incluso está escrito en la propia palabra, cualquiera puede comprobarlo observando todos los hechos de la historia del tiempo presente y compararlos.

Piensan que el mejor lugar para Satanás esconderse es la misma religión del hombre, entonces poder hacer lo que quiera libremente y justificarse de sus acciones en el nombre de Dios y todo queda justificado arrastrando en la confusión a la humanidad entera.

La realidad en que vivimos lo demuestra sin lugar a dudas ellos tienen la razón porque la religión del verdadero Dios nunca se equivocaría, nunca hubiera cometido errores tan penosos tan horribles tan cobardes y mucho menos continuar cometiéndolos.

Por esa razón los extraterrestres no les tienen respeto a ninguna religión ni tendrán derechos los religiosos a reclamar absolutamente nada cuando se manifiesten en presencia de todos, no saben respetar los religiosos a su propio Dios nadie tiene ese derecho, entonces no tienen los religiosos tampoco ningún derecho a exigir respeto.

La religión "la falsa" de acuerdo al entendimiento superior es la casa del diablo y le sirven a su propósito el cual es destruir la imagen de Dios, que es un mismo Dios creador de todos y para todos incluyendo cualquier criatura cósmica, el factor humano con su presencia es el único culpable y el que hace la diferencia entre sí mismo con sus distorsiones de la realidad y sus alteraciones en la consciencia.

Según la propia religión de los humanos el demonio es todo lo contrario a la obra de Dios es todo lo opuesto, el demonio miente constantemente en todo lo que dice confunde y altera la realidad y su naturaleza, traumatiza a las criaturas de Dios de muchas maneras, altera el orden cósmico y publico con su palabra y crea distanciamientos en las sociedades y conflictos entre naciones.

El demonio provoca guerras de todo tipo y en todas las escalas posibles masacrando millones de seres humanos, es el más simple y a la misma vez el peor de los asesinos se esconde en toda maldad y acto de violencia, limita a los seres humanos con regulaciones absurdas limitándoles el entendimiento, el demonio obliga a sus creyentes a ser sus ciervos incondicionalmente y tantas otras cosas más tan negativas y opuestas.

La religión de los hombres sobre la tierra observa el sexo como un pecado condenándolo de varias formas implantándole regulaciones sociales, señalando muchos de sus comportamientos de tabú limitando su expresión, regulaciones que sólo son contradicciones con la creación porque el sexo es una manifestación libre de la naturaleza en todas las especies y obra de Dios para que se exprese y se viva su experiencia de forma libre, sólo tienen que observar las demás especies que comparten el planeta y comprenderán mejor.

Ese razonamiento religioso marcado de pecado y condenado sobre la sociedad sobre el sexo no va de acuerdo a la realidad de la creación, hace sentir culpable a los débiles y los ignorantes impidiendo tener una consciencia sana libre de culpas, eso es una contradicción contra Dios por lo tanto es de origen diabólico.

La religión ha matado y continúa haciéndolo en nombre de Dios, pero Dios sólo crea no destruye nunca su obra y de tener que hacerlo lo hace él mismo de su propia mano, nunca le dio al hombre ese derecho sin embargo el hombre se lo tomo y piensa que tiene el derecho de Dios, que todo puede hacerlo cuando utiliza de escusa el nombre de Dios.

La historia está llena de sangre en el nombre de Dios y continúa estándolo, han estado los religiosos y están envueltos de alguna forma en todos los conflictos, todo esto sólo puede tener una respuesta la cual es la presencia oculta del demonio dentro de la religión o la religión misma es el demonio sin que nadie comprenda, porque Satanás tiene el poder de confundir y el hombre la debilidad de ser confundido.

En la religión los pastores lideres y demás responsables son respetados y considerados Ángeles o algún tipo de ser superior más cercano a Dios, con conocimientos profundos de Dios mucho más que el resto de la congregación de varias maneras.

Quizás lideres dotados y capaces de orientar a los fieles por los caminos correctos o algo parecido que entienden a Dios y comprenden su palabra, dando enseñanzas de sus conocimientos supuestamente para dirigir y orientar por los caminos que conducen hacia Dios a todos aquellos que les escuchan y los siguen bajo sus sermones basados según ellos en la palabra de Dios, pero yo les digo que hablan de un Dios que ellos mismos crearon.

Los verdaderos Ángeles enviados de Dios son los científicos, que han demostrado al mundo con sus conocimientos que Dios les dio a la luz del entendimiento humano, la realidad con toda sus verdades con pruebas de acero irrefutables, mostrando una total contrariedad contra la palabra de la religión lo cual prueba su falsedad, nadie puede contradecir a los científicos actuales con conocimientos y pruebas científicas demostrando que los científicos son los que están en lo correcto.

Entonces la palabra tiene un origen diabólico porque miente y mucho peor manipula la mente para que se continuara creyendo en todos los tiempos, se puede comprobar en el fanatismo que tienen los seguidores de cada grupo, los demonios entonces son aquellos que educan a los fieles en la mentira lo cual serian los pastores y líderes religiosos.

Esto sólo tiene una respuesta Satanás invento la religión solamente el demonio tiene el poder de confundir, inventar y poder sostener una mentira que ha sido descubierta delante del conocimiento de todos y continuar creyéndola por sus discípulos y fanáticos de forma frenética, burlándose de todos delante de sus mismos rostros, una mentira sustentada en lo falso lo absurdo que continúa en los tiempos arrastrando a la humanidad al atraso y la humanidad continúa insistiendo.

Mientras sus demonios la predican por todo el mundo confundiendo la realidad delante de todos sin que nadie los detenga porque lleva el nombre del creador, nuevamente esto sólo se puede concebir bajo la posesión de un poder satánico.

Todo lo que hace la religión es mostrar al demonio mediante sus propios comportamientos, hacen lo mismo que ellos dicen el demonio hace y esto se comprueba con su historia misma, una historia llena de salvajismos contrariedades barbaries y muchas estupideces cargadas de mentiras.

La ciencia tiene pruebas da evidencias sin embargo la respuesta de los fanáticos es voltear la cara a la realidad y simplemente insistir, porque no tienen un argumento científico para contradecir ya que ninguno tiene un educación elevada y los que tienen educación elevada universitaria dentro de las religiones, simplemente son aquellos que la gobiernan manipulando o mejor explicado los que explotan a los fanáticos.

Solamente un ser extremadamente estúpido vació de mente se deja arrastrar por eso existen tantos Mesías falsos, o están influenciados bajo un poder superior maligno con el poder de traumatizar la mente, un poder maligno el cual es el único que puede lograr estas cosas sobre cualquier ser humano contra su inteligencia.

Los lideres construyen inmensas catedrales lujosas lo más costosas que puedan edificarlas adornadas para entretener la visión y envolver la mente, Ministerios imponentes levantados con el sudor de sus fieles explotándoles y sostenidas económicamente con la explotación de muchas maneras.

Templos que han levantado incluso con el precio de la sangre humana y se sustentan hoy en muchos casos de la misma manera o muy similar, Satanás existe y se esconde dentro de la falsa religión lo cual son todas aquellas que mienten.

Pero tampoco nadie puede asegurar quién miente o quien dice la verdad Dios es todo y lo puede todo por eso es que Dios es Dios, entonces de poderlo todo es posible que todo sea de la forma en que menos pensamos y, la posibilidad de haberse realizado en una manera que pensamos imposible o creemos tener el conocimiento de la forma que fueron concebidas las cosas, realmente fueron de esa manera que no comprendemos bien o parecen imposibles pero no podemos aceptarlas porque no las entendemos y estamos equivocados pensado que lo sabemos todo.

Dios existe lo pude todo entonces todo puede ser logrado de cualquier forma, Dios pone su mano y las cosas se logran sin que podamos comprender o comprobar, por eso es que Dios es Dios el que todo lo puede el que todo lo es a la misma instancia.

Por ejemplo existen pasajes religiosos en que Dios se presenta como una roca que habla, para los científicos modernos esto es simplemente una burla y realmente lo es, pero analizando las cosas con filosofía y con mucha fe podemos observar diferentes resultados analice el siguiente comentario.

Cualquiera que quiera comprobarlo pregúntenle a los geólogos la forma en que obtuvieron sus conocimientos, sólo tiene una respuesta la cual es estudiando las rocas y a través del conocimiento que obtienen de todo lo observado en las rocas, han logrado descifrar los misterios del planeta.

En otras palabras las rocas con su expresión y sus elementos les han hablado a los científicos revelándoles sus secretos, entonces las rocas realmente hablan solamente se tiene que entender su lenguaje, en conclusión el punto de observación hace la diferencia.

Dios es la luz inmortal del poder la cual da vida, nunca se representa con nada de materia la cual es muerte porque sin luz no puede vivir.

El que piense que el diablo existe como un ángel con poderes de Dios que hace lo que le da las ganas hasta que Dios le dé las ganas de pararlo no sabe nada de Dios, porque el verdadero Dios es absolutamente todo o no puede ser Dios de todo entonces es igual que nada.

El cuento de que alguien se rebeló no puede ser cierto de la manera tan infantil que lo explican la mayoría de los religiosos, el diablo habla con Dios para hacer las cosas que hace y Dios las autoriza o las rechaza.

Lean la palabra correcta y conozcan mejor la realidad del que es el Dios vivo y verdadero, Dios permite cosas muy difíciles de comprender para nosotros, el Satanás habla con Dios para hacer las cosas y Dios las aprueba.

Un ejemplo todo lo que tuvo que pasar un cierto personaje bíblico en su vida con toda su familia, la cual la elimino por una insistencia del diablo y con aprobación de Dios, después le devolvió muchas cosas buenas pero aquellos hijos que pagaron con sus vidas de forma violenta, parece que nadie los tuvo en consideración y fueron aplastados por el demonio de forma salvaje todo aprobado por Dios, incluyendo los tormentos al que fue sometido el personaje histórico.

Entonces las cosas que pasan en la tierra Dios está consciente de ellas incluyendo el holocausto judío, quizás fue una prueba de Dios para probar nuevamente su fe quizás un castigo quizás no, quizás simplemente le dio las ganas a Dios de joder con alguien nadie se lo puede negar.

Satanás no puede hacer nada por su propia cuenta porque el que manda siempre en todo momento es Dios por sobre todas las cosas y por sobre todo lo que existe, siempre Dios tiene la última palabra por esa razón es que Dios es Dios, un sólo Dios que lo es todo y ser absolutamente todo es la prueba del máximo poder.

Todos los demás tienen que contar con el máximo poder de la existencia para poder hacer cualquier cosa en el espacio del Dios absoluto, de lo contrario se estarían burlando de Dios y existiría un problema de autoridad totalitaria por parte de Dios lo cual no se aplica cuando se habla de un Creador con todo el poder posible y absoluto.

Nadie puede es más grande ni poderoso que Dios, entonces Dios sabe y permite por su voluntad todas las cosas, tendrá sus razones para permitirlas las cuales no tenemos el derecho a cuestionar, si cuestionamos a Dios la respuesta de Dios es simple, Dios es el que manda nadie más puede mandar y hace lo que le venga en ganas para eso es Dios.

Nosotros que vivimos en puntos del universo que prácticamente se puede decir que no existen, ante la inmensidad de la eternidad universal el punto donde se asienta la tierra no tiene un espacio específico determinado por decirlo de alguna manera, el universo expande constantemente y continuamos reduciéndonos frente a su volumen total y el espacio que ocupamos.

Ninguna singularidad existe ante la inmensidad, al compararse ambos volúmenes el número que especifica la presencia de cualquier singularidad es extremadamente micro cósmico ante el universo y eso es lo que somos nosotros, tenemos compuestos físicos pero no importamos para nada el universo nos revienta cuando quiera y no nos necesita para existir.

Si el señor Satanás se permite así mismo el derecho de ganarle un tiempo a Dios en el espacio de Dios entonces Dios tiene un problema y dudas de su autoridad, aunque vengan legiones de Ángeles en un tiempo nunca especificado por nadie para detener al infractor y cobrarle las deudas no importa.

Porque quedó marcado en el tiempo de la existencia y el espacio de Dios y su historia, que el diablo en algún lugar del espacio y tiempo de Dios hizo su historia propia sin que Dios pudiera detenerlo, por un periodo de tiempo en que hizo lo que le vino en ganas contra todo lo que Dios creó de la manera que le dio las ganas al demonio.

Muchos dirán y esperan que quedara destruido el demonio cuando los Ángeles le reprendan y vengan en legiones montados en caballos que vuelan o con alas de aves y plumas sonando trompetas mágicas, pero dejo el demonio su huella en la existencia del espacio y el tiempo y fueron varios miles de años.

Entonces eso prueba que a Dios se le puede cualquiera revelar retar y crearle dificultades en tiempo y espacio sin que pueda hacer nada para evitarlo o simplemente no le importa, eso es estúpido porque si

Dios existe es Dios de todo o no es nada, un sólo Dios un sólo poder creador de todo y responsable de todo y para todos.

El demonio hizo en el espacio y tiempo de Dios una historia como la nuestra escrita por las manos de los propios humanos en diferentes etapas del tiempo, una historia de acciones tan crueles llena de todo tipo de atrocidades de guerras y millones de cosas negativas y parece nunca tendrá fin.

Jamás en todo el universo existirá algo semejante, nada puede superar el horror en la experiencia de los humanos a través de toda su existencia, una existencia llena de multitudes de crímenes en todo nivel y sus historias de guerras sembrando la muerte, después de todo lo vivido por la humanidad el peor de los infiernos seria en comparación una casa de juegos.

Por eso estamos en la infinitud de una singularidad inexistente para el universo condenados a morir, somos el juego del Demonio autorizado por Dios no valemos nada por eso nos manipulan a sus antojos desde arriba, no se pierde nada cuando desparecemos que tenga Dios que lamentarse, en la tierra se pagan las deudas y se cumple los mandamientos para tener derechos con Dios nada más.

En el tiempo de Dios y su espacio queda marcada una huella del mal en la historia de la existencia por criaturas muy inferiores, los humanos que prácticamente no existen se impusieron a Dios y crearon su tiempo a sus deseos, para mí esto es ridículo y estúpido Dios es todo absolutamente todo o no puede ser el Dios de todo, entonces Dios también es el diablo pero de diferente manera.

El diablo es el ejecutor de Dios, Dios nunca haría el mal de sus propias manos pero le pertenece también el mal porque es el Dios de todo, la voluntad siempre es de Dios porque es el que manda, nadie puede mandar o hacer absolutamente nada por encima de Dios, miren el Universo lo tienen por encima de sus cabezas el universo les contestara todas sus preguntas.

Solamente de permitirse tanta atrocidad sobre ésta tierra tanto abuso y demás contrariedades tan siniestras que vivimos cada día, sin que se detengan por aquel que puede detenerlo todo cuando quiera, permitir que estas cosas sucedan y continúen sucediendo las cuales van de mal en peor. No importa la razón que use Dios para justificarse y permitirlo está demostrando un comportamiento diabólico, porque Dios es responsable de permitirlo y es el único que puede pararlo y no lo hace, son las culpas de los humanos las cosas malas que suceden pero suceden bajo la voluntad de Dios que nos permite las hagamos.

Ese es Dios el que lo es todo y lo puede todo por eso es Dios o no existe Dios, entonces existimos ustedes y nosotros entonces el universo es nuestro porque tenemos mucho más poder y conocimientos que ustedes, bueno eso lo dicen ellos los de las estrellas.

Dios es sólo uno, existen muchos Dioses sobre el planeta y tienen que ser eliminados para que la humanidad entre en obediencia, pero con todos los Dioses que tenemos estamos solos porque desde el espacio ellos traen su Dios consigo, el cual escribió su historia de la creación con su ciencia y tecnología exactamente de la forma que lo explican los científicos terrestres.

Recuerden que Dios es el creador de todo incluyendo a Satanás el ángel que se rebeló, si Dios lo es todo lo sabe todo y lo puede todo porque Dios lo es todo, entonces sabía muy bien lo que sucedería con ese ángel rebelde antes de crearlo, porque Dios lo sabe todo o no sabe nada.

¿Cuál es la razón entonces por la cual creó a ese ángel y para qué? conociendo que se revelaría en su contra un día porque Dios lo sabe todo, esto tiene que tener mejor explicación o Dios es un estúpido que no sabe nada, entonces el diablo es más inteligente, el diablo observó ésta debilidad de Dios y aprovechó la oportunidad para retar a Dios.

Yo tengo mi respuesta Dios creó al demonio intencionalmente para poder serlo todo, ser un Dios que es absolutamente todo lo posible que se pueda ser, comparen las cosas malas que suceden en nuestro mundo y observen que son prácticamente nada, comparadas contra la inmensidad del universo estamos perdidos dentro de un vació inmenso.

Dios creó estas cosas para poder serlo todo y ubicó estas contrariedades en la existencia dentro de un punto que casi no existe el cual es la pequeña tierra en que vivimos, recuerden que la esperanza nuestra está en un nivel superior que llamamos Paraíso Celestial y ese es el único que cuenta donde todo es perfecto, les menciono una vez mas y aprendan como aprendí yo leyendo la palabra y buscando entendimiento superior para no confundirme con la interpretación, el diablo habla con Dios para hacer las cosas y Dios las autoriza porque él en lo profundo es el único responsable de todo bajo su voluntad.

Los extraterrestres no entienden bien que pasó en nuestro planeta, tampoco entienden quien verdaderamente está detrás de toda historia religiosa nuestra, todo el universo y cada planeta ha tenido una evolución ordenada por Dios codificada en la estructura genética de toda materia destinada a evolucionar de acuerdo a sus libros sagrados e impulsada por la energía constante, pero en el planeta la tierra parece que alguien intervino en diferente manera sin autorización y tienen intención de encontrar respuestas, yo he tratado de hacerles comprender que las culpas son de los hombres no de Dios.

Según el Dios de los extraterrestres, "Él" nunca ordenó a nadie matar en su nombre en ningún lugar del universo y es lo que todas las religiones de la tierra han hecho en su historia en algún tiempo, quizás otra manifestación de Dios lo puede hacer, entonces pregúntese ¿A quién sirven los terrícolas como su Dios? ¿Quien ha ordenado semejante barbaridad? ¿Qué fue lo que paso con nuestra historia? Solo espero que cuando se presenten no cometamos la estupidez de retar a su Dios y temo que eso es lo primero que harán.

Los extraterrestres no les importan lo que digan los libros de cada Dios sobre nuestra tierra porque tenemos historia y se sobran las evidencias que somos mentirosos y bastante, ningún libro escrito por manos humanas tiene valor para ellos, cada Dios tendrá que probar su palabra el mismo personalmente o será considerado falso quizás algo peor diabólico, el mejor consejo a la religión es quedarse callados recibirlos con respeto ellos saben respetar pero responderán duro si alguien les tienta.

Yo creo en el Dios de los extraterrestres porque lo conocí y es el mismo en todas partes, es una hermosa criatura energética de múltiples colores que puedes mirar y te mira, le puedes hablar y te responde lo sientes y te siente a ti, se pierde en lo infinito del microcosmos y en lo inmenso del macrocosmos a la misma instancia un ser que lo es todo y lo da todo, pero en las estrellas donde está la eternidad y un día espero pueda contarlo porque yo estuve con ella.

Dios me puso en el conocimiento quien es él, Dios es un nacimiento por eso para mí es que Dios es Dios lo es todo, Dios es el nacimiento de todo, Dios es una consciencia viva que siempre germina, todo es un nacimiento constante en distintas etapas de espacios y tiempos, nace en una acción y evoluciona en una reacción.

La consciencia lo es todo, la cual nos eleva hacia la pureza donde se pierde en el conocimiento absoluto y esto nos llena de paz.

La consciencia juzga y es justa porque todo lo acepta todo lo perdona, eso es ser consciente en lo profundo y la consciencia es muy profunda, la consciencia siempre actúa de la manera más consciente.

Pero cuando la consciencia juzga en cualquier forma por cualquier razón también condena, porque sólo el hecho de juzgar por si mismo ya está condenando y al condenar entonces ya no es consciencia, la consciencia lo es todo y lo es nada por eso existe porque lo cubre todo en cualquier espacio y en todo su tiempo para que exista.

El universo es todo consciente y todos estamos en él poniéndole consciencia, sin embargo nadie tiene ese derecho porque el universo es libre pero también libres somos nosotros, el que pueda comprender estos puntos con la consciencia, tiene las puertas de la iluminación dándole vueltas solamente medite un poco más y vera la diferencia.

Somos la existencia de la consciencia universal somos parte de la existencia, de una manera o de la otra somos eternos en lo alto de la consciencia o en lo profundo de la inconsciencia, exactamente como lo hace el universo mismo en todas sus dimensiones.

Observe la tierra no tiene diferencia en su actividad climática y geológica con el universo, ambos son violentos no tienen piedad con el comportamiento que tienen, diferentes niveles de intensidad los cuales ambos son mortales para los que vivimos dentro de ambos.

Los acontecimientos del universo son destructivos para las cosas que se manifiestan dentro del cosmos, los acontecimientos dentro de los planetas son destructivos para los que se manifiestan dentro de ellos, desde arriba hacia abajo desde el poder superior todo está estructurado para que exista en un espacio y le cuente un tiempo, uno depende de la existencia del otro.

Observe a el mundo con toda su obra y toda su historia, analice cada una de sus manifestaciones de vida pueblo por pueblo, su cultura sus tradiciones en cada uno de sus espacios y tiempos y llegara a comprender que la vida es un implante sobre la tierra, una realidad manifestada en la física resultado de una consciencia energética muy inteligente.

Entonces mire hacia el horizonte espacial entregue su consciencia profundamente al cosmos y escoja el destino de su existencia para la próxima prueba, porque para eso estamos todos aquí.

Lo más importante que tenemos que aprender muy bien en nuestra vida y es lo más difícil de aceptar, es a nunca juzgarnos unos a los otros Dios solamente es quien puede hacerlo porque tiene la respuesta para todo y para todos para eso es Dios para serlo todo.

Dios es la creación desde una misma consciencia todos estamos conscientes y entendemos las cosas de la manera que las comprendemos gracias a Dios, Dios lo cubre todo en todo camino entonces todos somos consciencia de Dios en cualquier forma que se manifieste.

Si usted es uno de los que saben que el universo es consciente y lo escucha en lo más profundo de sus pensamientos los cuales viajan eternamente, si considera que la ley de la atracción universal generada desde la energía de la mente viaja por todo espacio tiempo y responde, empiece a buscar respuesta a sus deseos sintiendo alegrías por la felicidad de los demás y sienta compasión por las penas de otros.

Esos comportamientos mentales le darán el balance para el alineamiento perfecto con lo eterno, comprenderá que grande es usted en la existencia y la iluminación le abrirá las puertas para que tenga derechos a pedir del universo lo que desee y el universo le dará según lo que merezca basado en su verdadera consciencia, la mayoría sólo pide posesiones materiales para sentirse bien en la vida que viven porque es todo lo que observan, pero sin conciencia interna en el alma que sustente el espíritu cuando todo termine estará perdido.

Tenga paciencia mientras observa que bueno es estar en el mundo y experimentarlo desde cualquier ángulo o la forma que le toque enfrentarlo, ese es su punto de partida para cada día, nunca lo condene, nunca lo desprecie, abra los caminos de la consciencia, todo tiene su proceso y su tiempo porque de ésta manera lo quiso la existencia y recibirá la recompensa cada día sin saberlo con cada instante que viva.

Piense vea y sienta las cosas sin importar lo difícil que se encuentre su situación o lo difícil que parezcan, siéntalas de la misma forma que se observan de la misma forma que la sienten y la viven los que poseen lo que usted quiere lograr o de la manera que quiere vivir.

Sea un soñador de sus deseos proyéctelos en su existencia sin esperar respuesta porque llega sola en su tiempo, de nunca llegar no se preocupe la vida material es nada esos deseos le estarán esperando en lugares más distantes del espacio y el tiempo con mejores resultados para su próxima aventura cósmica, estará creando un programa en su mente para su futuro.

Llénese de sensaciones con emociones puras de buena fe sin temor ni dudas, la fe triunfa ese es todo el misterio de la ley de la atracción, propulsarse usted mismo tiene el secreto dentro del cuerpo, el cual es la consciencia energética activa y la consciencia le juzgara devolviéndole según su fe.

Salude al sol que da vida a su materia orgánica, cada noche mire hacia las estrellas que le dan vida al espíritu y sea uno con la existencia arriba y abajo.

Es importante elevar la consciencia del mundo, el cual va a transformarse porque Ángeles extraterrestres o lo que sean el caso es que están en el planeta y, el que sea inteligente sabrá inmediatamente que libro escogieron y con él la ley que nos piensan aplicar y sus castigos.

La cual es la única ley que nosotros los humanos respondemos bien con obediencia, le doy una clave "actos cósmicos de acción consecuencias cósmicas de reacción" esa es la ley del universo y nadie se escapa, ni los humanos ni los planetas ni las estrellas nadie.

Por mi parte yo comprendo la frustración del hombre por la falta de justicia mundial, falta a los derechos, falta al respeto y el vació que llevamos dentro por la falta de consciencia de todo tipo que tenemos, muchos esperan justicia a través de la venganza porque solamente esto último les puede calmar el dolor que llevan dentro.

Verdaderamente muchos tenemos heridas profundas en el alma que nunca desaparecerán sus cicatrices y de ellas les brota sangre cada vez que las recuerden, la mayoría terminara sus días odiando llenos de rencor y esperando llenar el vació de sus vidas con justicia humana según la entienden la cual nunca llega con perfección.

Pero el rencor el odio y la venganza es también una falta de consciencia elevada que sólo sirve para limitarnos condenarnos, sólo sirve para destruirnos nosotros mismos al olvidarnos de la justicia de Dios, que tiene sus propios caminos y sus intereses según su voluntad, todos nos olvidamos de Dios nadie tiene una fe verdadera.

Entréguele a Dios la responsabilidad de hacerle justicia a sus demandas y necesidades personales y olvídese de todo y recibirá la respuesta sin fallar en el tiempo de Dios, porque Dios tiene que cumplir es su obligación moral por ser Dios, mucho más cuando se deposita total confianza en su existencia.

A Dios le gusta que lo tienten y le pidan con respeto, él siempre responde, la diferencia en la respuesta que obtendrá de Dios, será dependiendo de lo que esconde usted profundamente en sus entrañas cuando pide a Dios, pensamientos profundos los cuales Dios conoce perfectamente y recibirá exactamente lo merecido.

La justicia sobre los pueblos y sus gobiernos basada en la libertad de derechos reclama la venganza sobre los culpables, muchos piensan que los que buscan reconciliación sincera de ambas partes distanciadas en los tiempos por consecuencias políticas que han causado heridas profundas, están atentando contra el derecho de una futura sociedad civil democrática, derecho el cual exige justicia sobre culpables y están en lo correcto.

Pero quien está en lo correcto y que razones tiene para estar tan seguro de estar en lo correcto cuando solamente juzga desde su punto de observación, porque también es correcto y parte de la justicia en sociedades civiles y democráticas el derecho a la reconciliación de ambas partes, si están de acuerdo los pueblos obtener una reconciliación sin ejecutar juicios ni venganzas de odio los acuerdos alcanzados de paz son justos, solamente Dios juzga nadie más puede juzgar.

Dios es uno sólo, el grande más grande ser que existe el cual lo es todo y en el cual todo se puede concebir, estudien bien los descubrimientos y avances científicos entonces descubran con ellos lo grande que es Dios con todas sus obras, un Dios muchos más grande que el de todas las religiones juntas que conocemos y en algunos casos el Dios religioso que no comprendemos bien, porque confundimos su palabra pensando que la conocemos.

"Ni una sola hoja se mueve en el mundo sin la voluntad de Dios" en esto se comprende la existencia universal total, esa es la clave para que se habrán mentalmente a la realidad de la existencia en el universo de Dios y lo comprendan todo cada cual desde su lugar.

Cuando se comprenda y acepte esto por la humanidad principalmente los religiosos con todo respeto, sabrán escoger el camino correcto en su vida el cual es simplemente "amar a Dios creador por sobre todas las cosas" nadie cumple totalmente.

Para amar profundamente a Dios no es necesario ser religioso o permanecer dentro de alguna denominación, la religión es solamente una conspiración mas dentro de un mundo frágil débil y traumático, la religión sólo ha servido para dividir y crear dificultades por las mismas culpas de los hombres con su ego su prepotencia y su ignorancia contra la propia palabra.

Al creador se le ama desde lo profundo de la consciencia respetando y aceptando su voluntad con toda la obra de su creación, con todas las obras y maravillas que hace de cualquier manera que se manifiesten sin discriminación, de lo contrario estaría juzgando y condenando la obra de Dios y nadie tiene ese derecho contra Dios.

Las especies son obra de Dios, él creó todo y a Dios no se le puede criticar o cuestionar ninguna de sus obras ni nada de lo que crea eso definitivamente si seria ofenderlo, en cada una de sus especies se puede observar una obra maestra, nosotros no somos mejores ni especiales en comparación con cualquier otra especie la diferencia la establece Dios.

Teniendo en consideración que cualquier especie bajo la voluntad de Dios puede hablar y comprender porque Dios lo puede todo, entonces nosotros no somos mejores solamente nos creemos mejores.

Por ejemplo según algunas historias religiosas un burro hablo y una serpiente también esto pudo hacerlo un ángel sin embargo se escogió un animal, mostrando que Dios no hace diferencia entre sus especies todas pueden alcanzar lo que Dios se proponga con ellas, nos escogió a nosotros por su voluntad para hacernos delante de su presencia diferentes entre las demás, pero todo puede cambiar en un instante esa la diferencia.

Por otro lado ningún religioso acepta la magia pero de no haber existido una evolución de especies entonces Dios es un gran mago, un mago que hace aparecer las cosas de la nada y adquieren una consciencia instantánea ya programada para que hable piense y comprenda, o quizás simplemente Dios es un gran ilusionista.

Recuerden Dios lo creó todo, el diablo nunca ha tenido ese poder sólo existe un creador el diablo solamente destruye, entonces Dios es también el responsable creador de los microorganismos que nos matan por millones o permitió que se crearan por si solos derivados de los organismos que Dios creó en principio, lo cual es lo mismo Dios es el responsable de todo para eso y por eso es que Dios es Dios de todo aprendan a respetarlo.

No sé cuál será el final del mundo el cual nosotros mismos escogeremos yo también tengo mis heridas, sin embargo quisiera desde lo profundo de mi ser que todo terminara y empezara para todos, de la forma y la manera como se abren los jardines de flores en plena primavera.

Mirar hacia el universo entonces sentarnos a conversar de las especies de las lunas los planetas las estrellas el espacio el tiempo la eternidad y el propósito consciente de nuestra existencia dentro de todo esto, todo lo cual es lo más importante en nuestra vida por el destino final que tenemos todos marcados como sentencia en la muerte orgánica, la cual nos condena limitándonos y llega bien pronto.

Dios todo poderoso no construyo un universo tan infinito tan eterno dentro de tan inmenso vació y dejarnos perdidos en su infinitud todo tiene su propósito, imagine que lo construyo para nosotros y según nuestra obra y nuestra consciencia nos dará en cada proceso de cambio mejor lugar en cada parámetro de su espacio y mejor tiempo dentro de cada paralelo de su existencia eterna. En mundos más perfectos mejor balanceados en su geología más elevados en consciencia y con mejor tiempo de vida, pero más que todo mundos con mucho más amor y mucha más paz mucha más pasión para vivirlos los que somos más profundos y más libres en la consciencia.

Mundos que existen por todo el universo y nosotros mismos preparamos individualmente proyectándolos con nuestra consciencia cósmica, en la cual todos estamos conectados en sus niveles quánticos para que nosotros mismos escojamos el próximo capítulo, según nuestras verdaderas intenciones internas de la consciencia que tenemos lo alcanzamos como merito o nos quedamos soñando en el mismo lugar.

Alcemos la mirada al universo al cual hemos observado durante miles de años, nada nos impide alcanzarlo nadie superior nunca nos ha prohibido conocerlo, estudien su existencia admiren su poder su magia y su infinitud mientras descubren cada uno de sus secretos con toda su obra, apliquen su inteligencia emocional y comprueben su poder.

Entonces comprendan que aquel Dios del cual predicamos por el mundo su existencia al Dios que amamos y al que oramos profundamente, es verdaderamente muchísimo más grande y poderoso, muchísimo más maravilloso y mucho más hermoso de lo que conocemos y de la forma que lo comprendemos.

Más grande de todo lo que concebimos de todo lo que hemos podido alcanzar a comprender y de todo lo que nos han dicho aquellos religiosos que dicen saberlo todo y no saben nada y, tampoco nunca lograremos saberlo todo ni comprenderlo todo mientras no podamos aceptarlo todo, porque Dios lo es todo o no es nada.

Recuerden que de Dios son todas las cosas y todas las cosas pertenecen a Dios él lo creó todo y lo sostiene todo, para respetar a Dios se nenecita primero respetar todas sus cosas empezando por uno mismo.

Dios un ser que nos regalo la existencia y nosotros mismos la elevamos la mantenemos o la retrasamos dentro de su universo, eternamente transformándonos de la materia al espíritu del espíritu a la materia sin principio ni fin de la misma forma que lo hace el universo entero en todos sus niveles, evolucionando hacia la perfección de nuestra consciencia recorriendo el cosmos en sus tiempos y espacios nada mejor se puede pedir.

La realidad de nuestro destino cósmico en la existencia desde el punto físico material que observamos, donde estamos todos recluidos atrapados en este planeta atraídos en su materia, lo hemos preparado nosotros mismos con nuestros pensamientos empujándolos a realizarse programando el cambio y, en lo que más hemos influenciado todos con nuestro comportamiento es mucho más negativo que positivo.

Incluyendo principalmente el pensamiento que hemos plasmado en libros de historias místicas llenas de momentos apocalípticos empujándolo a realizarse, ahora es muy fuerte su influencia cósmica y demasiado tarde para detenerla el fin finalmente será catastrófico según lo escogieron los propios humanos.

Pero es un final que posee una salida única milagrosa y divina, una salida individual para cada uno escondida secretamente en la profundidad de la consciencia personal para salvación, cada cual escoge el camino propio que quiera seguir en el universo cósmico eterno y el lugar que quiera alcanzar después de su transmutación, nadie puede evitarlo nadie puede impedirlo el pensamiento es libre y alcanza con su poder la existencia eterna universal.

En el universo todo es posible y alcanzable incluyendo un nuevo universo para cada uno de nosotros y, esa es la puerta que siempre nos han querido cerrar los religiosos bloqueándonos nuestras propias posibilidades para manipularnos, una puerta cósmica a través de la cual no existen límites porque es totalmente libre en todo espacio y tiempo y lo somos nosotros también.

Dios indudablemente lo es todo entonces si Dios está con nosotros también está en nosotros, entonces ¿Quien está contra nosotros?

La respuesta es simple, nosotros mismos estamos unos contra otros y contra nosotros mismos por lo débil que somos, el diablo somos nosotros con nuestras contradicciones recuerden que todo es de Dios y todo le pertenece a Dios, todo lo que acontece en el mundo es su voluntad divina aunque parezca imposible de comprenderse o aceptarse.

Las cosas que andan tan mal por todo el mundo en los extremos que observamos tantas miserias abusos vicisitudes y demás contrariedades, son los resultados de nuestra propia y libre voluntad humana con nuestras acciones unos contra otros, nosotros somos los únicos culpables.

Aunque todo sucede bajo la voluntad de Dios y por su voluntad son todas las cosas con sus enigmáticos propósitos, el cual ha permitido a través de los tiempos y continúa haciéndolo, que estas cosas negativas se manifiesten en la existencia, teniendo el poder de detenerlas cuando quiera y no lo ha hecho hasta el momento presente, nosotros somos culpables pero Dios lo permite porque Dios en alguna manera y de alguna forma lo cubre todo, lo es todo, lo puede todo.

Los extraterrestres no saben lo que van hacer el día de enfrentarse a los humanos porque se está con ellos o contra ellos, la hora se está acercando peligrosamente y parece que nadie les cuadra bien todavía.

Esperan la respuesta final del Gobierno Norte Americano que tiene mucho que ganar y también mucho que perder, especialmente en los intereses de los materialistas que gobiernan en las altas esferas del gobierno y se están resistiendo.

Tienen mucha inseguridad los norte americanos, pienso que sólo quieren sostenerse explotando el mundo según mejor les convenga, sin entender bien todavía lo que están enfrentando.

Quieren cerrar definitivamente el último capítulo de la vida humana de ésta siniestra conspiración sobre el planeta la tierra, codificada secretamente su historia en sus propios libros y conducida la humanidad hacia un destino marcado, empujándonos nuestros impulsos bajo el poder de la energía mental desde otros mundos.

No sé que quieren exactamente hacernos no se la respuesta final o hasta donde quieren llevarnos, los Ángeles jugaran con los humanos hasta atormentarlos o quizás hasta que se rindan y comprendan que no somos absolutamente nadie y, puedan entonces conocer bajo el poder de la luz la verdadera consciencia, su justicia y sus libertades en el espacio y sus tiempos.

Esto que les dejo de final pienso que no le va a gustar a muchos quizás a otros si, a los extraterrestres les encanta Jesús el nazareno llamados por muchos el Cristo, les encanta por sus mensajes que casi nadie los cumplen, mensajes llenos de amor los cuales significan paz, eso quieren para nosotros los Ángeles del espacio la paz.

"Amarse unos a los otros" puede decirse que probablemente nadie cumple correctamente, Jesús nunca menciono distinciones y nunca excluyo a nadie de sus bendiciones, su mensaje fue para todos por igual abiertamente porque vino en el nombre del que lo es todo.

"Ve entrega todas tus pertenencias toma tu cruz y sígueme" la mayoría no quiere ver al mundo en sus penas y en vez de dar están pidiendo, el mensaje es dar no recibir entregar no adquirir y que la voz seguida de los hechos se cumpla.

Incluyendo muchos dentro de las congregaciones que se gastan bastante dinero en trajes costosos para impresionar a sus seguidores, representando una imagen muy lejana de aquel que habla en nombre de los pobres, sin darse cuenta estos últimos pobres en todo aspecto de la palabra que los están arrastrando burlándose de ellos.

Dios lo que da es para que lo entreguen y se cumpla la palabra por los que viven de ella, todos son culpables de incumplir.

"No juzgaras para que no seas juzgado" nadie cumple, nadie tiene el derecho a romper un mandamiento de Dios tan divino que lo cubre todo y da paz sobre todos mediante el respeto, por el derecho que todos tienen porque todo es la imaginación de Dios y a Dios todo le pertenece.

Somos culpables ante Dios y también ante los extraterrestres y quieren castigar a los culpables por haberse burlado de algo tan noble, posiblemente se nos aparezca un nuevo Mesías haciendo milagros.

Dios de alguna forma por alguna razón y por su voluntad tiene montada su propia conspiración superior, lo demuestran todos los hechos que vemos a través de la historia al permitir tantas contradicciones, los gobiernos mundiales conspiran los extraterrestres también conspiran en conclusión me doy cuentas que estamos por todos lados muy solos y bien jodidos.

Entonces pregúntese amigo lector delante de un espejo después de haber tenido su conclusión personal sobre estos mensajes y el futuro que nos espera, pregúntese quien está verdaderamente loco el mundo o yo, si piensa que está de acuerdo de alguna forma con algo aquí escrito, si piensa que está de acuerdo en todo o simplemente con algunas cosas que puede observar su veracidad dentro del mundo en que vivimos.

De cualquier manera bienvenido al grupo porque déjeme decirle con todo el respeto que merece, que el loco como lo soy yo para la sociedad por todo lo que pienso y todo lo que expreso, ese loco también lo es usted sin serlo porque definitivamente los verdaderos locos son todos aquellos los que nos llaman a nosotros locos por todo lo que pensamos.

Pero el que no pueda sentir las realidades que tiene delante dentro de las cuales vive y que todos los demás las observan tiene que estar por obligación loco.

Son aquellos que viven dentro de este sistema de cosas que los esclavizan, los limitan los controlan los manipulan a su antojo y lo soportan todo sobre sus hombros en alguna forma sin protestar, obedeciendo igual que un cordero manso simplemente para en el final morir físicamente un día igual que todos los demás, son los que están totalmente locos y en algunos casos son simplemente unos pobres estúpidos porque al final nada material importa.

Por favor no se preocupe nadie que después del año 2012 empieza el año 2013, el mundo se acaba solamente para los que se mueren y la vida un poco más o un poco menos siempre sigue igual.

El alineamiento galáctico del 2012 es simplemente un fenómeno visual desde nuestro punto de observación, nada de extraordinario tienen y tampoco es la primera vez que sucede en la historia del planeta.

Las situaciones mundiales cada día se ponen peor, después del 2012 continuaran incrementándose de la misma manera que siempre lo han hecho de mal en peor, por supuesto más aceleradamente simplemente porque vivimos en el infierno y las cosas en el infierno siempre tienden a empeorarse para eso es el infierno, para que se eleven hasta el punto que sean imposibles resistir y exploten esa es la ley del infierno.

Vivimos dentro del universo en el lado del infierno, el que tenga dudas que mire bien el planeta en que vive, un planeta convulsivo que amenaza la vida de todos constantemente con sus catástrofes.

Un planeta donde terremotos sorpresivos matan miles de seres todos los años, los volcanes tienen bajo amenaza de muerte a pueblos enteros, maremotos destruyen las hermosas costas con sus lugares turísticos construidos para relajación y disfrute nuestro, arrastra y ahogan con sus mareas sin piedad gente inocente de todo tamaño.

Gigantes tornados impredecibles entre otros fenómenos clasificados de "naturales" se presentan por sorpresa, los cuales están cada año aniquilando muchos seres sorprendidos por la muerte de forma injusta, dentro de todo estas cosas estamos perdidos en un cosmos que es mucho más peor y mucho más violento que nos puede exterminar cuando quiera.

Los habitantes del planeta se matan entre ellos mismos sin consideración ni consciencia en diversas formas somos altamente criminales con nuestros instintos, estamos dentro de un mundo que va deteriorándose continuamente de forma acelerada.

Un mundo lleno de guerras de toda índole y crímenes de toda maldad, un creciente número de madres que abandonan a sus criaturas recién nacidas a su suerte y muchas otras los acecinan, comportándose peores que los animales más salvajes que cuidan sus crías con su vida.

Las bestias se devoran de forma macabra entre ellas y muchas matan a otras ripiándolas en pedazos para alimentarse de forma sanguinaria, simplemente para sostener un supuesto equilibrio ecológico.

Lo mismo que hacemos nosotros en muchos casos con los animales de granjas y los procedimientos de exterminio que tenemos, mas muchísimas otras contrariedades que nos identifican como una especie única de consciencia avanzada, pero mucho más salvaje que el resto de todas las demás.

La manera única de dominio que siempre ha utilizado desde sus primeras etapas de evolución y manifestación la vida orgánica sobre el planeta, simplemente para cada una forma de vida que se manifiesta garantizar su supervivencia propia, que puede durar millones de años o simplemente miles o mucho menos tiempo en cada especie.

Parece una burla a la inteligencia científica que tenemos actualmente, porque ninguna especie para existir tiene que matar a otras, todas pueden programarse genéticamente para que se alimenten de los animales que mueren por la vejez, o estar programados todos a morir en un tiempo cuando todavía está saludable después de haber vivido largo tiempo, de la forma que mueren muchos y no son aprovechados por otras.

Todas las especies pueden alimentarse de frutas vegetales y tubérculos sin destruir totalmente la planta o el árbol de la misma forma que se alimentan de yerbas muchas especies, existen especies actuales que sus sistemas digestivos son para consumir y digerir carnes sin embargo se alimentan de vegetales.

Cuando se estudia el comportamiento de los carnívoros y su evolución, parecen especies que surgen y evolucionan espontáneamente en el momento exacto para controlar los números de otras especies.

Generalmente el balance de la evolución en todas las etapas sucede por igual, entonces la naturaleza tiene su propio código un patrón de conducta que sigue fielmente, un llamado que se activa por sí mismo de forma automática en el tiempo preciso para ajustar sus alteraciones de forma programada y puede decirse que consciente.

En todos los tiempos la naturaleza a la que estamos acostumbrados aceptar, porque no tenemos otro remedio, es la peor de todas las contrariedades, la naturaleza en cada paso que ejecuta cuando reacciona en su programa evolutivo de ajuste o necesidades geológicas, lo realiza de la forma más práctica e irónica que mejor le convenga para su propósito.

La naturaleza biológica crea y destruye sin importar quienes paguen el precio de esas consecuencias o cuántos tengan que sacrificarse, igualmente lo hace la naturaleza geológica ambas parecen persiguen un destino siniestro programado con anterioridad.

Dentro del cual tenemos que sobrevivir luchando eternamente contra todas sus adversidades, al final todos sabemos que perderemos la batalla cada uno de forma individual y quizás todos también en algún momento seremos borrados, para dar paso a otras especies de la misma forma que ha sucedido anteriormente.

De acuerdo al lugar que estamos ubicados llevando nuestra vida, las cosas negativas que experimentamos cada día y observamos por el mundo cargado de penas y sufrimientos, dentro de un mundo dividido en diferentes civilizaciones que muchas todavía andan con tapa rabos viviendo de forma primitiva.

Todos estamos bajo el dominio de un monstruo llamado dinero que representa el mayor culpable de todas las tragedias en la humanidad, estamos controlados por un mal llamado sociedad que nos esclaviza y explota preso de sus redes a otros los utiliza para explotar a los demás, más todo el peligro de ser extintos en cualquier momento acechando sobre todos sin poder detenerlo.

El que no observe y comprenda está realidad dentro de la cual vivimos, el que tenga dudas que estamos atrapados o bajo castigo en el infierno, para mi entender esa persona es un demonio el cual está gozando por todo lo que observa, o lo tienen engañado y necesita despertar pronto la consciencia para que se salve y escape cuando lo sorprenda la muerte, de lo contrario nunca cruzara hacia un plano superior porque no sabe que existe y estará atrapado en el mismo nivel posiblemente eternamente.

El 2012 es el fin del calendario programado por las estrellas que garantiza nuestro existencia hasta ese momento y solamente marca el punto que al cruzarlo es imposible el retorno, después del 2012 cualquier cosa puede pasar de forma sorpresiva en cualquier momento del tiempo.

De las cosas en el mundo continuar el camino negativo que llevan al cruzar el alineamiento galáctico, jamás podremos evitar cambiar el rumbo hacia el lugar siniestro que nos dirigimos, el cual es el Fin de la humanidad bajo la sentencia del cosmos que sólo receta curaciones de forma violenta.

Observen los lugares del mundo con los desastres que están experimentando, hacia esas condiciones vamos todos unos primeros otros detrás, la desaparición continua de muchas especies delante de nuestros ojos en algunos casos sin entender bien la razón de su inevitable extinción.

Incluyendo especies indispensables como las preciadas abejas, todo esto son pruebas que demuestran que algo anda mal entre nosotros mismos dentro de nuestro planeta y parece que muy mal.

Algo positivo alcanzaremos al cruzar el 2012 que quizás nos ayude a despertar a tiempo, todos esos mitos y predicciones en que hemos estado atrapados, caerán delante de nosotros desplomados lo que demostrara su falsedad.

En este milenio sin lugar a dudas la credibilidad de la falsa religión será fuertemente golpeada y destruida, atacada por la palabra pronunciada que dice la verdad la cual se imprime en los libros dedicados a la educación y liberación de todo ser humano.

La falsa religión tiene que reprenderse y fuerte porque es una organización criminal dedicada al abuso infantil, educa a los niños en la mentira los envuelve en la mentira y los fuerza a vivir en ella toda su vida, las falsas religiones son entidades al servicio del verdadero demonio.

Será sepultada toda la mentira por la verdad naciente expuesta mediante el continuo avance de la ciencia, opacada la mentira por el descontento de una espera divina que nunca llegara en todo el milenio porque están probadas falsas esas promesas de las falsas religiones.

En la importancia de la educación avanzada de todos los pueblos está el secreto que tanto oculta y protege el demonio para sostener su gran mentira, por esa razón el demonio insiste en mantener la pobreza sobre todos los pueblos el mayor tiempo posible.

Sin dudas dentro de las religiones todos sus miembros no son unos ignorantes, pero sin lugar a dudas la mayoría de los ignorantes del mundo están dentro de la religión, nuevamente les aconsejo que apliquen el verso "ser cultos para ser libres" y comprenderá que es la verdad.

Nadie se preocupe tendremos mejores niveles cuando cruce al paralelo superior dentro de la nueva era que se avecina, en que cada cual obtendrá un lugar según lo merezca en lo alto junto a los Ángeles del espacio o bien abajo sufriendo una intensa radiación.

La diferencia está en despertar la consciencia de la existencia en cada uno de nosotros, para que tenga mejor oportunidad en otro mundo o quizás el mismo, en mejores el mismo o peores planos de experiencias y según sean sus culpas de consciencia pagaran sus karmas o recibirán sus Dharmas.

Todo depende de usted y el avance en la consciencia que tenga en cada manifestación de existencia que experimente por el universo y, según alcance más sabiduría de consciencia y comprensión de la misma en cada espacio y tiempo que experimente.

En muchos casos la suerte lo determina para muchos de nosotros hasta que despierte en cada nivel que se encuentra y supere su grado actual, para lo cual tiene todo el tiempo que quiera porque la existencia es infinita, en otros se cumple el destino que Dios quiso para cada cual según su propósito y voluntad que siempre para nosotros será un misterio.

La existencia que nos regalo Dios para experimentar la consciencia viva es eterna, nada más mejor se puede pedir ni esperar de un ser todo poderoso, Dios lo es todo lo cubre todo lo puede todo o no es nada, por esa razón Dios existe y siempre existirá y por esa misma razón y a la misma instancia Dios nunca ha existido porque siempre existió.

Observe que mientras el mundo en todos los tiempos se destruye en guerras miseria y demás calamidades, la ciencia avanza sin detenerse promovida por sabios dedicados a resolver los misterios de la existencia, lo han logrado luchando en contra de muchas adversidades enfrentando diversidad de dificultades, desde implicaciones religiosas las cuales han tenido que enfrentar de muchas formas y pagar altos precios.

Entre otras cosas y dificultades se encuentra también la falta de recursos que han enfrentado en todos los tiempos la investigación científica, que en muchos casos son limitados intencionalmente por aquellos que tratan a toda costa de impedir descubrimientos que puedan afectar la fe que representan.

Todo esto me demuestra que los científicos son los que tienen la razón, todo lo que exponen es la verdad y lo prueban de forma irrefutable sin que quede ninguna duda, con el tiempo han aplastado muchos de los mitos y estupideces que nos impusieron los hombres en el nombre de Dios sin conocer nada de Dios.

Las cosas se están poniendo calientes sobre la tierra, la verdad se está manifestando cada día más intensa con los descubrimientos científicos y sus avances, más la educación que es importante llevarla a todos los rincones del planeta.

Este milenio en que vivimos es muy importante donde finalmente la verdad triunfara sobre la mentira, los científicos son los que dicen la verdad cada día tienen más credibilidad porque mejores pruebas de todo lo que dicen se presentan.

La verdad es divina y representa la pureza absoluta la cual es la luz que da vida donde todo es transparente para que se pueda observar, la verdad no puede ser destruida se sostiene eternamente, la verdad son palabras luz que despiertan y dan visión de la realidad la cual es imposible ocultar.

La mentira es la total falsedad es el vacío oscuro donde nada existe y nada basado en la mentira se sostiene eternamente, un día en el tiempo la mentira se destruye ella misma delante de todos, aplastada por el poder de la luz que esperando en el tiempo expone la verdad al descubierto.

Entonces pregúntese quienes son los Ángeles dentro de nuestro planeta y quiénes son los demonios, búsquelos son muy fáciles de detectar los demonios mienten y sus mentiras se pueden detectar fácilmente al comprobarse su equivocación, los Ángeles dicen la verdad y su verdad nunca se puede destruir mire hacia la luz ella tiene la respuesta.

El que crea en Dios firmemente recuerde que Dios es el padre de la humanidad él la creó, un buen padre nunca abandona sus criaturas entonces esa persona que crea firmemente en Dios no tiene a que temerle o a quien temerle en la vida.

Recuerde que Dios es la ciencia que todo lo sabe que todo lo puede llena de misterios que sólo Dios sabe, nadie nunca tendrá esa sabiduría ni el poder de lograr las cosas al nivel de Dios, donde todo en Dios es posible de cualquier forma que sea y el que quiera o piense que puede dudarlo, que estudie todas las ramas de la ciencia y lo comprobara.

En este mundo se vive para despertar sólo esos que lo logren se pueden elevar y establecerse en niveles superiores, los demás tienen que regresar y repetir sus errores hasta superarlos y es exactamente lo que tenemos encima todos acechándonos, una limpieza astral planetaria.

Todo esto lo puedo probar científicamente con formulas fisicomatemáticas, con los conocimientos que adquirí durante el tiempo que tuve el privilegio de relacionarme con seres de tan elevados conocimientos.

Pero dudo que ofrezcan algún beneficio porque pienso que es demasiado tarde, deseo que mucha gente buena cruce el universo y alcance la paz y la libertad junto al ser eterno que espera, por lo que quisiera publicarlos en algún momento antes del fin.

Dedicado a mis amistades personales fuera de mi círculo de trabajo que esperan el desenlace mundial con desespero y con las maletas listas, especialmente a las personas que más confían en mí y esperan que nunca las abandone.

Pero entiendan que no puedo garantizar el mismo espacio universal para todos porque cada cual es responsable de sí mismo, buena suerte en sus vidas y sus destinos le deseo a estos personajes cósmicos tan importantes en mi vida J. M. L. J. A. J. Y.

Gracias y muy Buena suerte a todos en la vida todos lo vamos a necesitar, TJ Lubavith.

Fin por el momento.

Epílogo

En todos los tiempos la humanidad siempre ha estado en problemas, nunca ha vivido la experiencia de su existencia dentro de una paz absoluta, parece que jamás lo logrará, cada día el mundo se complica y escalan sus problemas a niveles mayores, todo el que dedique un tiempo a observar detenidamente dentro de su imaginación el planeta en que existe, observarlo detalladamente con todos sus acontecimientos diarios, observarlo con todas las situaciones que viven sus habitantes uno por uno y en cada detalle durante todo el día por todo el planeta, observarlo de manera simple y global al mismo tiempo, comprenderá que el mundo marcha por un camino inevitable de consecuencias siniestras.

Los niveles en el planeta de todas las situaciones mundiales negativas para todos sus habitantes se multiplican cada día de forma acelerada y son imparables, el cual terminara inevitablemente con una salida violenta, muchos piensan que se pueden arreglar las cosas con buena consciencia, lograrlo todo a la perfección dentro de una hermandad mundial unificada y que todavía estamos a tiempo de lograrlo, es cierto que estamos a tiempo, siempre hemos estado a tiempo y, siempre estaremos a tiempo hasta el último momento o el último instante para salvarnos, hasta que se cruce el punto clave de no retorno.

El punto sin retorno para mi entender ya lo hemos cruzado, cualquiera que lo desee lo puede calcular muy fácilmente con simple observación, analicen el volumen presente de todos los acontecimientos mundiales actuales mas los acontecimientos pasados que provocan consecuencias futuras, consecuencias las cuales estamos ahora enfrentando y otras que enfrentaremos sin poder escapar de ellas, porque son los efectos provenientes de causas que están en camino, las cuales fueron creadas en un tiempo atrás, más las situaciones actuales provocadas por causas de toda índole, las cuales provocan sus inevitables efectos futuros.

Para continuar dentro de todos esto, agregue toda provocación actual negativa que también tendrá sus consecuencias futuras, muévalo todo en el tiempo unos años en el futuro y no muy lejano, calcule los resultados digamos para dentro de unos 25 años después calcule nuevamente para dentro de unos 50 años y finalmente para dentro de unos 75 años en el futuro, compárenlos también con el porciento actual que ocupa la humanidad dentro del volumen total planeta, sume la continua escalada anual de nacimiento, entonces agréguele todos los efectos que contribuirán de forma negativa con sus acciones los nuevos habitantes.

De acuerdo al nivel actual de vida mundialmente hablando, la mayoría de los nuevos nacimientos serán en lugares de pobres hacia muy pobres, mayormente en lugares muy conflictivos muy revueltos y muy peligrosos, en general un volumen muy negativo para la seguridad mundial de toda la humanidad, entonces analice el resultado y piense profundamente en lo que observa, sin dudas comprobara que el destino que se nos avecina como resultado desde muchos ángulos es el desastre total, el cual parece que ya tiene la intención planificada a manifestarse en el tiempo de forma inevitable, posiblemente se nos condenó a ese destino desde que cruzamos el punto sin retorno, los números no mienten.

Todos sabemos que todo tiene un principio y todo tiene un fin, todo lo que comienza termina un día en el tiempo, o cambia su forma o su estado, por ejemplo el sol un día llegara a su fin por lo menos en la forma que se encuentra actualmente y mejor que estemos bien preparados para ese cambio, nadie ni nada se escapa en la existencia de responderle al universo nosotros los humanos tampoco somos la excepción.

Solamente el acontecimiento final específico a manifestarse es el que tenemos que buscar, para tratar de detenerlo ahora que estamos a tiempo cualquiera que sea el destino alterarlo y cambiarlo de cualquier manera que sea necesaria, esto si podemos lograrlo de una forma que nos permita siempre subsistir para mantenernos con vida. Entonces analicemos los tres posibles candidatos que cualifican muy bien dentro de la ecuación con resultados funestos. Primero, los problemas ecológicos acelerados de contaminación y polución ambiental, conjuntamente con el calentamiento global también acelerado y fuera de control, la destrucción intencional de nuestros bosques sin planificación ni proyectos de restauración, reacciones futuras por derrames de crudo en los océanos y ríos radiación en los mares más otras variadas innumerables barbaries que comentamos diariamente en nuestros noticieros, todos estos acontecimientos actuales que anuncian en presencia de todos consecuencias muy graves para la humanidad, demuestran que es posible éste sea el camino que tomara la existencia para eliminarnos físicamente.

Segundo, el inmenso universo con sus inevitables e impredecibles acontecimientos, en los últimos tiempos se han transmitido por todo el mundo varios programas televisivos, programas científicos donde se puede comprender muy fácilmente, que en cualquier momento y de forma sorpresiva el cosmos nos puede borrar de la existencia de muchas formas todas muy violentas, también es posible que éste sea el camino.

Tercero, el termómetro entre las religiones está muy caliente, las religiones están al borde de una confrontación de elevada envergadura, sus predicciones traumáticas y funestas de cada una para el fin de los tiempos de la humanidad son predicciones de terror, todas anuncian un terrible acontecimiento final lleno de muertes, en estos tiempos parece que están entre ellas mismas tratando de hacer cumplir la palabra de sus libros por sí mismos y de cualquier manera, nuevamente éste también es un posible camino que el destino puede elegir para eliminar la vida, lanzándose a una guerra mundial religiosa entre naciones hasta la extinción utilizando armas de destrucción masiva, quizás hace rato ya está elegido ese camino.

Todos los candidatos explicados que cualifican como posibles acontecimientos del fin para la humanidad, tienen altas posibilidades de ser cada uno de ellos el que determine el camino cósmico a seguir para ajustar el desequilibrio de balance dentro de la humanidad, todos cualifican y todos están muy calientes en la actualidad, los tres puntos mencionados forman curiosamente un Triángulo, el cual tiene en estos tiempos sus ángulos muy bien cerrados. Sin dudas no tenemos escape, lamentablemente para mi entender y de forma global ya hemos cruzado el punto de no retorno, sólo queda la esperanza divina de ser rescatados por el universo de forma individual, cada uno de nosotros tendremos que enfrentar al ordenador, la respuesta del ordenador es simple y la ejecuta de una forma rápida, practica y efectiva, resumida en una sola palabra la cual es "singularidad" para purificarnos.

No sientan temor, el universo es hermoso e inmenso, nos volveremos a encontrar en el espacio y el tiempo, nos volveremos a encontrar en algún lugar del espacio en algún momento del tiempo y compartiremos, solamente tenga mucha paciencia y confianza en el creador, es eterno el Universo en todas sus formas, lo es y lo puede todo.

www.ingramcontent.com/pod-product-compliance
Lightning Source LLC
Chambersburg PA
CBHW071352170526
45165CB00001B/19